つくりながら学ぶ！
PyTorchによる発展ディープラーニング

小川雄太郎［著］

illustration: green_01 / Shutterstock.com

本書の実装コードは筆者のGitHubもしくはマイナビ出版サポートページからダウンロードできます。

筆者のGitHub：

https://github.com/YutaroOgawa/pytorch_advanced

マイナビ出版サポートページ：

https://book.mynavi.jp/supportsite/detail/9784839970253.html

・本書は2019年6月段階での情報に基づいて執筆されています。本書に登場する製品やソフトウェア、サービスのバージョン、画面、機能、URL、製品のスペックなどの情報は、すべてその原稿執筆時点でのものです。執筆以降に変更されている可能性がありますので、ご了承ください。

・本書に記載された内容は、情報の提供のみを目的としております。したがって、本書を用いての運用はすべてお客様自身の責任と判断において行ってください。

・本書の制作にあたっては正確な記述につとめましたが、著者や出版社のいずれも、本書の内容に関してなんらかの保証をするものではなく、内容に関するいかなる運用結果についてもいっさいの責任を負いません。あらかじめご了承ください。

・本書に記載されている会社名・製品名等は、一般に各社の登録商標または商標です。本文中では©、®、™等の表示は省略しています。

まえがき

本書はディープラーニングの応用手法を実装しながら学習していただく書籍です。

ディープラーニングの基礎的な内容（畳み込みニューラルネットワークを用いた画像分類など）の実装経験がある方を読者に想定した書籍となります。

本書ではディープラーニングの実装パッケージとしてPyTorchを利用します。

本書で扱うタスク内容とディープラーニングモデルは以下の通りです。

- 第1章 画像分類と転移学習（VGG）
- 第2章 物体認識（SSD）
- 第3章 セマンティックセグメンテーション（PSPNet）
- 第4章 姿勢推定（OpenPose）
- 第5章 GANによる画像生成（DCGAN、Self-Attention GAN）
- 第6章 GANによる異常検知（AnoGAN、Efficient GAN）
- 第7章 自然言語処理による感情分析（Transformer）
- 第8章 自然言語処理による感情分析（BERT）
- 第9章 動画分類（3DCNN、ECO）

上記のタスクは、「ビジネスの現場でディープラーニングを活用するためにも実装経験を積んでおきたいタスク」という観点で選定しました。

本書で解説・実装するディープラーニングモデルは執筆時点で各タスクのState-of-the-Art（最高性能モデル）の土台となっており、本書で取り扱うモデルを理解すれば、その後のディープラーニングの学習や研究・開発に役立つ、という観点で選定しました。

本書は第1章から順番に読み進めていただくことを想定しております。各章ごとに異なるタスクに取り組んでいますが、各章で解説するディープラーニングモデルを理解するにはそれ以前の章で学ぶ知識を必要とします。第1章から順番に様々なタスクに対するディープラーニングモデルの実装に取り組むことで、徐々に高度なディープラーニングの応用手法が身に着くように構成しています。

是非手元で実際に実装しながら、ディープラーニングの応用手法を楽しく学んでいただければ幸いです。

本書の実装コードと実装環境

　本書の実装コードは筆者のGitHubもしくはマイナビ出版サポートページからダウンロードできます。

筆者のGitHub：

https://github.com/YutaroOgawa/pytorch_advanced

マイナビ出版サポートページ：

https://book.mynavi.jp/supportsite/detail/9784839970253.html

　本書の実装環境は次の通りです。なお本書では実装にAnacondaとJupyter Notebookを使用しています。

- **PC環境**：読者の手元のPC（GPU環境不要）、およびAmazonのクラウドサービスAWSを使用したGPUサーバー
- **AWSの環境**：p2.xlargeインスタンス、Deep Learning AMI（Ubuntu）マシンイメージ（OS Ubuntu 16.04|64ビット、NVIDIA K80 GPU、Python 3.6.5、conda 4.5.2、PyTorch 1.0.1）

　本書執筆時点においてPythonの最新バージョンは3.7ですが、外部パッケージは3.7に対応できていないものも多いため、本書ではPython 3.6を使用しています。
　PyTorchは執筆時点の最新バージョンである1.0を使用しています。本書の初版発行時点にはPyTorchの最新バージョンが1.1に更新されています。PyTorchのバージョン更新により本書の説明内容に不具合などが生じた場合には、筆者のGitHubのIssueにて対応方法を追記・解説いたします。

GitHub Issueの活用

　本書の内容に関して、読者の皆様からの質問や訂正があった場合には筆者のGitHubのIssueにて管理します。予期せぬエラーに遭遇した際にはIssueをチェックしてみてください。

目次

第1章 画像分類と転移学習（VGG） … 1

- 1-1 学習済みのVGGモデルを使用する方法 … 2
- 1-2 PyTorchによるディープラーニング実装の流れ … 14
- 1-3 転移学習の実装 … 17
- 1-4 Amazon AWSのクラウドGPUマシンを使用する方法 … 32
- 1-5 ファインチューニングの実装 … 47

第2章 物体検出（SSD） … 57

- 2-1 物体検出とは … 58
- 2-2 Datasetの実装 … 64
- 2-3 DataLoaderの実装 … 77
- 2-4 ネットワークモデルの実装 … 80
- 2-5 順伝搬関数の実装 … 93
- 2-6 損失関数の実装 … 104
- 2-7 学習と検証の実施 … 114
- 2-8 推論の実施 … 122

第3章 セマンティックセグメンテーション（PSPNet） … 129

- 3-1 セマンティックセグメンテーションとは … 130
- 3-2 DatasetとDataLoaderの実装 … 134
- 3-3 PSPNetのネットワーク構成と実装 … 143
- 3-4 Featureモジュールの解説と実装 … 148
- 3-5 Pyramid Poolingモジュールの解説と実装 … 158
- 3-6 Decoder、AuxLossモジュールの解説と実装 … 162
- 3-7 ファインチューニングによる学習と検証の実施 … 166
- 3-8 セマンティックセグメンテーションの推論 … 176

第4章 姿勢推定（OpenPose） ... 183

- 4-1 姿勢推定とOpenPoseの概要 ... 184
- 4-2 DatasetとDataLoaderの実装 ... 192
- 4-3 OpenPoseのネットワーク構成と実装 ... 207
- 4-4 Feature、Stageモジュールの解説と実装 ... 212
- 4-5 TensorBoardXを使用したネットワークの可視化手法 ... 218
- 4-6 OpenPoseの学習 ... 223
- 4-7 OpenPoseの推論 ... 231

第5章 GANによる画像生成（DCGAN、Self-Attention GAN） ... 241

- 5-1 GANによる画像生成のメカニズムとDCGANの実装 ... 242
- 5-2 DCGANの損失関数、学習、生成の実装 ... 252
- 5-3 Self-Attention GANの概要 ... 265
- 5-4 Self-Attention GANの学習、生成の実装 ... 274

第6章 GANによる異常検知（AnoGAN、Efficient GAN） ... 289

- 6-1 GANによる異常画像検知のメカニズム ... 290
- 6-2 AnoGANの実装と異常検知の実施 ... 294
- 6-3 Efficient GANの概要 ... 303
- 6-4 Efficient GANの実装と異常検知の実施 ... 311

第7章　自然言語処理による感情分析（Transformer） …… 327

- 7-1　形態素解析の実装（Janome、MeCab + NEologd） …… 328
- 7-2　torchtextを用いたDataset、DataLoaderの実装 …… 335
- 7-3　単語のベクトル表現の仕組み（word2vec、fastText） …… 343
- 7-4　word2vec、fastTextで日本語学習済みモデルを使用する方法 …… 352
- 7-5　IMDb（Internet Movie Database）のDataLoaderを実装 …… 359
- 7-6　Transformerの実装（分類タスク用） …… 367
- 7-7　Transformerの学習・推論、判定根拠の可視化を実装 …… 382

第8章　自然言語処理による感情分析（BERT） …… 395

- 8-1　BERTのメカニズム …… 396
- 8-2　BERTの実装 …… 402
- 8-3　BERTを用いたベクトル表現の比較（bank：銀行とbank：土手） …… 421
- 8-4　BERTの学習・推論、判定根拠の可視化を実装 …… 431

第9章　動画分類（3DCNN、ECO） …… 449

- 9-1　動画データに対するディープラーニングとECOの概要 …… 450
- 9-2　2D Netモジュール（Inception-v2）の実装 …… 454
- 9-3　3D Netモジュール（3DCNN）の実装 …… 466
- 9-4　Kinetics動画データセットをDataLoaderに実装 …… 476
- 9-5　ECOモデルの実装と動画分類の推論実施 …… 489

あとがき …… 499
索引 …… 500

画像分類と
転移学習（VGG）

第 1 章

- 1-1 学習済みのVGGモデルを使用する方法
- 1-2 PyTorchによるディープラーニング実装の流れ
- 1-3 転移学習の実装
- 1-4 Amazon AWSのクラウドGPUマシンを使用する方法
- 1-5 ファインチューニングの実装

1-1 学習済みのVGGモデルを使用する方法

　本章では画像分類タスクに取り組みながら、VGGと呼ばれるディープラーニングモデルについて解説します。さらに、学習済みのVGGモデルを流用して、少量のデータからでもディープラーニングモデルが構築できる転移学習およびファインチューニングという手法について解説します。

　本節では学習済みのディープラーニングモデル（VGGモデル）を使用して、画像分類を行う手法を解説します。本節の内容はGPUマシンではなく、CPUマシンで実装を行います。

　本節の学習目標は、次の通りです。

1. PyTorchでImageNetデータセットでの学習済みモデルをロードできるようになる
2. VGGモデルについて理解する
3. 入力画像のサイズや色を変換できるようになる

本節の実装ファイル：

```
1-1_load_vgg.ipynb
```

ImageNetデータセットとVGG-16モデル

　本節ではImageNetデータセットで事前にパラメータを学習したVGG-16モデルで未知の画像の分類を行うプログラムを実装します。はじめに用語の解説として、**ImageNetデータセット**と**VGG-16モデル**について解説します。

　ImageNetデータセットとはスタンフォード大学がインターネット上から画像を集めて分類したデータセットです。ILSVRC（ImageNet Large Scale Visual Recognition Challenge）のコンテストで使用されました。

　PyTorchではImageNetデータセットのうち、ILSVRC2012データセットと呼ばれるデータセット（クラス数: 1,000種類、学習用データ: 120万枚、検証用データ: 5万枚、テスト用データ: 10万枚）を使用して、ニューラルネットワークの結合パラメータ学習した、各種学習済みモデルを使用することができます。

　VGG-16モデルは、2014年のILSVRCで2位になった畳み込みニューラルネットワークで

す[1]。オックスフォード大学のVGG（Visual Geometry Group）チームが作成した16層から構成されるモデルなのでVGG-16モデルと呼ばれます。層の数が11、13、19層のバージョンのVGGモデルも存在します。VGGモデルの構造については後ほど詳しく解説します。VGGモデルは構成がシンプルなため、ディープラーニングの様々な応用手法のベースのネットワークに使用されることが多いモデルです。

フォルダ準備

　実装に先立ち、本節および本章で使用するフォルダの作成とファイルのダウンロードを行います。本書の実装コードをダウンロードし、フォルダ「1_image_classification」内にある、ファイル「make_folders_and_data_downloads.ipynb」の各セルを1つずつ実行してください。

本書の実装コードは以下よりダウンロードできます。

筆者のGitHub：

https://github.com/YutaroOgawa/pytorch_advanced

マイナビ出版サポートページ：

https://book.mynavi.jp/supportsite/detail/9784839970253.html

　GitHubを使用する場合はこちらの通りです。

```
git clone https://github.com/YutaroOgawa/pytorch_advanced.git
cd pytorch_advanced/
cd 1_image_classification/
```

　フォルダ「1_image_classification」をダウンロードし、ファイル「make_folders_and_data_downloads.ipynb」を実行すると、図1.1.1のようなフォルダ構成が自動で作成されます。
　フォルダ「1_image_classification」内にフォルダ「data」が存在し、フォルダ「data」の中に、犬種ゴールデンレトリバーの画像が用意されています。
　その他、ImageNetのクラス名を記載したファイル「imagenet_class_index.json」と1.3節以降で使用するフォルダ「hymenoptera_data」がダウンロードされます。
　フォルダ内のファイル「.gitignore」はGitHubにフォルダ内容をアップロードする際に無視するファイルを指定しています。フォルダ「data」の中身など、他のサイトからダウンロードできるファイルをGitHubにアップロードすると無駄が多いため、アップロードさせないようにする設定ファイルです。

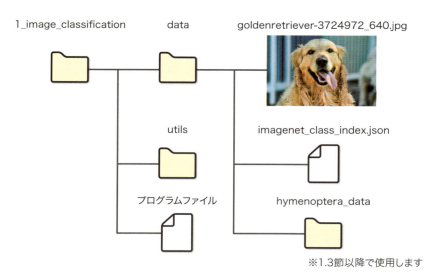

図1.1.1 第1章のフォルダ構成 [注1]

事前準備

　本書ではディープラーニングのパッケージとしてPyTorchを使用します。PyTorchのダウンロードサイト（https://pytorch.org/get-started/locally/）を参考に、自身のOS、Pythonのバージョンなどに合ったコードを実行して、PyTorchおよびtorchvisionをダウンロード＆インストールしてください（図1.1.2）。なお本書ではPython 3.6バージョンを使用します（執筆時点でPythonの最新バージョンは3.7ですが、3.7に対応していないパッケージも多いため、本書ではPython 3.6を使用します）。

　本章ではその他のパッケージとして「Matplotlib」を使用します。以下のコマンドでインストールしてください。

（参考）
- Windows（GPUなし）の環境でPyTorchをcondaを用いてインストールする場合

```
conda install pytorch-cpu torchvision-cpu -c pytorch
```

［注1］　本章で使用するゴールデンレトリバーの画像はサイトPixabayからダウンロードしています [2]（画像権利情報：CC0 Creative Commons、商用利用無料、帰属表示は必要ありません）。

●Matplotlibのインストール

```
conda install -c conda-forge matplotlib
```

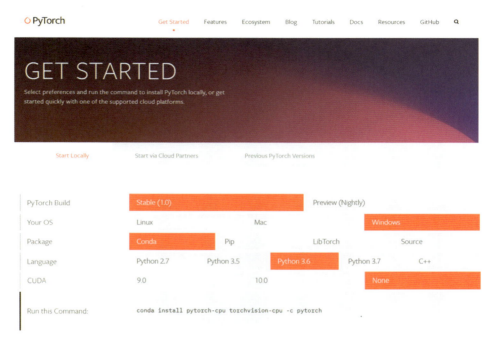

図1.1.2　PyTorchのダウンロード（https://pytorch.org/get-started/locally/）

パッケージのimportとPyTorchのバージョンを確認

　それでは実装をはじめます。これから実装するプログラムは「1-1_load_vgg.ipynb」になります。
　本節で使用するパッケージのimportとPyTorchのバージョン確認を行います。

```
# パッケージのimport
import numpy as np
import json
from PIL import Image
import matplotlib.pyplot as plt
%matplotlib inline

import torch
```

```
import torchvision
from torchvision import models, transforms
```

```
# PyTorchのバージョン確認
print("PyTorch Version: ", torch.__version__)
print("Torchvision Version: ", torchvision.__version__)
```

[出力]

```
PyTorch Version:  1.0.1
Torchvision Version:  0.2.1
```

VGG-16の学習済みモデルをロード

　本節では学習済みのVGG-16モデルを使用し、フォルダ「data」にあるゴールデンレトリバーの画像を分類します。
　はじめにImageNetでパラメータを学習したVGG-16モデルをロードします。初めて実行する際には学習済みのパラメータをダウンロードするため、実行に少し時間がかかります。

```
# 学習済みのVGG-16モデルをロード
# 初めて実行する際は、学習済みパラメータをダウンロードするため、実行に時間がかかります

# VGG-16モデルのインスタンスを生成
use_pretrained = True  # 学習済みのパラメータを使用
net = models.vgg16(pretrained=use_pretrained)
net.eval()  # 推論モードに設定

# モデルのネットワーク構成を出力
print(net)
```

[出力]

```
VGG(
  (features): Sequential(
    (0): Conv2d(3, 64, kernel_size=(3, 3), stride=(1, 1), padding=(1, 1))
    (1): ReLU(inplace)
    (2): Conv2d(64, 64, kernel_size=(3, 3), stride=(1, 1), padding=(1, 1))
    (3): ReLU(inplace)
    (4): MaxPool2d(kernel_size=2, stride=2, padding=0, dilation=1, ceil_mode=False)
    (5): Conv2d(64, 128, kernel_size=(3, 3), stride=(1, 1), padding=(1, 1))
```

```
    (6): ReLU(inplace)
    (7): Conv2d(128, 128, kernel_size=(3, 3), stride=(1, 1), padding=(1, 1))
    (8): ReLU(inplace)
    (9): MaxPool2d(kernel_size=2, stride=2, padding=0, dilation=1, ceil_mode=False)
    (10): Conv2d(128, 256, kernel_size=(3, 3), stride=(1, 1), padding=(1, 1))
    (11): ReLU(inplace)
    (12): Conv2d(256, 256, kernel_size=(3, 3), stride=(1, 1), padding=(1, 1))
    (13): ReLU(inplace)
    (14): Conv2d(256, 256, kernel_size=(3, 3), stride=(1, 1), padding=(1, 1))
    (15): ReLU(inplace)
    (16): MaxPool2d(kernel_size=2, stride=2, padding=0, dilation=1, ceil_mode=False)
    (17): Conv2d(256, 512, kernel_size=(3, 3), stride=(1, 1), padding=(1, 1))
    (18): ReLU(inplace)
    (19): Conv2d(512, 512, kernel_size=(3, 3), stride=(1, 1), padding=(1, 1))
    (20): ReLU(inplace)
    (21): Conv2d(512, 512, kernel_size=(3, 3), stride=(1, 1), padding=(1, 1))
    (22): ReLU(inplace)
    (23): MaxPool2d(kernel_size=2, stride=2, padding=0, dilation=1, ceil_mode=False)
    (24): Conv2d(512, 512, kernel_size=(3, 3), stride=(1, 1), padding=(1, 1))
    (25): ReLU(inplace)
    (26): Conv2d(512, 512, kernel_size=(3, 3), stride=(1, 1), padding=(1, 1))
    (27): ReLU(inplace)
    (28): Conv2d(512, 512, kernel_size=(3, 3), stride=(1, 1), padding=(1, 1))
    (29): ReLU(inplace)
    (30): MaxPool2d(kernel_size=2, stride=2, padding=0, dilation=1, ceil_mode=False)
  )
  (classifier): Sequential(
    (0): Linear(in_features=25088, out_features=4096, bias=True)
    (1): ReLU(inplace)
    (2): Dropout(p=0.5)
    (3): Linear(in_features=4096, out_features=4096, bias=True)
    (4): ReLU(inplace)
    (5): Dropout(p=0.5)
    (6): Linear(in_features=4096, out_features=1000, bias=True)
  )
)
```

　出力結果を見ると、VGG-16モデルのネットワーク構成はfeaturesとclassifierという2つのモジュールに分かれていることが分かります。そしてそれぞれのモジュールのなかに畳み込み層や全結合層があります。

　VGG-16と呼ばれていますが、全部で38層から構成されており、16層ではないことに気付きます。これは16層のカウントは畳み込み層と全結合層の数を示すからです（活性化関数のReLU、プーリング層、Dropout層は含めない）。

　図1.1.3にVGG-16層の構成を示します。

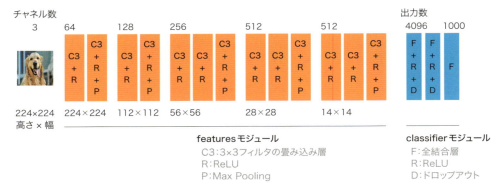

図**1.1.3** VGG-16モデルの構成

　入力画像のサイズはRGBの色チャネルが3、画像の高さと幅が224ピクセルで、(batch_num, 3, 224, 224)です。サイズ先頭のbatch_numはミニバッチのサイズを示します。図1.1.3ではミニバッチの次元は省略しています。

　入力画像ははじめに3×3サイズの畳み込みフィルタ（64チャネル）、そして活性化関数ReLUのペアを2回通過し、その後2×2サイズのMax Poolingを通過します。その結果、画像サイズは半分の112×112となります。この畳み込み層、ReLU、Max Poolingの組み合わせを合計5回通過し、最終的にfeaturesモジュールの最後にあるMax Poolingを抜けると、データのサイズは（512, 7, 7）となります。なおPyTorchで処理するデータをテンソルと呼びます。本書でも今後テンソルという呼称を使用します。

　入力データはfeaturesモジュールを通過後、classifierモジュールへ入ります。最初の全結合層は入力の要素数が25,088、出力数が4,096です。ここで25,088という数字は、classifierモジュールへの入力画像の全要素数である 512×7×7 = 25,088 から計算されます。

　全結合層の後ReLU、Dropout層を通過します。さらにもう一度全結合層、ReLU、Dropoutの組み合わせを通過し、最後に出力ユニット数が1,000の全結合層を通過します。この1,000の出力ユニットは、ImageNetデータセットのクラス数1,000種類に対応しており、入力画像が1,000クラスのどれに対応するのかを示します。

入力画像の前処理クラスを作成

　学習済みのVGG-16モデルをロードしたので、続いて、VGG-16に画像を入力するための前処理部分を作成します。VGGモデルへ入力する画像は前処理を行う必要があります。

　前処理として、画像サイズを224×224にリサイズする操作と色情報の規格化が必要です。色情報の規格化では、RGBに対して、平均が (0.485, 0.456, 0.406)、標準偏差が (0.229, 0.224,

0.225）の条件で標準化を行います。この規格化条件はILSVRC2012データセットの教師データから求まる値です。先ほどロードした学習済みのVGG-16モデルはこの規格化条件で前処理した画像に対して学習しているので、同様の前処理を行う必要があります。

画像の前処理クラスを実装します。クラスBaseTransformを作成し、その後動作を確認します。

実装は以下の通りです。注意点としてはPyTorchとPillow（PIL）で画像の要素の順番が異なる点が挙げられます。PyTorch内では画像を（色チャネル、高さ、幅）の順番で扱いますが、Pillow（PIL）では（高さ、幅、色チャネル）の順番で扱います。そのためPyTorchから出力されたテンソルの順番を`img_transformed = img_transformed.numpy().transpose((1, 2, 0))`により、入れ替えています。

なお`__call__()`というメソッドは、Pythonの一般的なメソッドです。そのクラスのインスタンスが具体的な関数を指定されずに呼び出されたときに動作する関数です。BaseTransformのインスタンスを生成したあと、関数を指定せずにインスタンス名で実行すると、`__call__()`の中身が実行されます。

```python
# 入力画像の前処理のクラス
class BaseTransform():
    """
    画像のサイズをリサイズし、色を標準化する。

    Attributes
    ----------
    resize : int
        リサイズ先の画像の大きさ。
    mean : (R, G, B)
        各色チャネルの平均値。
    std : (R, G, B)
        各色チャネルの標準偏差。
    """

    def __init__(self, resize, mean, std):
        self.base_transform = transforms.Compose([
            transforms.Resize(resize),  # 短い辺の長さがresizeの大きさになる
            transforms.CenterCrop(resize),  # 画像中央をresize × resizeで切り取り
            transforms.ToTensor(),  # Torchテンソルに変換
            transforms.Normalize(mean, std)  # 色情報の標準化
        ])

    def __call__(self, img):
        return self.base_transform(img)
```

```
# 画像前処理の動作を確認

# 1. 画像読み込み
image_file_path = './data/goldenretriever-3724972_640.jpg'
img = Image.open(image_file_path)  # ［高さ］［幅］［色RGB］

# 2. 元の画像の表示
plt.imshow(img)
plt.show()

# 3. 画像の前処理と処理済み画像の表示
resize = 224
mean = (0.485, 0.456, 0.406)
std = (0.229, 0.224, 0.225)
transform = BaseTransform(resize, mean, std)
img_transformed = transform(img)  # torch.Size([3, 224, 224])

# （色、高さ、幅）を（高さ、幅、色）に変換し、0-1に値を制限して表示
img_transformed = img_transformed.numpy().transpose((1, 2, 0))
img_transformed = np.clip(img_transformed, 0, 1)
plt.imshow(img_transformed)
plt.show()
```

図1.1.4に動作確認の結果を示します。画像サイズが224にリサイズされ、色情報が標準化されていることが分かります。

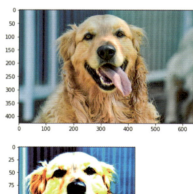

図1.1.4　画像前処理の出力結果

出力結果からラベルを予測する後処理クラスを作成

次にVGG-16モデルの1000次元の出力をラベル名へと変換するクラス`ILSVRCPredictor`を作成します。ILSVRCのラベル名については、事前準備で用意したJSONファイル「imagenet_class_index.json」を使用します。

実装内容を解説します。VGG-16モデルから出力された値は`torch.Size([1, 1000])`というサイズのPyTorchのテンソル型になっています。これをNumPy型の変数に変換します。そのためにはまず出力値をネットワークから切り離す`.detach()`を適用します。detachされたテンソルに対して、`.numpy()`を適用してNumPy型に変換し、`np.argmax()`で最大値のインデックスを取得しています。これら一連の流れを1行で、`maxid = np.argmax(out.detach().numpy())`と記載しています。その後、この`maxid`に対応するラベル名を辞書型変数`ILSVRC_class_index`から取得しています。

```
# ILSVRCのラベル情報をロードし辞意書型変数を生成します
ILSVRC_class_index = json.load(open('./data/imagenet_class_index.json', 'r'))
ILSVRC_class_index
```

[出力]
```
{'0': ['n01440764', 'tench'],
 '1': ['n01443537', 'goldfish'],
 '2': ['n01484850', 'great_white_shark'],
...
```

```
# 出力結果からラベルを予測する後処理クラス
class ILSVRCPredictor():
    """
    ILSVRCデータに対するモデルの出力からラベルを求める。

    Attributes
    ----------
    class_index : dictionary
            クラスindexとラベル名を対応させた辞書型変数。
    """

    def __init__(self, class_index):
        self.class_index = class_index

    def predict_max(self, out):
        """
        確率最大のILSVRCのラベル名を取得する。
```

```
    Parameters
    ----------
    out : torch.Size([1, 1000])
        Netからの出力。

    Returns
    -------
    predicted_label_name : str
        最も予測確率が高いラベルの名前
    """
    maxid = np.argmax(out.detach().numpy())
    predicted_label_name = self.class_index[str(maxid)][1]

    return predicted_label_name
```

学習済みVGGモデルで手元の画像を予測

　ここまでで、画像の前処理クラス`BaseTransform`と、ネットワーク出力の後処理クラス`ILSVRCPredictor`を作成しました。現在のプログラムの構成は図1.1.5のようになっています。

　入力画像がクラス`BaseTransform`で変換され、VGG-16モデルへと入力されます。モデルからの1000次元の出力はクラス`ILSVRCPredictor`で最も予測確率が高いラベル名と変換され、最終的な予測結果が出力されます。

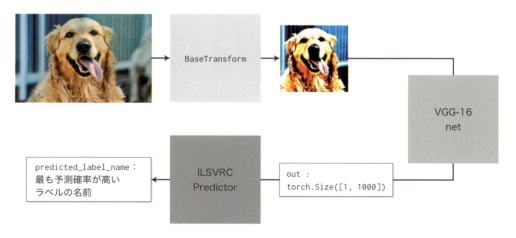

図1.1.5　「学習済みVGGモデル」の構成

それではこの一連の流れを実装し、学習済みVGGモデルで手元の画像を予測します。
　実装は次の通りです。PyTorchのネットワークに画像を入力する際にはデータをミニバッチの形にする必要があるため、unsqueeze_(0)を使用して、入力データにミニバッチの次元を追加しています。

```python
# ILSVRCのラベル情報をロードし辞意書型変数を生成します
ILSVRC_class_index = json.load(open('./data/imagenet_class_index.json', 'r'))

# ILSVRCPredictorのインスタンスを生成します
predictor = ILSVRCPredictor(ILSVRC_class_index)

# 入力画像を読み込む
image_file_path = './data/goldenretriever-3724972_640.jpg'
img = Image.open(image_file_path)  # [高さ][幅][色RGB]

# 前処理の後、バッチサイズの次元を追加する
transform = BaseTransform(resize, mean, std)  # 前処理クラス作成
img_transformed = transform(img)  # torch.Size([3, 224, 224])
inputs = img_transformed.unsqueeze_(0)  # torch.Size([1, 3, 224, 224])

# モデルに入力し、モデル出力をラベルに変換する
out = net(inputs)  # torch.Size([1, 1000])
result = predictor.predict_max(out)

# 予測結果を出力する
print("入力画像の予測結果：", result)
```

[出力]

入力画像の予測結果： golden_retriever

　上記のプログラムを実行した結果、golden_retrieverと出力され、きちんとゴールデンレトリバーの画像と分類できたことが確認できます。
　以上本節では、ImageNetで事前にパラメータを学習したVGG-16モデルをロードし、手元の未知の画像（犬種ゴールデンレトリバーの画像）について、ImageNetのクラスに従い分類するプログラムを実装しました。次節ではPyTorchによるディープラーニング実装の流れについて解説します。

1-2 PyTorchによる ディープラーニング実装の流れ

　前節では学習済みモデルをそのまま使用し、ILSVRCの1000種類のクラスから未知の画像のラベルを予測しました。ですが実際のビジネスにおいては、予測したい画像のラベルはILSVRCで用意された1000クラスとは異なります。そのため自分のデータを使用して、ディープラーニングモデルを学習しなおす必要があります。

　本節ではPyTorchを使用したディープラーニング実装の流れを解説します。そして次節以降で自分のデータでニューラルネットワークを学習し直す手法について解説します。

　本節の学習目標は次の通りです。

1. PyTorchのDatasetとDataLoaderについて理解する
2. PyTorchでディープラーニングを実装する流れを理解する

> 本節の実装ファイル：
> なし

❖ PyTorchによるディープラーニング実装の流れ

　PyTorchによるディープラーニング実装の流れを図1.2.1に示します。

　PyTorchによるディープラーニング実装の流れでは、はじめにこれから実装するディープラーニングの応用手法の全体像を把握します。具体的にはタスクの「前処理、後処理、そしてネットワークモデルの入出力」を確認します。

　次にクラスDatasetを作成します。Datasetとは入力するデータとそのラベルなどをペアにして保持したクラスです。Datasetにはデータに対する前処理クラスのインスタンスを与え、対象データのファイルを読み込む際に前処理を自動で適用するように設定します。文章によるDatasetの説明は分かりづらいですが、次節でDatasetを実装することで具体的に理解できると思います。Datasetは訓練データ、検証データ（そしてテストデータ）、それぞれについて作成します。

図1.2.1 PyTorchによるディープラーニング実装の流れ

　次にクラスDataLoaderを作成します。DataLoaderはDatasetからどのようにデータを取り出すのかを設定するクラスです。ディープラーニングではミニバッチ学習を行い、複数のデータを同時にDatasetから取り出してネットワークを学習させることが一般的です。DataLoaderはDatasetからミニバッチを取り出しやすくするためのクラスです。訓練データと検証データ（そしてテストデータ）、それぞれのDataLoaderを作成します。DataLoaderが完成すれば入力データに対する事前準備は完了となります。

　続いてネットワークモデルを作成します。ネットワークモデルの作成はゼロから全て自分で作成するケース、学習済みモデルをロードして使用するケース、学習済みモデルをベースに自分で改変するケースがあります。ディープラーニングの応用手法では、学習済みモデルをベースに自分で改変する場合が多いです。次節で実際に学習済みのモデルを改変してネットワークモデルを作成する内容を実装します。

　ネットワークモデルを作成したあと、ネットワークモデルの順伝搬関数（forward）を定義します。ネットワークモデルが単純な場合は、データはモデルを構築している層を前から後ろに流れるだけです。しかし、ディープラーニングの応用手法は順伝搬が複雑な場合が多いです。例えばネットワークが途中で分岐したりします。このような複雑な順伝搬を実現するためには、順伝搬関数（forward）をきちんと定義します。順伝搬関数を定義すると聞いても最初は分かりづらいと思います。第2章で順伝搬関数の定義を行うため、そこで具体的な実装を見ることで理解が進むかと思います。

　順伝搬関数が定義できれば、続いて誤差逆伝搬（Backpropagation）をするための損失関

数を定義します。簡単なディープラーニング手法であれば損失関数は2乗誤差など単純な関数ですが、ディープラーニングの応用手法においては、損失関数が非常に複雑な形をしているケースもあります。

　続いて、ネットワークモデルの結合パラメータを学習させる際の最適化手法を設定します。誤差逆伝搬によって結合パラメータの誤差に対する勾配が求まります。最適化手法ではこの勾配を使用し、結合パラメータの修正量をどのように計算するのか設定します。最適化手法としては例えばMomentum SGDなどが使用されます。

　以上によりディープラーニングの学習のための設定が完了です。続いて、学習と検証を行います。基本的にはepochごとに訓練データでの性能と検証データでの性能を確認し、検証データの性能が向上しなくなったら、その後は訓練データに対して過学習に陥っていくため、そのタイミングで学習を終了させることが多いです。このような検証データの性能が向上しなくなったら学習を終了する手法をearly stoppingと呼びます。

　学習が完了すれば、最後にテストデータに対して推論を行います。

　以上がPyTorchによるディープラーニング実装の基本的な流れとなります。次節ではこの流れを意識しながら、手元にある少量のデータを使用して画像分類のディープラーニングモデルを実装する方法について解説します。

1-3 転移学習の実装

　本節では転移学習と呼ばれる手法を使用し、手元にある少量のデータで、オリジナルの画像分類用ディープラーニングモデルを構築する手法について解説します。本節ではPyTorchのチュートリアルで使用されている「アリ」と「ハチ」の画像を分類するモデルを学習させます。本節の内容は通常のCPUマシンで実装を行います。

　本節の学習目標は、次の通りです。

1. 画像データからDatasetを作成できるようになる
2. DatasetからDataLoaderを作成できるようになる
3. 学習済みモデルの出力層を任意の形に変更できるようになる
4. 出力層の結合パラメータのみを学習させ、転移学習が実装できるようになる

本節の実装ファイル：

```
1-3_transfer_learning.ipynb
```

転移学習

　転移学習（Transfer Learning）とは、学習済みモデルをベースに、最終の出力層を付け替えて学習させる手法です。学習済みモデルの最終出力層を自前のデータに対応した出力層に付け替えて、付け替えた出力層への結合パラメータ（およびそのいくつか手前の層の結合パラメータ）を手元にある少量のデータで学習し直します。入力層に近い部分の結合パラメータは学習済みの値から変化させません。

　転移学習は学習済みモデルをベースとするので、自前のデータが少量でも性能の良いディープラーニングを実現しやすいというメリットがあります。なお、入力層に近い層の結合パラメータも学習済みの値から更新させる場合は、ファインチューニング（fine tuning）と呼びます。ファインチューニングについては1.5節で取り扱います。

フォルダ準備

1.1節でファイル「make_folders_and_data_downloads.ipynb」を実行していない場合は各セルを1つずつ実行してください。フォルダ「data」内にフォルダ「hymenoptera_data」が作成されます。フォルダ「hymenoptera_data」は、PyTorchの転移学習のチュートリアル[3]で使用されている、アリとハチの画像データです。

事前準備

forループの経過時間と残り時間を計測するパッケージtqdmをインストールします。

```
conda install -c conda-forge tqdm
```

実装の初期設定

実装を開始します。最初にパッケージのimportと乱数のシードの設定を行います。
なお本書ではこれ以降、パッケージのimportと乱数のシード設定については紙面からは掲載を省略します。

```python
# パッケージのimport
import glob
import os.path as osp
import random
import numpy as np
import json
from PIL import Image
from tqdm import tqdm
import matplotlib.pyplot as plt
%matplotlib inline

import torch
import torch.nn as nn
import torch.optim as optim
import torch.utils.data as data
import torchvision
from torchvision import models, transforms
```

```
# 乱数のシードを設定
torch.manual_seed(1234)
np.random.seed(1234)
random.seed(1234)
```

注釈 PyTorchでディープラーニングの計算結果を完全に再現できるように設定したい場合に、GPUを使用するケースでは別途以下の設定も必要となります（GPUを使用したクラウドマシンの利用方法は1.4節で解説します）。

```
torch.backends.cudnn.deterministic = True
torch.backends.cudnn.benchmark = False
```

ですが、上記の設定を入れると計算速度が遅くなる場合が多いため、本書では上記の設定を適用していません。そのため、本書のGPUを使用している部分の計算結果は、同じ実装コードを動かしても、本書で示した内容と細かくは異なる結果になります。PyTorchで計算結果の再現性を担保する手法の詳細については[4]をご覧ください。

Datasetを作成

Datasetを3ステップで作成します。はじめに画像の前処理クラス ImageTransform を作成します。次に画像へのファイルパスをリスト型変数に格納する関数 make_datapath_list を作成します。最後にこれらを使用して Dataset クラス HymenopteraDataset を作成します。

本節のような単純な画像分類タスクにおいて Dataset を作成する場合、torchvision.datasets.ImageFolder クラスを利用して Dataset を作成する手法が簡単です。ですが本書の第2章以降の様々なタスクに対するディープラーニングの応用手法でも Dataset が自分で作れるように、本節でもクラス ImageFolder は使用せずに Dataset を作成する方法を解説します。

はじめに画像の前処理クラス ImageTransform を作成します。今回は訓練時と推論時で異なる前処理を行うようにします。訓練時にはデータオーギュメンテーションを実施します。データオーギュメンテーションとはデータに対して epoch ごとに異なる画像変換を適用し、データを水増しする手法です。今回、訓練時の前処理には RandomResizedCrop と RandomHorizontalFlip を行います。

前処理クラス ImageTransform の実装は以下の通りです。RandomResizedCrop(resize, scale=(0.5, 1.0)) は、scale で指定した0.5から1.0の大きさで画像を拡大・縮小し、さらにアスペクト比を3/4から4/3の間のいずれかで変更して画像を横もしくは縦に引き伸ばし、最後に resize で指定した大きさで画像を切り出す操作です。RandomHorizontalFlip() は画像の左右を50%の確率で反転させる操作です。これらの操作により、同じ訓練データでも epoch

ごとに少し異なる画像が生成され、その多様なデータを学習することで、テストデータに対する性能（汎化性能）が向上しやすくなります。

```python
# 入力画像の前処理をするクラス
# 訓練時と推論時で処理が異なる

class ImageTransform():
    """
    画像の前処理クラス。訓練時、検証時で異なる動作をする。
    画像のサイズをリサイズし、色を標準化する。
    訓練時はRandomResizedCropとRandomHorizontalFlipでデータオーギュメンテーションする。

    Attributes
    ----------
    resize : int
        リサイズ先の画像の大きさ。
    mean : (R, G, B)
        各色チャネルの平均値。
    std : (R, G, B)
        各色チャネルの標準偏差。
    """

    def __init__(self, resize, mean, std):
        self.data_transform = {
            'train': transforms.Compose([
                transforms.RandomResizedCrop(
                    resize, scale=(0.5, 1.0)),  # データオーギュメンテーション
                transforms.RandomHorizontalFlip(),  # データオーギュメンテーション
                transforms.ToTensor(),  # テンソルに変換
                transforms.Normalize(mean, std)  # 標準化
            ]),
            'val': transforms.Compose([
                transforms.Resize(resize),  # リサイズ
                transforms.CenterCrop(resize),  # 画像中央をresize×resizeで切り取る
                transforms.ToTensor(),  # テンソルに変換
                transforms.Normalize(mean, std)  # 標準化
            ])
        }

    def __call__(self, img, phase='train'):
        """
        Parameters
        ----------
        phase : 'train' or 'val'
            前処理のモードを指定。
```

```
        """
        return self.data_transform[phase](img)
```

　ImageTransformを訓練モードで実施した動作を確認しておきます。図1.3.1を見ると犬の顔付近が切り取られ、横に伸ばされて、かつ左右が反転していることがわかります。図1.3.1の結果は実行するたびに変化します。

```python
# 訓練時の画像前処理の動作を確認
# 実行するたびに処理結果の画像が変わる

# 1. 画像読み込み
image_file_path = './data/goldenretriever-3724972_640.jpg'
img = Image.open(image_file_path)  # [高さ][幅][色RGB]

# 2. 元の画像の表示
plt.imshow(img)
plt.show()

# 3. 画像の前処理と処理済み画像の表示
size = 224
mean = (0.485, 0.456, 0.406)
std = (0.229, 0.224, 0.225)

transform = ImageTransform(size, mean, std)
img_transformed = transform(img, phase="train")  # torch.Size([3, 224, 224])

# （色、高さ、幅）を（高さ、幅、色）に変換し、0-1に値を制限して表示
img_transformed = img_transformed.numpy().transpose((1, 2, 0))
img_transformed = np.clip(img_transformed, 0, 1)
plt.imshow(img_transformed)
plt.show()
```

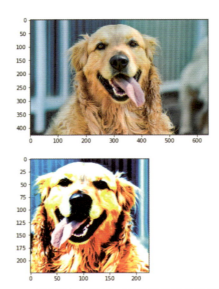

図 1.3.1 ImageTransformを実施した結果。画像前処理の前後を示す。結果は実行するたびに変化する

　次にデータへのファイルパスを格納したリスト型変数を作成します。今回使用する訓練データはアリとハチの画像が合計で243枚、検証データは合計で153枚になります。訓練データと検証データに対応したファイルパスのリストをそれぞれ作成します。

　実装は次の通りです。ファイルパスの文字列を`osp.join`で作成し、`glob`でファイルパスを取得します。

```
# アリとハチの画像へのファイルパスのリストを作成する

def make_datapath_list(phase="train"):
    """
    データのパスを格納したリストを作成する。

    Parameters
    ----------
    phase : 'train' or 'val'
        訓練データか検証データかを指定する

    Returns
    -------
    path_list : list
        データへのパスを格納したリスト
```

```python
    """
    rootpath = "./data/hymenoptera_data/"
    target_path = osp.join(rootpath+phase+'/**/*.jpg')
    print(target_path)

    path_list = []  # ここに格納する

    # globを利用してサブディレクトリまでファイルパスを取得する
    for path in glob.glob(target_path):
        path_list.append(path)

    return path_list
# 実行
train_list = make_datapath_list(phase="train")
val_list = make_datapath_list(phase="val")

train_list
```

[出力]
```
./data/hymenoptera_data/train/**/*.jpg
./data/hymenoptera_data/val/**/*.jpg
['./data/hymenoptera_data/train\\ants\\0013035.jpg',
 './data/hymenoptera_data/train\\ants\\1030023514_aad5c608f9.jpg',
 ...
```

　最後にDatasetのクラスを作成し、訓練データと検証データについてそれぞれのインスタンスを作成します。画像を読み込む際に前処理クラスImageTransformを適用させます。

　本節では画像がアリの場合はlabelを0とし、ハチの場合はlabelを1とします。Datasetクラスを継承したオリジナルのDatasetを作る際には、Datasetから1つのデータを取り出すメソッドである__getitem__()と、Datasetのファイル数を返すメソッドである__len__()を実装する必要があります。

　実装は次の通りです。

```python
# アリとハチの画像のDatasetを作成する

class HymenopteraDataset(data.Dataset):
    """
    アリとハチの画像のDatasetクラス。PyTorchのDatasetクラスを継承。

    Attributes
```

```
    ----------
    file_list : リスト
        画像のパスを格納したリスト
    transform : object
        前処理クラスのインスタンス
    phase : 'train' or 'test'
        学習か訓練かを設定する。
    """

    def __init__(self, file_list, transform=None, phase='train'):
        self.file_list = file_list  # ファイルパスのリスト
        self.transform = transform  # 前処理クラスのインスタンス
        self.phase = phase  # train or valの指定

    def __len__(self):
        '''画像の枚数を返す'''
        return len(self.file_list)

    def __getitem__(self, index):
        '''
        前処理をした画像のTensor形式のデータとラベルを取得
        '''

        # index番目の画像をロード
        img_path = self.file_list[index]
        img = Image.open(img_path)  # [高さ][幅][色RGB]

        # 画像の前処理を実施
        img_transformed = self.transform(
            img, self.phase)  # torch.Size([3, 224, 224])

        # 画像のラベルをファイル名から抜き出す
        if self.phase == "train":
            label = img_path[30:34]
        elif self.phase == "val":
            label = img_path[28:32]

        # ラベルを数値に変更する
        if label == "ants":
            label = 0
        elif label == "bees":
            label = 1

        return img_transformed, label

# 実行
```

```
train_dataset = HymenopteraDataset(
    file_list=train_list, transform=ImageTransform(size, mean, std), phase='train')

val_dataset = HymenopteraDataset(
    file_list=val_list, transform=ImageTransform(size, mean, std), phase='val')

# 動作確認
index = 0
print(train_dataset.__getitem__(index)[0].size())
print(train_dataset.__getitem__(index)[1])
```

[出力]

```
torch.Size([3, 224, 224])
0
```

DataLoaderを作成

　Datasetを使用してDataLoaderを作成します。DataLoaderはPyTorchの`torch.utils.data.DataLoader`クラスをそのまま使用します。訓練用のDataLoaderは`shuffle = True`と設定し、画像を取り出す順番がランダムになるようにします。

　訓練用のDataLoaderと検証用のDataLoaderを作成し、両者を辞書型変数`dataloaders_dict`に格納します。辞書型変数に格納するのは、学習・検証の実施時に扱いやすくするためです。

　実装は次の通りです。なお手元のPCのメモリサイズが小さく、後ほど学習の実行時に「Torch: not enough memory: …」というメモリに載らないエラーが表示された場合は`batch_size`を小さくしてください。

```
# ミニバッチのサイズを指定
batch_size = 32

# DataLoaderを作成
train_dataloader = torch.utils.data.DataLoader(
    train_dataset, batch_size=batch_size, shuffle=True)

val_dataloader = torch.utils.data.DataLoader(
    val_dataset, batch_size=batch_size, shuffle=False)

# 辞書型変数にまとめる
dataloaders_dict = {"train": train_dataloader, "val": val_dataloader}
```

1-3 ● 転移学習の実装

```
# 動作確認
batch_iterator = iter(dataloaders_dict["train"])  # イテレータに変換
inputs, labels = next(
    batch_iterator)  # 1番目の要素を取り出す
print(inputs.size())
print(labels)
```

[出力]

```
torch.Size([32, 3, 224, 224])
tensor([1, 0, 0, 0, 1, 1, 1, 0, 1, 0, 1, 0, 1, 1, 0, 0, 1, 1, 0, 1, 1, 0, 1, 1,
        0, 1, 0, 0, 0, 0, 0, 1])
```

❖ ネットワークモデルを作成

　以上でデータを使用するための準備が完了です。続いてネットワークモデルを作成します。1.1節を参考に、学習済みのVGG-16モデルをロードします。
　今回は出力ユニットの数が1000種類ではなく、アリとハチの2種類になります。そこでVGG-16モデルのclassifierモジュールの最後にある全結合層を付け替えます。
　実装は次の通りです。実装コードのnet.classifier[6] = nn.Linear(in_features=4096, out_features=2)を実行することで、出力ユニットが2つの全結合層に付け替えられます。
　PyTorchのディープラーニング実装では、ここでさらにネットワークモデルの順伝搬関数（forward）の定義を行うのですが、今回はロードした学習済みモデルの順伝搬関数を使用するので定義は不要です。

```
# 学習済みのVGG-16モデルをロード
# VGG-16モデルのインスタンスを生成
use_pretrained = True  # 学習済みのパラメータを使用
net = models.vgg16(pretrained=use_pretrained)

# VGG16の最後の出力層の出力ユニットをアリとハチの2つに付け替える
net.classifier[6] = nn.Linear(in_features=4096, out_features=2)

# 訓練モードに設定
net.train()

print('ネットワーク設定完了：学習済みの重みをロードし、訓練モードに設定しました')
```

損失関数を定義

次に損失関数を定義します。今回の画像分類タスクは通常のクラス分類であり、クロスエントロピー誤差関数を使用します。クロスエントロピー誤差関数は全結合層からの出力（今回であればアリとハチの2つ）に対して、ソフトマックス関数を適用したあと、クラス分類の損失関数であるThe negative log likelihood lossを計算します。

```
# 損失関数の設定
criterion = nn.CrossEntropyLoss()
```

最適化手法を設定

最適化手法を設定します。はじめに転移学習で学習・変化させるパラメータを設定します。ネットワークモデルのパラメータに対して、requires_grad = Trueと設定したパラメータは誤差逆伝搬で勾配が計算され、学習時に値が変化します。パラメータを固定させ更新しないように設定する場合は、requires_grad = Falseとします。

```
# 転移学習で学習させるパラメータを、変数params_to_updateに格納する
params_to_update = []

# 学習させるパラメータ名
update_param_names = ["classifier.6.weight", "classifier.6.bias"]

# 学習させるパラメータ以外は勾配計算をなくし、変化しないように設定
for name, param in net.named_parameters():
    if name in update_param_names:
        param.requires_grad = True
        params_to_update.append(param)
        print(name)
    else:
        param.requires_grad = False

# params_to_updateの中身を確認
print("-----------")
print(params_to_update)
```

[出力]

```
classifier.6.weight
classifier.6.bias
-----------
[Parameter containing:
tensor([[ 0.0117,  0.0116,  0.0082,  ..., -0.0072,  0.0059, -0.0065],
        [-0.0071, -0.0131, -0.0117,  ..., -0.0079, -0.0070,  0.0085]],
       requires_grad=True), Parameter containing:
tensor([-0.0087,  0.0008], requires_grad=True)]
```

その後、最適化のアルゴリズムを設定します。今回はMomentum SGDを使用します。引数paramsに、先ほど学習するように設定したparams_to_updateを与えます。

```
# 最適化手法の設定
optimizer = optim.SGD(params=params_to_update, lr=0.001, momentum=0.9)
```

学習・検証を実施

最後に学習・検証を実施します。モデルを訓練させる関数train_modelを定義します。関数train_modelでは、学習と検証をepochごとに交互に実施します。学習時はnetを訓練モードに、検証時は検証モードにします。PyTorchにおいて学習と検証でネットワークのモードを切り替えるのは、Dropout層など学習と検証で挙動が異なる層があるからです。

実装は次の通りです。実装コードのwith torch.set_grad_enabled(phase == 'train'):は、学習時のみ勾配を計算させる設定です。検証時は勾配を計算する必要がないので省略させます。

イテレーションにおいて、epochの損失にloss.item() * inputs.size(0)を加えている部分について解説します。lossにはミニバッチで平均した損失が格納されています。この値を.item()で取り出します。損失はミニバッチサイズの平均値になっているので、ミニバッチサイズであるinput.size(0)=32をかけ算し、ミニバッチの合計損失を求めています。

```
# モデルを学習させる関数を作成

def train_model(net, dataloaders_dict, criterion, optimizer, num_epochs):

    # epochのループ
    for epoch in range(num_epochs):
        print('Epoch {}/{}'.format(epoch+1, num_epochs))
```

```python
            print('-------------')

        # epochごとの学習と検証のループ
        for phase in ['train', 'val']:
            if phase == 'train':
                net.train()  # モデルを訓練モードに
            else:
                net.eval()   # モデルを検証モードに

            epoch_loss = 0.0  # epochの損失和
            epoch_corrects = 0  # epochの正解数

            # 未学習時の検証性能を確かめるため、epoch=0の訓練は省略
            if (epoch == 0) and (phase == 'train'):
                continue

            # データローダーからミニバッチを取り出すループ
            for inputs, labels in tqdm(dataloaders_dict[phase]):

                # optimizerを初期化
                optimizer.zero_grad()

                # 順伝搬（forward）計算
                with torch.set_grad_enabled(phase == 'train'):
                    outputs = net(inputs)
                    loss = criterion(outputs, labels)  # 損失を計算
                    _, preds = torch.max(outputs, 1)   # ラベルを予測

                    # 訓練時はバックプロパゲーション
                    if phase == 'train':
                        loss.backward()
                        optimizer.step()

                    # イテレーション結果の計算
                    # lossの合計を更新
                    epoch_loss += loss.item() * inputs.size(0)
                    # 正解数の合計を更新
                    epoch_corrects += torch.sum(preds == labels.data)

            # epochごとのlossと正解率を表示
            epoch_loss = epoch_loss / len(dataloaders_dict[phase].dataset)
            epoch_acc = epoch_corrects.double(
            ) / len(dataloaders_dict[phase].dataset)

            print('{} Loss: {:.4f} Acc: {:.4f}'.format(
                phase, epoch_loss, epoch_acc))
```

1-3 ● 転移学習の実装

　最後に関数`train_model`を実行します。今回は1 epochだけ学習させることにします。計算時間は6分程度です（実行するPCの性能に左右されますが、おおむね10分弱かと思います）。

```
# 学習・検証を実行する
num_epochs=2
train_model(net, dataloaders_dict, criterion, optimizer, num_epochs=num_epochs)
```

　転移学習の結果を図1.3.2に示します。最初epoch 0では学習をcontinueでスキップさせています。そのため未学習のニューラルネットワークでの分類の結果、検証データの正答率Accは約36%となっており、アリとハチの画像をきちんと分類できていません。その後1 epoch学習すると、学習データへの正答率は約74%となり、検証データの正答率は約93%になりました。以上により、200枚ほどの学習データに対して、1 epochの転移学習により、アリとハチの画像をうまく学習できるようになりました。

　なお今回2 epoch目において訓練データの正答率が検証データよりも低いのには、2つの理由があります。1つ目の理由は訓練データでの学習が8イテレーションにわたって行われるので、その間にネットワークが学習して性能が高くなっているためです。そのため1イテレーション目の性能は低いものになっています。対して検証データは8イテレーション学習した後のネットワークでの推論の結果のため、性能が良くなります。2つ目の理由は訓練データの場合はデータオーギュメンテーションが適用されている点です。データオーギュメンテーションで画像が変形されるので、大きく変形した場合にはその分類が困難となる場合があります。

　今回は学習を実質1 epochしか行っていませんが、epoch数を増やせば訓練データと検証データの性能の差はほとんどなくなり、そのうち訓練データへ過学習しはじめます。具体的には、訓練データの性能は向上しますが、検証データでの性能が低下しはじめます。そのタイミングで学習を終了させます（early stopping）。

```
In [13]:  # 学習・検証を実行する
          num_epochs=2
          train_model(net, dataloaders_dict, criterion, optimizer, num_epochs=num_epochs)

Epoch 1/2
-------------
100%|██████████| 5/5 [01:35<00:00, 18.80s/it]
val Loss: 0.8070 Acc: 0.3595
Epoch 2/2
-------------
100%|██████████| 8/8 [02:36<00:00, 18.10s/it]
train Loss: 0.5076 Acc: 0.7366
100%|██████████| 5/5 [01:40<00:00, 19.61s/it]
val Loss: 0.1818 Acc: 0.9346
```

図1.3.2 転移学習の結果

　以上、本節では転移学習を実装しました。今回のデータセットはアリとハチの2クラスで、訓練データが合計で243枚、検証データが合計で153枚でした。本節のように学習済みモデルを利用した転移学習であれば少量のデータでも性能の良いディープラーニングを実現することができます。

　本書の次節以降ではGPU環境でディープラーニングの学習を実行します。そこで次節ではAmazonのクラウドサービスを利用し、GPUマシンを使用する方法について解説します。

1-4 Amazon AWSのクラウドGPUマシンを使用する方法

本節ではクラウドサービスを利用してGPUマシンを利用する手法を解説します。本節以降、本書ではGPUマシンを利用します。本書ではAmazonのクラウドサービス（AWS：Amazon Web Services）を使用します。

本節の学習目標は、次の通りです。

1. Amazon AWS EC2インスタンスを作成できるようになる
2. ディープラーニングのマシンイメージを利用し、はじめからGPU環境が設定されたEC2インスタンスを使えるようになる
3. EC2でJupyter Notebookを起動し、手元のPCからGPUマシンを操作できるようになる

> **本節の実装ファイル：**
>
> なし

クラウドサービスを使用する理由

ディープラーニングの演算を高速に実行するためにGPUやTPUが必要なのはご存知の通りです。加えて、ディープラーニングの応用手法を実装するには、大きなサイズのメモリも必要です。ディープラーニングの応用手法を実装するためのマシンには、GPUとメモリ64GB以上（少なくとも32GB）が望ましいです。AmazonクラウドサービスのディープラーニングGPUマシンで一番安価なp2.xlarge（1時間あたり約100円）のメモリサイズも約64GBになっています。

GPUと大きなメモリサイズを搭載したPCを手元に用意しようと思うとなかなかの出費になります。初めから自前でGPU環境を用意するのは高額なので、本書ではクラウドサービスのGPUマシンを使用します。

本書ではAmazonのクラウドサービスであるAWSを使用し、一番安価なGPUマシンであるEC2インスタンスのp2.xlarge（1時間あたり約100円）を使用します。

AWSのアカウント作成

AWSを使用するにはアカウントを作成する必要があります。AWSのトップ画面[5]（https://aws.amazon.com/jp/）からアカウントを新規作成します。AWSアカウント作成の流れ[6]（https://aws.amazon.com/jp/register-flow/）にて、アカウント作成の方法が解説されています。

AWSマネジメントコンソール

アカウントが作成できたら、AWSのトップ画面[5]から、AWSマネジメントコンソールにログインします。ログインすると図1.4.1のような画面が表示されます。

図1.4.1の右上に自身のアカウント名、そして現在のリージョンが表示されています。図1.4.1の場合リージョンはバージニア北部です。

AWSではどの地域（リージョン）に設置されているマシンを使用するのかを選択します。日本から使用するのであれば通信距離が近い東京リージョンが望ましいのですが、リージョンごとにサービスの値段が異なる点にも注意が必要です（東京リージョンのGPUサービスは割高です）。

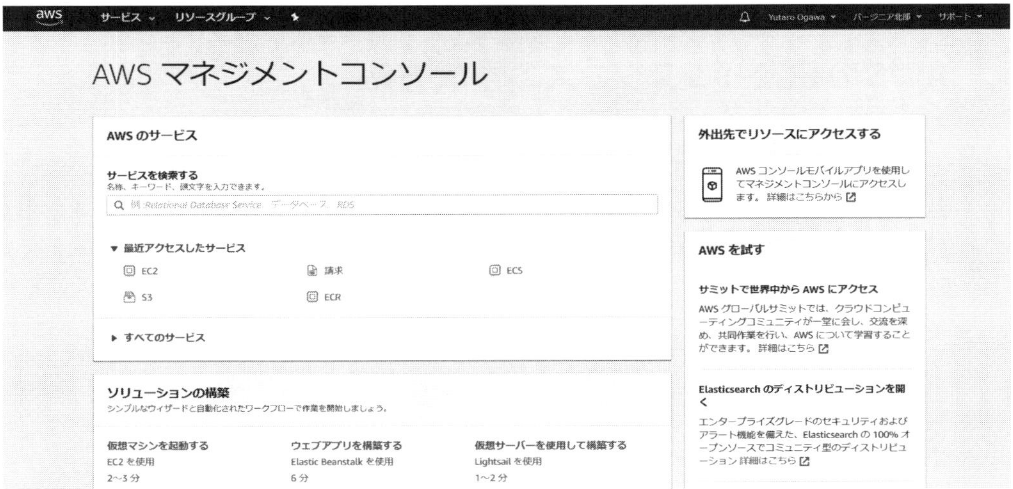

図1.4.1　AWSマネジメントコンソールトップ画面

AWSではディープラーニングに限らず様々なクラウドサービスが利用できます。本書で使用するのは仮想サーバーを利用するEC2（Amazon Elastic Compute Cloud）と呼ばれるサービスです。

EC2ではCPUやメモリの性能が異なる様々なサーバーが用意されており、それらをインスタンスタイプと呼びます。また個々の仮想サーバーをインスタンスと呼びます。

ディープラーニング用には「高速コンピューティング」シリーズのP2、P3インスタンスを使用します。P2インスタンスにはGPUとしてNVIDIA K80が、P3インスタンスにはNVIDIA Tesla V100が用意されています。

EC2にはオンデマンドやスポットインスタンスなどの種類があります。本書ではベーシックなオンデマンドを使用します（詳細は割愛しますが、スポットインスタンスなどは値段が安くなる代わりに使用方法に制限がかかります）。

リージョンを米国東部（バージニア北部）に設定した場合、p2.xlargeインスタンス（vCPU：4、メモリ：61GiB、GPU：1台）の価格は0.90米ドル/1時間、p3.2xlargeインスタンス（vCPU：8、メモリ：61GiB、GPU：1台）の価格は3.06米ドル/1時間です。

リージョンがアジアパシフィック（東京）の場合、p2.xlargeは1.542米ドル/1時間、p3.2xlargeは4.194米ドル/1時間と、米国東部のリージョンよりも割高です（2019年5月時点）。

図1.4.1の右上のリージョン名をクリックするとリージョンを選択できるので、価格の安い米国東部（バージニア北部）や米国東部（オハイオ）などを選択しておいてください。

なおP2、P3にはGPUを複数台積んだインスタンスも存在します。ただしその分お値段はかかります。

AWSのEC2インスタンスの作成方法

それではこれからEC2サービスを利用し実際にGPU用の仮想サーバーを作成する方法を解説します。図1.4.1の左上に「サービス」というメニューがあるのでこちらをクリックします。すると図1.4.2のようにAWSのサービス一覧が表示されます。左上の「コンピューティング」の最初に「EC2」があるので、こちらをクリックします。

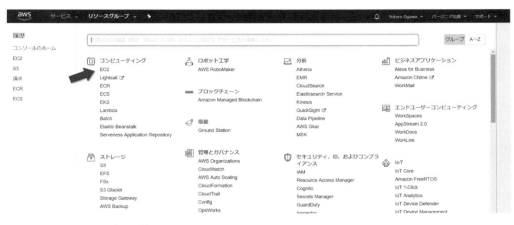

図1.4.2 AWSサービス一覧

すると図1.4.3のEC2ダッシュボード画面に移ります。画面中央少し下に、「インスタンスの作成」という青いボタンがあるので、こちらをクリックしてEC2インスタンスの作成を開始します。

図1.4.3 EC2ダッシュボード画面

すると「手順 1: Amazon マシンイメージ (AMI)」に移ります（図1.4.4）。AMI（Amazon Machine Images）とは、EC2サーバーのひな形のことです。OSの種類や初めから入っているライブラリなどが異なる様々なひな形が存在します。今回はディープラーニング用のひな形である「Deep Learning AMI (Ubuntu)」を使用します。「Deep Learning AMI (Ubuntu)」にはPyTorchやTensorFlow、Kerasなどのディープラーニング用パッケージがAnacondaとともにプリインストールされています。またGPUを使用するためのCUDAもプリインストールされているため、EC2サーバーを立ち上げてすぐにPyTorchでGPUを使用したディープラーニ

ングが可能です。

　図1.4.4のように検索欄に「deeplearning ubuntu」と入力し検索します。左端の検索対象のタブを「AWS Marketplace」にします。「Deep Learning AMI (Ubuntu)」のマシンイメージが表示されるので右端の「選択」ボタンをクリックします。

　すると確認画面が表示されるので「Continue」ボタンをクリックします。

図1.4.4　手順 1: Amazon マシンイメージ (AMI)

　次に「手順 2: インスタンスタイプの選択」画面が表示されます（図1.4.5）。ここでp2.xlargeを選択し、画面右下の「次の手順：インスタンスの詳細の設定」ボタンをクリックします。

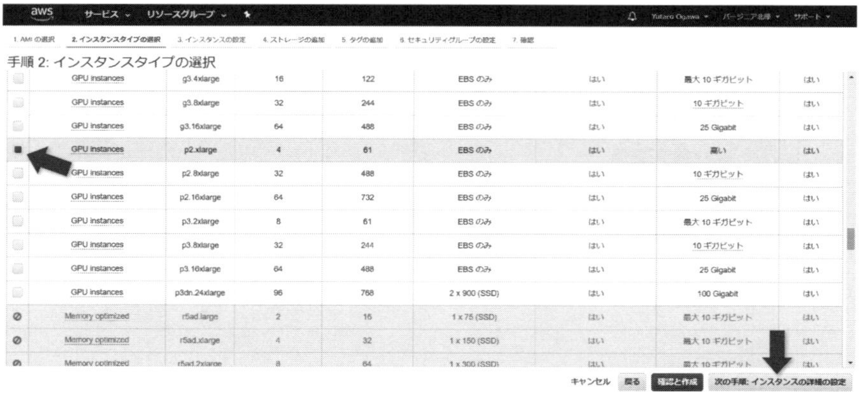

図1.4.5　手順 2: インスタンスタイプの選択

　「手順 3: インスタンスの詳細の設定」画面に移ります。ここでは特に変更する点はなく右下の「次の手順：ストレージの追加」ボタンをクリックします。

　「手順 4: ストレージの追加」画面に移ります（図1.4.6）。ここで仮想サーバーのストレージのタイプと大きさを選びます。ボリュームタイプは、デフォルトである「汎用SSD（gp2）」

のままにします。サイズはデフォルトでは75GiBになっていますが、200GiBくらいに設定し「次の手順：タグの追加」ボタンをクリックします。

なおストレージが200GiB程度の場合本書を進めていくと途中でストレージがいっぱいになる可能性があります。その際には新しいインスタンスを作成するなどします。

図1.4.6 手順4: ストレージの追加

「手順5: タグの追加」画面に移ります。ここではとくに設定は必要ありません。右下の「次の手順：セキュリティグループの設定」ボタンをクリックします。

「手順6: セキュリティグループの設定」画面ではサーバーのファイアウォールを設定します（図1.4.7）。Webサービスや重要なデータを扱う際には適切な設定が必要です。本書の自己学習用のサーバーであれば重要なデータを置いたり、長期的に利用したりするわけではないので、デフォルトのまま設定を変更せず、右下の「確認と作成」ボタンをクリックします。

図1.4.7 手順6: セキュリティグループの設定

「手順7: インスタンス作成の確認」画面に移ります（図1.4.8）。ここまでの設定を確認し、右下の「作成」ボタンをクリックします。

図1.4.8 手順7: インスタンス作成の確認

すると図1.4.9に示す、キーペアの選択・作成画面が表示されます。キーペアとはこのEC2サーバーに接続する際に必要となる暗号鍵ファイルです。まず「新しいキーペアの作成」を選択し、キーペア名に任意の名前を入力します（図1.4.9ではkeyname_hogehoge）。そして「キーペアのダウンロード」のボタンをクリックします。すると.pemファイルがダウンロードされます（この場合はkeyname_hogehoge.pem）。このファイルがEC2サーバーに接続する際に必要となります。

キーペアをダウンロードしたら、「インスタンスの作成」ボタンをクリックします。すると設定した内容でEC2サーバーの作成がスタートします。

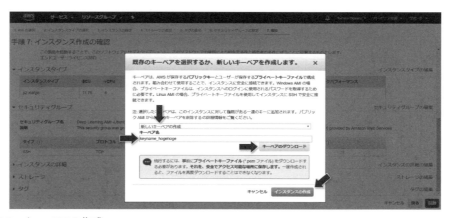

図1.4.9 キーペアの作成

EC2サーバーの作成がスタートしたら図1.4.10の作成ステータス画面に移ります。ここで図1.4.10の矢印で示したインスタンスid名をクリックし、インスタンス管理画面に移ります。
　なお各リージョンでp2.xlargeが同時に起動できるインスタンス数は制限されています。おそらくp2.xlargeが1つは立ち上げられる状態だと思いますが、起動可能数が0の場合はp2.xlargeが立ち上げられません。AWSサポートに使用目的を連絡すれば1には変更してもらえるかと思います。その際はネット上の情報などを頼りに対応してください。

図1.4.10　作成ステータス

　インスタンス管理画面に移ると作成したインスタンスの状況を確認できます（図1.4.11）。はじめは「ステータスチェック」が「初期化し…」と記載され、EC2サーバーの初期化・立ち上げ中です。
　5分弱待つと初期化が完了し「ステータスチェック」の表示が「2/2のチェ…」に変わります。この状態になれば使用可能です。
　以上で、AWSでディープラーニング用マシンの立ち上げることができました。あとは図1.4.11の右下に示す「IPv4 パブリック IP」に表示されているIPアドレスにアクセスすればディープラーニング用サーバーとして利用できます。続いてこのサーバーにアクセスしてマシンを操作する方法を解説します。

図1.4.11　インスタンス管理画面

❖ EC2サーバーへのアクセスとAnacondaの操作

　手元のPCから作成したEC2サーバーへはSSHで接続します（SSH：Secure Shellとは、リモートコンピュータと通信するためのプロトコル名です）。

　SSHで接続するために、SSHクライアントと呼ばれるアプリケーションを手元のPCで使用します。SSHクライアントにはTera Term、PuTTY、Windows 10：OpenSSHなどが存在します。本書では「Tera Term」の利用方法を解説します。

　Tera Termとネット上で検索し、Tera Termをダウンロード・インストールしてください。

　デスクトップに「Tera Term」のアイコンができるので開きます。すると図1.4.12のような画面が立ち上がります。「ホスト」欄に接続したいEC2サーバーのIPアドレスを入力します。図1.4.11の右下に示した「IPv4 パブリックIP」です。こちらを貼り付けた後、「OK」ボタンをクリックします。

図1.4.12　Tera Term その1

　図1.4.13のようなセキュリティ警告画面が表示されますが、問題ないので無視して「続行」ボタンをクリックします。

図1.4.13 Tera Term その2

　するとSSH認証の画面に移ります（図1.4.14）。「ユーザ名」を「ubuntu」と入力します。続いて、「RSA/DSA/ECDSA/ED25519鍵を使う」にチェックを入れ、「秘密鍵」ボタンをクリックします。すると秘密鍵ファイルをアップロードする画面が表示されます。EC2サーバー作成時にダウンロードした.pemファイルを選択します。Tera Termの場合.pemファイルがデフォルトでは表示されないので、アップロード画面にて図1.4.15のようにファイル選択を「すべてのファイル」に変更し、.pemファイルを選択します。秘密鍵ファイルがアップロードできたら図1.4.14の左下にある「OK」ボタンをクリックします。するとSSHでEC2サーバーと接続されます。

図1.4.14 Tera Term その3

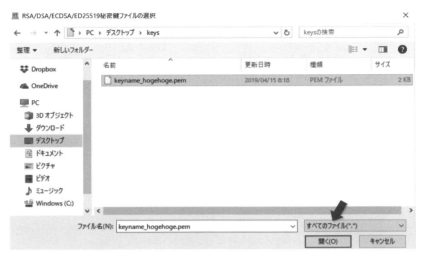

図1.4.15 Tera Term その4

　SSHで接続すると図1.4.16のような画面が表示されます。なお社内環境などから利用していて、プロキシがある場合にはTera Termでプロキシ接続を設定する必要があります。Tera Termのプロキシ接続については割愛いたしますので、必要に応じてネット上の情報などを参照ください。

　続いてAnacondaを立ち上げる方法を解説します。

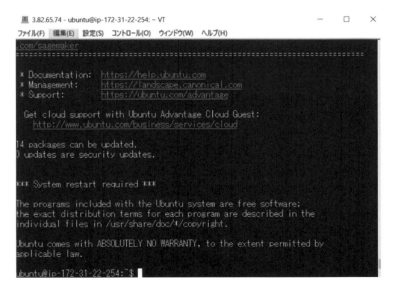

図1.4.16 Tera Term その5

図1.4.16の画面で「`source activate pytorch_p36`」と入力し、Anacondaのpytorch_p36という仮想環境に入ります。初回実行時には20秒ほど時間がかかります。このpytorch_p36という仮想環境はPython 3.6のPyTorchの環境です。

続いて「`jupyter notebook --port 9999`」と入力し、ENTERで実行してください（図1.4.17）。この命令はJupyter Notebookをport 9999で立ち上げてください、という意味です。Jupyter Notebookはデフォルトではport 8888で立ち上がります。デフォルトのportで立ち上げると手元のマシンでAnacondaを立ち上げたときにportが被るため、手元のマシン環境でAnacondaを使用することができなくなります。

これでは効率が悪いので、EC2サーバー側はport 9999を指定して別のAnacondaを立ち上げることで、手元でAnacondaを立ち上げてプログラムをいじりながら、EC2サーバーでも別のAnacondaでプログラムを実行できるようにします。

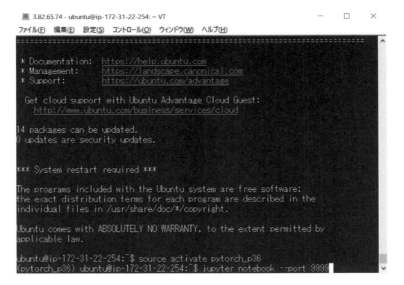

図1.4.17　Tera Term その6

EC2サーバーを作成し、初めて「`jupyter notebook --port 9999`」を実行したときには1分ほど時間がかかって、図1.4.18のようなJupyter Notebookが立ち上がった状態になります。

図1.4.18の「`http://localhost:9999/`…」と続くURLをコピーして手元のPCのブラウザからアクセスすれば、EC2サーバーのAnaconda画面が表示されます。ですがその前にSSH転送の設定で手元のPCのport 9999とEC2サーバーのport 9999をつなぐ設定が必要です。

1-4 ● Amazon AWSのクラウドGPUマシンを使用する方法

図1.4.18 Tera Term その7

　Tera Termの画面上側のメニューにある「設定」から「SSH転送」をクリックします。ポート転送の一覧画面が表示されるので「追加」ボタンをクリックします。図1.4.19のように2か所につなぎたいポート番号である「9999」を2か所に入力し、「OK」ボタンをクリックします。ポート転送の一覧画面に戻るので再度「OK」ボタンをクリックします。

　続いて図1.4.18で表示されていた「`http://localhost:9999/…`」と続くURLをコピーして手元のPCからブラウザを立ち上げてアクセスします。

図1.4.19 Tera Term その8

URLにアクセスすると図1.4.20のようにJupyter Notebookが立ち上がります。あとは手元のPCでJupyter Notebookを使用するのと同じ操作です。

なお手元のPCからEC2サーバーへファイルをアップロードしたり、逆にファイルをダウンロードしたりするのもJupyter Notebookの「Download」や「Upload」ボタンから可能です。

図1.4.20　手元のPCのブラウザからJupyter Notebookを起動

AWSのGPUインスタンスをずっと立ち上げているとお金がもったいないです。プログラムの実装や本書を見ながらの勉強は手元のPCで行うことをおすすめします。

EC2インスタンスを停止するには図1.4.21のようにAWSマネジメントコンソールのEC2ダッシュボード画面からEC2インスタンス一覧を開き、インスタンスの上で右クリックをしてメニューを開き、「インスタンスの状態」をクリックし「停止」をクリックします。

これらのインスタンスを停止してよろしいですか？　という画面が表示されるので、「強制的に停止する」ボタンをクリックします。すると「インスタンスの状態」が「stopping」に変わります。完全に停止すると「インスタンスの状態」が「stopped」になります。停止しているEC2サーバーを起動する場合は同様にインスタンスの上で右クリックをしてメニューを開き、「インスタンスの状態」から「開始」をクリックします。

なお使用しなくなったEC2インスタンスは「インスタンスの状態」から「終了」をクリックして削除します。GPUインスタンス自体は起動していなければお金はかからないのですが、停止していてもEC2のストレージ（ボリューム）のSSDに対して課金がされます。月々の課金額は若干ですが、放置していると毎月課金されてもったいないです。完全に使用しなくなったインスタンスは削除してください。

1-4 ● Amazon AWSのクラウドGPUマシンを使用する方法

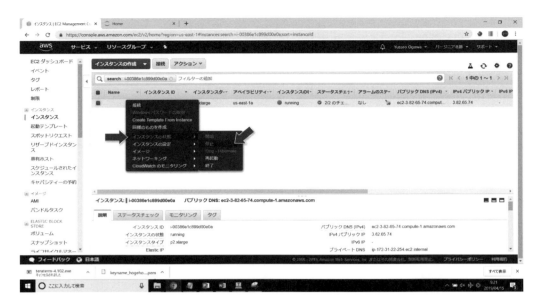

図1.4.21　EC2インスタンスの停止

　以上、本節ではAmazon AWS EC2のGPUマシンを作成し、手元のPCからGPUサーバーに接続、Jupyter Notebookを起動する方法について解説しました。次節ではこのAWSのGPUサーバーを使用して、画像分類のファインチューニングを実装・実行する方法を解説します。

1-5 ファインチューニングの実装

　本節ではファインチューニングを使用し、手元にある少量のデータを学習させて、オリジナルの画像分類モデルを構築する方法を解説します。1.3節と同様にアリとハチの画像を分類するモデルを学習させます。1.4節で解説したGPUマシンで実装を行います。さらに、学習したネットワークの結合パラメータを保存する方法、そして保存されたパラメータをロードする方法を解説します。

　本節の学習目標は、次の通りです。

1. PyTorchでGPUを使用する実装コードを書けるようになる
2. 最適化手法の設定において、層ごとに異なる学習率を設定したファインチューニングを実装できるようになる
3. 学習したネットワークを保存・ロードできるようになる

本節の実装ファイル：

```
1-5_fine_tuning.ipynb
```

ファインチューニング

　ファインチューニング（fine tuning）とは、学習済みモデルをベースに出力層などを変更したモデルを構築し、自前のデータでニューラルネットワーク・モデルの結合パラメータを学習させる手法です。結合パラメータの初期値には学習済みモデルのパラメータを利用します。

　ファインチューニングは1.3節で解説した転移学習とは異なり、出力層および出力層に近い部分だけでなく、全層のパラメータを再学習させます。ただし、入力層に近い部分のパラメータは学習率を小さく設定し（場合によっては変化させず）、出力層に近い部分のパラメータは学習率を大きく設定することが一般的です。

　ファインチューニングは転移学習と同じく学習済みモデルをベースとするので、自前のデータが少量でも性能の良いディープラーニングを実現しやすいというメリットがあります。

フォルダ準備と事前準備

1.4節で解説したAmazon EC2のGPUインスタンスを使用します。データには1.3節と同じくアリとハチの画像を使用します。GPUサーバーに関係ファイルをアップロード（もしくは筆者のGitHubリポジトリをクローン）して、「make_folders_and_data_downloads.ipynb」を実行し、GPUマシン上にフォルダ「hymenoptera_data」を作成してください。フォルダ「utils」とその中身もGPUマシン上に用意します。

DatasetとDataLoaderを作成

DatasetおよびDataLoaderの作成方法は1.3節の転移学習と同じになります。1.3節で作成したクラスImageTransform、make_datapath_list、HymenopteraDatasetをフォルダ「utils」内にあるファイル「dataloader_image_classification.py」に用意しています。本節では各クラスをこちらからimportして使用します。

```
# 1.3節で作成したクラスをフォルダutilsにあるdataloader_image_classification.pyに記載して使用
from utils.dataloader_image_classification import ImageTransform, make_datapath_list, HymenopteraDataset

# アリとハチの画像へのファイルパスのリストを作成する
train_list = make_datapath_list(phase="train")
val_list = make_datapath_list(phase="val")

# Datasetを作成する
size = 224
mean = (0.485, 0.456, 0.406)
std = (0.229, 0.224, 0.225)
train_dataset = HymenopteraDataset(
    file_list=train_list, transform=ImageTransform(size, mean, std), phase='train')

val_dataset = HymenopteraDataset(
    file_list=val_list, transform=ImageTransform(size, mean, std), phase='val')

# DataLoaderを作成する
batch_size = 32

train_dataloader = torch.utils.data.DataLoader(
    train_dataset, batch_size=batch_size, shuffle=True)
```

```
val_dataloader = torch.utils.data.DataLoader(
    val_dataset, batch_size=batch_size, shuffle=False)

# 辞書オブジェクトにまとめる
dataloaders_dict = {"train": train_dataloader, "val": val_dataloader}
```

ネットワークモデルを作成

ネットワークモデルの作成も1.3節の転移学習と同じになります。出力層を1000クラスからアリとハチ用に2クラスになるように付け替えます。

```
# 学習済みのVGG-16モデルをロード

# VGG-16モデルのインスタンスを生成
use_pretrained = True  # 学習済みのパラメータを使用
net = models.vgg16(pretrained=use_pretrained)

# VGG16の最後の出力層の出力ユニットをアリとハチの2つに付け替える
net.classifier[6] = nn.Linear(in_features=4096, out_features=2)

# 訓練モードに設定
net.train()

print('ネットワーク設定完了：学習済みの重みをロードし、訓練モードに設定しました')
```

損失関数を定義

次に損失関数を定義します。1.3節の転移学習と同じく、クロスエントロピー誤差関数を使用します。

```
# 損失関数の設定
criterion = nn.CrossEntropyLoss()
```

最適化手法を設定

　ファインチューニングでは、最適化手法の設定部分が転移学習と異なります。全層のパラメータを学習できるようにoptimizerを設定します。

　はじめに各層ごとに学習率を変えられるようにパラメータを設定します。今回はVGG-16の前半のfeaturesモジュールのパラメータを変数update_param_names_1に、後半の全結合層のclassifierモジュールのうち、最初の2つの全結合層のパラメータを変数update_param_names_2に、そして付け替えた最後の全結合層のパラメータを変数update_param_names_3に格納し、それぞれ異なる学習率を適用することにします。

```
# ファインチューニングで学習させるパラメータを、変数params_to_updateの1～3に格納する

params_to_update_1 = []
params_to_update_2 = []
params_to_update_3 = []

# 学習させる層のパラメータ名を指定
update_param_names_1 = ["features"]
update_param_names_2 = ["classifier.0.weight",
                        "classifier.0.bias", "classifier.3.weight",
"classifier.3.bias"]
update_param_names_3 = ["classifier.6.weight", "classifier.6.bias"]

# パラメータごとに各リストに格納する
for name, param in net.named_parameters():
    if update_param_names_1[0] in name:
        param.requires_grad = True
        params_to_update_1.append(param)
        print("params_to_update_1に格納：", name)

    elif name in update_param_names_2:
        param.requires_grad = True
        params_to_update_2.append(param)
        print("params_to_update_2に格納：", name)

    elif name in update_param_names_3:
        param.requires_grad = True
        params_to_update_3.append(param)
        print("params_to_update_3に格納：", name)

    else:
        param.requires_grad = False
```

```
            print("勾配計算なし。学習しない：", name)
```

[出力]
```
params_to_update_1に格納：features.0.weight
params_to_update_1に格納：features.0.bias
・・・
```

続いて各パラメータに最適化手法を設定します。1.3節と同じくMomentum SGDを使用します。今回はupdate_param_names_1の学習率を1e-4、update_param_names_2の学習率を5e-4、update_param_names_3の学習率を1e-3に設定します。momentumはすべて0.9とします。

実装方法は以下の通りです。{'params': params_to_update_1, 'lr': 1e-4}と記載することで、params_to_updata_1の学習率を1e-4に設定できます。また[ ]の外側に記載したパラメータはすべてのparamsに対して同じ値を適用することができます。ここではmomentumはすべて同じなので、[ ]の外側に記載しています。

```
# 最適化手法の設定
optimizer = optim.SGD([
    {'params': params_to_update_1, 'lr': 1e-4},
    {'params': params_to_update_2, 'lr': 5e-4},
    {'params': params_to_update_3, 'lr': 1e-3}
], momentum=0.9)
```

学習・検証を実施

学習・検証を実施します。モデルを訓練させる関数train_modelを定義します。基本的には1.3節の転移学習と同じですが、GPUを使用できるように設定する部分を追加しています。

実装コードは次の通りです。

GPUを使用するには、device = torch.device("cuda:0" if torch.cuda.is_available() else "cpu")を実行します。GPUが使用可能な場合は変数deviceにcuda:0が格納され、CPUしか使用できない場合はcpuが格納されます。この変数deviceを使用してネットワークモデル、モデルに入力するデータ、そしてラベルデータをGPUに転送します。ネットワークモデルの変数やデータ変数に対して、.to(device)を実行することで、GPUに転送できます。

PyTorchの場合は変数deviceにGPUかCPUかの設定を格納し、ネットワークモデルの変数や入力データの変数に対して.to(device)を実行することで、GPUマシンでもCPUマシンでも同じコードでそのままプログラムを実行できます（ただし複数のGPUを同時に使用する場

合は異なります)。

　PyTorchでは、イテレーションごとのニューラルネットワークの順伝搬および誤差関数の計算手法がある程度一定であれば、torch.backends.cudnn.benchmark = True、と設定することでGPUでの計算が高速化されます。

```python
# モデルを学習させる関数を作成

def train_model(net, dataloaders_dict, criterion, optimizer, num_epochs):

    # 初期設定
    # GPUが使えるかを確認
    device = torch.device("cuda:0" if torch.cuda.is_available() else "cpu")
    print("使用デバイス：", device)

    # ネットワークをGPUへ
    net.to(device)

    # ネットワークがある程度固定であれば、高速化させる
    torch.backends.cudnn.benchmark = True

    # epochのループ
    for epoch in range(num_epochs):
        print('Epoch {}/{}'.format(epoch+1, num_epochs))
        print('-------------')

        # epochごとの訓練と検証のループ
        for phase in ['train', 'val']:
            if phase == 'train':
                net.train()  # モデルを訓練モードに
            else:
                net.eval()   # モデルを検証モードに

            epoch_loss = 0.0  # epochの損失和
            epoch_corrects = 0  # epochの正解数

            # 未学習時の検証性能を確かめるため、epoch=0の訓練は省略
            if (epoch == 0) and (phase == 'train'):
                continue

            # データローダーからミニバッチを取り出すループ
            for inputs, labels in tqdm(dataloaders_dict[phase]):

                # GPUが使えるならGPUにデータを送る
                inputs = inputs.to(device)
```

```python
            labels = labels.to(device)

            # optimizerを初期化
            optimizer.zero_grad()

            # 順伝搬（forward）計算
            with torch.set_grad_enabled(phase == 'train'):
                outputs = net(inputs)
                loss = criterion(outputs, labels)  # 損失を計算
                _, preds = torch.max(outputs, 1)  # ラベルを予測

                # 訓練時はバックプロパゲーション
                if phase == 'train':
                    loss.backward()
                    optimizer.step()

                # 結果の計算
                epoch_loss += loss.item() * inputs.size(0)  # lossの合計を更新
                # 正解数の合計を更新
                epoch_corrects += torch.sum(preds == labels.data)

        # epochごとのlossと正解率を表示
        epoch_loss = epoch_loss / len(dataloaders_dict[phase].dataset)
        epoch_acc = epoch_corrects.double(
        ) / len(dataloaders_dict[phase].dataset)

        print('{} Loss: {:.4f} Acc: {:.4f}'.format(
            phase, epoch_loss, epoch_acc))
```

実行します。

```python
# 学習・検証を実行する
num_epochs = 2
train_model(net, dataloaders_dict, criterion, optimizer, num_epochs=num_epochs)
```

　ファインチューニングの結果を図1.5.1に示します。最初epoch 0では学習をcontinueでスキップさせています。そのため未学習のニューラルネットワークでの分類の結果、検証データの正答率Accは約44％となっており、転移学習のときと同じように最初はうまくアリとハチの画像を分類できていません。その後1 epoch学習すると、学習データへの正答率は約72％となり、検証データの正答率は約95％になりました。

　図1.5.1の最上部を見ると「使用デバイス: cuda:0」と記載されており、GPUが使用されていることが確認できます。そのため全体の計算も約40秒と高速に完了します。

1-5 ● ファインチューニングの実装

なおときおり、AWSのp2.xlargeを使用していて`device = torch.device("cuda:0" if torch.cuda.is_available() else "cpu")`の出力変数deviceの中身がcpuとなるケースが報告されています。この場合、`torch.cuda.is_available()`を実行するとFalseになっています。この際はインスタンスを一度停止し、停止後に再度起動してみてください。それでも復活しない場合はあきらめて、インスタンスを作り直すのが良いです（きちんとエラーを読んで、環境を構築しなおしても良いのですが、作り直す方が早いです）。

```
In [9]: # 学習・検証を実行する
num_epochs=2
train_model(net, dataloaders_dict, criterion, optimizer, num_epochs=num_epochs)
```

```
使用デバイス: cuda:0
0%|          | 0/5 [00:00<?, ?it/s]
Epoch 1/2
-------------
100%|██████████| 5/5 [00:20<00:00,  5.13s/it]
0%|          | 0/8 [00:00<?, ?it/s]
val Loss: 0.7704 Acc: 0.4444
Epoch 2/2
-------------
100%|██████████| 8/8 [00:25<00:00,  4.41s/it]
0%|          | 0/5 [00:00<?, ?it/s]
train Loss: 0.5257 Acc: 0.7243
100%|██████████| 5/5 [00:02<00:00,  1.88it/s]
val Loss: 0.1765 Acc: 0.9542
```

図1.5.1 ファインチューニングの結果

◆ 学習したネットワークを保存・ロード

本節の最後に、学習したネットワークの結合パラメータを保存する方法、そして保存されたパラメータをロードする方法を解説します。

保存する場合にはネットワークモデルの変数netに対して`.state_dict()`でパラメータを辞書型変数として取り出し、`torch.save()`で保存します。変数save_pathは保存先のファイルパスです。

```
# PyTorchのネットワークパラメータの保存
save_path = './weights_fine_tuning.pth'
torch.save(net.state_dict(), save_path)
```

　ロードする際は、`torch.load()`で辞書型オブジェクトをロードし、ネットワークに対して、`load_state_dict()`で格納します。GPU上で保存されたファイルをCPU上でロードする場合は`map_location`を使用する必要があります。以下の実装例の通りとなります。ここで変数netはネットワークモデルです。ロードする対象と同じ構成のネットワークモデルを変数netに用意する必要があります。

```
# PyTorchのネットワークパラメータのロード
load_path = './weights_fine_tuning.pth'
load_weights = torch.load(load_path)
net.load_state_dict(load_weights)

# GPU上で保存された重みをCPU上でロードする場合
load_weights = torch.load(load_path, map_location={'cuda:0': 'cpu'})
net.load_state_dict(load_weights)
```

　以上、本節ではファインチューニングを実装しました。ファインチューニングにより少量のデータでも性能の良いディープラーニングを実現することができます。

　以上で第1章画像分類と転移学習は終了となります。本章ではVGGモデル、学習済みモデルの使用方法、転移学習、ファインチューニング、AWSのGPUマシンの使用方法、そしてPyTorchでのディープラーニング実装の流れを解説しました。次章ではディープラーニングを用いた物体検出を行います。

　なおGPUインスタンスを起動していて当分使用しない場合は、ここで一度止めておくことをおすすめします。

第1章引用

- [1] **VGG 16 モデル**
  Simonyan, K., & Zisserman, A. (2014). Very deep convolutional networks for large scale image recognition. arXiv preprint arXiv:1409.1556
  https://arxiv.org/abs/1409.1556

- [2] **ゴールデンレトリバーの画像**
  https://pixabay.com/ja/photos/goldenretriever-%E7%8A%AC-3724972/
  （画像権利情報：CC0 Creative Commons、商用利用無料、帰属表示は必要ありません）

- [3] **PyTorchの転移学習のチュートリアル**
  https://pytorch.org/tutorials/beginner/transfer_learning_tutorial.html

- [4] **PyTorch REPRODUCIBILITY**
  https://pytorch.org/docs/stable/notes/randomness.html

- [5] **AWSのトップ画面**
  https://aws.amazon.com/jp/

- [6] **AWSアカウント作成の流れ**
  https://aws.amazon.com/jp/register-flow/

物体検出（SSD）

第**2**章

2-1 物体検出とは

2-2 Datasetの実装

2-3 DataLoaderの実装

2-4 ネットワークモデルの実装

2-5 順伝搬関数の実装

2-6 損失関数の実装

2-7 学習と検証の実施

2-8 推論の実施

2-1 物体検出とは

　本章では物体検出タスクに取り組みながら、**SSD**（Single Shot MultiBox Detector）[1] と呼ばれるディープラーニングモデルについて解説します。

　第2章は本書のなかでも文量が多い章です。さらに物体検出のディープラーニングはディープラーニングの応用手法のなかでも複雑な部類の内容です。時間をかけて本章に取り組んでいただければと思います。

　とくに本章は実装コードが難しく、実現したい操作・処理内容を言葉で理解するレベルと、それを実装コードで表現するレベルのギャップが大きいです。本書の第3章以降と比較しても、本章の実装コードが一番複雑であり、本書のなかでは一番大変な章となります。

　まずは物体検出そしてSSDが何をやっているのか、処理内容を概念レベルで理解することを目指してみてください。

　本節では、物体検出タスクの概要、SSDを用いた物体検出のインプットとアウトプットについて解説します。また本章で使用するVOCデータセットについても解説を行います。

　本節の学習目標は、次の通りです。

1. 物体検出とは、何をインプットに何をアウトプットするタスクなのかを理解する
2. VOCデータセットについて理解する
3. SSDによる物体検出の6 stepの流れを理解する

> **本節の実装ファイル：**
> なし

物体検出の概要

　物体検出とは1枚の画像中に含まれている複数の物体に対して、物体の領域と物体名を特定するタスクです。画像のどこに、何が映っているのか？　を明らかにします。

　図2.1.1は物体検出の結果です。図2.1.1の左側を見ると画像内に人と馬がいることが分かります。図2.1.1の右側が物体検出の結果を表示しており、枠が人と馬、それぞれを囲っています。この物体の位置を示す枠を「バウンディングボックス（Bounding Box）」と呼びます。

図2.1.1右側の枠の左上にラベル名が表示されており、person：1.00, horse：1.00と表示されていることが分かります。ラベル名は検出した物体のクラスを示しており、人は人、馬は馬と検出されていることが分かります。ラベル名後半の数字は検出の確信度（confidence）です。この数字が高いほど（最大1.00）、自信をもって検出できていることが分かります。[注1]

図2.1.1 物体検出の結果

物体検出タスクのインプットとアウトプット

物体検出のインプットは画像です。アウトプットは次に示す3種類の情報となります。

1. 画像のどこに物体が存在するのかを示すバウンディングボックスの位置と大きさ情報
2. 各バウンディングボックスが何の物体であるのかを示すラベル情報
3. その検出に対する信頼度 = confidence

です。

バウンディングボックスの情報は長方形の形を規定するために図2.1.2の左側のように、長方形の左端の $xmin$ 座標、上端の $ymin$ 座標、右端の $xmax$ 座標、下端の $ymax$ 座標を指定します。紙面の左上側が座標の原点です。

なおSSDのアルゴリズムの途中では図2.1.2の右側のように、バウンディングボックスの形を、中心の x 座標 cx、中心の y 座標 cy、バウンディングボックスの幅 w、バウンディングボックスの高さ h で記述する部分もあります。

ラベルの情報は、今回検出したい物体のクラス数Oに、どの物体でもない背景クラス（background）を足した（O+1）種類のクラスから、各バウンディングボックスにつき1つ

[注1]　乗馬の画像はサイトPixabayからダウンロードしています[2]。
　　　（画像権利情報：商用利用無料、帰属表示は必要ありません）。

のラベルを求めます。

　検出の信頼度 confidence は各バウンディングボックスとラベルに対する確からしさを示します。物体検出ではこの信頼度の高いバウンディングボックスのみを最終的にアウトプットします。

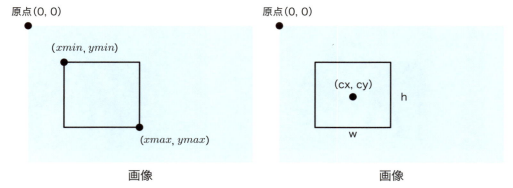

図2.1.2　バウンディングボックスの表現方法（2通り）

VOCデータセットとは

　本章ではVOCデータセット[3]と呼ばれるデータセットを使用します。VOCデータセットは物体検出のコンテストで使用されたデータセットです。正式名称はPASCAL Visual Object Classesです。PASCALとはヨーロッパの研究コミュニティであるPattern Analysis, Statistical Modelling and Computational Learningの略称で、PASCALが主催していたコンテストのデータなので、PASCAL VOCと呼びます。

　VOCデータセットのうち、2007年のデータと2012年のデータが主に使用されます。本章ではVOC2012データセットを使用します。クラス数は20種類、訓練データ5,717枚、検証データ5,823枚からなるデータセットです。

　20種類のクラスは例えば、aeroplane、bicycle、bird、boatなどです。ここに背景クラス（background）を足して、全部で21種類のクラスを本章では使用します。

　データセットの各画像にはバウンディングボックスの正解情報として、長方形の左端の $xmin$ 座標、上端の $ymin$ 座標、右端の $xmax$ 座標、下端の $ymax$ 座標と、物体のクラスを示すラベルのアノテーションデータが付与されています。アノテーションデータは画像ごとにxml形式のファイルで提供されています。

　なおPASCAL VOCの画像データは画像左上の原点の値が、(0, 0) ではなく、(1, 1) になっています。

SSDによる物体検出の流れ

本節の最後に、本章で実装するSSDによる物体検出の流れを解説します。本節ではSSDの大まかな流れを理解してください。

SSDには入力画像の大きさを300×300ピクセルにリサイズして入力するSSD300と、512×512ピクセルで処理をするSSD512の2パターンがあります。本書ではSSD300について解説を行います。

SSDでは画像から物体のバウンディングボックスを求める際に、バウンディングボックスの情報を出力させるのではなく、「デフォルトボックス」と呼ばれる定型的な長方形をあらかじめ用意しておき、この長方形のデフォルトボックスをどのように変形させればバウンディングボックスになるのかという情報を出力させます。このデフォルトボックスを変形させる情報をオフセット情報と呼びます（図2.1.3）。

デフォルトボックスの情報が (cx_d, cy_d, w_d, h_d) であった場合、オフセットの情報は $(\Delta cx, \Delta cy, \Delta w, \Delta h)$ の4変数となり、SSDにおいてバウンディングボックスの情報は

$$cx = cx\_d + 0.1\Delta cx \times w\_d$$
$$cy = cy\_d + 0.1\Delta cy \times h\_d$$
$$w = w\_d \times \exp(0.2\Delta w)$$
$$h = h\_d \times \exp(0.2\Delta h)$$

として計算されます。

なお上記の計算式は理論的に導出されるわけではなく、SSDではこのように定めてディープラーニングモデルを学習させる、という理由から上記の計算式が出現します。

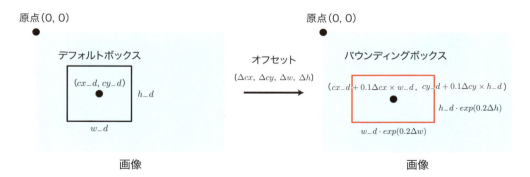

図2.1.3　オフセット情報を求めデフォルトボックスをバウンディングボックスへと修正

図2.1.4にSSDによる物体検出の6stepの流れを示します。

Step1. 画像を300×300にリサイズ

Step2. デフォルトボックス8,732個を用意

Step3. 画像をSSDのネットワークに入力

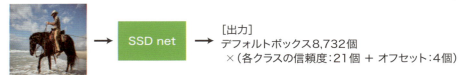

［出力］
デフォルトボックス8,732個
　×（各クラスの信頼度：21個 ＋ オフセット：4個）

Step4. 信頼度上位のデフォルトボックスを抽出

Step5. オフセット情報による修正と被りの除去

Step6. 一定の信頼度以上のものを最終出力に

図2.1.4　SSD300による物体検出の6stepの流れ

Step1として、画像の前処理として、300×300ピクセルの大きさにリサイズします（実際は色情報の標準化も行います）。

Step2として、画像に対して様々な大きさとアスペクト比（縦横比）のデフォルトボックスを用意します。SSD300の場合、8,732個のデフォルトボックスを用意します。各デフォルトボックスは入力画像とは関係なく、どの画像に対してもまったく同じものを用意します。

Step3として、前処理した画像をSSDのネットワークに入力し、8,732個のデフォルトボックスそれぞれに対して、デフォルトボックスをバウンディングボックスへと修正するオフセット情報4変数とデフォルトボックスが各クラスの物体である信頼度を21個（21個は各クラス数に対応）の合計8,732×(4+21)＝218,300個の情報を出力させます。

Step4として、8,732個のデフォルトボックスのうち、信頼度が高いものを上位からtop_k個（SSD300では200個）を取り出します。デフォルトボックスには21種類の各クラスの信頼度が付随していますが、デフォルトボックスに対応するラベルはそのなかでも信頼度が最も高いクラスになります。

次にStep5として、オフセット情報を使用し、デフォルトボックスをバウンディングボックスへと変形します。ここで、Step4で取り出したtop_k個のデフォルトボックスのうち、バウンディングボックスの重なりが大きいもの（つまり、同じ物体を検出していると思われるもの）が複数ある場合は、最も信頼度が高いバウンディングボックスだけを残します。

最後にStep6として、最終的なバウンディングボックスとそのラベルを出力します。Step6では信頼度の閾値を決め、閾値以上の信頼度を持つバウンディングボックスのみを最終出力とします。誤検出を避けたい場合は高い閾値を設定し、未検出を避けたい場合は低い閾値を設定することになります。この6 stepがSSDによる物体検出の流れとなります。

以上、本節では物体検出の概要、VOCデータセット、そしてSSDによる物体検出の6 stepの流れを解説しました。次節ではSSDなど物体検出タスク用のDatasetを実装します。

2-2 Datasetの実装

　本節ではSSDのDatasetクラスを実装します。本節で解説するDatasetクラスの作成方法はSSDに固有のものではなく、その他の物体検出アルゴリズムでも使用できます。

　本節の学習目標は、次の通りです。なお本章の実装はGitHub：amdegroot/ssd.pytorch[4]を参考にしています。

1. 物体検出で使用するDatasetクラスを作成できるようになる
2. SSDの学習時のデータオーギュメンテーションで、何をしているのかを理解する

本節の実装ファイル：

`2-2-3_Dataset_DataLoader.ipynb`

PyTorchによるディープラーニング実装の流れのおさらい

　1.2節で解説したPyTorchによるディープラーニング実装の流れを再確認します。再掲となりますが、図2.2.1となります。

　PyTorchによるディープラーニング実装の基本的な流れは、「前処理、後処理、そしてネットワークモデルの入出力を確認」、「Datasetクラスの作成」、「DataLoaderクラスの作成」、「ネットワークモデルの作成」、「順伝搬（forward）の定義」、「損失関数の定義」、「結合パラメータの最適化手法の設定」、「学習と検証」となります。

　2.1節では「前処理、後処理、そしてネットワークモデルの入出力を確認」の部分を実施しました。本節ではDatasetの作成を行います。

図2.2.1 PyTorchによるディープラーニング実装の流れ

フォルダ準備

　本章で使用するフォルダの作成とファイルのダウンロードを行います。本章の実装コードをダウンロードし、「make_folders_and_data_downloads.ipynb」を実行してください。

　この「make_folders_and_data_downloads.ipynb」を実行すると、図2.2.2のようなフォルダ構成が自動で作成されます。ネットワーク環境にも寄りますが、実行完了には15分ほど時間がかかります（AWSのEC2インスタンスの場合）。

　フォルダ「data」が作成され、その中にVOC2012のデータセットが解凍され配置されます。さらにSSDのネットワークの初期値に使用するネットワークモデルのファイルがフォルダ「weights」に「vgg16_reducedfc.pth」として配置されます。本ファイル「vgg16_reducedfc.pth」については2.7節で解説します。

　ときおり、VOCのホームページがメンテナンス中でうまくVOCデータセットがダウンロードできない場合があります。その場合はVOCのホームページが復帰してから再度試してみてください。

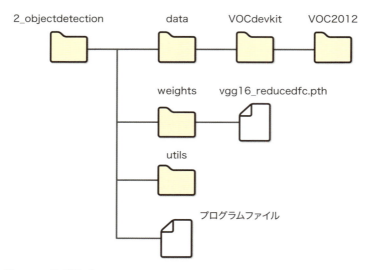

図2.2.2　第2章のフォルダ構成

事前準備

本章ではOpenCVを使用するので、OpenCVをインストールしておいてください。

```
pip install opencv-python
```

画像データ、アノテーションデータへのファイルパスのリストを作成

　物体検出用のDataset実装において、第1章画像分類のDatasetとの大きな違いはアノテーションデータの存在です。画像分類ではファイル名やフォルダ名にクラス名が含まれており、答えとなるデータ（アノテーションデータ）は存在していませんでした。物体検出では物体位置とラベルの答えとなるアノテーションはバウンディングボックスの情報であり、アノテーションデータとして提供されています。そのため物体検出ではDatasetで画像データと一緒にアノテーションデータを扱う必要があります。

　物体検出では、画像の前処理や訓練時のデータオーギュメンテーションで入力画像のサイズが変更される場合に、アノテーションデータのバウンディングボックスの情報も合わせて変更する必要があります。このアノテーションデータの存在が物体検出用のDatasetを作成するうえでの注意点です。

　それではまず画像データとアノテーションデータへのファイルパスをリスト型変数として

作成します。訓練用と検証用でそれぞれ作成するので、合計4つのリスト（train_img_list、train_anno_list、val_img_list、val_anno_list）を作成します。

第1章の画像分類では訓練データと検証データがフォルダが分けて格納されていました。本章で扱うVOC2012のデータセットではフォルダは分けられておらず、画像フォルダ「JPEGImages」に訓練用と検証用のデータがすべて格納されています。同様にアノテーションデータについてもフォルダ「Annotations」にすべて格納されています。そして、フォルダ「ImageSets/Main」にある「train.txt」、「val.txt」に訓練用と検証用のファイルを示すファイル名のidがそれぞれ格納されています。

そのため「train.txt」、「val.txt」を読み込み、訓練データと検証データそれぞれのファイル名のidを取得して、画像とアノテーションのファイルパスのリストを作成します。実装は以下の通りです。

```python
# 学習、検証の画像データとアノテーションデータへのファイルパスリストを作成する

def make_datapath_list(rootpath):
    """
    データへのパスを格納したリストを作成する。

    Parameters
    ----------
    rootpath : str
        データフォルダへのパス

    Returns
    -------
    ret : train_img_list, train_anno_list, val_img_list, val_anno_list
        データへのパスを格納したリスト
    """

    # 画像ファイルとアノテーションファイルへのパスのテンプレートを作成
    imgpath_template = osp.join(rootpath, 'JPEGImages', '%s.jpg')
    annopath_template = osp.join(rootpath, 'Annotations', '%s.xml')

    # 訓練と検証、それぞれのファイルのID（ファイル名）を取得する
    train_id_names = osp.join(rootpath + 'ImageSets/Main/train.txt')
    val_id_names = osp.join(rootpath + 'ImageSets/Main/val.txt')

    # 訓練データの画像ファイルとアノテーションファイルへのパスリストを作成
    train_img_list = list()
    train_anno_list = list()

    for line in open(train_id_names):
```

```
            file_id = line.strip()  # 空白スペースと改行を除去
            img_path = (imgpath_template % file_id)  # 画像のパス
            anno_path = (annopath_template % file_id)  # アノテーションのパス
            train_img_list.append(img_path)  # リストに追加
            train_anno_list.append(anno_path)  # リストに追加

    # 検証データの画像ファイルとアノテーションファイルへのパスリストを作成
    val_img_list = list()
    val_anno_list = list()

    for line in open(val_id_names):
        file_id = line.strip()  # 空白スペースと改行を除去
        img_path = (imgpath_template % file_id)  # 画像のパス
        anno_path = (annopath_template % file_id)  # アノテーションのパス
        val_img_list.append(img_path)  # リストに追加
        val_anno_list.append(anno_path)  # リストに追加

    return train_img_list, train_anno_list, val_img_list, val_anno_list
```

ファイルパスリストを作成し、動作を確認します。

```
# ファイルパスのリストを作成
rootpath = "./data/VOCdevkit/VOC2012/"
train_img_list, train_anno_list, val_img_list, val_anno_list = make_datapath_list(
    rootpath)

# 動作確認
print(train_img_list[0])
```

[出力]

```
./data/VOCdevkit/VOC2012/JPEGImages/2008_000008.jpg
```

xml形式のアノテーションデータをリストに変換

　アノテーションデータはxml形式になっています。そこでxmlからPythonのリスト型変数へと変換するクラス`Anno_xml2list`を作成します。

　実装は以下の通りです。メソッドとして`__call__`を実装し、クラス名と同じ名前で変換の関数を実行させます。

　メソッド`__call__`では引数に対象画像の幅と高さを使用します。これはバウンディングボックス（以下、BBox）の座標を規格化するために使用します。規格化ではBBoxの情報を画像

の幅、もしくは高さで割り算します。またアノテーションデータは物体の名前が物体クラス名の文字列で格納されています。この文字列を数値へと置き換える必要があります。クラスAnno_xml2listのインスタンスを生成する際に、コンストラクタの引数にVOCデータセットのクラス名20個を配置したリストclassesを与え、label_idx = self.classes.index(name)によって、クラス名をインデックスへと置き換えます。

```
# 「XML形式のアノテーション」を、リスト形式に変換するクラス

class Anno_xml2list(object):
    """
    1枚の画像に対する「XML形式のアノテーションデータ」を、画像サイズで規格化してから
    リスト形式に変換する。

    Attributes
    ----------
    classes : リスト
        VOCのクラス名を格納したリスト
    """

    def __init__(self, classes):

        self.classes = classes

    def __call__(self, xml_path, width, height):
        """
        1枚の画像に対する「XML形式のアノテーションデータ」を、画像サイズで規格化して
        からリスト形式に変換する。

        Parameters
        ----------
        xml_path : str
            xmlファイルへのパス。
        width : int
            対象画像の幅。
        height : int
            対象画像の高さ。

        Returns
        -------
        ret : [[xmin, ymin, xmax, ymax, label_ind], ... ]
            物体のアノテーションデータを格納したリスト。画像内に存在する物体数分のだ
            け要素を持つ。
        """
```

```python
            # 画像内の全ての物体のアノテーションをこのリストに格納します
            ret = []

            # xmlファイルを読み込む
            xml = ET.parse(xml_path).getroot()

            # 画像内にある物体（object）の数だけループする
            for obj in xml.iter('object'):

                # アノテーションで検知がdifficultに設定されているものは除外
                difficult = int(obj.find('difficult').text)
                if difficult == 1:
                    continue

                # 1つの物体に対するアノテーションを格納するリスト
                bndbox = []

                name = obj.find('name').text.lower().strip()  # 物体名
                bbox = obj.find('bndbox')  # バウンディングボックスの情報

                # アノテーションの xmin, ymin, xmax, ymaxを取得し、0～1に規格化
                pts = ['xmin', 'ymin', 'xmax', 'ymax']

                for pt in (pts):
                    # VOCは原点が(1,1)なので1を引き算して（0, 0）に
                    cur_pixel = int(bbox.find(pt).text) - 1

                    # 幅、高さで規格化
                    if pt == 'xmin' or pt == 'xmax':  # x方向のときは幅で割算
                        cur_pixel /= width
                    else:  # y方向のときは高さで割算
                        cur_pixel /= height

                    bndbox.append(cur_pixel)

                # アノテーションのクラス名のindexを取得して追加
                label_idx = self.classes.index(name)
                bndbox.append(label_idx)

                # resに[xmin, ymin, xmax, ymax, label_ind]を足す
                ret += [bndbox]

        return np.array(ret)  # [[xmin, ymin, xmax, ymax, label_ind], ... ]
```

クラス`Anno_xml2list`の動作を確認します。出力されるリスト型変数のアノテーション情報は、要素数がその画像内に存在する物体の数、そして、各要素は5つの値からなるリストとなります。5つの値はBBoxの位置情報とクラスのインデックスです。結果、出力は`[[xmin, ymin, xmax, ymax, label_ind],…]`の形になります。実行結果を見ると、クラスインデックス18（train）と14（person）の物体が画像内に存在していることが分かります。

```
# 動作確認
voc_classes = ['aeroplane', 'bicycle', 'bird', 'boat',
               'bottle', 'bus', 'car', 'cat', 'chair',
               'cow', 'diningtable', 'dog', 'horse',
               'motorbike', 'person', 'pottedplant',
               'sheep', 'sofa', 'train', 'tvmonitor']

transform_anno = Anno_xml2list(voc_classes)

# 画像の読み込み OpenCVを使用
ind = 1
image_file_path = val_img_list[ind]
img = cv2.imread(image_file_path)  # [高さ][幅][色BGR]
height, width, channels = img.shape  # 画像のサイズを取得

# アノテーションをリストで表示
transform_anno(val_anno_list[ind], width, height)
```

[出力]
```
array([[ 0.09      ,  0.03058104,  0.998     ,  1.01529052, 18.        ],
       [ 0.122     ,  0.57798165,  0.164     ,  0.74006116, 14.        ]])
```

画像とアノテーションの前処理を行うクラスDataTransformを作成

続いて画像とBBoxに対して前処理を行うクラス`DataTransform`を作成します。`DataTransform`は学習時と推論時で異なる動作をするように設定します。

学習時に`DataTransform`はデータオーギュメンテーションを行うようにします。第1章の画像分類とは異なり、データオーギュメンテーションで画像を変形させる際にはBBoxの情報も一緒に変形する必要があります。画像とBBoxを同時に変形するクラスはPyTorchには用意されていないため、自分で作成する必要があります。今回は引用[4]のデータオーギュメンテーションクラスを、フォルダ「utils」の「data_augumentation.py」に用意し、このファイルから前処理のクラスを`import`することにします。

2-2 ● Datasetの実装

　訓練時のデータオーギュメンテーションでは、色調を変換し、画像の大きさを変更してから、ランダムに切り出す操作を行います。さらに画像の大きさをリサイズして、色情報の平均値を引き算します。

　推論時は画像の大きさを変換し、色の平均値を引き算するだけです。

　第1章では画像データの読み込みにPILのImageを使用していましたが、本章ではOpenCVを使用します。OpenCV（cv2）で画像を読み込んだ際には、［高さ］［幅］［色BGR］の順番でデータが読み込まれる点に注意が必要です。特に色チャネルがRGBではなく、BGRになる点に気を付けてください。PILではなくOpenCVを利用したのは、本章で参考にしているプログラム[4]がOpenCVを使用して作成されており、データオーギュメンテーションの関数をそのまま活用したかったからです。

　それでは、クラスDataTransformを作成し、動作を確認します。

```python
# フォルダ「utils」にあるdata_augumentation.pyからimport。
# 入力画像の前処理をするクラス
from utils.data_augumentation import Compose, ConvertFromInts, ToAbsoluteCoords, 
PhotometricDistort, Expand, RandomSampleCrop, RandomMirror, ToPercentCoords, Resize, 
SubtractMeans


class DataTransform():
    """
    画像とアノテーションの前処理クラス。訓練と推論で異なる動作をする。
    画像のサイズを300x300にする。
    学習時はデータオーギュメンテーションする。

    Attributes
    ----------
    input_size : int
        リサイズ先の画像の大きさ。
    color_mean : (B, G, R)
        各色チャネルの平均値。
    """

    def __init__(self, input_size, color_mean):
        self.data_transform = {
            'train': Compose([
                ConvertFromInts(),  # intをfloat32に変換
                ToAbsoluteCoords(),  # アノテーションデータの規格化を戻す
                PhotometricDistort(),  # 画像の色調などをランダムに変化
                Expand(color_mean),  # 画像のキャンバスを広げる
                RandomSampleCrop(),  # 画像内の部分をランダムに抜き出す
                RandomMirror(),  # 画像を反転させる
                ToPercentCoords(),  # アノテーションデータを0-1に規格化
```

```
                Resize(input_size),  # 画像サイズをinput_size×input_sizeに変形
                SubtractMeans(color_mean)  # BGRの色の平均値を引き算
            ]),
            'val': Compose([
                ConvertFromInts(),  # intをfloatに変換
                Resize(input_size),  # 画像サイズをinput_size×input_sizeに変形
                SubtractMeans(color_mean)  # BGRの色の平均値を引き算
            ])
        }

    def __call__(self, img, phase, boxes, labels):
        """
        Parameters
        ----------
        phase : 'train' or 'val'
            前処理のモードを指定。
        """
        return self.data_transform[phase](img, boxes, labels)
```

クラスDataTransformの動作確認を行います。実装コードは以下の通りです。元画像、前処理で変化した訓練時の画像、前処理で変化した検証時の画像が出力されます（VOC2012の画像の権利上、本書では画像を掲載できないため、実装コードを動かして、動作の結果をご確認ください）。

訓練画像はデータオーギュメンテーションにより実行のたびに変化します。以下の実装コードにおいて、anno_list[:, :4]はアノテーションデータのBBoxの座標情報を示し、anno_list[:,4]は物体のクラス名に対応したインデックスの情報です。

```
# 動作の確認

# 1. 画像読み込み
image_file_path = train_img_list[0]
img = cv2.imread(image_file_path)  # [高さ][幅][色BGR]
height, width, channels = img.shape  # 画像のサイズを取得

# 2. アノテーションをリストに
transform_anno = Anno_xml2list(voc_classes)
anno_list = transform_anno(train_anno_list[0], width, height)

# 3. 元画像の表示
plt.imshow(cv2.cvtColor(img, cv2.COLOR_BGR2RGB))
plt.show()
```

```
# 4. 前処理クラスの作成
color_mean = (104, 117, 123)  # (BGR)の色の平均値
input_size = 300  # 画像のinputサイズを300×300にする
transform = DataTransform(input_size, color_mean)

# 5. train画像の表示
phase = "train"
img_transformed, boxes, labels = transform(
    img, phase, anno_list[:, :4], anno_list[:, 4])
plt.imshow(cv2.cvtColor(img_transformed, cv2.COLOR_BGR2RGB))
plt.show()

# 6. val画像の表示
phase = "val"
img_transformed, boxes, labels = transform(
    img, phase, anno_list[:, :4], anno_list[:, 4])
plt.imshow(cv2.cvtColor(img_transformed, cv2.COLOR_BGR2RGB))
plt.show()
```

[出力]

※権利の関係上、掲載を省略。プログラムを実行してご確認ください。

Datasetを作成

　最後にPyTorchのクラスDatasetを継承し、クラスVOCDataset作成します。本節でここまでに作成したクラスAnno_xml2list、クラスDataTrarsformを利用します。関数__getitem__()を定義し、前処理をした画像のテンソル形式のデータとアノテーションを取得できるようにします。OpenCVで読み込んだ画像データは、データ形式が[高さ][幅][色BGR]になっているので、[色RGB][高さ][幅]になるように、全体の順番と色チャネルの順番を変更します。実装は次の通りです。

```
# VOC2012のDatasetを作成する

class VOCDataset(data.Dataset):
    """
    VOC2012のDatasetを作成するクラス。PyTorchのDatasetクラスを継承。

    Attributes
    ----------
    img_list : リスト
```

```
        画像のパスを格納したリスト
    anno_list : リスト
        アノテーションへのパスを格納したリスト
    phase : 'train' or 'test'
        学習か訓練かを設定する。
    transform : object
        前処理クラスのインスタンス
    transform_anno : object
        xmlのアノテーションをリストに変換するインスタンス
    """

    def __init__(self, img_list, anno_list, phase, transform, transform_anno):
        self.img_list = img_list
        self.anno_list = anno_list
        self.phase = phase  # train もしくは valを指定
        self.transform = transform  # 画像の変形
        self.transform_anno = transform_anno  # アノテーションデータをxmlからリストへ

    def __len__(self):
        '''画像の枚数を返す'''
        return len(self.img_list)

    def __getitem__(self, index):
        '''
        前処理をした画像のテンソル形式のデータとアノテーションを取得
        '''
        im, gt, h, w = self.pull_item(index)
        return im, gt

    def pull_item(self, index):
        '''前処理をした画像のテンソル形式のデータ、アノテーション、画像の高さ、幅を
        取得する'''

        # 1. 画像読み込み
        image_file_path = self.img_list[index]
        img = cv2.imread(image_file_path)  # [高さ][幅][色BGR]
        height, width, channels = img.shape  # 画像のサイズを取得

        # 2. xml形式のアノテーション情報をリストに
        anno_file_path = self.anno_list[index]
        anno_list = self.transform_anno(anno_file_path, width, height)

        # 3. 前処理を実施
        img, boxes, labels = self.transform(
            img, self.phase, anno_list[:, :4], anno_list[:, 4])
```

```
            # 色チャネルの順番がBGRになっているので、RGBに順番変更
            # さらに（高さ、幅、色チャネル）の順を（色チャネル、高さ、幅）に変換
            img = torch.from_numpy(img[:, :, (2, 1, 0)]).permute(2, 0, 1)

            # BBoxとラベルをセットにしたnp.arrayを作成、変数名gtはground truth（答え）の略称
            gt = np.hstack((boxes, np.expand_dims(labels, axis=1)))

            return img, gt, height, width
```

Datasetの動作を確認します。検証用のDatasetであるval_datasetから__getitem__した出力例を図2.2.3に示します。以上で物体検出用のDatasetを作成することができました。

```
# 動作確認
color_mean = (104, 117, 123)  # (BGR)の色の平均値
input_size = 300  # 画像のinputサイズを300×300にする

train_dataset = VOCDataset(train_img_list, train_anno_list, phase="train",
transform=DataTransform(
    input_size, color_mean), transform_anno=Anno_xml2list(voc_classes))

val_dataset = VOCDataset(val_img_list, val_anno_list, phase="val",
transform=DataTransform(
    input_size, color_mean), transform_anno=Anno_xml2list(voc_classes))

# データの取り出し例
val_dataset.__getitem__(1)
```

[出力]

```
(tensor([[[   0.9417,    6.1650,   11.1283,  ...,  -22.9083,  -13.2200,
             -9.4033],
          [   6.4367,    9.6600,   13.8283,  ...,  -21.4433,  -18.6500,
            -18.2033],
          [  10.8833,   13.5500,   16.7000,  ...,  -20.9917,  -24.5250,
            -25.1917],
          ...,

                              途中省略

          ...,
          [  36.7167,   43.1000,   56.2417,  ...,  -34.7583,  -96.0000,
           -101.9000],
          [  32.3850,   37.8250,   52.4367,  ...,  -32.1617,  -96.0000,
           -101.8867],
          [  40.1900,   37.0000,   45.3667,  ...,  -34.5017,  -99.7800,
            -99.1467]]]),
 array([[ 0.09      ,  0.03003003,  0.998     ,  0.996997  , 18.        ],
        [ 0.122     ,  0.56756757,  0.164     ,  0.72672673, 14.        ]]))
```

図2.2.3 Datasetの動作の様子（検証用のDatasetの1番目の内容）

2-3 DataLoaderの実装

本節ではSSDの学習・推論の際に、データをミニバッチとして取り出すためのクラスDataLoaderを実装します。Datasetと同様にクラスDataLoaderの作成方法もSSD固有のものではなく、任意の物体検出アルゴリズムにも使用できます。

本節の学習目標は、次の通りです。

1. 物体検出で使用するDataLoaderクラスを作成できるようになる

> **本節の実装ファイル：**
>
> 2-2-3_Dataset_DataLoader.ipynb

❖ DataLoaderを作成

第1章画像分類の際には、PyTorchのDataLoaderクラスを利用するだけでDatasetからDataLoaderを作成できましたが、物体検出の場合はひと工夫が必要となります。なぜならDatasetから取り出すアノテーションデータの情報、変数gtのサイズ（すなわち、画像内の物体数）が画像データごとに異なるからです。Datasetから取り出す変数gtはリスト型変数となっており、要素数はその画像にある物体数、各要素は5つの変数 [xmin, ymin, xmax, ymax, class_index] となっています。

Datasetから取り出す変数のサイズがデータごとに異なる場合、DataLoaderクラスにおいてデフォルトで使用されるデータ取り出し関数であるcollate_fnを別途作る必要があります。今回はデータ取り出し関数として関数od_collate_fnを作成します。先頭のodはObject Detectionの略称です。

実装は以下の通りです。詳細については、実装コードにコメントで豊富に解説を書いていますので、そちらをご覧ください。

```
def od_collate_fn(batch):
    """
    Datasetから取り出すアノテーションデータのサイズが画像ごとに異なります。
```

2-3 ● DataLoaderの実装

```
画像内の物体数が2個であれば(2, 5)というサイズですが、3個であれば(3, 5)など変化
します。
この変化に対応したDataLoaderを作成するために、
カスタイマイズした、collate_fnを作成します。
collate_fnは、PyTorchでリストからmini-batchを作成する関数です。
ミニバッチ分の画像が並んでいるリスト変数batchに、
ミニバッチ番号を指定する次元を先頭に1つ追加して、リストの形を変形します。
"""

targets = []
imgs = []
for sample in batch:
    imgs.append(sample[0])  # sample[0] は画像imgです
    targets.append(torch.FloatTensor(sample[1]))  # sample[1] はアノテーション
                                                  # gt です

# imgsはミニバッチサイズのリストになっています
# リストの要素はtorch.Size([3, 300, 300])です。
# このリストをtorch.Size([batch_num, 3, 300, 300])のテンソルに変換します
imgs = torch.stack(imgs, dim=0)

# targetsはアノテーションデータの正解であるgtのリストです。
# リストのサイズはミニバッチサイズです。
# リストtargetsの要素は [n, 5] となっています。
# nは画像ごとに異なり、画像内にある物体の数となります。
# 5は [xmin, ymin, xmax, ymax, class_index] です

return imgs, targets
```

この関数od_collate_fnを使用し、DataLoaderを作成します。作成後に動作を確認しミニバッチ分の画像とアノテーションデータが取得できているか確かめます。検証用のDataLoaderの1番目のデータを取得してみます。

```
# データローダーの作成

batch_size = 4

train_dataloader = data.DataLoader(
    train_dataset, batch_size=batch_size, shuffle=True, collate_fn=od_collate_fn)

val_dataloader = data.DataLoader(
    val_dataset, batch_size=batch_size, shuffle=False, collate_fn=od_collate_fn)
```

```
# 辞書型変数にまとめる
dataloaders_dict = {"train": train_dataloader, "val": val_dataloader}

# 動作の確認
batch_iterator = iter(dataloaders_dict["val"])  # イテレータに変換
images, targets = next(batch_iterator)  # 1番目の要素を取り出す
print(images.size())  # torch.Size([4, 3, 300, 300])
print(len(targets))
print(targets[1].size())  # ミニバッチのサイズのリスト、各要素は[n, 5]、nは物体数
```

[出力]

```
torch.Size([4, 3, 300, 300])
4
torch.Size([2, 5])
```

DataLoaderから取り出した画像 images は、テンソルサイズが (ミニバッチ数, 色チャネル, 高さ, 幅) となっています。アノテーション情報 targets はミニバッチサイズのリストであり、リストの各要素は (画像内の物体数, 5) というサイズのテンソルです。

以上により、物体検出用のDataLoaderが完成しました。最後にデータ数を確認しておきます。

```
print(train_dataset.__len__())
print(val_dataset.__len__())
```

[出力]

```
5717
5823
```

訓練データ、検証データともに約5700枚ずつということが分かります。

以上、本節では物体検出用のDataLoaderを実装しました。次節ではSSDのニューラルネットワークを実装します。

2-4 ネットワークモデルの実装

　本節ではSSDのニューラルネットワークを作成します。2.1節において、SSDではバウンディングボックス（BBox）のもとになる、様々な大きさのデフォルトボックス（DBox）を用意することを説明しました。このDBoxをどのように実装するのか理解することが重要となります。

　SSDのネットワークモデルは4つのモジュールから構成されます。本節でははじめにネットワークモデルの全体像を概観し、その後、4つのモジュールをそれぞれ構築していきます。本節の学習目標は、次の通りです。

1. SSDのネットワークモデルを構築している4つのモジュールを把握する
2. SSDのネットワークモデルを作成できるようになる
3. SSDで使用する様々な大きさのデフォルトボックスの実装方法を理解する

本節の実装ファイル：

```
2-4-5_SSD_model_forward.ipynb
```

SSDネットワークモデルの概要

　SSDネットワークモデルの概要を図2.4.1に示します。ネットワークへの入力は前処理された画像データであり、その大きさは300×300ピクセルです。第1章で使用したImageNetの学習済みモデルの画像サイズは224ピクセルだったので、それよりも少し大きな画像を使用することになります。

　SSDのネットワークモデルの出力は8,732個のDBcxに対する、オフセット情報（4変数：$(\Delta cx, \Delta cy, \Delta w, \Delta h)$）と21種類の各クラスに対する信頼度です。

　SSDの主なサブネットワークは、vgg、extra、loc、confの4つになります。

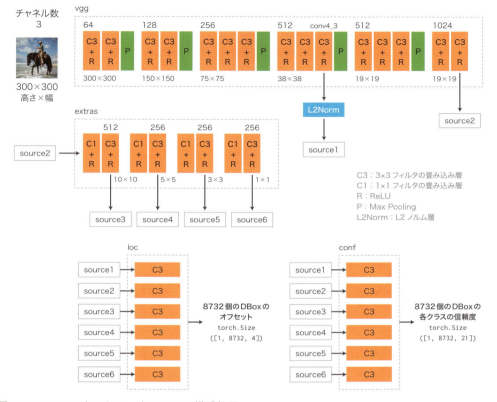

図2.4.1 SSDのネットワークモデルの構成概要

　入力画像ははじめにモジュールvggへ入力されます。このモジュールvggは第1章でも使用したVGG-16モデルをベースとしています。畳み込み層のカーネルサイズや使用するユニットが同じです。ただし、各ユニットでの特徴量マップのサイズは元のVGG-16とは異なります。

　モジュールvggで10回の畳み込みを受けたデータ（conv4_3の出力）は、別途抜き出して、L2Norm層で大きさを正規化したのちに、変数source1とします。L2Norm層がどのような正規化（Normalization）を施すのかについては、のちほど実装時に解説します。変数source1はチャネル数が512、特徴量マップの大きさは38×38になっています。

　その後モジュールvggの計算を続け、さらに5回の畳み込みを受けたvggモジュールの出力データを変数source2とします。変数source2は特徴量マップの大きさが19×19になっています。

　続いてモジュールvggの出力をモジュールextraに入力します。モジュールextraではマックスプーリングは使用せず、畳み込み処理を合計8回行います。2回畳み込むごとにその出力値をsource3〜6として出力します。そのため合計4つのsourceが出力されます。各sourceは特徴量マップのサイズがそれぞれ、10×10、5×5、3×3、1×1となっています。

ここで重要な点はsourceごとに特徴量マップの大きさが異なることです。変数source1は元の300×300の画像サイズが38×38まで縮小されたデータとなっており、source6は1×1まで縮小されています。source1には38×38＝1440個の領域に対するそれぞれの特徴量が求まっており、source6では1×1＝1個の領域に対する値が求まっています。つまり、source6は元の画像において画像全面にわたる大きな1つの物体を検出しようとしており、一方でsource1は元の画像の縦横1／38の領域ごとに、1つの物体を検出しようとしています。このように特徴量マップの大きさが異なる複数の特徴量source1〜souce6を作成することで、画像内の様々な大きさの物体を想定した特徴量を得ることができます（図2.4.2）。

　ただしsource1〜source6で、畳み込みの処理を実施した回数が異なります。特徴量マップのサイズが大きい（つまり小さな物体に着目する）source1などの方が、source6などよりも畳み込み処理の回数が少ないです。変数source1は10回の畳み込み処理を受けていますが、変数source6の場合は23回の畳み込みを受けています。そのためSSDではsource1やsource2のような小さな領域の特徴量抽出・物体検出が苦手であり、伴って画像内の小さな物体の検出精度が画像内の大きな物体の検出精度よりも低くなる傾向があります。

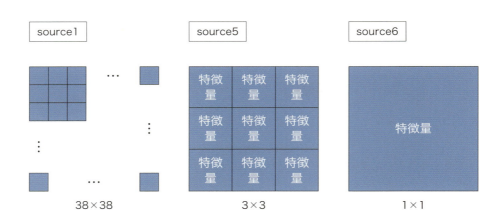

図2.4.2　sourceごとに異なる特徴量マップの大きさ

　以上、vggモジュールとextraモジュールでsource1〜6まで、特徴量マップの大きさが異なる6つのsourceが得られました。SSDではモジュールlocで各sourceに対して1回ずつ畳み込み処理を実施し、8,732個のDBoxに対するオフセット情報（4変数）を出力します。また同様に、モジュールconfで各sourceに対して一度畳み込み処理を実施し、8,732個のDBoxに対する20種類＋背景の21種類のクラスに対する各クラスの信頼度を出力します。

　ここでなぜDBoxが8,732個なのかを説明します。各sourceに対して1つのDBoxを定義し、そのDBoxをオフセット情報で変形させる場合は、38×38＋19×19＋10×10＋5×5＋3×3＋1×1＝1,940個のDBoxを用意することになります。このように各sourceの特徴量マ

ップに対して1つのDBoxを用意するのも良いのですが、複数のDBoxを用意する方がさらに良くなると考えられます。

　複数のDBoxを用意するので各DBoxは縦横比が異なるサイズとします。そこで、source1、5、6には各4つのDBoxを、source2、3、4には6つのDBoxを用意します。図2.4.3にsource5の3×3の特徴量マップのうち、中央の特徴量位置に対応する4種類のDBoxの様子を示します。小さな正方形、大きな正方形、縦長の長方形、横長の長方形の4種類です。

　このように各特徴量マップに対して複数のDBoxを用意するので、DBoxの合計は38×38×4+19×19×6+10×10×6+5×5×6+3×3×4+1×1×4＝8,732となり、DBoxが8,732個であることが分かります。

　以上、SSDのネットワークモデルの概要を解説しました。

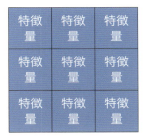

図2.4.3　特徴量マップとDboxの関係（source5の場合）

モジュールvggを実装

　図2.4.1のモジュールvggを実装する関数make_vggを定義します。図2.4.1に示したように畳み込み層、ReLU、マックスプーリングを合計34ユニット用意します。

　34回コードを書くのは大変なので、各畳み込み層のチャネル数とマックスプーリング層の情報をコンフィグレーション変数として、cfg = [64, 64, 'M', …]と作成し、その要素の値に応じてユニットを作成します。

　ここでリスト型変数cfgの要素 'M' はマックスプーリング層を、'MC' はceilモードのマックスプーリング層です。マックスプーリング層の出力テンソルのサイズを計算する際、デフォルト設定ではfloorモード（床関数モード）となっており、整数のテンソルサイズを求める際に小数点を切り捨てますが、ceilモード（天井関数モード）にすると小数点切り上げに

なります。以下の実装により、34層からなるサブネットワークvggが作られます。

実装は以下の通りです。なおReLUの引数inplaceはReLUへの入力をメモリ上に保持するか、それとも入力を書き換えて出力にしてしまい、メモリ上に入力を保持しないかを示します。変数inplaceをTrueにすると入力を書き換えるため、メモリ上に入力を保持しない設定となり、メモリを節約できます。

```python
# 34層にわたる、vggモジュールを作成
def make_vgg():
    layers = []
    in_channels = 3  # 色チャネル数

    # vggモジュールで使用する畳み込み層やマックスプーリングのチャネル数
    cfg = [64, 64, 'M', 128, 128, 'M', 256, 256,
           256, 'MC', 512, 512, 512, 'M', 512, 512, 512]

    for v in cfg:
        if v == 'M':
            layers += [nn.MaxPool2d(kernel_size=2, stride=2)]
        elif v == 'MC':
            # ceilは出力サイズを、計算結果(float)に対して、切り上げで整数にするモード
            # デフォルトでは出力サイズを計算結果(float)に対して、切り下げで整数にする
            # floorモード
            layers += [nn.MaxPool2d(kernel_size=2, stride=2, ceil_mode=True)]
        else:
            conv2d = nn.Conv2d(in_channels, v, kernel_size=3, padding=1)
            layers += [conv2d, nn.ReLU(inplace=True)]
            in_channels = v

    pool5 = nn.MaxPool2d(kernel_size=3, stride=1, padding=1)
    conv6 = nn.Conv2d(512, 1024, kernel_size=3, padding=6, dilation=6)
    conv7 = nn.Conv2d(1024, 1024, kernel_size=1)
    layers += [pool5, conv6,
               nn.ReLU(inplace=True), conv7, nn.ReLU(inplace=True)]
    return nn.ModuleList(layers)

# 動作確認
vgg_test = make_vgg()
print(vgg_test)
```

[出力]

```
ModuleList(
  (0): Conv2d(3, 64, kernel_size=(3, 3), stride=(1, 1), padding=(1, 1))
  (1): ReLU(inplace)
...
```

◆ モジュール extra を実装

図2.4.1のモジュールvggを実装する関数make_extrasを実装します。図2.4.1に示したように畳み込み層を合計8ユニット並べます。今回は活性化関数のReLUをSSDモデルの順伝搬関数のなかで用意することにし、モジュールextraでは用意していません。

```python
# 8層にわたる、extrasモジュールを作成
def make_extras():
    layers = []
    in_channels = 1024  # vggモジュールから出力された、extraに入力される画像チャネル数

    # extraモジュールの畳み込み層のチャネル数を設定するコンフィギュレーション
    cfg = [256, 512, 128, 256, 128, 256, 128, 256]

    layers += [nn.Conv2d(in_channels, cfg[0], kernel_size=(1))]
    layers += [nn.Conv2d(cfg[0], cfg[1], kernel_size=(3), stride=2, padding=1)]
    layers += [nn.Conv2d(cfg[1], cfg[2], kernel_size=(1))]
    layers += [nn.Conv2d(cfg[2], cfg[3], kernel_size=(3), stride=2, padding=1)]
    layers += [nn.Conv2d(cfg[3], cfg[4], kernel_size=(1))]
    layers += [nn.Conv2d(cfg[4], cfg[5], kernel_size=(3))]
    layers += [nn.Conv2d(cfg[5], cfg[6], kernel_size=(1))]
    layers += [nn.Conv2d(cfg[6], cfg[7], kernel_size=(3))]

    return nn.ModuleList(layers)

# 動作確認
extras_test = make_extras()
print(extras_test)
```

[出力]

```
ModuleList(
  (0): Conv2d(1024, 256, kernel_size=(1, 1), stride=(1, 1))
  (1): Conv2d(256, 512, kernel_size=(3, 3), stride=(2, 2), padding=(1, 1))
...
```

モジュールlocとモジュールconfを実装

図2.4.1のlocとconfを実装する関数make_loc_confを実装します。図2.4.1に示したようにそれぞれ6つの畳み込み層を用意します。モジュールlocとconfではそれぞれ6つの畳み込み層を用意して1つのモジュールにしていますが、6つの畳み込み層を前から後ろへ順伝搬するわけではありません。モジュールvggとextrasから取り出した変数source1〜source6に対して、6つの畳み込み層が各対応して1回ずつ計算されます。この計算部分は次節の順伝搬の実装で定義します。

モジュールlocとconfの実装は次の通りです。引数のbbox_aspect_numで、各sourceで使用するDBoxの数を設定しています。

```
# デフォルトボックスのオフセットを出力するloc_layers、
# デフォルトボックスに対する各クラスの信頼度confidenceを出力するconf_layersを作成

def make_loc_conf(num_classes=21, bbox_aspect_num=[4, 6, 6, 6, 4, 4]):

    loc_layers = []
    conf_layers = []

    # VGGの22層目、conv4_3（source1）に対する畳み込み層
    loc_layers += [nn.Conv2d(512, bbox_aspect_num[0]
                             * 4, kernel_size=3, padding=1)]
    conf_layers += [nn.Conv2d(512, bbox_aspect_num[0]
                              * num_classes, kernel_size=3, padding=1)]

    # VGGの最終層（source2）に対する畳み込み層
    loc_layers += [nn.Conv2d(1024, bbox_aspect_num[1]
                             * 4, kernel_size=3, padding=1)]
    conf_layers += [nn.Conv2d(1024, bbox_aspect_num[1]
                              * num_classes, kernel_size=3, padding=1)]

    # extraの（source3）に対する畳み込み層
    loc_layers += [nn.Conv2d(512, bbox_aspect_num[2]
                             * 4, kernel_size=3, padding=1)]
    conf_layers += [nn.Conv2d(512, bbox_aspect_num[2]
                              * num_classes, kernel_size=3, padding=1)]

    # extraの（source4）に対する畳み込み層
    loc_layers += [nn.Conv2d(256, bbox_aspect_num[3]
                             * 4, kernel_size=3, padding=1)]
    conf_layers += [nn.Conv2d(256, bbox_aspect_num[3]
```

```
                                  * num_classes, kernel_size=3, padding=1)]

    # extraの(source5)に対する畳み込み層
    loc_layers += [nn.Conv2d(256, bbox_aspect_num[4]
                                  * 4, kernel_size=3, padding=1)]
    conf_layers += [nn.Conv2d(256, bbox_aspect_num[4]
                                  * num_classes, kernel_size=3, padding=1)]

    # extraの(source6)に対する畳み込み層
    loc_layers += [nn.Conv2d(256, bbox_aspect_num[5]
                                  * 4, kernel_size=3, padding=1)]
    conf_layers += [nn.Conv2d(256, bbox_aspect_num[5]
                                  * num_classes, kernel_size=3, padding=1)]

    return nn.ModuleList(loc_layers), nn.ModuleList(conf_layers)

# 動作確認
loc_test, conf_test = make_loc_conf()
print(loc_test)
print(conf_test)
```

[出力]

```
ModuleList(
  (0): Conv2d(512, 16, kernel_size=(3, 3), stride=(1, 1), padding=(1, 1))
  (1): Conv2d(1024, 24, kernel_size=(3, 3), stride=(1, 1), padding=(1, 1))
...
```

L2Norm層を実装

　図2.4.1のconv_4_3からの出力に適用するL2Norm層を実装します。

　L2Norm層はチャネルごとに特徴量マップの統計的性質が異なる点を正規化します。今回であれば、L2Norm層への入力は（512チャネル×38×38）のテンソルです。この38×38＝1,444個のセルについて、512チャネルに渡って正規化をすることになります。正規化方法は、1,444個のセルごとに、各チャネルの特徴量の2乗を計算し、それを512個足し合わせてルートを計算します。この二乗和のルートで各チャネルの各セルの値を割り算し正規化します。

　このようにチャネル方向に正規化することで、チャネルごとに特徴量の大きさが著しく異なる状況を修正します。

　さらにL2Norm層では正規化した512チャネル×38×38のテンソルに対して、チャネルごとに係数をかけ算します。この512個の係数は学習させるパラメータです。

　実装は以下の通りです。PyTorchのネットワーク層クラスであるnn.Moduleを継承します。

```python
# convC4_3からの出力をscale=20のL2Normで正規化する層
class L2Norm(nn.Module):
    def __init__(self, input_channels=512, scale=20):
        super(L2Norm, self).__init__()  # 親クラスのコンストラクタ実行
        self.weight = nn.Parameter(torch.Tensor(input_channels))
        self.scale = scale  # 係数weightの初期値として設定する値
        self.reset_parameters()  # パラメータの初期化
        self.eps = 1e-10

    def reset_parameters(self):
        '''結合パラメータを大きさscaleの値にする初期化を実行'''
        init.constant_(self.weight, self.scale)  # weightの値がすべてscale（=20）に
                                                 # なる

    def forward(self, x):
        '''38×38の特徴量に対して、512チャネルにわたって2乗和のルートを求めた
        38×38個の値を使用し、各特徴量を正規化してから係数をかけ算する層'''

        # 各チャネルにおける38×38個の特徴量のチャネル方向の2乗和を計算し、
        # さらにルートを求め、割り算して正規化する
        # normのテンソルサイズはtorch.Size([batch_num, 1, 38, 38])になります
        norm = x.pow(2).sum(dim=1, keepdim=True).sqrt()+self.eps
        x = torch.div(x, norm)

        # 係数をかける。係数はチャネルごとに1つで、512個の係数を持つ
        # self.weightのテンソルサイズはtorch.Size([512])なので
        # torch.Size([batch_num, 512, 38, 38])まで変形します
        weights = self.weight.unsqueeze(
            0).unsqueeze(2).unsqueeze(3).expand_as(x)
        out = weights * x

        return out
```

デフォルトボックスを実装

　最後に8,732個のデフォルトボックスを用意するクラスを作成します。デフォルトボックスの実装は複雑に見えますが、source1～source6までの大きさが異なる特徴量マップに対して、それぞれ4もしくは6種類のDBoxを作成しています。
　DBoxの種類は4種類の設定の場合は、小さい正方形、大きい正方形、1:2の比率の長方形、2:1の比率の長方形です。6種類の場合はさらに、3:1と1:3の比率の長方形の形のDBoxを用意します。

実装は次の通りとなります。実装中の for i, j in product(…) は、組み合わせを取り出す命令です。例えば、

```
for i, j in product(range(2), repeat=2):
    print(i, j)
```

と実行すると、(i, j) = (0, 0)、(0, 1)、(1, 0)、(1, 1) の組み合わせを取り出すことができます。

この組み合わせの取り出しを利用して、DBoxの中心座標を作成しています。動作確認を見ると、8732行4列 (cx, cy, w, h) の表を確認することができます。

```python
# デフォルトボックスを出力するクラス
class DBox(object):
    def __init__(self, cfg):
        super(DBox, self).__init__()

        # 初期設定
        self.image_size = cfg['input_size']  # 画像サイズの300
        # [38, 19, …] 各sourceの特徴量マップのサイズ
        self.feature_maps = cfg['feature_maps']
        self.num_priors = len(cfg["feature_maps"])  # sourceの個数=6
        self.steps = cfg['steps']  # [8, 16, …] DBoxのピクセルサイズ
        self.min_sizes = cfg['min_sizes']  # [30, 60, …] 小さい正方形のDBoxのピク
                                           # セルサイズ
        self.max_sizes = cfg['max_sizes']  # [60, 111, …] 大きい正方形のDBoxのピク
                                           # セルサイズ
        self.aspect_ratios = cfg['aspect_ratios']  # 長方形のDBoxのアスペクト比

    def make_dbox_list(self):
        '''DBoxを作成する'''
        mean = []
        # 'feature_maps': [38, 19, 10, 5, 3, 1]
        for k, f in enumerate(self.feature_maps):
            for i, j in product(range(f), repeat=2):  # fまでの数で2ペアの組み合わ
                                                      # せを作る f_P_2 個
                # 特徴量の画像サイズ
                # 300 / 'steps': [8, 16, 32, 64, 100, 300],
                f_k = self.image_size / self.steps[k]

                # DBoxの中心座標 x,y ただし、0〜1で規格化している
                cx = (j + 0.5) / f_k
                cy = (i + 0.5) / f_k

                # アスペクト比1の小さいDBox [cx,cy, width, height]
```

89

```python
            # 'min_sizes': [30, 60, 111, 162, 213, 264]
            s_k = self.min_sizes[k]/self.image_size
            mean += [cx, cy, s_k, s_k]

            # アスペクト比1の大きいDBox [cx,cy, width, height]
            # 'max_sizes': [60, 111, 162, 213, 264, 315],
            s_k_prime = sqrt(s_k * (self.max_sizes[k]/self.image_size))
            mean += [cx, cy, s_k_prime, s_k_prime]

            # その他のアスペクト比のdefBox [cx,cy, width, height]
            for ar in self.aspect_ratios[k]:
                mean += [cx, cy, s_k*sqrt(ar), s_k/sqrt(ar)]
                mean += [cx, cy, s_k/sqrt(ar), s_k*sqrt(ar)]

    # DBoxをテンソルに変換 torch.Size([8732, 4])
    output = torch.Tensor(mean).view(-1, 4)

    # DBoxが画像の外にはみ出るのを防ぐため、大きさを最小0、最大1にする
    output.clamp_(max=1, min=0)

    return output
```

動作を確認します。DBoxの座標情報の表（8732 rows×4 columns）が出力されます。

```python
# 動作の確認

# SSD300の設定
ssd_cfg = {
    'num_classes': 21,  # 背景クラスを含めた合計クラス数
    'input_size': 300,  # 画像の入力サイズ
    'bbox_aspect_num': [4, 6, 6, 6, 4, 4],  # 出力するDBoxのアスペクト比の種類
    'feature_maps': [38, 19, 10, 5, 3, 1],  # 各sourceの画像サイズ
    'steps': [8, 16, 32, 64, 100, 300],  # DBOXの大きさを決める
    'min_sizes': [30, 60, 111, 162, 213, 264],  # DBOXの大きさを決める
    'max_sizes': [60, 111, 162, 213, 264, 315],  # DBOXの大きさを決める
    'aspect_ratios': [[2], [2, 3], [2, 3], [2, 3], [2], [2]],
}

# DBox作成
dbox = DBox(ssd_cfg)
dbox_list = dbox.make_dbox_list()

# DBoxの出力を確認する
pd.DataFrame(dbox_list.numpy())
```

クラスSSDを実装する

本節の最後にここまでで作成したモジュールを使用してクラスSSDを実装します。PyTorchのネットワーク層クラスであるnn.Moduleを継承します。クラスSSDには次節で順伝搬のメソッドを定義します。なおSSDは訓練時と推論時で異なる動作をします。推論時にはクラスDetectを使用します。クラスDetectについては次節で実装します。

クラスSSDの実装は次の通りです。

```python
# SSDクラスを作成する
class SSD(nn.Module):

    def __init__(self, phase, cfg):
        super(SSD, self).__init__()

        self.phase = phase   # train or inferenceを指定
        self.num_classes = cfg["num_classes"]  # クラス数=21

        # SSDのネットワークを作る
        self.vgg = make_vgg()
        self.extras = make_extras()
        self.L2Norm = L2Norm()
        self.loc, self.conf = make_loc_conf(
            cfg["num_classes"], cfg["bbox_aspect_num"])

        # DBox作成
        dbox = DBox(cfg)
        self.dbox_list = dbox.make_dbox_list()

        # 推論時はクラス「Detect」を用意します
        if phase == 'inference':
            self.detect = Detect()

# 動作確認
ssd_test = SSD(phase="train", cfg=ssd_cfg)
print(ssd_test)
```

2-4 ● ネットワークモデルの実装

[出力]

```
SSD(
  (vgg): ModuleList(
    (0): Conv2d(3, 64, kernel_size=(3, 3), stride=(1, 1), padding=(1, 1))
    (1): ReLU(inplace)
...
```

　以上本節ではSSDのネットワークモデルを構築しました。次節ではこのSSDモデルの順伝搬関数を実装します。

2-5 順伝搬関数の実装

　本節ではSSDモデルの順伝搬関数（forward）を定義します。第1章の画像分類で使用したニューラルネットワークは単純にモデル内の層（ユニット）を前から後ろに処理しただけでしたが、物体検出では複雑な順伝搬処理が必要です。本節では新たな概念としてNon-Maximum Suppressionと呼ばれる手法が登場します。
本節の学習目標は、次の通りです。

1. Non-Maximum Suppressionを理解する
2. SSDの推論時に使用するDetectクラスの順伝搬を理解する
3. SSDの順伝搬を実装できるようになる

本節の実装ファイル：
`2-4-5_SSD_model_forward.ipynb`

関数decodeを実装

　SSDの推論時には、順伝搬の最後にクラスDetectを適用します。このクラスDetectの中で使用する関数decodeと関数nm_supressionをこれから実装します。

　関数decodeはDBox = (cx_d, cy_d, w_d, h_d) と、SSDモデルから求めたオフセット情報loc = $(\Delta cx, \Delta cy, \Delta w, \Delta h)$ を使用し、BBox（バウンディングボックス）の座標情報を作成する関数です。BBoxの情報は

$$cx = cx\_d + 0.1\Delta cx \times w\_d$$
$$cy = cy\_d + 0.1\Delta cy \times h\_d$$
$$w = w\_d \times \exp(0.2\Delta w)$$
$$h = h\_d \times \exp(0.2\Delta h)$$

として計算されます。
　これらの式を実装し、さらにBBoxの座標情報の表示形式を (cx, cy, w, h) から (xmin, ymin, xmax, ymax) 表記へと変換します。

2-5 ● 順伝搬関数の実装

実装は以下の通りです。

```python
# オフセット情報を使い、DBoxをBBoxに変換する関数
def decode(loc, dbox_list):
    """
    オフセット情報を使い、DBoxをBBoxに変換する。

    Parameters
    ----------
    loc:  [8732,4]
        SSDモデルで推論するオフセット情報。
    dbox_list: [8732,4]
        DBoxの情報

    Returns
    -------
    boxes : [xmin, ymin, xmax, ymax]
        BBoxの情報
    """

    # DBoxは[cx, cy, width, height]で格納されている
    # locも[Δcx, Δcy, Δwidth, Δheight]で格納されている

    # オフセット情報からBBoxを求める
    boxes = torch.cat((
        dbox_list[:, :2] + loc[:, :2] * 0.1 * dbox_list[:, 2:],
        dbox_list[:, 2:] * torch.exp(loc[:, 2:] * 0.2)), dim=1)
    # boxesのサイズはtorch.Size([8732, 4])となります

    # BBoxの座標情報を[cx, cy, width, height]から[xmin, ymin, xmax, ymax]に
    boxes[:, :2] -= boxes[:, 2:] / 2  # 座標(xmin,ymin)へ変換
    boxes[:, 2:] += boxes[:, :2]  # 座標(xmax,ymax)へ変換

    return boxes
```

❖ Non-Maximum Suppressionを行う関数を実装

続いてクラスDetectで使用するNon-Maximum Suppressionを実施する関数nm_supressionを実装します。

Non-Maximum Suppressionについて説明します。8,732個ものDBoxをあらかじめ用意して物体を検出させるので、BBoxを計算すると画像中の同じ物体に対して異なるBBoxが、ほんの少しだけずれて複数個フィッティングされる場合があります。この冗長なBBoxを消去し、

1つの物体に対しては1つのBBoxのみを残す処理がNon-Maximum Suppressionとなります。

　Non-Maximum Suppressionのアルゴリズムとしては、同じ物体クラスを指し示すBBoxが複数ある場合に、もしBBox同士の被っている面積が閾値（今回の実装では、変数overlap = 0.45）以上である場合には、同じ物体への冗長なBBoxと判定します。そして検出の確信度confが一番大きな値のBBoxのみを残し、他のBBoxは消去する、という操作を行います。言葉で解説すると簡単ですが、実装は少し複雑です。

　以下がNon-Maximum Suppressionの実装となります。物体クラスごとに nm_suppresion は実行されます。

　引数のscoresはSSDモデルで各DBoxに対する確信度を求めた際に、確信度が一定以上の値（今回は0.01）となったDBoxの確信度confです。物体クラスごとにNon-Maximum Suppressionを実行するため、引数scoresのテンソルサイズは（確信度閾値を超えたDBoxの数）となります。

　このような閾値処理をした変数scoresを引数として使用する理由は、8,732個のDBoxに対してNon-Maximum Suppressionを計算すると処理が重くなるからです。

　このあたりから実装がかなり複雑です。まずはやりたいことを概念レベルで理解してみてください。

```
# Non-Maximum Suppressionを行う関数
def nm_suppression(boxes, scores, overlap=0.45, top_k=200):
    """
    Non-Maximum Suppressionを行う関数。
    boxesのうち被り過ぎ（overlap以上）のBBoxを削除する。

    Parameters
    ----------
    boxes : [確信度閾値（0.01）を超えたBBox数,4]
        BBox情報。
    scores :[確信度閾値（0.01）を超えたBBox数]
        confの情報

    Returns
    -------
    keep : リスト
        confの降順にnmsを通過したindexが格納
    count : int
        nmsを通過したBBoxの数
    """

    # returnのひな形を作成
    count = 0
    keep = scores.new(scores.size(0)).zero_().long()
```

2-5 ● 順伝搬関数の実装

```python
# keep：torch.Size([確信度閾値を超えたBBox数])、要素は全部0

# 各BBoxの面積areaを計算
x1 = boxes[:, 0]
y1 = boxes[:, 1]
x2 = boxes[:, 2]
y2 = boxes[:, 3]
area = torch.mul(x2 - x1, y2 - y1)

# boxesをコピーする。後で、BBoxの被り度合いIOUの計算に使用する際のひな形として用意
tmp_x1 = boxes.new()
tmp_y1 = boxes.new()
tmp_x2 = boxes.new()
tmp_y2 = boxes.new()
tmp_w = boxes.new()
tmp_h = boxes.new()

# socreを昇順に並び変える
v, idx = scores.sort(0)

# 上位top_k個（200個）のBBoxのindexを取り出す（200個存在しない場合もある）
idx = idx[-top_k:]

# idxの要素数が0でない限りループする
while idx.numel() > 0:
    i = idx[-1]  # 現在のconf最大のindexをiに

    # keepの現在の最後にconf最大のindexを格納する
    # このindexのBBoxと被りが大きいBBoxをこれから消去する
    keep[count] = i
    count += 1

    # 最後のBBoxになった場合は、ループを抜ける
    if idx.size(0) == 1:
        break

    # 現在のconf最大のindexをkeepに格納したので、idxを1つ減らす
    idx = idx[:-1]

    # -------------------
    # これからkeepに格納したBBoxと被りの大きいBBoxを抽出して除去する
    # -------------------
    # 1つ減らしたidxまでのBBoxを、outに指定した変数として作成する
    torch.index_select(x1, 0, idx, out=tmp_x1)
    torch.index_select(y1, 0, idx, out=tmp_y1)
    torch.index_select(x2, 0, idx, out=tmp_x2)
```

```python
            torch.index_select(y2, 0, idx, out=tmp_y2)

            # すべてのBBoxに対して、現在のBBox=indexがiと被っている値までに設定(clamp)
            tmp_x1 = torch.clamp(tmp_x1, min=x1[i])
            tmp_y1 = torch.clamp(tmp_y1, min=y1[i])
            tmp_x2 = torch.clamp(tmp_x2, max=x2[i])
            tmp_y2 = torch.clamp(tmp_y2, max=y2[i])

            # wとhのテンソルサイズをindexを1つ減らしたものにする
            tmp_w.resize_as_(tmp_x2)
            tmp_h.resize_as_(tmp_y2)

            # clampした状態でのBBoxの幅と高さを求める
            tmp_w = tmp_x2 - tmp_x1
            tmp_h = tmp_y2 - tmp_y1

            # 幅や高さが負になっているものは0にする
            tmp_w = torch.clamp(tmp_w, min=0.0)
            tmp_h = torch.clamp(tmp_h, min=0.0)

            # clampされた状態での面積を求める
            inter = tmp_w*tmp_h

            # IoU = intersect部分 / (area(a) + area(b) - intersect部分)の計算
            rem_areas = torch.index_select(area, 0, idx)  # 各BBoxの元の面積
            union = (rem_areas - inter) + area[i]  # 2つのエリアの和(OR)の面積
            IoU = inter/union

            # IoUがoverlapより小さいidxのみを残す
            idx = idx[IoU.le(overlap)]  # leはLess than or Equal toの処理をする演算です
            # IoUがoverlapより大きいidxは、最初に選んでkeepに格納したidxと同じ物体に
            # 対してBBoxを囲んでいるため消去

        # whileのループが抜けたら終了

        return keep, count
```

クラスDetectを実装

　SSDの推論時には最後にクラスDetectを適用し、(batch_num, 21, 200, 5)の出力テンソルを作成します。この出力テンソルは先頭がミニバッチの番号を示す次元、2番目が各クラスのインデックスを示す次元、3番目が信頼度上位200個のBBoxの何番目かを示す次元、4番目がBBoxの情報で（確信度conf, xmin, ymin, width, height）の5要素から構成されます。

　クラスDetectへの入力は3要素です。SSDモデルにおいてオフセット情報を示すモジュールlocの出力 (batch_num, 8732, 4)、確信度を示すconfモジュールの出力 (batch_num, 8732, 21)、そしてデフォルトボックスの情報 (8732, 4) です。モジュールconfの出力にはプログラム内でソフトマックス関数を適用して、規格化しておきます。

　クラスDetectは、torch.autograd.Functionを継承させます（nn.Moduleを継承したクラスSSDの順伝搬関数forwardの中で、同じforwardという命令でDetectが実行できるようにするため）。

　クラスDetectの順伝搬関数forwardの計算について解説します。大きく3つのステップから計算されます。ステップ1として本節の最初に実装した関数decodeを使用し、DBox情報とオフセット情報locをBBoxへと変換します。ステップ2としてconfが閾値（今回の実装では変数conf_thresh = 0.01）以上のBBoxを取り出します。ステップ3としてNon-Maximum Suppressionを行う関数nm_supressionを実施し、同一物体に対して被っているBBoxを消去します。以上の3ステップにより所望の物体検出結果となるBBoxが残ります。

　上記内容を実装すると以下のようになります。この実装も非常に難しいです。

```
# SSDの推論時にconfとlocの出力から、被りを除去したBBoxを出力する

class Detect(Function):

    def __init__(self, conf_thresh=0.01, top_k=200, nms_thresh=0.45):
        self.softmax = nn.Softmax(dim=-1)   # confをソフトマックス関数で正規化する
                                            # ために用意
        self.conf_thresh = conf_thresh   # confがconf_thresh=0.01より高いDBoxのみ
                                         # を扱う
        self.top_k = top_k  # nm_supressionでconfの高いtop_k個を計算に使用する,
                            # top_k = 200
        self.nms_thresh = nms_thresh   # nm_supressionでIOUがnms_thresh=0.45より
                                       # 大きいと、同一物体へのBBoxとみなす
```

```python
def forward(self, loc_data, conf_data, dbox_list):
    """
    順伝搬の計算を実行する。

    Parameters
    ----------
    loc_data:  [batch_num,8732,4]
        オフセット情報。
    conf_data: [batch_num, 8732,num_classes]
        検出の確信度。
    dbox_list: [8732,4]
        DBoxの情報

    Returns
    -------
    output : torch.Size([batch_num, 21, 200, 5])
        (batch_num、クラス、confのtop200、BBoxの情報)
    """

    # 各サイズを取得
    num_batch = loc_data.size(0)  # ミニバッチのサイズ
    num_dbox = loc_data.size(1)  # DBoxの数 = 8732
    num_classes = conf_data.size(2)  # クラス数 = 21

    # confはソフトマックスを適用して正規化する
    conf_data = self.softmax(conf_data)

    # 出力の型を作成する。テンソルサイズは[minibatch数, 21, 200, 5]
    output = torch.zeros(num_batch, num_classes, self.top_k, 5)

    # cof_dataを[batch_num,8732,num_classes]から[batch_num, num_classes,8732]
      に順番変更
    conf_preds = conf_data.transpose(2, 1)

    # ミニバッチごとのループ
    for i in range(num_batch):

        # 1. locとDBoxから修正したBBox [xmin, ymin, xmax, ymax] を求める
        decoded_boxes = decode(loc_data[i], dbox_list)

        # confのコピーを作成
        conf_scores = conf_preds[i].clone()
```

```python
            # 画像クラスごとのループ（背景クラスのindexである0は計算せず、index=1から）
            for cl in range(1, num_classes):

                # 2.confの閾値を超えたBBoxを取り出す
                # confの閾値を超えているかのマスクを作成し、
                # 閾値を超えたconfのインデックスをc_maskとして取得
                c_mask = conf_scores[cl].gt(self.conf_thresh)
                # gtはGreater thanのこと。gtにより閾値を超えたものが1に、以下が0になる
                # conf_scores:torch.Size([21, 8732])
                # c_mask:torch.Size([8732])

                # scoresはtorch.Size([閾値を超えたBBox数])
                scores = conf_scores[cl][c_mask]

                # 閾値を超えたconfがない場合、つまりscores=[]のときは、何もしない
                if scores.nelement() == 0:  # nelementで要素数の合計を求める
                    continue

                # c_maskを、decoded_boxesに適用できるようにサイズを変更します
                l_mask = c_mask.unsqueeze(1).expand_as(decoded_boxes)
                # l_mask:torch.Size([8732, 4])

                # l_maskをdecoded_boxesに適応します
                boxes = decoded_boxes[l_mask].view(-1, 4)
                # decoded_boxes[l_mask]で1次元になってしまうので、
                # viewで（閾値を超えたBBox数, 4）サイズに変形しなおす

                # 3. Non-Maximum Suppressionを実施し、被っているBBoxを取り除く
                ids, count = nm_suppression(
                    boxes, scores, self.nms_thresh, self.top_k)
                # ids：confの降順にNon-Maximum Suppressionを通過したindexが格納
                # count：Non-Maximum Suppressionを通過したBBoxの数

                # outputにNon-Maximum Suppressionを抜けた結果を格納
                output[i, cl, :count] = torch.cat((scores[ids[:count]].unsqueeze(1),
                                                   boxes[ids[:count]]), 1)

        return output  # torch.Size([1, 21, 200, 5])
```

SSDモデルを実装

本節の最後に順伝搬forward計算を実装しSSDモデルを実装します。SSDモデルの順伝搬の方法は図2.4.1で解説した通りです。モジュールvggおよびextrasを伝搬させます。この途中でsource1〜6を取り出します。このsource1〜6にそれぞれ畳み込み層を1回だけ適用して、オフセット情報locを取り出します。同様にsource1〜6にそれぞれ畳み込み層を1回だけ適用して、クラスの確信度confを取り出します。

今回source1〜6で使用したDBoxの数は4もしくは6となっており、サイズが統一されていないので、テンソルの形を注意深く変換します。

最終的に、オフセットlocのサイズは (batch_num, 8732, 4)、確信度confのサイズは(batch_num, 8732, 21)、そしてDBoxとしてサイズ (8732, 4) のdbox_listを変数outputにまとめます。

学習時はこのoutput = (loc, conf, dbox_list)が出力となります。推論時はこのoutputをクラスDetectの順伝搬関数に投入し、最終的に検出されたBBoxの情報 (batch_num, 21, 200, 5) を出力します。

実装は以下の通りです。ミニバッチ次元を持ちながら、sourceごとにDBoxの数が4もしくは6と異なる点に気をつけてテンソルサイズの変形をしている部分は複雑となり、初見では分かりづらいです。コメント文で解説とテンソルサイズの変化を詳細に記載しているので参考にしてください。

```python
# SSDクラスを作成する

class SSD(nn.Module):

    def __init__(self, phase, cfg):
        super(SSD, self).__init__()

        self.phase = phase  # train or inferenceを指定
        self.num_classes = cfg["num_classes"]  # クラス数=21

        # SSDのネットワークを作る
        self.vgg = make_vgg()
        self.extras = make_extras()
        self.L2Norm = L2Norm()
        self.loc, self.conf = make_loc_conf(
            cfg["num_classes"], cfg["bbox_aspect_num"])
```

2-5 ● 順伝搬関数の実装

```python
        # DBox 作成
        dbox = DBox(cfg)
        self.dbox_list = dbox.make_dbox_list()

        # 推論時はクラス「Detect」を用意します
        if phase == 'inference':
            self.detect = Detect()

    def forward(self, x):
        sources = list()  # locとconfへの入力source1～6を格納
        loc = list()   # locの出力を格納
        conf = list()  # confの出力を格納

        # vggのconv4_3まで計算する
        for k in range(23):
            x = self.vgg[k](x)

        # conv4_3の出力をL2Normに入力し、source1を作成、sourcesに追加
        source1 = self.L2Norm(x)
        sources.append(source1)

        # vggを最後まで計算し、source2を作成、sourcesに追加
        for k in range(23, len(self.vgg)):
            x = self.vgg[k](x)

        sources.append(x)

        # extrasのconvとReLUを計算
        # source3～6を、sourcesに追加
        for k, v in enumerate(self.extras):
            x = F.relu(v(x), inplace=True)
            if k % 2 == 1:  # conv→ReLU→cov→ReLUをしたらsourceに入れる
                sources.append(x)

        # source1～6に、それぞれ対応する畳み込みを1回ずつ適用する
        # zipでforループの複数のリストの要素を取得
        # source1～6まであるので、6回ループが回る
        for (x, l, c) in zip(sources, self.loc, self.conf):
            # Permuteは要素の順番を入れ替え
            loc.append(l(x).permute(0, 2, 3, 1).contiguous())
            conf.append(c(x).permute(0, 2, 3, 1).contiguous())
```

```python
            # l(x)とc(x)で畳み込みを実行
            # l(x)とc(x)の出力サイズは[batch_num, 4*アスペクト比の種類数,
            # featuremapの高さ, featuremap幅]
            # sourceによって、アスペクト比の種類数が異なり、面倒なので順番入れ替え
            # て整える
            # permuteで要素の順番を入れ替え、
            # [minibatch数, featuremap数, featuremap数, 4*アスペクト比の種類数]へ
            # (注釈)
            # torch.contiguous()はメモリ上で要素を連続的に配置し直す命令です。
            # あとでview関数を使用します。
            # このviewを行うためには、対象の変数がメモリ上で連続配置されている必要
            # があります。

        # さらにlocとconfの形を変形
        # locのサイズは、torch.Size([batch_num, 34928])
        # confのサイズはtorch.Size([batch_num, 183372])になる
        loc = torch.cat([o.view(o.size(0), -1) for o in loc], 1)
        conf = torch.cat([o.view(o.size(0), -1) for o in conf], 1)

        # さらにlocとconfの形を整える
        # locのサイズは、torch.Size([batch_num, 8732, 4])
        # confのサイズは、torch.Size([batch_num, 8732, 21])
        loc = loc.view(loc.size(0), -1, 4)
        conf = conf.view(conf.size(0), -1, self.num_classes)

        # 最後に出力する
        output = (loc, conf, self.dbox_list)

        if self.phase == "inference":  # 推論時
            # クラス「Detect」のforwardを実行
            # 返り値のサイズは torch.Size([batch_num, 21, 200, 5])
            return self.detect(output[0], output[1], output[2])

        else:  # 学習時
            return output
            # 返り値は(loc, conf, dbox_list)のタプル
```

　以上でSSDモデルの順伝搬関数の実装が完了です。次節では損失関数の計算手法を実装します。

2-6 損失関数の実装

本節ではSSDモデルの損失関数を定義します。ここで定義する損失関数の値が小さくなるようにニューラルネットワークの結合パラメータを更新・学習させることになります。

本節の実装はかなり複雑なため、コードの理解は後回しでも大丈夫です。まずは何をやりたいのか、処理内容を概念レベルで理解することを目指してください。

本節の学習目標は、次の通りです。

1. jaccard係数を用いたmatch関数の動作を理解する
2. Hard Negative Miningを理解する
3. 2種類の損失関数（SmoothL1Loss関数、交差エントロピー誤差関数）の働きを理解する

本節の実装ファイル：

`2-6_loss_function.ipynb`

jaccard係数を用いたmatch関数の動作

SSDの損失関数を定義するにあたり、まず8,732個のDBoxから学習データの画像の正解BBoxと近いDBox（すなわち、正解と物体クラスが一致しており、座標情報も近いDBox）を抽出する必要があります。この抽出を行う処理を関数matchとして定義します。

正解BBoxと近いDBoxの抽出時にjaccard係数を使用します。図2.6.1にjaccard係数の計算方法を示します。2つのBBoxとDBoxのjaccard係数は、2つのBoxの総面積（BBox ∪ DBox）に対する、BBoxとDBoxが被っている部分の面積（BBox ∩ SBox）の割合です。このjaccard係数は0〜1の値をとり、2つのBoxが完全に一致していればjaccard係数は1になり、完全に外れていると0になります（jaccard係数とIOU：Intersection over Unionは同じものです）。

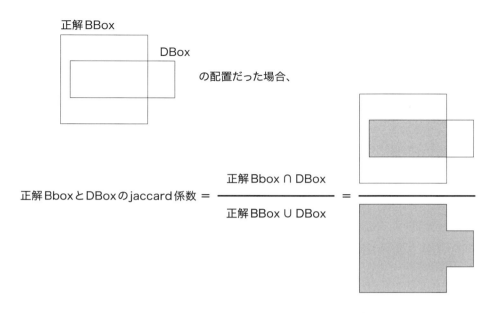

図2.6.1 jaccard係数の計算方法

上記のjaccard係数を用いて、訓練データの正解BBoxとjaccard係数が閾値（jaccard_thresh = 0.5）以上のDBoxをPositive DBoxとします（図2.6.2）。

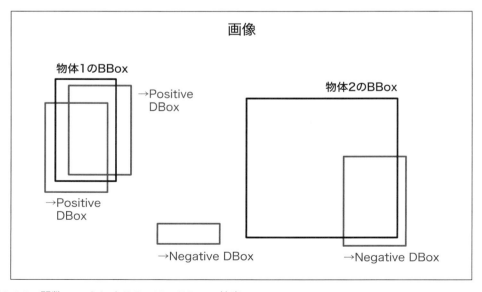

図2.6.2 関数matchによるPositive DBoxの抽出

実装においては、8,732個のDBoxはそれぞれ次のように処理されます。

まず、jaccard係数が0.5以上となる正解BBoxを持たないDBoxの場合は、そのDBoxをNegative DBoxとし、そのDBoxの予測結果の教師データとなる正解物体のラベルを0とします。ここで物体ラベル0は背景クラスを意味します。

なぜ物体を検出していないDBoxに対して教師データを用意するのかですが、背景という物体を認識できるようにしたいからです。そのため、正解BBoxがないDBoxは物体が存在しない背景というクラスをきちんと認識させるように、損失関数の計算やネットワークの学習に使用します。

一方で、DBoxのうちjaccard係数が0.5以上となる正解BBoxを持つDBoxは、そのDBoxをPositive DBoxとし、jaccard係数が最も大きくなる正解BBoxの物体クラスをそのDBoxの予測結果の教師データとなる正解クラスとします。またjaccard係数が最も大きくなる正解BBoxへとDBoxを変形させるオフセット値をlocの教師データとします。

ここで難しい点ですが、SSDではDBoxの座標情報とDBoxが検出した物体クラスは分けて考えています。そのためDBoxについてjaccard係数を考える際にも、そのDBoxの確信度confが高いクラスなどは考慮しません。DBoxの座標情報、すなわち変数locのみを考慮している点にご注意ください。また、DBoxを補正した推定BBoxと正解のBBoxのjaccard係数を処理しているのではなく、あらかじめ用意したDBoxと正解のBBoxについて、jaccard係数の計算処理と各DBoxの教師データ作成をしている点にもご注意ください。

関数matchの実装はかなり複雑です。本書ではこの関数は実装せず、引用[4]の実装をそのまま使用することにします。フォルダ「utils」のプログラム「match.py」に関数matchを実装しているのでこれを使用します。実装プログラムでは、各DBoxに対するDBoxの補正情報locの正解となる教師データを変数loc_t、各DBoxの確信度confの正解となるラベルの教師データを変数conf_t_labelとして、返り値に設定しています。

重要な点として、関数matchのなかで物体クラスの教師データのラベルインデックスを＋1しています。背景クラスをインデックス0番目として用意したいので、あらかじめVOC2012で用意されている物体クラスのインデックスは＋1して、インデックス0を背景クラス（background）としています。

Hard Negative Mining

関数matchを使用することにより、正解のBBoxとDBoxの情報から教師データloc_tとconf_t_labelを用意することができました。あとは損失関数に予測結果と教師データを入力して損失値を計算するだけです。ですがここで前処理としてHard Negative Miningを実行します。

Hard Negative Miningとは、Negative DBoxに分類されたDBoxのうち、学習に使用する

DBoxの数を絞る操作です。

　DBoxを正解BBoxに変更するオフセットの教師データ loc_t は Positive DBox にのみ用意されているので、オフセット情報の損失値は Positive DBox にのみ計算されます。

　一方でDBoxのクラス分類の教師データ conf_t_label は全てのDBoxに用意されています。ただし8,732個のDBoxの大半はNegative DBoxに分類されており、Negative DBoxの教師データのラベルは0（背景クラス）となっています。このNegative DBoxに判定されたDBoxをすべて学習に使用すると、ラベル0の予測ばかり学習をすることになります。その結果、背景以外の実際の物体クラスの予測に関する学習回数が背景クラスに比べてとても少なくなってしまうため、アンバランスです。

　そこでNegative DBoxの数をPositive DBoxの一定数倍（今回の実装では neg_pos = 3）に制限します。

　それでは数を制限する際にどのNegative DBoxを使用するのかですが、SSDではラベル予測の損失値が高いもの（つまりラベル予測がうまくいっていないもの）を優先して選びます。ラベル予測がうまくいっていないNegative DBoxとは、本当は物体が存在しない背景クラスのDBoxと予測すべきなのに、きちんと背景クラスと予測できていないDBoxです。この背景物体のラベルをきちんと予測できていないNegative DBoxを優先的に学習させます。

　以上のHard Negative Mining操作により、学習に使用するNegative DBoxの数を絞ります。

❖ SmoothL1Loss関数と交差エントロピー誤差関数

　以上の関数matchとHard Negative Mining操作により、損失を計算する際に使用する教師データと予測結果が求まります。これらを損失関数に入力し、損失値を求めます。

　Positive DBoxのオフセット情報の予測 loc については、DBoxと正解BBoxへと変換するための補正値を予測する回帰問題です。回帰問題の損失関数には通常、誤差の二乗関数が用いられます。SSDでは誤差の二乗関数に少し工夫を加えたSmoothL1Loss関数が使用されます。

　SmoothL1LossはHuber損失関数の一種で、次式で計算されます。

$$loss_i(loc_t - loc_p) = \begin{cases} 0.5\,(loc_t - loc_p)^2, & if\ |loc_t - loc_p| < 1 \\ |loc_t - loc_p| - 0.5, & otherwise \end{cases}$$

　教師データと予測結果の差の絶対値が1より小さい場合は二乗誤差となり、差の絶対値が1より大きい場合は差の絶対値から0.5を引いた値にします。教師データと予測結果の差が大きい場合に、二乗誤差を使用すると損失値が異常に大きくなり、ネットワークの学習が不安定になります。そこでSmoothL1Lossでは教師データと予測結果の差が大きい場合は二乗ではなく、その絶対値を使用することにして、損失を二乗誤差よりも小さく見積もるという手法です。

オフセット予測locについては、jaccard係数で閾値を超えたPositive DBoxの予測結果のみを使用します。Negative DBoxは教師データのラベルが背景0となっているため、BBoxが存在せず、オフセット値を持ちません。

続いて物体クラスのラベル予測に関する損失関数を解説します。ラベル予測の損失関数は一般的な多クラス予測で使用される交差エントロピー誤差関数です。交差エントロピー誤差関数は次式で表されます。

$$loss_i(conf, label_t) = -\log\left(\frac{\exp(conf[label_t])}{\sum \exp(conf[x])}\right)$$

交差エントロピー誤差関数の計算例を示します。例えば3クラスの予測問題を想定し、各クラスに対する信頼度の予測結果が（-10, 10, 20）であったとします。また正解クラスは1番目であったとします。つまり0番目のクラスの予測信頼度が-10、1番目のクラスの予測信頼度が10、2番目のクラスの予測信頼度は20です。このとき交差エントロピー誤差関数による損失値は

$$loss_i([-10, 10, 20], 1) = -\log\left(\frac{\exp(10)}{\exp(-10) + \exp(10) + \exp(20)}\right) = 4.34$$

となります。仮に予測結果が (-100, 100, -100) とうまく予測できていた場合の損失はほぼ0となります。

SSDの損失関数クラスMultiBoxLossの実装

以上の説明内容を損失関数クラス`MultiBoxLoss`として実装します。損失関数クラス`MultiBoxLoss`はクラス`nn.Module`を継承し、損失値の計算を関数`forward`の中で行います。

実装は次の通りです。オフセットに対する損失値`loss_l`と、ラベル予測に対する損失値`loss_c`をそれぞれ`return`させています。

なお実装内の変数`variance`はDBoxからBBoxに補正計算する際に使用する式

$$cx = cx\_d + 0.1\Delta cx \times w\_d$$
$$cy = cy\_d + 0.1\Delta cy \times h\_d$$
$$w = w\_d \times \exp(0.2\Delta w)$$
$$h = h\_d \times \exp(0.2\Delta h)$$

の係数0.1と0.2を示します。

この損失関数クラス`MultiBoxLoss`の実装はかなり複雑です。物体検出を高速に処理させるために直感的でないコードも多いです。まずは概念レベルで何をやっているのかを理解し、

コードの詳細な理解はゆっくり後回しでも大丈夫です。実装コード内に多めにコメントを掲載して解説しているので参考にしてください。

```python
class MultiBoxLoss(nn.Module):
    """SSDの損失関数のクラスです。"""

    def __init__(self, jaccard_thresh=0.5, neg_pos=3, device='cpu'):
        super(MultiBoxLoss, self).__init__()
        self.jaccard_thresh = jaccard_thresh  # 0.5 関数matchのjaccard係数の閾値
        self.negpos_ratio = neg_pos  # 3:1 Hard Negative Miningの負と正の比率
        self.device = device  # CPUとGPUのいずれで計算するのか

    def forward(self, predictions, targets):
        """
        損失関数の計算

        Parameters
        ----------
        predictions : SSD netの訓練時の出力(tuple)
            (loc=torch.Size([num_batch, 8732, 4]),
             conf=torch.Size([num_batch, 8732, 21]), dbox_list=torch.Size [8732,4])

        targets : [num_batch, num_objs, 5]
            5は正解のアノテーション情報[xmin, ymin, xmax, ymax, label_ind]を示す

        Returns
        -------
        loss_l : テンソル
            locの損失の値
        loss_c : テンソル
            confの損失の値

        """

        # SSDモデルの出力がタプルになっているので、個々にばらす
        loc_data, conf_data, dbox_list = predictions

        # 要素数を把握
        num_batch = loc_data.size(0)  # ミニバッチのサイズ
        num_dbox = loc_data.size(1)   # DBoxの数 = 8732
        num_classes = conf_data.size(2)  # クラス数 = 21

        # 損失の計算に使用するものを格納する変数を作成
        # conf_t_label：各DBoxに一番近い正解のBBoxのラベルを格納させる
        # loc_t: 各DBoxに一番近い正解のBBoxの位置情報を格納させる
```

```
            conf_t_label = torch.LongTensor(num_batch, num_dbox).to(self.device)
            loc_t = torch.Tensor(num_batch, num_dbox, 4).to(self.device)

            # loc_tとconf_t_labelに、
            # DBoxと正解アノテーションtargetsをmatchさせた結果を上書きする
            for idx in range(num_batch):  # ミニバッチでループ

                # 現在のミニバッチの正解アノテーションのBBoxとラベルを取得
                truths = targets[idx][:, :-1].to(self.device)  # BBox
                # ラベル［物体1のラベル，物体2のラベル，…］
                labels = targets[idx][:, -1].to(self.device)

                # デフォルトボックスを新たな変数で用意
                dbox = dbox_list.to(self.device)

                # 関数matchを実行し、loc_tとconf_t_labelの内容を更新する
                # （詳細）
                # loc_t: 各DBoxに一番近い正解のBBoxの位置情報が上書きされる
                # conf_t_label：各DBoxに一番近いBBoxのラベルが上書きされる
                # ただし、一番近いBBoxとのjaccard overlapが0.5より小さい場合は
                # 正解BBoxのラベルconf_t_labelは背景クラスの0とする
                variance = [0.1, 0.2]
                # このvarianceはDBoxからBBoxに補正計算する際に使用する式の係数です
                match(self.jaccard_thresh, truths, dbox,
                      variance, labels, loc_t, conf_t_label, idx)

            # ----------
            # 位置の損失：loss_lを計算
            # Smooth L1関数で損失を計算する。ただし、物体を発見したDBoxのオフセットのみ
            # を計算する
            # ----------
            # 物体を検出したBBoxを取り出すマスクを作成
            pos_mask = conf_t_label > 0  # torch.Size([num_batch, 8732])

            # pos_maskをloc_dataのサイズに変形
            pos_idx = pos_mask.unsqueeze(pos_mask.dim()).expand_as(loc_data)

            # Positive DBoxのloc_dataと、教師データloc_tを取得
            loc_p = loc_data[pos_idx].view(-1, 4)
            loc_t = loc_t[pos_idx].view(-1, 4)

            # 物体を発見したPositive DBoxのオフセット情報loc_tの損失（誤差）を計算
            loss_l = F.smooth_l1_loss(loc_p, loc_t, reduction='sum')

            # ----------
            # クラス予測の損失：loss_cを計算
```

```python
# 交差エントロピー誤差関数で損失を計算する。ただし、背景クラスが正解である
# DBoxが圧倒的に多いので、
# Hard Negative Miningを実施し、物体発見DBoxと背景クラスDBoxの比が1:3にな
# るようにする。
# そこで背景クラスDBoxと予想したもののうち、損失が小さいものは、クラス予測
# の損失から除く
# ----------
batch_conf = conf_data.view(-1, num_classes)

# クラス予測の損失を関数を計算(reduction='none'にして、和をとらず、次元をつ
# ぶさない)
loss_c = F.cross_entropy(
    batch_conf, conf_t_label.view(-1), reduction='none')

# -----------------
# これからNegative DBoxのうち、Hard Negative Miningで抽出するものを求めるマ
# スクを作成します
# -----------------

# 物体発見したPositive DBoxの損失を0にする
# (注意)物体はlabelが1以上になっている。ラベル0は背景。
num_pos = pos_mask.long().sum(1, keepdim=True)  # ミニバッチごとの物体クラ
                                                # ス予測の数
loss_c = loss_c.view(num_batch, -1)  # torch.Size([num_batch, 8732])
loss_c[pos_mask] = 0  # 物体を発見したDBoxは損失0とする

# Hard Negative Miningを実施する
# 各DBoxの損失の大きさloss_cの順位であるidx_rankを求める
_, loss_idx = loss_c.sort(1, descending=True)
_, idx_rank = loss_idx.sort(1)

# (注釈)
# 実装コードが特殊で直感的ではないです。
# 上記2行は、要は各DBoxに対して、損失の大きさが何番目なのかの情報を
# 変数idx_rankとして高速に取得したいというコードです。
#
# DBOXの損失値の大きい方から降順に並べ、DBoxの降順のindexをloss_idxに格納。
# 損失の大きさloss_cの順位であるidx_rankを求める。
# ここで、
# 降順になった配列indexであるloss_idxを、0から8732まで昇順に並べ直すためには、
# 何番目のloss_idxのインデックスをとってきたら良いのかを示すのが、idx_rank
# である。
# 例えば、
# idx_rankの要素0番目 = idx_rank[0]を求めるには、loss_idxの値が0の要素、
# つまりloss_idx[?]=0 の、?は何番かを求めることになる。ここで、? = idx_
# rank[0]である。
```

```python
# いま、loss_idx[?]=0 の 0 は、元の loss_c の要素の 0 番目という意味である。
# つまり？は、元の loss_c の要素 0 番目は、降順に並び替えられた loss_idx の何番
# 目ですか
# を求めていることになり、結果、
# ? = idx_rank[0] は loss_c の要素 0 番目が、降順の何番目かを示すことになる。

# 背景の DBox の数 num_neg を決める。HardNegative Mining により、
# 物体発見の DBox の数 num_pos の 3 倍（self.negpos_ratio 倍）とする。
# ただし、万が一、DBox の数を超える場合は、DBox の数を上限とする
num_neg = torch.clamp(num_pos*self.negpos_ratio, max=num_dbox)

# idx_rank は各 DBox の損失の大きさが上から何番目なのかが入っている
# 背景の DBox の数 num_neg よりも、順位が低い（すなわち損失が大きい）DBox を取
# るマスク作成
# torch.Size([num_batch, 8732])
neg_mask = idx_rank < (num_neg).expand_as(idx_rank)

# -----------------
#（終了）これから Negative DBox のうち、Hard Negative Mining で抽出するものを
# 求めるマスクを作成します
# -----------------

# マスクの形を整形し、conf_data に合わせる
# pos_idx_mask は Positive DBox の conf を取り出すマスクです
# neg_idx_mask は Hard Negative Mining で抽出した Negative DBox の conf を取り出
# すマスクです
# pos_mask：torch.Size([num_batch, 8732]) → pos_idx_mask：torch.Size([num_
# batch, 8732, 21])
pos_idx_mask = pos_mask.unsqueeze(2).expand_as(conf_data)
neg_idx_mask = neg_mask.unsqueeze(2).expand_as(conf_data)

# conf_data から pos と neg だけを取り出して conf_hnm にする。形は torch.
# Size([num_pos+num_neg, 21])
conf_hnm = conf_data[(pos_idx_mask+neg_idx_mask).gt(0)
                     ].view(-1, num_classes)
#（注釈）gt は greater than (>) の略称。これで mask が 1 の index を取り出す。
# pos_idx_mask+neg_idx_mask は足し算だが、index への mask をまとめているだけで
# ある。
# つまり、pos であろうが neg であろうが、マスクが 1 のものを足し算で 1 つのリスト
# にし、それを gt で取得

# 同様に教師データである conf_t_label から pos と neg だけを取り出して conf_t_
# label_hnm に
# 形は torch.Size([pos+neg]) になる
conf_t_label_hnm = conf_t_label[(pos_mask+neg_mask).gt(0)]
```

```python
        # confidenceの損失関数を計算（要素の合計=sumを求める）
        loss_c = F.cross_entropy(conf_hnm, conf_t_label_hnm, reduction='sum')

        # 物体を発見したBBoxの数N（全ミニバッチの合計）で損失を割り算
        N = num_pos.sum()
        loss_l /= N
        loss_c /= N

        return loss_l, loss_c
```

　以上で損失関数の実装が完了です。かなり複雑な実装コードなため、コードの理解は後回しで大丈夫です。まずは何をやりたかったのか、損失関数の処理内容を概念レベルでぜひ理解してみてください。次節では、本節までで実装した内容を使用し、SSDモデルの学習を行います。

2-7 学習と検証の実施

本節ではここまで実装してきたSSDモデルを使用して学習と検証を実施します。
本節の学習目標は、次の通りです。

1. SSDの学習を実装できるようになる

> 本節の実装ファイル：
>
> 2-7_SSD_training.ipynb

プログラムの実装

　SSDの学習用プログラムを実装します。2.2節から2.6節までで作成したクラスや関数を使用します。ここまでに実装した内容をフォルダ「utils」の「ssd_model.py」に用意しています。このファイルからここまで各クラスや関数を`import`します。

　学習プログラムの流れは

1. DataLoaderの作成（ファイルパスリスト作成、Dataset作成、DataLoader作成）
2. ネットワークモデルの作成
3. 損失関数の定義
4. 最適化手法の設定
5. 学習・検証の実施

です。

DatLoaderの作成

　DataLoaderを用意します。内容は2.2節、2.3節の解説と同じになります。

```
from utils.ssd_model import make_datapath_list, VOCDataset, DataTransform, 
Anno_xml2list, od_collate_fn

# ファイルパスのリストを取得
rootpath = "./data/VOCdevkit/VOC2012/"
train_img_list, train_anno_list, val_img_list, val_anno_list = make_datapath_list(
    rootpath)

# Datasetを作成
voc_classes = ['aeroplane', 'bicycle', 'bird', 'boat',
               'bottle', 'bus', 'car', 'cat', 'chair',
               'cow', 'diningtable', 'dog', 'horse',
               'motorbike', 'person', 'pottedplant',
               'sheep', 'sofa', 'train', 'tvmonitor']
color_mean = (104, 117, 123)  # (BGR)の色の平均値
input_size = 300  # 画像のinputサイズを300×300にする

train_dataset = VOCDataset(train_img_list, train_anno_list, phase="train",
transform=DataTransform(
    input_size, color_mean), transform_anno=Anno_xml2list(voc_classes))

val_dataset = VOCDataset(val_img_list, val_anno_list, phase="val",
transform=DataTransform(
    input_size, color_mean), transform_anno=Anno_xml2list(voc_classes))

# DataLoaderを作成する
batch_size = 32

train_dataloader = data.DataLoader(
    train_dataset, batch_size=batch_size, shuffle=True, collate_fn=od_collate_fn)

val_dataloader = data.DataLoader(
    val_dataset, batch_size=batch_size, shuffle=False, collate_fn=od_collate_fn)

# 辞書オブジェクトにまとめる
dataloaders_dict = {"train": train_dataloader, "val": val_dataloader}
```

ネットワークモデルの作成

続いてネットワークモデルを作成します。2.4節の解説の通りですが、1点追加があります。それはネットワークモデルの結合パラメータの初期値設定です。

今回はvggモジュールの初期値に、vggモジュールをImageNetの画像分類タスクで事前に学

習させた結合パラメータを使用します。引用[4]でこの学習済みモデルを「vgg16_reducedfc.pth」として用意してくれているので、こちらをダウンロードして使用します。

「vgg16_reducedfc.pth」は、「make_folders_and_data_downloads.ipynb」でダウンロードを実行しており、フォルダ「weights」に用意されています。

このvgg以外のモジュールの初期値には「Heの初期値」を使用します。Heの初期値は活性化関数がReLUの場合に使用する初期化方法です。各畳み込み層において、入力チャネル数が`input_n`のときに、畳み込み層の結合パラメータの初期値に「平均0、標準偏差sqrt(2 / input_n)としたガウス分布」に従う乱数を使用する手法です。この初期化方法を提案したのがKaiming Heさんなので、PyTorchでは`kaiming_normal_`という関数名になっています。

実装は次の通りです。

```
from utils.ssd_model import SSD

# SSD300の設定
ssd_cfg = {
    'num_classes': 21,  # 背景クラスを含めた合計クラス数
    'input_size': 300,  # 画像の入力サイズ
    'bbox_aspect_num': [4, 6, 6, 6, 4, 4],  # 出力するDBoxのアスペクト比の種類
    'feature_maps': [38, 19, 10, 5, 3, 1],  # 各sourceの画像サイズ
    'steps': [8, 16, 32, 64, 100, 300],  # DBOXの大きさを決める
    'min_sizes': [30, 60, 111, 162, 213, 264],  # DBOXの大きさを決める
    'max_sizes': [60, 111, 162, 213, 264, 315],  # DBOXの大きさを決める
    'aspect_ratios': [[2], [2, 3], [2, 3], [2, 3], [2], [2]],
}

# SSDネットワークモデル
net = SSD(phase="train", cfg=ssd_cfg)

# SSDの初期の重みを設定
# ssdのvgg部分に重みをロードする
vgg_weights = torch.load('./weights/vgg16_reducedfc.pth')
net.vgg.load_state_dict(vgg_weights)

# ssdのその他のネットワークの重みはHeの初期値で初期化

def weights_init(m):
    if isinstance(m, nn.Conv2d):
        init.kaiming_normal_(m.weight.data)
        if m.bias is not None:  # バイアス項がある場合
            nn.init.constant_(m.bias, 0.0)

# Heの初期値を適用
```

```
net.extras.apply(weights_init)
net.loc.apply(weights_init)
net.conf.apply(weights_init)

# GPUが使えるかを確認
device = torch.device("cuda:0" if torch.cuda.is_available() else "cpu")
print("使用デバイス：", device)

print('ネットワーク設定完了：学習済みの重みをロードしました')
```

損失関数と最適化手法の設定

損失関数と最適化手法を設定します。

```
from utils.ssd_model import MultiBoxLoss

# 損失関数の設定
criterion = MultiBoxLoss(jaccard_thresh=0.5, neg_pos=3, device=device)

# 最適化手法の設定
optimizer = optim.SGD(net.parameters(), lr=1e-3,
                      momentum=0.9, weight_decay=5e-4)
```

学習と検証の実施

学習と検証を行う関数train_modelを実装し、実行します。内容は次の実装の通りです。検証は10 epochに1度の頻度で行います。学習と検証のlossの値はlog_output.csvに毎epoch保存します。ネットワークの結合パラメータも10 epochに1回の頻度で保存します。

```
# モデルを学習させる関数を作成

def train_model(net, dataloaders_dict, criterion, optimizer, num_epochs):

    # GPUが使えるかを確認
    device = torch.device("cuda:0" if torch.cuda.is_available() else "cpu")
    print("使用デバイス：", device)
```

```python
# ネットワークをGPUへ
net.to(device)

# ネットワークがある程度固定であれば、高速化させる
torch.backends.cudnn.benchmark = True

# イテレーションカウンタをセット
iteration = 1
epoch_train_loss = 0.0  # epochの損失和
epoch_val_loss = 0.0  # epochの損失和
logs = []

# epochのループ
for epoch in range(num_epochs+1):

    # 開始時刻を保存
    t_epoch_start = time.time()
    t_iter_start = time.time()

    print('-------------')
    print('Epoch {}/{}'.format(epoch+1, num_epochs))
    print('-------------')

    # epochごとの訓練と検証のループ
    for phase in ['train', 'val']:
        if phase == 'train':
            net.train()  # モデルを訓練モードに
            print(' (train) ')
        else:
            if((epoch+1) % 10 == 0):
                net.eval()   # モデルを検証モードに
                print('-------------')
                print(' (val) ')
            else:
                # 検証は10回に1回だけ行う
                continue

        # データローダーからminibatchずつ取り出すループ
        for images, targets in dataloaders_dict[phase]:

            # GPUが使えるならGPUにデータを送る
            images = images.to(device)
            targets = [ann.to(device)
                       for ann in targets]  # リストの各要素のテンソルをGPUへ
```

```python
                    # optimizerを初期化
                    optimizer.zero_grad()

                    # 順伝搬（forward）計算
                    with torch.set_grad_enabled(phase == 'train'):
                        # 順伝搬（forward）計算
                        outputs = net(images)

                        # 損失の計算
                        loss_l, loss_c = criterion(outputs, targets)
                        loss = loss_l + loss_c

                        # 訓練時はバックプロパゲーション
                        if phase == 'train':
                            loss.backward()  # 勾配の計算

                            # 勾配が大きくなりすぎると計算が不安定になるので、clipで最
                            # 大でも勾配2.0に留める
                            nn.utils.clip_grad_value_(
                                net.parameters(), clip_value=2.0)

                            optimizer.step()  # パラメータ更新

                            if (iteration % 10 == 0):  # 10iterに1度、lossを表示
                                t_iter_finish = time.time()
                                duration = t_iter_finish - t_iter_start
                                print('イテレーション {} || Loss: {:.4f} || 10iter:
                                    {:.4f} sec.'.format(
                                    iteration, loss.item(), duration))
                                t_iter_start = time.time()

                            epoch_train_loss += loss.item()
                            iteration += 1

                        # 検証時
                        else:
                            epoch_val_loss += loss.item()

        # epochのphaseごとのlossと正解率
        t_epoch_finish = time.time()
        print('-------------')
        print('epoch {} || Epoch_TRAIN_Loss:{:.4f} ||Epoch_VAL_Loss:{:.4f}'.format(
            epoch+1, epoch_train_loss, epoch_val_loss))
        print('timer:  {:.4f} sec.'.format(t_epoch_finish - t_epoch_start))
        t_epoch_start = time.time()
```

2-7 ● 学習と検証の実施

```
# ログを保存
log_epoch = {'epoch': epoch+1,
             'train_loss': epoch_train_loss, 'val_loss': epoch_val_loss}
logs.append(log_epoch)
df = pd.DataFrame(logs)
df.to_csv("log_output.csv")

epoch_train_loss = 0.0  # epochの損失和
epoch_val_loss = 0.0  # epochの損失和

# ネットワークを保存する
if ((epoch+1) % 10 == 0):
    torch.save(net.state_dict(), 'weights/ssd300_' +
               str(epoch+1) + '.pth')
```

学習を50 epoch実施します。約6時間かかります。

```
# 学習・検証を実行する
num_epochs = 50
train_model(net, dataloaders_dict, criterion, optimizer, num_epochs=num_epochs)
```

　上記のプログラムの実行の結果が図2.7.1です。図2.7.2に50 epoch学習させたときの、訓練データと検証データに対する損失の推移を示します。時間がかかるので今回は50 epochで止めていますが、まだ検証データの損失も低下しそうです。

　50 epoch目のネットワークのパラメータを学習済みモデルとして、次節で使用します。次節では学習済みモデルを使用して、物体検出の推論を実施します。

　なお本書では、元のSSD論文[1]よりも学習のイテレーション数を少なめに設定しています。元論文では50,000イテレーションかけてネットワークを学習させています。本書の場合は学習が半日で終わるように設定し、約8,500イテレーションの学習をしています（1 epoch約170イテレーション×50 epoch）。その他、最適化手法の設定も少し異なります。本書では単純で簡単な最適化手法を使用しております。

```
In [*]: # 学習・検証を実行する
        num_epochs= 50
        train_model(net, dataloaders_dict, criterion, optimizer, num_epochs=num_epochs)

使用デバイス: cuda:0
-------------
Epoch 1/50
-------------
 (train)
イテレーション 10 || Loss: 16.7849 || 10iter: 52.2679 sec.
イテレーション 20 || Loss: 12.0788 || 10iter: 25.0179 sec.
イテレーション 30 || Loss: 10.9953 || 10iter: 25.4926 sec.
イテレーション 40 || Loss: 9.8858 || 10iter: 25.0565 sec.
イテレーション 50 || Loss: 8.6146 || 10iter: 24.8988 sec.
イテレーション 60 || Loss: 8.1224 || 10iter: 24.7498 sec.
イテレーション 70 || Loss: 8.5834 || 10iter: 25.5584 sec.
イテレーション 80 || Loss: 8.2935 || 10iter: 24.9817 sec.
イテレーション 90 || Loss: 8.2462 || 10iter: 25.1121 sec.
イテレーション 100 || Loss: 7.5155 || 10iter: 24.8603 sec.
イテレーション 110 || Loss: 7.7157 || 10iter: 25.1244 sec.
イテレーション 120 || Loss: 7.5915 || 10iter: 25.6062 sec.
イテレーション 130 || Loss: 7.7106 || 10iter: 24.9809 sec.
イテレーション 140 || Loss: 7.7460 || 10iter: 24.4395 sec.
イテレーション 150 || Loss: 7.8148 || 10iter: 24.9344 sec.
イテレーション 160 || Loss: 7.3453 || 10iter: 25.3215 sec.
イテレーション 170 || Loss: 7.1660 || 10iter: 24.7397 sec.
-------------
epoch 1 || Epoch_TRAIN_Loss:1642.0417 ||Epoch_VAL_Loss:0.0000
timer:  516.8996 sec.
-------------
```

図2.7.1 学習と検証のプログラム実行の様子

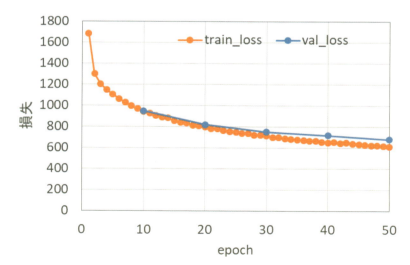

図2.7.2 学習データと検証データの損失の推移

2-8 推論の実施

本節では前節で学習させたSSDモデルを使用し、画像中の物体検出を実際に行います。本節の学習目標は、次の通りです。

1. SSDの推論を実装できるようになる

> 本節の実装ファイル：
> 2-8_SSD_inference.ipynb

推論の実施

本節までの内容を使用し、推論を実施します。学習済みモデルとしてフォルダ「weights」の「ssd300_50.pth」を使用します。

なお本章の内容で筆者が作成した学習済みのSSD300モデルを用意しています（ファイル「make_folders_and_data_downloads.ipynb」の最後のセルにも記載）。必ずしもダウンロードの必要はありませんが、自分でSSDネットワークを学習させる前に、学習済みモデルを試したい場合は、手動ダウンロードした「ssd300_50.pth」をフォルダ「wights」に配置してください。

それではSSDモデルを組み立て、学習済みのパラメータをロードします。

```
from utils.ssd_model import SSD

voc_classes = ['aeroplane', 'bicycle', 'bird', 'boat',
               'bottle', 'bus', 'car', 'cat', 'chair',
               'cow', 'diningtable', 'dog', 'horse',
               'motorbike', 'person', 'pottedplant',
               'sheep', 'sofa', 'train', 'tvmonitor']

# SSD300の設定
ssd_cfg = {
    'num_classes': 21,  # 背景クラスを含めた合計クラス数
```

```
        'input_size': 300,  # 画像の入力サイズ
        'bbox_aspect_num': [4, 6, 6, 6, 4, 4],  # 出力するDBoxのアスペクト比の種類
        'feature_maps': [38, 19, 10, 5, 3, 1],  # 各sourceの画像サイズ
        'steps': [8, 16, 32, 64, 100, 300],  # DBOXの大きさを決める
        'min_sizes': [30, 60, 111, 162, 213, 264],  # DBOXの大きさを決める
        'max_sizes': [60, 111, 162, 213, 264, 315],  # DBOXの大きさを決める
        'aspect_ratios': [[2], [2, 3], [2, 3], [2, 3], [2], [2]],
}

# SSDネットワークモデル
net = SSD(phase="inference", cfg=ssd_cfg)

# SSDの学習済みの重みを設定
net_weights = torch.load('./weights/ssd300_50.pth',
                         map_location={'cuda:0': 'cpu'})

# net_weights = torch.load('./weights/ssd300_mAP_77.43_v2.pth',
#                          map_location={'cuda:0': 'cpu'})

net.load_state_dict(net_weights)

print('ネットワーク設定完了：学習済みの重みをロードしました')
```

　続いてフォルダ「data」にある乗馬の画像を読み込み、前処理を適用して、SSDモデルで推論します。

```
from utils.ssd_model import DataTransform

# 1. 画像読み込み
image_file_path = "./data/cowboy-757575_640.jpg"
img = cv2.imread(image_file_path)  # [高さ][幅][色BGR]
height, width, channels = img.shape  # 画像のサイズを取得

# 2. 元画像の表示
plt.imshow(cv2.cvtColor(img, cv2.COLOR_BGR2RGB))
plt.show()

# 3. 前処理クラスの作成
color_mean = (104, 117, 123)  # (BGR)の色の平均値
input_size = 300  # 画像のinputサイズを300×300にする
transform = DataTransform(input_size, color_mean)

# 4. 前処理
```

2-8 ● 推論の実施

```
phase = "val"
img_transformed, boxes, labels = transform(
    img, phase, "", "")  # アノテーションはないので、""にする
img = torch.from_numpy(img_transformed[:, :, (2, 1, 0)]).permute(2, 0, 1)

# 5. SSDで予測
net.eval()  # ネットワークを推論モードへ
x = img.unsqueeze(0)  # ミニバッチ化：torch.Size([1, 3, 300, 300])
detections = net(x)

print(detections.shape)
print(detections)

# output : torch.Size([batch_num, 21, 200, 5])
#  = (batch_num、クラス、confのtop200、規格化されたBBoxの情報)
#   規格化されたBBoxの情報（確信度、xmin, ymin, xmax, ymax)
```

[出力]

```
torch.Size([1, 21, 200, 5])
tensor([[[[0.0000, 0.0000, 0.0000, 0.0000, 0.0000],
...
```

　出力結果は (1, 21, 200, 5) のテンソルです。これは (batch_num, クラス, confのtop200, 規格化されたBBoxの情報) となっています。規格化されたBBoxの情報は (確信度, xmin, ymin, xmax, ymax) です。

　この出力結果のテンソルから、確信度が一定の閾値以上のBBoxのみを取り出し、それを元画像に上から描画して表示します。

　SSDの出力から推論結果の画像を表示する部分は本書内では解説しません。フォルダ「utils」のファイル「ssd_predict_show.py」に用意しており、コメントを多めに掲載しているので、詳細が気になる方はこちらをご覧ください。

　ファイル「ssd_predict_show.py」のクラス SSDPredictShow を import して、物体検出結果を描画する実装コードが以下となります。

　以下の実装コードでは確信度 conf が 0.6 以上の BBox のみを表示させるように設定しています。実装コードの実行結果が図 2.8.1 となります。

```
# 画像に対する予測
from utils.ssd_predict_show import SSDPredictShow

# ファイルパス
image_file_path = "./data/cowboy-757575_640.jpg"

# 予測と、予測結果を画像で描画する
ssd = SSDPredictShow(eval_categories=voc_classes, net=net)
ssd.show(image_file_path, data_confidence_level=0.6)
```

図2.8.1 構築したSSDによる物体検出の結果

　図2.8.1を見ると、うまく人と馬を検出できていることが分かります。確信度を見ると、perosonが0.94、horseが0.82となっています。馬のバウンディングボックスが少し小さくなっています。本書では50 epochしか学習していないため、精度が上がり切っていません。

なおフォルダ「weights」には、[4]のGitHubで公開されている学習済みのSSD300のモデル「ssd300_mAP_77.43_v2.pth」も、「make_folders_and_data_downloads.ipynb」内でダウンロードしています。こちらのモデルをロードして実行した結果が図2.8.2となります。

図2.8.2　学習済みSSD[4]による物体検出の結果

　以上、本節では学習済みのSSDモデルを使用し、画像中の物体検出を行う推論を実施しました。

　付録として、ファイル「2-8_SSD_inference_apperdix.ipynb」を用意しています。このプログラムはVOC2012の訓練データセットと検証データセットに対して、学習済みSSDの推論を実施し、推論結果と正しい答えであるアノテーションデータの両方を表示させるプログラムです。学習させたSSDモデルが正しいアノテーションデータとどれくらい近いのかなどを確認したいケースでは、こちらもご使用ください。

はじめにも述べた通り、本章は実装コードが難しく、実現したい操作・処理を言葉として理解するレベルと、それを実装コードとして理解するレベルのギャップが大きいです。まずは何をやっているのかを概念レベルで言葉として理解してみてください。そして本章の実装の詳細については一度で完璧に理解しようとせず、第3章以降に取り組んでみてから再度本章に戻ることもおすすめします。

まとめ

以上で、第2章SSDによる物体検出は終了です。次章では画像処理タスクの1つであるセマンティックセグメンテーションに取り組みます。

第2章引用

[1] SSD

Liu, W., Anguelov, D., Erhan, D., Szegedy, C., Reed, S., Fu, C. Y., & Berg, A. C. (2016, October). Ssd: Single shot multibox detector. In European conference on computer vision (pp. 21-37). Springer, Cham.

https://link.springer.com/chapter/10.1007/978-3-319-46448-0_2

[2] 乗馬の画像

（画像権利情報：商用利用無料、帰属表示は必要ありません）

https://pixabay.com/ja/photos/%E3%82%AB%E3%82%A6%E3%83%9C%E3%83%BC%E3%82%A4-%E9%A6%AC-%E4%B9%97%E9%A6%AC-%E6%B0%B4-%E6%B5%B7-757575/

[3] PASCAL VOC 2012データセット

http://host.robots.ox.ac.uk/pascal/VOC/

[4] GitHub：amdegroot/ssd.pytorch

https://github.com/amdegroot/ssd.pytorch

Copyright© 2017 Max deGroot, Ellis Brown

Released under the MIT license

https://github.com/amdegroot/ssd.pytorch/blob/master/LICENSE

セマンティックセグメンテーション（PSPNet）

第3章

- 3-1 セマンティックセグメンテーションとは
- 3-2 Dataset と DataLoader の実装
- 3-3 PSPNet のネットワーク構成と実装
- 3-4 Feature モジュールの解説と実装
- 3-5 Pyramid Pooling モジュールの解説と実装
- 3-6 Decoder、AuxLoss モジュールの解説と実装
- 3-7 ファインチューニングによる学習と検証の実施
- 3-8 セマンティックセグメンテーションの推論

3-1 セマンティックセグメンテーションとは

本章では画像処理タスクの1つ、セマンティックセグメンテーションに取り組みながら、PSPNet（Pyramid Scene Parsing Network）[1] と呼ばれるディープラーニングモデルについて解説します。

本節ではセマンティックセグメンテーションの概要を解説し、その後本章で使用するVOCデータセットの内容について説明します。最後にPSPNetを用いたセマンティックセグメンテーションのインプットとアウトプットについて解説します。

本節の学習目標は、次の通りです。

1. セマンティックセグメンテーションとは、何をインプットに何をアウトプットする画像処理タスクなのかを理解する
2. カラーパレット形式の画像データについて理解する
3. PSPNetによるセマンティックセグメンテーションの4 stepの流れを理解する

本節の実装ファイル：

なし

セマンティックセグメンテーションの概要

セマンティックセグメンテーションとは、1枚の画像中に含まれる複数の物体に対して、物体の領域と物体名を、ピクセルレベルで付与するタスクです。図3.1.1は本章で学習させるモデルを使用したセグメンテーション結果の一例です。第2章の物体検出では物体を大きく長方形のバウンディングボックスで囲みましたが、セマンティックセグメンテーションではピクセルレベルで「どこからどこまでがどのクラスの物体なのか」をラベル付けします（なお、図3.1.1で表示に使用した本章で学習するモデルは、学習時間を短く設定した簡易的なモデルで精度が上がりきっていません）。

セマンティックセグメンテーションは、製造業における製品の傷部位の検出、医療画像診断における病変部分の検出、自動運転技術における周囲の環境把握などに使われる技術となります。

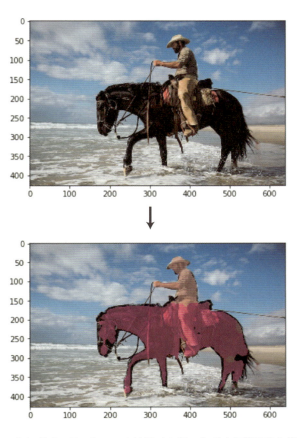

図3.1.1 セマンティックセグメンテーションの結果(本章で作成する簡易的な学習済みモデルを使用)
[注1]

セマンティックセグメンテーションの入出力

　セマンティックセグメンテーションのインプットは画像になります。アウトプットは各ピクセルが所属するクラスのラベル情報となります。例えば、入力画像のサイズが縦300ピクセル、横500ピクセル、そして分類したい物体のクラス数が21種類であったとします。すると出力は300×500の配列となります。配列の要素には、物体のクラスを示すインデックス値0〜20のいずれかが格納されています。

　このアウトプット(各ピクセルがどの物体クラスに属しているかのインデックス値)を画

[注1]　乗馬の画像は第2章と同じ画像です。サイトPixabayからダウンロードしています[2](画像権利情報:商用利用無料、帰属表示は必要ありません)。

像にすると、図3.1.1下側のような画像になります。通常、画像データはRGBの3要素（もしくは透過度Aを合わせた4要素）の配列で表現されます。ですがセマンティックセグメンテーションのアウトプットは要素が1つであり、RGB情報ではなく物体クラスのインデックス値がラベル情報として格納されています。そこで図3.1.1下側ではカラーパレット形式と呼ばれる画像表現手法を使用しています。

　カラーパレット形式による画像表現では、0から順に各数字に対して、RGBを対応させたカラーパレットを用意しておき、その数字（今回では物体ラベル）とRGB値を対応させます。例えば物体ラベルが0の場合は背景クラスを表すとし、そのカラーパレットの値はRGB =（0, 0, 0）= 黒色 とします。また物体ラベルが1の場合はクラスaeroplane（飛行機）を示し、そのカラーパレットの値はRGB =（128, 0, 0）= 赤色 とします。すると、例えば出力が300×500の配列であった場合に、配列の値が0の部分は黒くなり、1の部分は赤色となります。このようにカラーパレットを使用することで、1要素でRGBを表現することができます。こうした色情報の表現方法をカラーパレット形式と呼びます。

VOCデータセット

　本章では第2章と同じくPASCAL VOC2012[3]のデータを使用します。ただし、セマンティックセグメンテーション用のアノテーションが用意されている画像データのみを使用します。訓練データ1,464枚、検証データ1,449枚、クラス数は背景を合わせて21種類が用意されています。物体クラスの内容は2章の物体検出と同じです。例えば、background（背景）、aeroplane、bicycle、bird、boatなどになります。各画像にはアノテーションデータとしてカラーパレット形式のPNG画像データが用意されています。

PSPNetによる物体検出の流れ

　本節の最後に本章で実装するPSPNetについて概要を解説します。PSPNetとはセマンティックセグメンテーションを行うためのディープラーニングアルゴリズムであり、Pyramid Scene Parsing Networkの略称となります[1]。

　図3.1.2にPSPNetによるセマンティックセグメンテーションの4 stepの流れを掲載します。本節ではPSPNetの入出力情報とアルゴリズムの概要を理解してください。

　Step1では前処理として、画像の大きさを475×475ピクセルにリサイズし、さらに色情報の標準化を行います。画像の大きさはPSPNetでは任意ですが、本書では475ピクセルを使用します。

　Step2として、PSPNetのニューラルネットワークに前処理した画像を入力します。すると

PSPNetから出力として21×475×475（クラス数、高さ、幅）の配列が出力されます。出力配列の値は、各ピクセルが各クラスである確信度（≒確率）に対応した値です。

Step3として、PSPNetの出力値に対してピクセルごとに確信度の最大のクラスを求め、各ピクセルが対応すると予想されたクラスを求めます。このピクセルごとの確信度最大クラスの情報がセマンティックセグメンテーションの出力となり、今回の場合は475×475の画像になります。

最後にStep4としてセマンティックセグメンテーションの出力をもとの入力画像の大きさにリサイズします。

以上がPSPNetによるセマンティックセグメンテーションの流れとなります。

Step1. 画像を475×475にリサイズ

Step2. 画像をPSPNetのネットワークに入力

Step3. PSPNetの出力が最大値のクラスを抽出

　　（クラス数×475×475）の配列→（475×475）の配列

Step4. Step3の出力（475×475）の配列をもとの画像の大きさに戻す

図3.1.2　PSPNetによるセマンティックセグメンテーションの4 stepの流れ

以上、本節ではセマンティックセグメンテーションの概要、セグメンテーション用のVOCデータセット、PSPNetを用いたセマンティックセグメンテーションの流れを解説しました。次節ではPSPNetの`DataLoader`の作成について解説します。

3-2 DatasetとDataLoaderの実装

本節ではセマンティックセグメンテーション用のDataLoaderを作成する方法を解説します。VOC2012のデータセットに対して行います。本章の実装はGitHub：hszhao/PSPNet[4]を参考にしています。

本節の学習目標は、次の通りです。

1. セマンティックセグメンテーションで使用するクラスDataset、クラスDataLoaderを作成できるようになる
2. PSPNetの前処理およびデータオーギュメンテーションの処理内容を理解する

本節の実装ファイル：

3-2_DataLoader.ipynb

フォルダ準備

実装に先立ち、本節および本章で使用するフォルダの作成とファイルのダウンロードを行います。本書の実装コードをダウンロードし、フォルダ「3_semantic_segmentation」内にある、ファイル「make_folders_and_data_downloads.ipynb」の各セルを1つずつ実行してください。

最後にPSPNetの初期値として使用するファイル「pspnet50_ADE20K.pth」を筆者のGoogle Driveから手動でダウンロードし、フォルダ「weights」に格納してください（URLはファイル「make_folders_and_data_downloads.ipynb」のセルに記載しております）。

実行すると、図3.2.1のようなフォルダ構成が作成されます。

ときおり、VOCのホームページがメンテナンス中でうまくVOCデータセットがダウンロードできない場合があります。その際はVOCのホームページが復帰してから再度試してみてください。

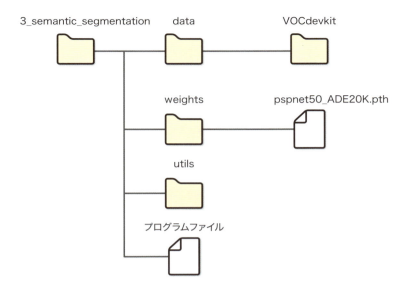

図3.2.1　第3章のフォルダ構成

画像データ、アノテーションデータへのファイルパスのリストを作成

　はじめに画像データ、アノテーションデータへのファイルパスを格納したリストを作成します。ファイルパスのリスト型変数を作成する方法は、第2章物体検出の2.2節と基本的に同じ内容です。

　セマンティックセグメンテーションの対象であるファイル情報は「3_semantic_segmentation/data/VOCdevkit/VOC2012/ImageSets/Segmentation/」に格納されているファイル「train.txt」と「val.txt」に記載されています。またアノテーションデータは「3_semantic_segmentation/data/VOCdevkit/VOC2012/SegmentationClass/」に格納されているPNG形式の画像データです。

　実装と動作確認は次の通りです。

```
def make_datapath_list(rootpath):
    """
    学習、検証の画像データとアノテーションデータへのファイルパスリストを作成する。

    Parameters
    ----------
```

```
    rootpath : str
        データフォルダへのパス

    Returns
    -------
    ret : train_img_list, train_anno_list, val_img_list, val_anno_list
        データへのパスを格納したリスト
    """

    # 画像ファイルとアノテーションファイルへのパスのテンプレートを作成
    imgpath_template = osp.join(rootpath, 'JPEGImages', '%s.jpg')
    annopath_template = osp.join(rootpath, 'SegmentationClass', '%s.png')

    # 訓練と検証、それぞれのファイルのID（ファイル名）を取得する
    train_id_names = osp.join(rootpath + 'ImageSets/Segmentation/train.txt')
    val_id_names = osp.join(rootpath + 'ImageSets/Segmentation/val.txt')

    # 訓練データの画像ファイルとアノテーションファイルへのパスリストを作成
    train_img_list = list()
    train_anno_list = list()

    for line in open(train_id_names):
        file_id = line.strip()  # 空白スペースと改行を除去
        img_path = (imgpath_template % file_id)  # 画像のパス
        anno_path = (annopath_template % file_id)  # アノテーションのパス
        train_img_list.append(img_path)
        train_anno_list.append(anno_path)

    # 検証データの画像ファイルとアノテーションファイルへのパスリストを作成
    val_img_list = list()
    val_anno_list = list()

    for line in open(val_id_names):
        file_id = line.strip()  # 空白スペースと改行を除去
        img_path = (imgpath_template % file_id)  # 画像のパス
        anno_path = (annopath_template % file_id)  # アノテーションのパス
        val_img_list.append(img_path)
        val_anno_list.append(anno_path)

    return train_img_list, train_anno_list, val_img_list, val_anno_list


# 動作確認 ファイルパスのリストを取得
rootpath = "./data/VOCdevkit/VOC2012/"
```

```
train_img_list, train_anno_list, val_img_list, val_anno_list = make_datapath_list(
    rootpath=rootpath)

print(train_img_list[0])
print(train_anno_list[0])
```

[出力]

```
./data/VOCdevkit/VOC2012/JPEGImages/2007_000032.jpg
./data/VOCdevkit/VOC2012/SegmentationClass/2007_000032.png
```

Datasetの作成

　クラスDatasetを作成するにあたり、はじめに画像とアノテーションに対して前処理を行うクラスDataTransformを作成します。

　クラスDataTransformは第2章で作成した前処理クラスとほぼ同じ機能です。実装コードの流れも同じになります。必要な外部クラスをフォルダ「utils」内のファイル「data_augumentation.py」に実装しています。

　ファイル「data_augumentation.py」からimportして使用する前処理クラスの内容について解説します。本書紙面では前処理クラスの実装コードの解説はしません。ファイル内にコメントを多めに掲載しているので、実装コードが気になる方はファイルをご覧ください。

　はじめに、対象画像のデータと対象画像のアノテーションデータをセットで変換していく必要があるので、画像とアノテーションをセットで変換するためのクラスComposeを用意します。この「Compose」内でデータ変換を実施していきます。

　続いて訓練データに対してはデータオーギュメンテーションを実施します。データオーギュメンテーションでは、まず画像の大きさをクラスScaleで拡大・縮小します。今回は0.5～1.5倍へと変化させています。クラスScaleでは、画像が拡大されて元の画像サイズよりも大きくなった場合は元の画像の大きさで適当な位置を切り出します。逆に小さくなった場合には黒色で埋めて元の画像の大きさにします。続いてクラスRandomRotationで画像を回転させます。今回は-10～10度の範囲で回転させます。さらにクラスRandomMirrorで1／2の確率で左右を反転させます。次にクラスResizeで指定した画像サイズに変換し、最後にクラスNormalize_Tensorで画像データをPyTorchのテンソル型に変換し、さらに色情報の標準化を行います。

　なおVOC2012のセマンティックセグメンテーションのアノテーションデータでは、物体の境界に「ラベル255：'ambigious'」というクラスが設定されています。本書ではクラスNormalize_Tensor内で、このラベル255はラベル0の背景クラスへ変換しています。なお、第

3-2 ● DatasetとDataLoaderの実装

2章の物体検出ではVOCデータセットのアノテーションデータのラベル0は「aeroplane」になっており、実行プログラム内でインデックスを＋1しましたが、VOCのセマンティックセグメンテーション用のアノテーションデータは始めからラベル0が「background」になっています。

検証データに対してはデータオーギュメンテーションを実施せず、クラスResizeで指定した画像サイズに変換し、クラスNormalize_Tensorでテンソル型への変換と色情報の標準化のみを適用させます。

前処理を行うクラスDataTransformの実装は以下の通りです。

```python
# データ処理のクラスとデータオーギュメンテーションのクラスをimportする
from utils.data_augumentation import Compose, Scale, RandomRotation, RandomMirror, Resize, Normalize_Tensor

class DataTransform():
    """
    画像とアノテーションの前処理クラス。訓練時と検証時で異なる動作をする。
    画像のサイズを input_size x input_size にする。
    訓練時はデータオーギュメンテーションする。

    Attributes
    ----------
    input_size : int
        リサイズ先の画像の大きさ。
    color_mean : (R, G, B)
        各色チャネルの平均値。
    color_std : (R, G, B)
        各色チャネルの標準偏差。
    """

    def __init__(self, input_size, color_mean, color_std):
        self.data_transform = {
            'train': Compose([
                Scale(scale=[0.5, 1.5]),  # 画像の拡大
                RandomRotation(angle=[-10, 10]),  # 回転
                RandomMirror(),  # ランダムミラー
                Resize(input_size),  # リサイズ(input_size)
                Normalize_Tensor(color_mean, color_std)  # 色情報の標準化とテンソル化
            ]),
            'val': Compose([
                Resize(input_size),  # リサイズ(input_size)
                Normalize_Tensor(color_mean, color_std)  # 色情報の標準化とテンソル化
            ])
        }
```

```python
    def __call__(self, phase, img, anno_class_img):
        """
        Parameters
        ----------
        phase : 'train' or 'val'
            前処理のモードを指定。
        """
        return self.data_transform[phase](img, anno_class_img)
```

次にクラスDatasetを作成します。クラスVOCDatasetとします。Datasetのクラスも実装の流れは第2章物体検出のDataset実装時と同じになります。VOCDatasetのインスタンス生成時の引数に、画像データのリスト、アノテーションデータのリスト、学習か検証かを示す変数phase、そして前処理クラスのインスタンスを受け取るようにします。

なお本章では画像の読み込みは第2章のOpenCVではなく、第1章と同じくPillow (PIL) を使用します。そのため色情報の並び方はRGBの順番となります。

実装は次の通りです。

```python
class VOCDataset(data.Dataset):
    """
    VOC2012のDatasetを作成するクラス。PyTorchのDatasetクラスを継承。

    Attributes
    ----------
    img_list : リスト
        画像のパスを格納したリスト
    anno_list : リスト
        アノテーションへのパスを格納したリスト
    phase : 'train' or 'test'
        学習か訓練かを設定する。
    transform : object
        前処理クラスのインスタンス
    """

    def __init__(self, img_list, anno_list, phase, transform):
        self.img_list = img_list
        self.anno_list = anno_list
        self.phase = phase
        self.transform = transform

    def __len__(self):
        '''画像の枚数を返す'''
        return len(self.img_list)
```

```python
    def __getitem__(self, index):
        '''
        前処理をした画像のTensor形式のデータとアノテーションを取得
        '''
        img, anno_class_img = self.pull_item(index)
        return img, anno_class_img

    def pull_item(self, index):
        '''画像のTensor形式のデータ、アノテーションを取得する'''

        # 1. 画像読み込み
        image_file_path = self.img_list[index]
        img = Image.open(image_file_path)   # [高さ][幅][色RGB]

        # 2. アノテーション画像読み込み
        anno_file_path = self.anno_list[index]
        anno_class_img = Image.open(anno_file_path)   # [高さ][幅]

        # 3. 前処理を実施
        img, anno_class_img = self.transform(self.phase, img, anno_class_img)

        return img, anno_class_img
```

Dataset作成の最後に動作確認を実施します。以下の動作確認コードを実行し、きちんとDatasetのインスタンスが作成され、さらにデータを取り出せるか確認します。

```python
# 動作確認

# (RGB)の色の平均値と標準偏差
color_mean = (0.485, 0.456, 0.406)
color_std = (0.229, 0.224, 0.225)

# データセット作成
train_dataset = VOCDataset(train_img_list, train_anno_list, phase="train",
transform=DataTransform(
    input_size=475, color_mean=color_mean, color_std=color_std))

val_dataset = VOCDataset(val_img_list, val_anno_list, phase="val",
transform=DataTransform(
    input_size=475, color_mean=color_mean, color_std=color_std))

# データの取り出し例
print(val_dataset.__getitem__(0)[0].shape)
```

```
print(val_dataset.__getitem__(0)[1].shape)
print(val_dataset.__getitem__(0))
```

[出力]
```
torch.Size([3, 475, 475])
torch.Size([475, 475])
(tensor([[[ 1.6667,  1.5125,  1.5639,  ...,  1.7523,  1.6667,  1.7009],
...
```

DataLoaderの作成

最後にDataLoaderを作成します。DataLoader作成方法は第1章と同じです。第2章とは異なり、今回はアノテーションデータのサイズはデータごとに変化しないため、PyTorchのクラスDataLoaderをそのまま使用できます。

訓練データと検証データそれぞれのDataLoaderを作成し、辞書型変数にまとめます。動作確認をしておきます。

```
# データローダーの作成

batch_size = 8

train_dataloader = data.DataLoader(
    train_dataset, batch_size=batch_size, shuffle=True)

val_dataloader = data.DataLoader(
    val_dataset, batch_size=batch_size, shuffle=False)

# 辞書オブジェクトにまとめる
dataloaders_dict = {"train": train_dataloader, "val": val_dataloader}

# 動作の確認
batch_iterator = iter(dataloaders_dict["val"])  # イテレータに変換
imges, anno_class_imges = next(batch_iterator)  # 1番目の要素を取り出す
print(imges.size())  # torch.Size([8, 3, 475, 475])
print(anno_class_imges.size())  # torch.Size([8, 475, 475])
```

[出力]
```
torch.Size([8, 3, 475, 475])
torch.Size([8, 475, 475])
```

　以上でセマンティックセグメンテーション用のDataLoaderの作成が完了となります。本節で実装したクラスはフォルダ「utils」の「dataloader.py」に用意しておき、後ほどこちらからimportするようにします。

　付録として、「3-2_DataLoader.ipynb」の後半に、Datasetから画像を取り出し、取り出した画像とアノテーションデータを描画する実装を用意しています。実際に取り出された画像などを確認したい場合はこちらをご覧ください。

　次節からPSPNetのネットワークモデルを解説・実装します。

3-3 PSPNetの ネットワーク構成と実装

本節ではPSPNetのネットワーク構成についてモジュール単位で解説します。その後、PSPNetのクラスを実装します。

本節の学習目標は、次の通りです。

1. PSPNetのネットワーク構造をモジュール単位で理解する
2. PSPNetを構成する各モジュールの役割を理解する
3. PSPNetのネットワーククラスの実装を理解する

本節の実装ファイル：

3-3-6_NetworkModel.ipynb

PSPNetを構成するモジュール

図3.3.1にPSPNetのモジュール構成を示します。PSPNetは4つのモジュール（Feature、Pyramid Pooling、Decoder、AuxLoss）から構成されています。

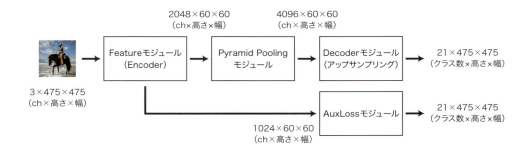

図3.3.1 PSPNetのモジュール構成

本書ではPSPNetに入力する画像の大きさを475×475ピクセルに前処理しています。チャ

ネル数がRGBの3つなので、inputデータのサイズは3×475×475（ch×高さ×幅）となります。実際にはミニバッチ処理を行うので、先頭にバッチサイズの次元が加わります。ミニバッチのサイズが例えば16であれば、16×3×475×475（batch_num×ch×高さ×幅）となりますが、本書の図中ではバッチサイズの次元は省略しています。

　PSPNetの1つ目のモジュールはFeatureモジュールです。Encoderモジュールとも呼びます。Featureモジュールの目的は入力画像の特徴を捉えることです。Featureモジュールの詳細なサブネットワーク構成については3.4節で解説します。Featureモジュールの出力は、2048×60×60（ch×高さ×幅）となります。ここで重要な点は画像の特徴を捉えたチャネルを2048個用意すること、そして特徴量の画像サイズは最初よりも小さくなり60×60ピクセルになるということです。

　2つ目のモジュールはPyramid Poolingモジュールです。このモジュールがPSPNetのオリジナリティです。このPyramid Poolingモジュールで解決したい問題は「とあるピクセルの物体ラベルを求めるためには、様々なスケールでそのピクセルの周囲の情報を必要とする」という点です。例えばとあるピクセルだけを見ると牛の背中なのか馬の背中なのか分からないですが、そのピクセルの周囲を徐々に拡大した特徴量を確認していくと牛か馬かが分かるというイメージです。つまり、とあるピクセルの物体ラベルを求めるためには、そのピクセルや周辺の情報だけでなく、もっと大きな範囲の画像情報を必要となります。

　そこでPyramid Poolingモジュールでは4種類の大きさの特徴量マップを用意します。画像内全体を占める大きさの特徴量、画像内の半分程度、画像内の1/3程度、そして画像内の1/6程度です。これら4種類の大きさでFeatureモジュールからの出力を処理します。Pyramid Poolingモジュールの詳細なサブネットワーク構成については3.5節で解説します。Pyramid Poolingモジュールからの出力データのサイズは4096×60×60（ch×高さ×幅）となります。

　PSPNetの3つ目のモジュールはDecoderモジュールです。アップサンプリングモジュールとも呼びます。このDecoderモジュールの目的は2つあります。1つ目の役割はPyramid Poolingモジュールの出力を21×60×60（クラス数×高さ×幅）のテンソルに変換することです。Decoderモジュールでは4096チャネルの入力情報を利用し、60×60ピクセルサイズの画像に対して、各ピクセルの物体ラベルを推定するクラス分類を行っています。出力データの値は各ピクセルが全21クラスのそれぞれに属している確率に相当する値（確信度）となっています。

　Decoderモジュールの2つ目の役割は21×60×60（クラス数×高さ×幅）に変換されたテンソルを元の入力画像のサイズに合わせ21×475×475（クラス数×高さ×幅）に変換することです。このDecoderモジュールの2つ目の役割によって、画像サイズが小さくなったテンソルを元の大きさへと戻します。Decoderモジュールの出力は21×475×475（クラス数×高さ×幅）です。

　推論時はDecoderモジュールからの出力を利用し、出力に対して確率最大の物体クラスを求めて各ピクセルのラベルを決定します。

本来であれば以上の3つのモジュールでセマンティックセグメンテーションが実現されますが、PSPNetではネットワークの結合パラメータの学習をより良く行うために、AuxLossモジュールを用意します。Auxとはauxiliary（オーグジュリアリ）の略称であり、日本語では「補助の」という意味です。このAuxLossモジュールは損失関数を計算する際の補助を行う役割を担います。具体的には1つ目のFeatureモジュールから、途中のテンソルを抜き出し、そのテンソルを入力データとしてDecoderモジュールと同じく、各ピクセルに対して対応する物体ラベルを推定するクラス分類をします。AuxLossモジュールへの入力データのサイズは1024×60×60（ch×高さ×幅）で、出力はDecoderモジュールのクラス分類と同じく21×475×475（クラス数×高さ×幅）となります。

　ニューラルネットワークの学習時には、このAuxLossモジュールの出力とDecoderモジュールの出力の両方を画像のアノテーションデータ（正解情報）と対応させて損失値を計算し、損失値に応じたバックプロパゲーションを実施して、ネットワークの結合パラメータを更新します。

　AuxLossモジュールはFeature層の途中までの結果を使用してセマンティックセグメンテーションを行うので、分類精度は低くなります。ですが、バックプロパゲーション時にFeature層の途中までのネットワークのパラメータがより良い値になるのを助けることができます。Feature層途中までのネットワークのパラメータ学習を補助する役割があるので、auxiliary（オーグジュリアリ）という名前がついています。学習時にはAuxLossモジュールを使用しますが、推論時にはAuxLossモジュールの出力は使用しません。推論時はDecoderモジュールの出力のみでセマンティックセグメンテーションを行います。

❖ PSPNetクラスの実装

　上記4つのモジュールからなるPSPNetのクラスを実装します。クラスPSPNetはPyTorchのネットワークのモジュールクラスであるnn.Moduleを継承します。実装は以下の通りです。

　コンストラクタではまずPSPNetの形を規定するパラメータを設定します。今回は引数としてクラス数のみをとるようにし、その他はハードコーディングしてしまいます。その後各モジュールのオブジェクトを用意します。Featureモジュールはfeature_conv、feature_res_1、feature_res_2、feature_dilated_res_1、feature_dilated_res_2の5つのサブネットワークから構成されます。その他のモジュールはそれぞれ1つのサブネットワークから構成されます。

　クラスPSPNetのメソッドはforwardのみです。順番に各モジュールのサブネットワークを実行していきます。ただし、AuxLossモジュールをFeatureモジュールの4つ目のサブネットワークfeature_dilated_res_1の後に挟み、その出力を変数output_auxとして作成します。メソッドforwardの最後でメインのoutputとoutput_auxをreturnします。

　現段階では実装コード内にまだ解説していないサブネットワークのクラスとそのパラメー

3-3 ● PSPNetのネットワーク構成と実装

タ設定が出現していて、分かりづらい点があるかと思います。本節ではPSPNetは4つのモジュールを用意し、メソッドforwardでそれらを順伝搬すると理解いただければ十分です。次節以降で各モジュールの各サブネットワーク、そしてサブネットワークを構成するユニットについて解説します。

```python
class PSPNet(nn.Module):
    def __init__(self, n_classes):
        super(PSPNet, self).__init__()

        # パラメータ設定
        block_config = [3, 4, 6, 3]  # resnet50
        img_size = 475
        img_size_8 = 60   # img_sizeの1/8に

        # 4つのモジュールを構成するサブネットワークの用意
        self.feature_conv = FeatureMap_convolution()
        self.feature_res_1 = ResidualBlockPSP(
            n_blocks=block_config[0], in_channels=128, mid_channels=64,
            out_channels=256, stride=1, dilation=1)
        self.feature_res_2 = ResidualBlockPSP(
            n_blocks=block_config[1], in_channels=256, mid_channels=128,
             out_channels=512, stride=2, dilation=1)
        self.feature_dilated_res_1 = ResidualBlockPSP(
            n_blocks=block_config[2], in_channels=512, mid_channels=256,
            out_channels=1024, stride=1, dilation=2)
        self.feature_dilated_res_2 = ResidualBlockPSP(
            n_blocks=block_config[3], in_channels=1024, mid_channels=512,
            out_channels=2048, stride=1, dilation=4)

        self.pyramid_pooling = PyramidPooling(in_channels=2048, pool_sizes=[
            6, 3, 2, 1], height=img_size_8, width=img_size_8)

        self.decode_feature = DecodePSPFeature(
            height=img_size, width=img_size, n_classes=n_classes)

        self.aux = AuxiliaryPSPlayers(
            in_channels=1024, height=img_size, width=img_size, n_classes=n_classes)

    def forward(self, x):
        x = self.feature_conv(x)
        x = self.feature_res_1(x)
        x = self.feature_res_2(x)
        x = self.feature_dilated_res_1(x)
```

```
        output_aux = self.aux(x)  # Featureモジュールの途中をAuxモジュールへ

        x = self.feature_dilated_res_2(x)

        x = self.pyramid_pooling(x)
        output = self.decode_feature(x)

        return (output, output_aux)
```

　以上本節ではPSPNetのネットワーク構成として4つのモジュールを紹介し、各モジュールの役割とテンソルサイズの変化を解説しました。さらにクラスPSPNetを実装しました。次節以降でこのクラスPSPNet内で使用している各モジュールとサブネットワークを実装していきます。次節ではFeatureモジュールの解説と実装を行います。

3-4 Featureモジュールの解説と実装（ResNet）

本節ではPSPNetのFeatureモジュールを構成するサブネットワークの構成を解説し、さらに各サブネットワークがどのようなユニット（層）から構築されているのかを説明します。最後にFeatureモジュールの実装を行います。

本節の学習目標は、次の通りです。

1. Featureモジュールのサブネットワーク構成を理解する
2. サブネットワーク FeatureMap_convolution を実装できるようになる
3. Residual Blockを理解する
4. Dilated Convolutionを理解する
5. サブネットワーク bottleNeckPSP と bottleNeckIdentifyPSP を実装できるようになる
6. Featureモジュールを実装できるようになる

> 本節の実装ファイル：
>
> `3-3-6_NetworkModel.ipynb`

● Featureモジュールのサブネットワーク構成

図3.4.1にFeatureモジュールのサブネットワーク構成を示します。Featureモジュールは5つのサブネットワークから成ります。5つのサブネットワークとは、FeatureMap_convolution、2つのResidualBlockPSP、そして2つのdilated版ResidualBlockPSPです。ここでdilatedという単語は「ダイレイティッド」と読み、日本語で「拡張」という意味になります。

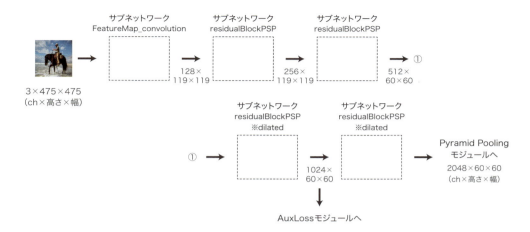

図3.4.1 Featureモジュールのサブネットワーク構成

　Featureモジュールの重要な点として、4番目のサブネットワークであるdilated版ResidualBlockPSPの出力テンソル1024×60×60（ch×高さ×幅）がAuxLossモジュールへと出力される点に注意してください。この出力テンソルを使用してAuxLossモジュールではピクセルごとのクラス分類を行い、その損失値をFeatureモジュールの前半4つのサブネットワークの学習に使用します。そのためFeatureモジュールの前半4つのサブネットワークは、学習時にDecoderモジュールとAuxLossモジュールの2つのモジュールの損失を利用するので、より良くパラメータを学習させることができます。

サブネットワークFeatureMap_convolution

　Featureモジュールを構成する最初のサブネットワークであるFeatureMap_convolutionの解説と実装を行います。

　図3.4.2にFeatureMap_convolutionのユニット（層）を図解します。FeatureMap_convolutionへの入力は前処理された画像であり、3×475×475（ch×高さ×幅）サイズです。このテンソルがFeatureMap_convolutionからの出力時には128×119×119に変化します。FeatureMap_convolutionは4つの要素から構成されています。畳み込み層、バッチノーマライゼーション、そしてReLUをセットにしたconv2dBatchNormReluが3つとマックスプーリング層です。

　サブネットワークFeatureMap_convolutionは単純に畳み込み、バッチノーマライゼーション、マックスプーリングで画像の特徴量を抽出する役割をします。

3-4 ● Featureモジュールの解説と実装（ResNet）

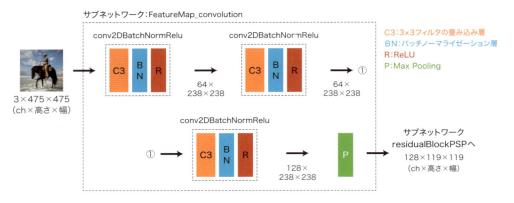

図3.4.2 FeatureMap_convolutionのユニット構造

:small_blue_diamond: FeatureMap_convolutionの実装

サブネットワーク FeatureMap_convolution を実装します。

まずは畳み込み層とバッチノーマライゼーションそしてReLUをセットにしたクラスconv2dBatchNormReluを作成します。実装は以下の通りです。

引数には内部で使用する畳み込み層の引数を指定しています。ReLUの実装部分でnn.ReLU(inplace=True) と記述している inplace とはメモリに入出力を保存しながら計算するかを設定するパラメータです。ここで inplace = True と設定するとReLUへの入力をメモリに保存せずそのまま出力を計算させます。メモリ効率を重視し inplace = True と設定しています。

```python
class conv2DBatchNormRelu(nn.Module):
    def __init__(self, in_channels, out_channels, kernel_size, stride, padding,
                 dilation, bias):
        super(conv2DBatchNormRelu, self).__init__()
        self.conv = nn.Conv2d(in_channels, out_channels,
                              kernel_size, stride, padding, dilation, bias=bias)
        self.batchnorm = nn.BatchNorm2d(out_channels)
        self.relu = nn.ReLU(inplace=True)
        # inplase設定で入力を保存せずに出力を計算し、メモリ削減する

    def forward(self, x):
        x = self.conv(x)
        x = self.batchnorm(x)
        outputs = self.relu(x)

        return outputs
```

続いて、このクラスconv2dBatchNormReluを使用して、クラスFeatureMap_convolutionを作成します。実装は以下の通りです。

コンストラクタでconv2dBatchNormReluを3つとマックスプーリング層を用意し、この4つを順伝搬するメソッドforwardを定義します。

以上でFeatureモジュールの1つ目のサブネットワークであるFeatureMap_convolutionが実装できました。

```python
class FeatureMap_convolution(nn.Module):
    def __init__(self):
        '''構成するネットワークを用意'''
        super(FeatureMap_convolution, self).__init__()

        # 畳み込み層1
        in_channels, out_channels, kernel_size, stride, padding, dilation, bias = 3, 64, 3, 2, 1, 1, False
        self.cbnr_1 = conv2DBatchNormRelu(
            in_channels, out_channels, kernel_size, stride, padding, dilation, bias)

        # 畳み込み層2
        in_channels, out_channels, kernel_size, stride, padding, dilation, bias = 64, 64, 3, 1, 1, 1, False
        self.cbnr_2 = conv2DBatchNormRelu(
            in_channels, out_channels, kernel_size, stride, padding, dilation, bias)

        # 畳み込み層3
        in_channels, out_channels, kernel_size, stride, padding, dilation, bias = 64, 128, 3, 1, 1, 1, False
        self.cbnr_3 = conv2DBatchNormRelu(
            in_channels, out_channels, kernel_size, stride, padding, dilation, bias)

        # MaxPooling層
        self.maxpool = nn.MaxPool2d(kernel_size=3, stride=2, padding=1)

    def forward(self, x):
        x = self.cbnr_1(x)
        x = self.cbnr_2(x)
        x = self.cbnr_3(x)
        outputs = self.maxpool(x)
        return outputs
```

ResidualBlockPSP

続いてFeatureモジュールを構成する2つのResidualBlockPSP、そして2つのdilated版ResidualBlockPSPの解説と実装を行います。サブネットワークResidualBlockPSPはResidual Network（ResNet）[5]と呼ばれるニューラルネットワークで使用されているResidual Blockという構造を利用しています。

図3.4.3にResidualBlockPSPの構造を示します。このResidualBlockPSPでは、最初にクラスbottleNeckPSPを通り、その後クラスbottleNeckIdentifyPSPを数回繰り返して、最終的に出力が生成されます。Featureモジュールの4つのResidualBlockPSPサブネットワークにおいて、このクラスbottleNeckIdentifyPSPが繰り返される回数は、それぞれ3、4、6、3回です。この繰り返し回数は可変ですが、本書ではResNet-50モデルで使用されている回数に合わせています（繰り返し回数が異なるResNet-101モデルなども存在します）。

図3.4.3 ResidualBlockPSPの構造

サブネットワークResidualBlockPSPの実装は以下の通りです。コンストラクタでbottleNeckPSPを1つとbottleNeckIdentifyPSP複数個を用意します。クラスbottleNeckPSPとクラスbottleNeckIdentifyPSPはこれから実装します。

実装は以下の通りです。今回クラスResidualBlockPSPでは、順伝搬関数forwardを実装していません。その理由について解説します。これはクラスResidualBlockPSPが本書で今まで使用してきたnn.Moduleを継承するのではなく、nn.Sequentialを継承しているためです。このnn.Sequentialにはコンストラクタで用意したネットワーククラスの順伝搬を、自動的に前から後ろに実行するforward関数が元から実装されており、あらためてforward関数は定義し直す必要がありません。本書では基本的に分かりやすさを重視してforward関数の実装が明示的なnn.Moduleを継承して実装していますが、このクラスResidualBlockPSPはnn.Moduleで実装すると面倒なので、ここではnn.Sequentialを使用しています。

```
class ResidualBlockPSP(nn.Sequential):
    def __init__(self, n_blocks, in_channels, mid_channels, out_channels, stride,
                 dilation):
        super(ResidualBlockPSP, self).__init__()

        # bottleNeckPSPの用意
        self.add_module(
            "block1",
            bottleNeckPSP(in_channels, mid_channels,
                          out_channels, stride, dilation)
        )

        # bottleNeckIdentifyPSPの繰り返しの用意
        for i in range(n_blocks - 1):
            self.add_module(
                "block" + str(i+2),
                bottleNeckIdentifyPSP(
                    out_channels, mid_channels, stride, dilation)
            )
```

bottleNeckPSPとbottleNeckIdentifyPSP

次に先ほどのクラスResidualBlockPSP内で使用されているクラスbottleNeckPSPとクラスbottleNeckIdentifyPSPについて、その構造を解説し実装します。

図3.4.4にbottleNeckPSPとbottleNeckIdentifyPSPの構造を示します。これらのクラスはネットワークの構造に特徴があり、入力が二股に分かれて処理されます。図3.3.4において、二股に分かれた入力の下側のルートをスキップ結合（もしくはショートカットコネクションやバイパス）と呼びます。このスキップ結合を使用するサブネットワークのことをResidual Blockと呼びます。ここでbottleNeckPSPとbottleNeckIdentifyPSPの違いは、スキップ結合に畳み込み層が入るか、入らないかとなります。前者のbottleNeckPSPはスキップ結合に畳み込み層を1回適用しますが、bottleNeckIdentifyPSPは畳み込み層を適用しません。

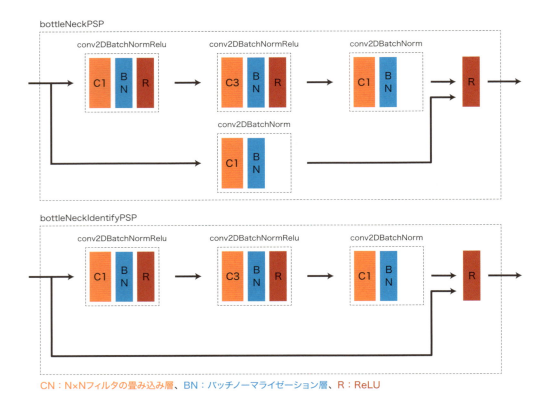

図3.4.4 bottleNeckPSPとbottleNeckIdentifyPSPの構造

　Residual Blockではスキップ結合を利用して、サブネットワークへの入力をほぼそのまま出力に結合させています。このネットワーク構造が持つ意味の感覚的な理解を解説します。

　ディープラーニングにおいてネットワークが深くなると、「劣化問題」(degradation) と呼ばれる事象が発生することが知られています。深いネットワークは学習するパラメータ数が多いため、浅いネットワークよりも訓練データの誤差は小さくなりそうです。しかしながら、実際には深いネットワークの方が浅いネットワークよりも訓練誤差が大きくなる現象が発生することがあり、それを劣化問題と呼びます。

　このような劣化問題を避けるためにResidual Blockの入力 x をそのまま出力するスキップ結合をまず用意します。上側のルートの出力を $F(x)$ と表すと、Residual Blockの出力 y は $y = x + F(x)$ となります。このとき上側のルートの各ユニットの学習パラメータが全部0であったとすると、$F(x)$ が0となるため、Residual Blockの出力 y は、入力と同じ x となります。このようなケースでは、このBlockは入力をそのまま出力していることになるので、このBlockがいくつ積み重なってもネットワークの最終出力には影響せず、深いネットワークでも劣化問題を避けられそうです。

そしてその後、ネットワーク全体で誤差を小さくできるように上側のルートの各ユニットのパラメータを学習させれば、深いネットワークでも劣化問題を避けて、良い性能が出せるのでは、という考えでこのスキップ結合を持つResidual Blockが考案されました。

一言でまとめると、Blockの出力 y を学習させるのではなく、入ってきた入力 x はそのままスキップ結合で出力させ、$y-x$、すなわち望ましい出力と入ってきた入力との残差(Residual)である $y - x = F(x)$ を学ばせる作戦がResidual Blockです。

今回、サブネットワークResidualBlockPSPでは、畳み込み層でdilation（ダイレイション）というパラメータを設定しています。Featureモジュールに4つあるResidualBlockPSPのうち、前半2つはdilationが1に、後半2つはdilationがそれぞれ2と4に設定されています。

通常の畳み込み層はこのdilationが1となっています。畳み込み層においてdilationに1でない値を使用する畳み込みをDilated Convolution（ダイレイティッド・コンボリューション）と呼びます。図3.4.5に通常の畳み込みと、dilationが2のDilated Convolutionの例を示します。Dilated Convolutionでは畳み込みフィルタを一定間隔だけ隙間を空けて適用させます。この間隔の値がdilationです。そのため同じkernel_size=3のフィルタであっても、dilationの値が大きいとより大きな範囲の特徴を抽出することができ、大局的な特徴量を抽出できます。このDilated Convolutionの実装は、PyTorchでは`nn.Conv2d`の引数`dilation`を2以上に設定するだけです。

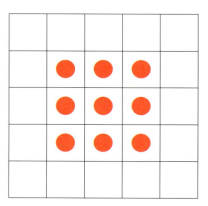 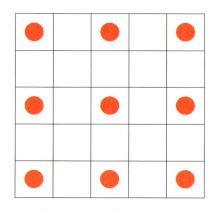

kernel_size=3, dilation=1 の通常の畳み込み層　　　kernel_size=3, dilation=2 のDilated Convolution

図3.4.5　Dilated Convolution（畳み込みの計算に使用する位置を赤丸で示す）

それではbottleNeckPSPとbottleNeckIdentifyPSPを実装します。はじめに畳み込み層とバッチノーマライゼーションだけのクラス`conv2DBatchNorm`を実装し、その後、`bottleNeckPSP`と`bottleNeckIdentifyPSP`を実装します。

3-4 ● Featureモジュールの解説と実装 (ResNet)

```python
class conv2DBatchNorm(nn.Module):
    def __init__(self, in_channels, out_channels, kernel_size, stride, padding,
                 dilation, bias):
        super(conv2DBatchNorm, self).__init__()
        self.conv = nn.Conv2d(in_channels, out_channels,
                              kernel_size, stride, padding, dilation, bias=bias)
        self.batchnorm = nn.BatchNorm2d(out_channels)

    def forward(self, x):
        x = self.conv(x)
        outputs = self.batchnorm(x)

        return outputs



class bottleNeckPSP(nn.Module):
    def __init__(self, in_channels, mid_channels, out_channels, stride, dilation):
        super(bottleNeckPSP, self).__init__()

        self.cbr_1 = conv2DBatchNormRelu(
            in_channels, mid_channels, kernel_size=1, stride=1, padding=0,
            dilation=1, bias=False)
        self.cbr_2 = conv2DBatchNormRelu(
            mid_channels, mid_channels, kernel_size=3, stride=stride,
            padding=dilation, dilation=dilation, bias=False)
        self.cb_3 = conv2DBatchNorm(
            mid_channels, out_channels, kernel_size=1, stride=1, padding=0,
            dilation=1, bias=False)

        # スキップ結合
        self.cb_residual = conv2DBatchNorm(
            in_channels, out_channels, kernel_size=1, stride=stride, padding=0,
            dilation=1, bias=False)

        self.relu = nn.ReLU(inplace=True)

    def forward(self, x):
        conv = self.cb_3(self.cbr_2(self.cbr_1(x)))
        residual = self.cb_residual(x)
        return self.relu(conv + residual)
```

```python
class bottleNeckIdentifyPSP(nn.Module):
    def __init__(self, in_channels, mid_channels, stride, dilation):
        super(bottleNeckIdentifyPSP, self).__init__()

        self.cbr_1 = conv2DBatchNormRelu(
            in_channels, mid_channels, kernel_size=1, stride=1, padding=0,
            dilation=1, bias=False)
        self.cbr_2 = conv2DBatchNormRelu(
            mid_channels, mid_channels, kernel_size=3, stride=1, padding=dilation,
            dilation=dilation, bias=False)
        self.cb_3 = conv2DBatchNorm(
            mid_channels, in_channels, kernel_size=1, stride=1, padding=0,
            dilation=1, bias=False)
        self.relu = nn.ReLU(inplace=True)

    def forward(self, x):
        conv = self.cb_3(self.cbr_2(self.cbr_1(x)))
        residual = x
        return self.relu(conv + residual)
```

　以上で、Featureモジュールで使用するサブネットワークresidualBlockPSPの実装が完了し、Featureモジュールの実装も完了です。クラス`FeatureMap_convolution`とクラス`ResidualBlockPSP`を使用して5つのサブネットワークを作成しFeatureモジュールが完成しました。次節ではPyramid Poolingモジュールの解説と実装を行います。

3-5 Pyramid Pooling モジュールの解説と実装

　本節では PSPNet の Pyramid Pooling モジュールを構成するサブネットワークの構造を解説します。この Pyramid Pooling モジュールが PSPNet のオリジナリティとなります。Pyramid Pooling モジュールがどのようにして様々な大きさの特徴量マップを抽出処理しているのか、ネットワーク構造から解説し、実装を行います。

　本節の学習目標は、次の通りです。

1. Pyramid Pooling モジュールのサブネットワーク構成を理解する
2. Pyramid Pooling モジュールのマルチスケール処理の実現方法を理解する
3. Pyramid Pooling モジュールを実装できるようになる

本節の実装ファイル：

3-3-6_NetworkModel.ipynb

◆ Pyramid Pooling モジュールのサブネットワーク構造

　Pyramid Pooling モジュールはクラス PyramidPooling からなる 1 つのサブネットワークで構成されています。クラス PyramidPooling の構造を図 3.5.1 に示します。

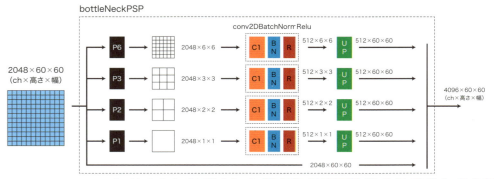

図 3.5.1　Pyramid Pooling モジュールの構造

Pyramid Poolingモジュールへの入力はFeatureモジュールから出力されたサイズ2048×60×60（ch×高さ×幅）のテンソルです。この入力が5つに分岐します。一番上の分岐はAdaptive Average Pooling層（出力=6）へと送られます。このAdaptive Average Pooling層は画像の（高さ×幅）に対して出力で指定したサイズの大きさに変換されるようAverage Poolingを行います。つまり、60×60の解像度であった入力が6×6の解像度へ特徴量のスケールを変換されることになります。Adaptive Average Pooling層の出力が1の場合は60×60のサイズであった入力画像（特徴量画像）が1×1の特徴量となります。つまり1×1の特徴量の場合は、元の入力画像の全面に渡る範囲を対象とした特徴量を抽出することになります。

　5つの分岐のうち4つは出力がそれぞれ6、3、2、1のAdaptive Average Pooling層へと送られます。このように出力される特徴量マップのサイズが異なるAverage Pooling層を使用することにより、元の入力画像に対して様々なサイズの特徴量の処理（マルチスケール処理）を実現しています。4つのAverage Pooling層から出力される特徴量マップの大きさが徐々に大きくなる様子がピラミッドの形に似ているため、Pyramid Poolingと呼びます。そしてこのPyramid Poolingモジュールを使用するネットワークなので、Pyramid Scene Parsing Network（PSPNet）という名称がつけられています。

　Average Pooling層を通過したテンソルはその後クラス`conv2DBatchNormRelu`を通り、最後にUpSample層へと到達します。UpSample層ではAverage Pooling層によって小さくなった特徴量のサイズを大きくします。小さくなった特徴量をPyramid Poolingモジュールへの入力サイズと同じ60×60サイズへと拡大します。拡大方法は単純な画像拡大処理です（単純に引き伸ばす）。拡大時の補完方法としてbilinear処理を使用します。

　5つの分岐のうち最後の1つは入力をそのまま出力へと送り、4つの分岐と最終的に結合させます。Average Pooling層とクラス`conv2DBatchNormRelu`を通った4つの分岐はチャネル数がそれぞれ512になっており、512×4+2048=4096となり、Pyramid Poolingモジュールの出力テンソルのサイズは4096×60×60（ch×高さ×幅）となります。この出力テンソルがDecoderモジュールへと送られます。

　Pyramid Poolingモジュールの出力テンソルはPyramid Poolingによりマルチスケールな情報を持つテンソルとなっています。そもそもこのPyramid Poolingで解決したかった問題は「とあるピクセルのクラスを求めるためには、様々なスケールで周囲の情報を必要とする」という点でした。Pyramid Poolingモジュールの出力テンソルはマルチスケールな情報を持つため、各ピクセルのクラスを決める際に、そのピクセルの周囲の様々なスケールの特徴量情報を使用することができ、高い精度でセマンティックセグメンテーションを実現することができます。

クラス PyramidPooling の実装

　Pyramid Poolingモジュールを実装します。Pyramid Poolingモジュールはクラス PyramidPooling のみから構築されます。クラス PyramidPooling のネットワーク構成は図 3.5.1で示した通りです。入力を5つに分岐させ、Adaptive Average Pooling層、クラス conv2DBatchNormRelu、UpSample層を通過させて最後に1つのテンソルに再結合させます。

　実装は以下の通りです。実装コードの注意点としては Adaptive Average Pooling層には nn.AdaptiveAvgPool2d クラスを使用し、UpSample層は F.interpolate による演算で実現しています。最終的に1つのテンソルに結合する部分は、torch.cat(output, dim=1) という命令を使用しています。これは output という変数に対して、次元1を基準に連結させるという意味です。次元0がミニバッチ数で、次元1はチャネル数となります。次元2、3は高さと幅になります。このチャネル数の次元を軸に、分岐したテンソルを結合させます。

```
class PyramidPooling(nn.Module):
    def __init__(self, in_channels, pool_sizes, height, width):
        super(PyramidPooling, self).__init__()

        # forwardで使用する画像サイズ
        self.height = height
        self.width = width

        # 各畳み込み層の出力チャネル数
        out_channels = int(in_channels / len(pool_sizes))

        # 各畳み込み層を作成
        # この実装方法は愚直すぎてfor文で書きたいところですが、分かりやすさを優先し
        # ています
        # pool_sizes: [6, 3, 2, 1]
        self.avpool_1 = nn.AdaptiveAvgPool2d(output_size=pool_sizes[0])
        self.cbr_1 = conv2DBatchNormRelu(
            in_channels, out_channels, kernel_size=1, stride=1, padding=0,
            dilation=1, bias=False)

        self.avpool_2 = nn.AdaptiveAvgPool2d(output_size=pool_sizes[1])
        self.cbr_2 = conv2DBatchNormRelu(
            in_channels, out_channels, kernel_size=1, stride=1, padding=0,
            dilation=1, bias=False)
```

```python
        self.avpool_3 = nn.AdaptiveAvgPool2d(output_size=pool_sizes[2])
        self.cbr_3 = conv2DBatchNormRelu(
            in_channels, out_channels, kernel_size=1, stride=1, padding=0,
            dilation=1, bias=False)

        self.avpool_4 = nn.AdaptiveAvgPool2d(output_size=pool_sizes[3])
        self.cbr_4 = conv2DBatchNormRelu(
            in_channels, out_channels, kernel_size=1, stride=1, padding=0,
            dilation=1, bias=False)

    def forward(self, x):

        out1 = self.cbr_1(self.avpool_1(x))
        out1 = F.interpolate(out1, size=(
            self.height, self.width), mode="bilinear", align_corners=True)

        out2 = self.cbr_2(self.avpool_2(x))
        out2 = F.interpolate(out2, size=(
            self.height, self.width), mode="bilinear", align_corners=True)

        out3 = self.cbr_3(self.avpool_3(x))
        out3 = F.interpolate(out3, size=(
            self.height, self.width), mode="bilinear", align_corners=True)

        out4 = self.cbr_4(self.avpool_4(x))
        out4 = F.interpolate(out4, size=(
            self.height, self.width), mode="bilinear", align_corners=True)

        # 最終的に結合させる、dim=1でチャネル数の次元で結合
        output = torch.cat([x, out1, out2, out3, out4], dim=1)

        return output
```

3-6 Decoder、AuxLossモジュールの解説と実装

本節ではPSPNetのDecoderモジュールおよびAuxLossモジュールを構成するサブネットワークの構造を解説し、これらを実装します。

本節の学習目標は、次の通りです。

1. Decoderモジュールのサブネットワーク構成を理解する
2. Decoderモジュールを実装できるようになる
3. AuxLossモジュールのサブネットワーク構成を理解する
4. AuxLossモジュールを実装できるようになる

本節の実装ファイル：

`3-3-6_NetworkModel.ipynb`

❖ DecoderおよびAuxLossモジュールの構造

DecoderモジュールおよびAuxLossモジュールは、Pyramid PoolingモジュールもしくはFeatureモジュールから出力されたテンソルの情報をDecode（読み出し）して、ピクセルごとに物体ラベルをクラス分類で推定し、最後に画像サイズを元の475×475にUpSampleする役割を果たします。

図3.6.1にDecoderおよびAuxLossモジュールの構造を示します。どちらも同じネットワーク構成をしており、クラス`conv2DBatchNormRelu`を通過したのちに、ドロップアウト層を通り、その後畳み込み層を通過して、テンソルサイズが21×60×60（クラス数×高さ×幅）になります。最後にUpSample層を通って、PSPNetへの入力画像の大きさであったサイズ475に拡大します。

最終的にDecoderおよびAuxLossモジュールから出力されるテンソルは21×475×475（クラス数×高さ×幅）になります。この出力テンソルは画像の各ピクセルに対して、21種類の各クラスに対する確率に対応した値（確信度）になっています。この値が一番大きなクラスが、そのピクセルが所属すると予測された物体ラベルになります。

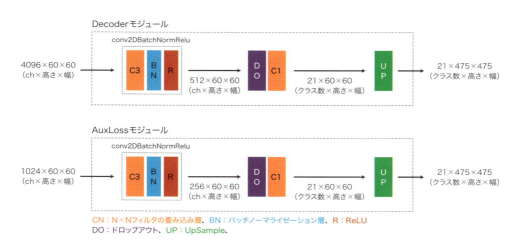

図3.6.1 DecoderおよびAuxLossモジュールの構造

DecoderおよびAuxLossモジュールの実装

DecoderモジュールとAuxLossモジュールを実装します。Decoderモジュールはクラス`DecodePSPFeature`、AuxLossモジュールはクラス`AuxiliaryPSPlayers`という名前で実装することにします。Pyramid Poolingモジュールと同じく画像の拡大処理であるUpSampleを`F.interpolate`による演算で実現しています。

実装は以下の通りとなります。

```
class DecodePSPFeature(nn.Module):
    def __init__(self, height, width, n_classes):
        super(DecodePSPFeature, self).__init__()

        # forwardで使用する画像サイズ
        self.height = height
        self.width = width

        self.cbr = conv2DBatchNormRelu(
            in_channels=4096, out_channels=512, kernel_size=3, stride=1, padding=1,
            dilation=1, bias=False)
        self.dropout = nn.Dropout2d(p=0.1)
        self.classification = nn.Conv2d(
            in_channels=512, out_channels=n_classes, kernel_size=1, stride=1,
            padding=0)
```

163

3-6 ● Decoder、AuxLossモジュールの解説と実装

```
    def forward(self, x):
        x = self.cbr(x)
        x = self.dropout(x)
        x = self.classification(x)
        output = F.interpolate(
            x, size=(self.height, self.width), mode="bilinear", align_corners=True)

        return output


class AuxiliaryPSPlayers(nn.Module):
    def __init__(self, in_channels, height, width, n_classes):
        super(AuxiliaryPSPlayers, self).__init__()

        # forwardで使用する画像サイズ
        self.height = height
        self.width = width

        self.cbr = conv2DBatchNormRelu(
            in_channels=in_channels, out_channels=256, kernel_size=3, stride=1,
            padding=1, dilation=1, bias=False)
        self.dropout = nn.Dropout2d(p=0.1)
        self.classification = nn.Conv2d(
            in_channels=256, out_channels=n_classes, kernel_size=1, stride=1,
            padding=0)

    def forward(self, x):
        x = self.cbr(x)
        x = self.dropout(x)
        x = self.classification(x)
        output = F.interpolate(
            x, size=(self.height, self.width), mode="bilinear", align_corners=True)

        return output
```

　ここで1つ特徴的なのが、最後のクラス分類（self.classification）の際に、全結合層を使用するのではなく、クラス数と同じく21を出力チャネルとするカーネルサイズ1の畳み込み層を使用している点です。このカーネルサイズ1の畳み込み層は「pointwise convolution」と呼ばれる特殊な手法です。「pointwise convolution」については第5章GANによる画像生成で詳細に解説します。ここでは、PSPNetでは最後のクラス分類で全結合層ではなく、カーネルサイズ1の畳み込み層を使っている点のみを頭の片隅に置いておいてください。

以上により、PSPNetのネットワーク構造、そしてネットワークのforward計算をすべて実装することができました。最後にネットワークモデルであるクラス PSPNet のインスタンスを作成し、エラーが発生せず計算できるか、動作確認をしておきます。

```
# モデルの定義
net = PSPNet(n_classes=21)
net
```

[出力]

```
PSPNet(
  (feature_conv): FeatureMap_convolution(
    (cbnr_1): conv2DBatchNormRelu(
...
```

```
# ダミーデータの作成
batch_size = 2
dummy_img = torch.rand(batch_size, 3, 475, 475)

# 計算
outputs = net(dummy_img)
print(outputs)
```

[出力]

```
(tensor([[[[-6.1785e-02, -5.2259e-02, -4.2733e-02,  ..., -2.5489e-01,
           -2.6047e-01, -2.6606e-01],
...
```

　以上、本節ではDecoderモジュールとAuxLossモジュールについて解説と実装を行いました。本節まででPSPNetが完成しました。ここまでで実装したクラスはフォルダ「utils」のファイル「pspnet.py」に用意しておき、今後はこちらから import するようにします。次節ではPSPNetの学習と検証を実施します。

3-7 ファインチューニングによる学習と検証の実施

本節ではPSPNetの学習と検証部分を実装して実行します。ここまでで作成したDataLoaderとPSPNetを使用します。本書ではゼロからPSPNetを学習させるのではなく、学習済みモデルを使用したファインチューニングを行います。

本節の学習目標は、次の通りです。

1. PSPNetの学習と検証を実装できるようになる
2. セマンティックセグメンテーションのファインチューニングを理解する
3. スケジューラーを利用してepochごとに学習率を変化させる手法が実装できるようになる

本節の実装ファイル：

`3-7_PSPNet_training.ipynb`

データの準備

本節では学習済みモデルを使用し、ファインチューニングを実施します。フォルダ「3_semantic_segmentation」のファイル「make_folders_and_data_downloads.ipynb」内でURLを案内している筆者のGoogle Driveから、手動で「pspnet50_ADE20K.pth」をダウンロードし、フォルダ「weights」に配置してください。

この学習済みモデル「pspnet50_ADE20K.pth」はPSPNetの著者であるHengshuang Zhaoさんが自身のGithub[4]で提供しているcaffeのネットワークモデルを、本書で実装したPyTorchのPSPNetモデルで読み込めるように筆者が変換したものです。

この元のcaffeモデルはADE20K[6]と呼ばれるデータセットで学習されたものです。ADE20KはMIT Computer Visionチームによってリリースされた150クラス、約2万枚の画像からなるセマンティックセグメンテーション用データセットです。このデータセットで学習したPSPNetの結合パラメータを初期値として、VOC2012データセットにファインチューニングします。

学習・検証の実装

はじめにDataLoaderを作成します。実装は以下の通りです。ミニバッチサイズは1GPUのメモリに載る8個に設定しています。入力画像のサイズが475×475と大きいため、ミニバッチサイズを大きくすると、1つのGPUのメモリに載りません。

```
from utils.dataloader import make_datapath_list, DataTransform, VOCDataset

# ファイルパスリスト作成
rootpath = "./data/VOCdevkit/VOC2012/"
train_img_list, train_anno_list, val_img_list, val_anno_list = make_datapath_list(
    rootpath=rootpath)

# Dataset作成
# (RGB)の色の平均値と標準偏差
color_mean = (0.485, 0.456, 0.406)
color_std = (0.229, 0.224, 0.225)

train_dataset = VOCDataset(train_img_list, train_anno_list, phase="train",
transform=DataTransform(
    input_size=475, color_mean=color_mean, color_std=color_std))

val_dataset = VOCDataset(val_img_list, val_anno_list, phase="val",
transform=DataTransform(
    input_size=475, color_mean=color_mean, color_std=color_std))

# DataLoader作成
batch_size = 8

train_dataloader = data.DataLoader(
    train_dataset, batch_size=batch_size, shuffle=True)

val_dataloader = data.DataLoader(
    val_dataset, batch_size=batch_size, shuffle=False)

# 辞書型変数にまとめる
dataloaders_dict = {"train": train_dataloader, "val": val_dataloader}
```

続いて、ネットワークモデルを作成します。はじめにADE20Kのネットワークモデルを用意します。出力クラス数はADE20Kデータセットに合わせて150になる点に注意します。このモデルに学習済みのパラメータ「pspnet50_ADE20k.pth」をロードします。その後、最終

3-7 ● ファインチューニングによる学習と検証の実施

　出力層をPascal VOCの21クラスにするため、DecoderとAuxLossモジュールの分類用の畳み込み層をつけかえます。これで21クラスに対応したPSPNetになります。

　つけかえた畳み込み層は**Xavierの初期値**と呼ばれる手法で初期化します（ゼイビアー、もしくはザビエルと呼びます）。Xavierの初期値は、各畳み込み層において、その入力チャネル数がinput_nのときに、その畳み込み層の結合パラメータの初期値に「1/sqrt(input_n)を標準偏差としたガウス分布」に従う乱数を使用する手法です。

　第2章では活性化関数としてReLUを使用したので「Heの初期値」を使用しました。今回は分類用ユニットの最終層であり、このあとに使用する活性化関数はシグモイド関数です。活性化関数がシグモイド関数の場合は「Xavierの初期値」と呼ばれる手法で初期化します。

```
from utils.pspnet import PSPNet

# ファインチューニングでPSPNetを作成
# ADE20Kデータセットの学習済みモデルを使用、ADE20Kはクラス数が150です
net = PSPNet(n_classes=150)

# ADE20K学習済みパラメータをロード
state_dict = torch.load("./weights/pspnet50_ADE20K.pth")
net.load_state_dict(state_dict)

# 分類用の畳み込み層を、出力数21のものにつけかえる
n_classes = 21
net.decode_feature.classification = nn.Conv2d(
    in_channels=512, out_channels=n_classes, kernel_size=1, stride=1, padding=0)

net.aux.classification = nn.Conv2d(
    in_channels=256, out_channels=n_classes, kernel_size=1, stride=1, padding=0)

# 付け替えた畳み込み層を初期化する。活性化関数がシグモイド関数なのでXavierを使用する。

def weights_init(m):
    if isinstance(m, nn.Conv2d):
        nn.init.xavier_normal_(m.weight.data)
        if m.bias is not None:  # バイアス項がある場合
            nn.init.constant_(m.bias, 0.0)

net.decode_feature.classification.apply(weights_init)
net.aux.classification.apply(weights_init)

print('ネットワーク設定完了：学習済みの重みをロードしました')
```

次に損失関数を実装します。多クラス分類の損失関数であるクロスエントロピー誤差関数を使用します。メインの損失と AuxLoss の損失の和をトータルの損失とします。ただし AuxLoss には係数 0.4 をかけて、その重みをメインの損失よりも小さくしておきます。

```python
# 損失関数の設定
class PSPLoss(nn.Module):
    """PSPNetの損失関数のクラスです。"""

    def __init__(self, aux_weight=0.4):
        super(PSPLoss, self).__init__()
        self.aux_weight = aux_weight  # aux_lossの重み

    def forward(self, outputs, targets):
        """
        損失関数の計算。

        Parameters
        ----------
        outputs : PSPNetの出力(tuple)
            (output=torch.Size([num_batch, 21, 475, 475]), output_aux=torch.
                Size([num_batch, 21, 475, 475]))。

        targets : [num_batch, 475, 4755]
            正解のアノテーション情報

        Returns
        -------
        loss : テンソル
            損失の値
        """

        loss = F.cross_entropy(outputs[0], targets, reduction='mean')
        loss_aux = F.cross_entropy(outputs[1], targets, reduction='mean')

        return loss+self.aux_weight*loss_aux

criterion = PSPLoss(aux_weight=0.4)
```

スケジューラーを利用したepochごとの学習率の変更

　最後にパラメータの最適化手法を定義します。ファインチューニングなので入力に近いモジュールの学習率は小さく、付け替えた畳み込み層をもつDecoderとAuxLossモジュールは大きく設定しています。実装は以下の通りです。

　今回はepochに応じて学習率を変化させるスケジューラーと呼ばれる機能を使用します。以下の実装コードの scheduler = optim.lr_scheduler.LambdaLR(optimizer, lr_lambda=lambda_epoch) の部分で定義しています。これは関数lambda_epochの内容に従い、インスタンスoptimizerの学習率を変化させるという命令です。

　関数lambda_epochは、最大epoch数を30と設定し、epochを経るごとに徐々に学習率が小さくなるように設定しています。関数lambda_epochでreturnしている値がoptimizerの学習率にかけ算されます。スケジューラーで学習率を変化させるには、ネットワークの学習時にscheduler.step()を実行する必要があります。この命令は後程実装します。

　スケジューラーの使用方法として、イテレーションごとに学習率を変化させる場合とepochごとに変化させる場合の両パターンがあります。今回はepochごとに変化させることにします。

```python
# ファインチューニングなので、学習率は小さく
optimizer = optim.SGD([
    {'params': net.feature_conv.parameters(), 'lr': 1e-3},
    {'params': net.feature_res_1.parameters(), 'lr': 1e-3},
    {'params': net.feature_res_2.parameters(), 'lr': 1e-3},
    {'params': net.feature_dilated_res_1.parameters(), 'lr': 1e-3},
    {'params': net.feature_dilated_res_2.parameters(), 'lr': 1e-3},
    {'params': net.pyramid_pooling.parameters(), 'lr': 1e-3},
    {'params': net.decode_feature.parameters(), 'lr': 1e-2},
    {'params': net.aux.parameters(), 'lr': 1e-2},
], momentum=0.9, weight_decay=0.0001)

# スケジューラーの設定
def lambda_epoch(epoch):
    max_epoch = 30
    return math.pow((1-epoch/max_epoch), 0.9)

scheduler = optim.lr_scheduler.LambdaLR(optimizer, lr_lambda=lambda_epoch)
```

　以上で学習の準備ができました。最後に学習・検証の関数train_modelを実装します。関数train_modelは第2章で実装した学習・検証関数train_modelとほぼ同じ内容です。ですが2点異なる点があります。

1点目はさきほど解説したスケジューラーの存在です。スケジューラーを更新するために、`scheduler.step()`というコードが追加されています。

　2点目はmultiple minibatch[7]を使用している点です。PSPNetではバッチノーマライゼーションを使用しています。バッチノーマライゼーションはミニバッチごとに入力されたデータの標準化を行うため、統計的に妥当な標準化を行うためにはある程度大きなミニバッチサイズが必要です。ですがGPUのメモリサイズが限られているため、今回はミニバッチサイズ8個程度が限界になります。しかしながら8個ではデータ数が少ないため、バッチノーマライゼーションの挙動が不安定になります。

　そこで解決策として一般にSynchronized Multi-GPU Batch Normalizationが使用されます。このバッチノーマライゼーション手法はPyTorchには実装されていないためサードパーティーのライブラリを使用します。Synchronized Multi-GPU Batch NormalizationとはGPUを複数個使用して大きなミニバッチサイズでバッチノーマライゼーションをする手法です。PyTorchもマルチGPUに対応しているのですが、PyTorchのマルチGPUバッチノーマライゼーションは各GPUでバッチノーマライゼーションを計算してしまうため、厳密には大きなミニバッチサイズでのバッチノーマライゼーションではなく、Asynchronized Multi-GPU Batch Normalizationとなります。そこでサードパーティーのライブラリであるSynchronized Multi-GPU Batch Normalizationが使用されます。

　ですが、マルチGPUのAWSインスタンスはお値段が高いので、本書ではシングルGPUでAsynchronized Multi-GPU Batch Normalizationと似た挙動になるようにmultiple minibatchと呼ばれる手法を採用します。

　このmultiple minibatchは損失`loss`の計算と勾配を求める`backward`を複数回行って、各パラメータに対して複数個のミニバッチから計算された勾配の合計を求め、その合計に対して`optimizer.step()`を実行して、複数回に一度パラメータを更新させる手法です。Asynchronized Multi-GPU Batch Normalizationとほぼ似た挙動になります。

　本書の実装では`batch_multiplier=3`と定義し、3回に1度`optimizer.step()`を実行することにして、仮想的にミニバッチサイズを24個にしています。

　実装は次の通りです。

```
# モデルを学習させる関数を作成

def train_model(net, dataloaders_dict, criterion, scheduler, optimizer,
                num_epochs):

    # GPUが使えるかを確認
    device = torch.device("cuda:0" if torch.cuda.is_available() else "cpu")
    print("使用デバイス：", device)
```

3-7 ● ファインチューニングによる学習と検証の実施

```python
# ネットワークをGPUへ
net.to(device)

# ネットワークがある程度固定であれば、高速化させる
torch.backends.cudnn.benchmark = True

# 画像の枚数
num_train_imgs = len(dataloaders_dict["train"].dataset)
num_val_imgs = len(dataloaders_dict["val"].dataset)
batch_size = dataloaders_dict["train"].batch_size

# イテレーションカウンタをセット
iteration = 1
logs = []

# multiple minibatch
batch_multiplier = 3

# epochのループ
for epoch in range(num_epochs):

    # 開始時刻を保存
    t_epoch_start = time.time()
    t_iter_start = time.time()
    epoch_train_loss = 0.0  # epochの損失和
    epoch_val_loss = 0.0  # epochの損失和

    print('-------------')
    print('Epoch {}/{}'.format(epoch+1, num_epochs))
    print('-------------')

    # epochごとの訓練と検証のループ
    for phase in ['train', 'val']:
        if phase == 'train':
            net.train()  # モデルを訓練モードに
            scheduler.step()  # 最適化schedulerの更新
            optimizer.zero_grad()
            print(' (train) ')

        else:
            if((epoch+1) % 5 == 0):
                net.eval()  # モデルを検証モードに
                print('-------------')
                print(' (val) ')
            else:
                # 検証は5回に1回だけ行う
```

```python
            continue

        # データローダーからminibatchずつ取り出すループ
        count = 0  # multiple minibatch
        for imges, anno_class_imges in dataloaders_dict[phase]:
            # ミニバッチがサイズが1だと、バッチノーマライゼーションでエラーにな
            # るのでさける
            if imges.size()[0] == 1:
                continue

            # GPUが使えるならGPUにデータを送る
            imges = imges.to(device)
            anno_class_imges = anno_class_imges.to(device)

            # multiple minibatchでのパラメータの更新
            if (phase == 'train') and (count == 0):
                optimizer.step()
                optimizer.zero_grad()
                count = batch_multiplier

            # 順伝搬(forward)計算
            with torch.set_grad_enabled(phase == 'train'):
                outputs = net(imges)
                loss = criterion(
                    outputs, anno_class_imges.long()) / batch_multiplier

                # 訓練時はバックプロパゲーション
                if phase == 'train':
                    loss.backward()  # 勾配の計算
                    count -= 1  # multiple minibatch

                    if (iteration % 10 == 0):  # 10iterに1度、lossを表示
                        t_iter_finish = time.time()
                        duration = t_iter_finish - t_iter_start
                        print('イテレーション {} || Loss: {:.4f} || 10iter: {:.4f} sec.'.format(
                            iteration,
                            loss.item()/batch_size*batch_multiplier, duration))
                        t_iter_start = time.time()

                    epoch_train_loss += loss.item() * batch_multiplier
                    iteration += 1

                # 検証時
                else:
                    epoch_val_loss += loss.item() * batch_multiplier
```

3-7 ● ファインチューニングによる学習と検証の実施

```python
# epochのphaseごとのlossと正解率
t_epoch_finish = time.time()
print('-------------')
print('epoch {} || Epoch_TRAIN_Loss:{:.4f} ||Epoch_VAL_Loss:{:.4f}'.format(
    epoch+1, epoch_train_loss/num_train_imgs, epoch_val_loss/num_val_imgs))
print('timer:  {:.4f} sec.'.format(t_epoch_finish - t_epoch_start))
t_epoch_start = time.time()

# ログを保存
log_epoch = {'epoch': epoch+1, 'train_loss': epoch_train_loss /
             num_train_imgs, 'val_loss': epoch_val_loss/num_val_imgs}
logs.append(log_epoch)
df = pd.DataFrame(logs)
df.to_csv("log_output.csv")

# 最後のネットワークを保存する
torch.save(net.state_dict(), 'weights/pspnet50_' +
           str(epoch+1) + '.pth')
```

最後に学習・検証を実行します。完了までに約12時間かかります（図3.7.1）。

```python
# 学習・検証を実行する
num_epochs = 30
train_model(net, dataloaders_dict, criterion, scheduler, optimizer,
            num_epochs=num_epochs)
```

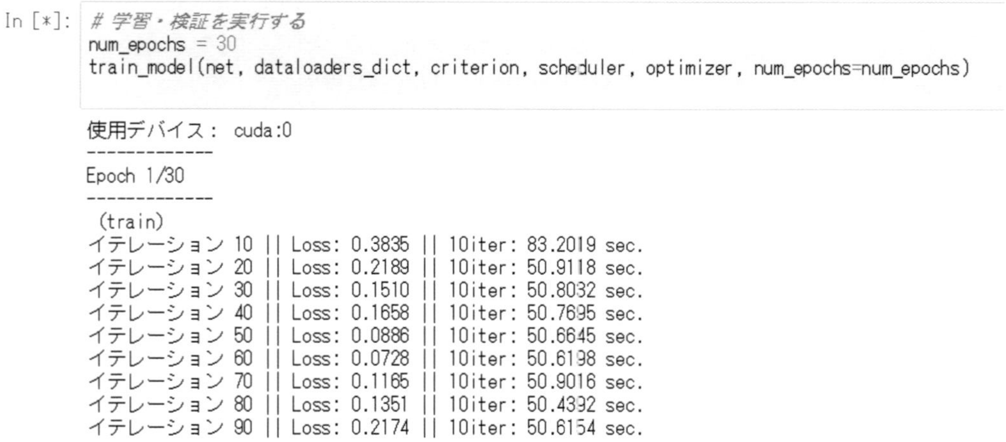

```
In [*]: # 学習・検証を実行する
        num_epochs = 30
        train_model(net, dataloaders_dict, criterion, scheduler, optimizer, num_epochs=num_epochs)

        使用デバイス： cuda:0
        -------------
        Epoch 1/30
        -------------
         (train)
        イテレーション 10 || Loss: 0.3835 || 10iter: 83.2019 sec.
        イテレーション 20 || Loss: 0.2189 || 10iter: 50.9118 sec.
        イテレーション 30 || Loss: 0.1510 || 10iter: 50.8032 sec.
        イテレーション 40 || Loss: 0.1658 || 10iter: 50.7695 sec.
        イテレーション 50 || Loss: 0.0886 || 10iter: 50.6645 sec.
        イテレーション 60 || Loss: 0.0728 || 10iter: 50.6198 sec.
        イテレーション 70 || Loss: 0.1165 || 10iter: 50.9016 sec.
        イテレーション 80 || Loss: 0.1351 || 10iter: 50.4392 sec.
        イテレーション 90 || Loss: 0.2174 || 10iter: 50.6154 sec.
```

図3.7.1 学習と検証のプログラム実行の様子

30 epoch学習させたときの、学習データと検証データに対する損失の推移を図3.7.2に示します。以上によりVOC2012データでのPSPNetの学習が完了しました。

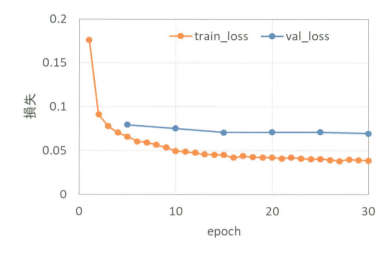

図3.7.2 学習データと検証データの損失の推移

今回はADE20KからVOC2012へと、よく似たデータセット間でのファインチューニングだったので、シングルGPUのmultiple minibatchを採用し機能しましたが、ゼロから学習させる際やADE20Kから例えば白黒の医療画像など、性質が大きく異なるデータセットにファインチューニングさせる場合は、Synchronized Multi-GPU Batch Normalizationを使用する方が良いかと思います。

次節ではセマンティックセグメンテーションの推論を実装します。

3-8 セマンティックセグメンテーションの推論

本節では学習させたPSPNetを使用して推論する部分を実装します。本節の学習目標は、次の通りです。

1. セマンティックセグメンテーションの推論を実装できるようになる

> 本節の実装ファイル：
>
> 3-8_PSPNet_inference.ipynb

準備

はじめに前節で学習させた重みパラメータ「pspnet50_30.pth」をフォルダ「weights」に用意してください。

なお本章の内容で筆者が作成した学習済みのモデルも用意しています（ファイル「make_folders_and_data_downloads.ipynb」の最後のセルに記載）。

推論

ファイルパスリストを作成します。本節ではVOCデータセットの画像に対してではなく、手元に用意した乗馬の画像に対して推論するのですが、適当なアノテーション画像を1枚使用します。

適当なアノテーション画像を1枚使用するのには2つの理由があります。1つ目の理由はアノテーション画像がないと前処理クラスの関数がうまく動作しないためです。そのため、実際には推論に使用しませんが、ダミーデータとして関数に与えます。2つ目の理由はアノテーション画像を1枚用意してその画像からカラーパレットの情報を取り出さないと、物体ラベルに対応するカラー情報が存在しないためです。これらの理由からVOC2012のアノテーションデータ画像を使用できるように、アノテーションデータのファイルパスを取得したく、ファイルパスリストを次のように作成します。

```python
from utils.dataloader import make_datapath_list, DataTransform

# ファイルパスリスト作成
rootpath = "./data/VOCdevkit/VOC2012/"
train_img_list, train_anno_list, val_img_list, val_anno_list = make_datapath_list(
    rootpath=rootpath)

# 後ほどアノテーション画像のみを使用する
```

続いてPSPNetを用意します。

```python
from utils.pspnet import PSPNet

net = PSPNet(n_classes=21)

# 学習済みパラメータをロード
state_dict = torch.load("./weights/pspnet50_30.pth",
                        map_location={'cuda:0': 'cpu'})
net.load_state_dict(state_dict)

print('ネットワーク設定完了:学習済みの重みをロードしました')
```

そして、推論を実行します。実装は次の通りです。元の画像、PSPNetで推論したアノテーション画像、そして推論結果を元の画像にオーバーラップした画像の3種類を描画します。

```python
# 1. 元画像の表示
image_file_path = "./data/cowboy-757575_640.jpg"
img = Image.open(image_file_path)     # [高さ][幅][色RGB]
img_width, img_height = img.size
plt.imshow(img)
plt.show()

# 2. 前処理クラスの作成
color_mean = (0.485, 0.456, 0.406)
color_std = (0.229, 0.224, 0.225)
transform = DataTransform(
    input_size=475, color_mean=color_mean, color_std=color_std)

# 3. 前処理
# 適当なアノテーション画像を用意し、さらにカラーパレットの情報を抜き出す
anno_file_path = val_anno_list[0]
anno_class_img = Image.open(anno_file_path)     # [高さ][幅]
```

```python
p_palette = anno_class_img.getpalette()
phase = "val"
img, anno_class_img = transform(phase, img, anno_class_img)

# 4. PSPNetで推論する
net.eval()
x = img.unsqueeze(0)  # ミニバッチ化：torch.Size([1, 3, 475, 475])
outputs = net(x)
y = outputs[0]  # AuxLoss側は無視 yのサイズはtorch.Size([1, 21, 475, 475])

# 5. PSPNetの出力から最大クラスを求め、カラーパレット形式にし、画像サイズを元に戻す
y = y[0].detach().numpy()
y = np.argmax(y, axis=0)
anno_class_img = Image.fromarray(np.uint8(y), mode="P")
anno_class_img = anno_class_img.resize((img_width, img_height), Image.NEAREST)
anno_class_img.putpalette(p_palette)
plt.imshow(anno_class_img)
plt.show()

# 6. 画像を透過させて重ねる
trans_img = Image.new('RGBA', anno_class_img.size, (0, 0, 0, 0))
anno_class_img = anno_class_img.convert('RGBA')  # カラーパレット形式をRGBAに変換

for x in range(img_width):
    for y in range(img_height):
        # 推論結果画像のピクセルデータを取得
        pixel = anno_class_img.getpixel((x, y))
        r, g, b, a = pixel

        # (0, 0, 0)の背景ならそのままにして透過させる
        if pixel[0] == 0 and pixel[1] == 0 and pixel[2] == 0:
            continue
        else:
            # それ以外の色は用意した画像にピクセルを書き込む
            trans_img.putpixel((x, y), (r, g, b, 150))
            # 150は透過度の大きさを指定している

img = Image.open(image_file_path)   # [高さ][幅][色RGB]
result = Image.alpha_composite(img.convert('RGBA'), trans_img)
plt.imshow(result)
plt.show()
```

推論の実行結果を図3.8.1に示します。推論結果を見るとpersonとhorseのラベル付けがされており、人と馬がいることがうまく推論されています。よく見ると人の脚が馬になっている、馬の一部が人と認識されているなど、完璧ではありませんが、おおむね画像をピクセルレベルで認識できていることが分かります。

データ

推論結果

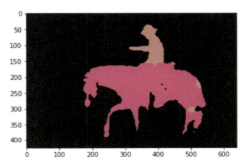

色と物体の対応情報

推論結果をオーバーラップ

図3.8.1 構築したPSPNetによるセマンティックセグメンテーションの結果（色と物体の対応情報は[8]より転載）

セマンティックセグメンテーションの精度を上げたい場合は学習のepoch数を増やしてください。今回は簡易的な書籍用の設定として、1晩で学習が終わるようにepoch数を30と短くと設定しています（約7,000イテレーション）。PSPNetの論文中ではVOCデータセットの場合30,000イテレーションかけて学習を実施しています。

本節の付録として、ファイル「3-8_PSPNet_inference_appendix.ipynb」を用意しています。このファイルはVOC2012の検証データセットに対して、学習済みPSPNetの推論を実施し、推論結果と正しい答えであるアノテーションデータの両方を表示させるファイルです。学習させたPSPNetモデルが正しいアノテーションデータとどれくらい近いのかなどを確認したいケースでは、こちらをご使用ください。

まとめ

以上で、第3章セマンティックセグメンテーションは終了です。セマンティックセグメンテーションの解説および、PSPNetのアルゴリズム、ネットワーク構造、順伝搬関数、損失関数の解説と実装を行いました。次章では姿勢推定に取り組みます。

第3章引用

[1] PSPNet
Zhao, H., Shi, J., Qi, X., Wang, X., & Jia, J. (2017). Pyramid scene parsing network. In Proceedings of the IEEE conference on computer vision and pattern recognition (pp. 2881-2890).
http://openaccess.thecvf.com/content_cvpr_2017/html/Zhao_Pyramid_Scene_Parsing_CVPR_2017_paper.html

[2] 乗馬の画像
（画像権利情報：商用利用無料、帰属表示は必要ありません）
https://pixabay.com/ja/photos/%E3%82%AB%E3%82%A6%E3%83%9C%E3%83%BC%E3%82%A4-%E9%A6%AC-%E4%B9%97%E9%A6%AC-%E6%B0%B4-%E6%B5%B7-757575/

[3] PASCAL VOC 2012データセット
http://host.robots.ox.ac.uk/pascal/VOC/

[4] GitHub：hszhao/PSPNet
https://github.com/hszhao/PSPNet
All contributions by the University of California: Copyright © 2014, 2015, The Regents of the University of California (Regents) All rights reserved.
https://github.com/hszhao/PSPNet/blob/master/LICENSE

[5] Residual Network（ResNet）
He, K., Zhang, X., Ren, S., & Sun, J. (2016). Deep residual learning for image recognition. In Proceedings of the IEEE conference on computer vision and pattern recognition (pp. 770-778).
http://openaccess.thecvf.com/content_cvpr_2016/html/He_Deep_Residual_Learning_CVPR_2016_paper.html

[6] ADE20Kデータセット
ZHOU, Bolei, et al. Scene parsing through ade20k dataset. In: Proceedings of the IEEE Conference on Computer Vision and Pattern Recognition. IEEE, 2017. p. 4.
http://groups.csail.mit.edu/vision/datasets/ADE20K/

[7] Increasing Mini-batch Size without Increasing Memory
https://medium.com/@davidlmorton/increasing-mini-batch-size-without-increasing-memory-6794e10db672

[8] VOC2012のカラーマップ
GitHub：DrSleep/tensorflow-deeplab-resnet
https://github.com/DrSleep/tensorflow-deeplab-resnet
Copyright © 2016 Vladimir Nekrasov
Released under the MIT license
https://github.com/DrSleep/tensorflow-deeplab-resnet/blob/master/LICENSE

姿勢推定 (OpenPose)

第4章

4-1 姿勢推定と OpenPose の概要

4-2 Dataset と DataLoader の実装

4-3 OpenPose のネットワーク構成と実装

4-4 Feature、Stage モジュールの解説と実装

4-5 TensorBoardX を使用した ネットワークの可視化手法

4-6 OpenPose の学習

4-7 OpenPose の推論

4-1 姿勢推定とOpenPoseの概要

本章では画像処理タスクの姿勢推定に取り組みながら、OpenPose[1,2]と呼ばれるディープラーニングモデルについて解説します。

本節では姿勢推定の概要を解説し、その後本章で使用するMS COCOデータセット[3]の内容について説明します。最後に姿勢推定のディープラーニングモデルであるOpenPoseを用いた姿勢推定の3 stepの流れを解説します。なお本書ではOpenPoseのネットワークの学習は簡易的に行い、その流れを確認するのみとします。本章の実装はGitHub：tensorboy/pytorch_Realtime_Multi-Person_Pose_Estimation[4]を参考にしています。

本節の学習目標は、次の通りです。

1. 姿勢推定とは、何をインプットに何をアウトプットする手法なのかを理解する
2. MSCOCO Keypointsデータを理解する
3. PAFs（Part Affinity Fields）の概念を理解する
4. OpenPoseによる姿勢推定の3 stepの流れを理解する

> **本節の実装ファイル：**
> なし

姿勢推定の概要

姿勢推定（pose estimation）とは1枚の画像中に含まれる複数の人物を検出し、さらに人体の各部位、例えば左肩や首などの位置を同定し、それら部位をつなぐ線（リンク）を求める技術です。イメージとしては画像内の人物に対して棒人間を上書きすることになります。

姿勢推定を行うと図4.1.1のような結果が求まります。この人物に対する人体の各部位とリンクを求めることを姿勢推定と呼びます。

図4.1.1 姿勢推定の結果[5][注1]

より詳細に、本書の姿勢推定で人体のどのような部位を検出しているのか解説します。本書では次ページの図4.1.2左側に示す18個の部位を求めます。18個の部位はそれぞれ、

0：鼻、1：首、2：右肩、3：右肘、4：右手首、5：左肩、6：左肘、7：左手首、8：右尻、9：右膝、10：右足首、11：左尻、12：左膝、13：左足首、14：右眼、15：左眼、16：右耳、17：左耳

に対応します。

さらにこの18個の部位の間をつなぐ19個のリンクを求めます（図4.1.2の右側）。ただし、リンクは合計19個求めますが、図4.1.1や図4.1.2で表示しているリンクは一部となります。

姿勢推定を用いて人体の各部位とリンクを求めれば、その人物の動作を推定することや姿勢の細かな分析などが可能になります。

［注1］　草野球の画像はサイトPixabayからダウンロードしています[5]（画像権利情報：商用利用無料、帰属表示は必要ありません）。

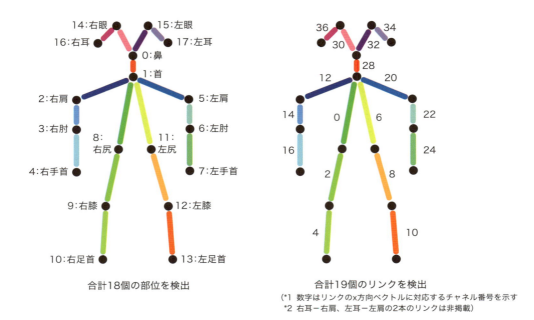

図4.1.2　姿勢推定で検出する部位と部位間のリンク一覧

MS COCOデータセットと姿勢推定のアノテーションデータ

　本章では新たにMS COCO[3]と呼ばれるデータセットを使用します。MS COCOの正式名称はThe Microsoft Common Objects in Contextです。MS COCOは姿勢推定専用のデータセットではなく、画像データを使用するディープラーニングタスク全般に向けた汎用的なデータセットです。具体的には画像データとともに、画像分類、物体検出、セマンティックセグメンテーション、姿勢推定、これらのタスクの正解情報であるアノテーションデータが用意されています。MS COCOではそのほかに、その画像がいったい何を表しているのかを説明するキャプション（画像説明）のアノテーションデータも用意されており、画像からキャプション（画像説明）データを生成するディープラーニングタスクのデータセットとしても利用されます。

　本章ではMS COCOのうち、人物が写っていてさらに人体の部位とリンクのアノテーションが付与されているデータを使用します。これらMS COCOの姿勢推定用のデータは、COCO Keypoint Detection Taskと呼ばれるタスクで使用されています。

　今回使用するアノテーションデータの形式と中身を解説します。図4.1.3に示す草野球の様子のアノテーションを例にします。

図4.1.3 アノテーション説明に使用する画像[5]

アノテーションデータは図4.1.4のようなJSON形式になっています。画像中のメインの人物の情報（joint_self）と、画像内のその他の人物の情報（joint_others）に分けて格納されています。そのためMS COOCデータセットでは、同じ画像に対してもメインの人物が異なるアノテーションが存在する場合があります。

```
{'dataset': 'COCO_val',
 'isValidation': 1.0,
 'img_paths': 'val2014/COCO_val2014_000000000488.jpg',
 'img_width': 640.0,
 'img_height': 406.0,
 'objpos': [233.075, 275.815],
 'image_id': 488.0,
 'bbox': [180.76, 210.3, 104.63, 131.03],
 'segment_area': 4851.846,
 'num_keypoints': 15.0,
 'joint_self': [[266.0, 231.0, 1.0],
  [0.0, 0.0, 2.0],
  [264.0, 229.0, 1.0],
  [0.0, 0.0, 2.0],
  [256.0, 231.0, 1.0],
  [261.0, 239.0, 1.0],
  [238.0, 239.0, 1.0],
  [267.0, 259.0, 1.0],
  [222.0, 262.0, 1.0],
  [272.0, 267.0, 1.0],
  [243.0, 256.0, 1.0],
  [244.0, 278.0, 1.0],
  [229.0, 279.0, 1.0],
  [269.0, 297.0, 1.0],
  [219.0, 310.0, 1.0],
  [267.0, 328.0, 1.0],
  [192.0, 329.0, 1.0]],
 'scale_provided': 0.356,
 'joint_others': [[[0.0, 0.0, 2.0],
  [0.0, 0.0, 2.0],
  [0.0, 0.0, 2.0],
```

図4.1.4 アノテーションの例[注2]

アノテーションデータのキー名'dataset'にはデータが訓練データか検証データかによって、'COCO'もしくは'COCO_val'が格納されています。キー名'isValidation'は、訓練データであれば0.0で、検証データであれば1.0が格納されています。キー名'img_paths'には画像データのリンクが格納されています。キー名'num_keypoints'には写真内のメインの人物の人体の部位がいくつアノテーションされているかが格納されています。最大で17になります。

図4.1.2では検出する身体部位が18個でしたがMS COCOでアノテーションされているのは17個であり、首の位置に対応するアノテーションがありません（首位置の決定方法は4.2節にて解説します）。

キー名'joint_self'には首以外の17部位のx, y座標とその部位の視認性情報が格納されています。視認性情報は値が0のときはアノテーションの座標情報はあるが、画像内に身体部位が映っていない、値が1のときはアノテーションがあり画像内に身体部位も見えている、値が2のときは画像内に写っておらず、アノテーションもない、ということを示します。

キー名'scale_provided'はメインの人物を囲むバウンディングボックスの高さが368ピクセルに対して何倍であるかを示します。キー名'joint_others'には画像内の他の人物の部位情報が格納されています。主にこれらのアノテーション情報を姿勢推定の訓練データに使用します。

[注2] MS COCOデータセットの画像は、サイトFlickrの写真です。そのため本書では図4.1.4のアノテーションデータに対応する画像を掲載することができません（MS COCOでは画像元のFlickrの各URLが未公開）。図4.1.3の草野球の画像は、図4.1.4のアノテーションデータの元画像「COCO_val2014_000000000488.jpg」に、似た構図の写真を選んでいます。本書の紙面では図4.1.3をベースに解説を進めます。

OpenPoseによる姿勢推定の流れ

本節の最後にOpenPoseによる姿勢推定の3ステップの流れを解説します。OpenPoseとはカーネギーメロン大学（CMU）のZhe Caoらが2017年に発表した論文「Realtime multi-person 2d pose estimation using part affinity fields」[2]を実装したものを指します。また2018年12月には最新版もarXivで発表されています[1]。最新版は2017年初期版から変更されている点がいくつかあるものの、姿勢推定アルゴリズムの本質的内容は同じとなります。本書では2017年の初期版を解説・実装します。

姿勢推定の本質的な内容は3章で実施したセマンティックセグメンテーションとほぼ同様になります。セマンティックセグメンテーションでは画像に対してピクセルレベルで物体のラベルを推定しました。同様に姿勢推定でも物体ラベルとして、例えば身体位置である左肘や左手首などのクラスを用意して、セマンティックセグメンテーションすれば、左肘周辺のピクセルは左肘周辺と判定され、左手首周辺のピクセルは左手首と判定できます。

ただし、第3章のセマンティックセグメンテーションはピクセルごとのクラス分類問題であったのに対して、OpenPoseによる姿勢推定はピクセルごとの回帰問題になります。

何を回帰するかというと、各ピクセルが18個の身体の部位とその他を合わせた合計19個の物体である確率です。例えば、画像の各ピクセルに対して左肘部位の確率を回帰問題として求め、左肘クラスの確率が一番高いピクセルを左肘の座標にすれば、画像から人体の左肘部位を検出することができます。

姿勢推定の問題は、画像内に複数人が写っている条件で、身体部位同士をどうリンクさせるかです。

例えば画像内に2人の人物が写っている場合、左肘と左手首は2つずつ検出されることになります。これをどのペアでつなぐリンクを作るのかという問題（リンクペア問題）が発生します。この問題に対しては、top-down的アプローチ（single-person estimation）とbottom-up的アプローチ（multi-person estimation）が存在します。

前者のtop-down的アプローチは第2章で解説した物体検出で人物を検出し、人物1人だけの画像を切り出してから姿勢推定を行う作戦です。物体検出で画像を切り出せば人物1人だけになるので、どのペアでリンクをつなぐのかという問題が回避できます。しかしtop-down的アプローチの場合には、画像内に人物がたくさん写っていると処理時間が増える、姿勢推定の精度が物体検出の精度にも依存してしまうという課題が存在します。

一方で、OpenPoseは後者のbottom-up的アプローチになります。OpenPoseではリンクペア問題を解決するために、新たにPAFs（Part Affinity Fields）という概念を取り入れます。Affinityとは日本語では「親和性」や「一体感」という意味です。要は、「部位間のつながり度」を表す指標としてPAFsを導入します。

PAFsの概念は分かりにくいので次ページの図4.1.4で解説します。

4-1 ● 姿勢推定とOpenPoseの概要

元画像

左肘

左手首

左肘と左手首のPAFs

図**4.1.4**　PAFsとは

　図4.1.4の左上は元画像です。この画像のバッターとキャッチャーについて姿勢推定します（図4.1.4は推論結果を示しており、正解情報であるアノテーションデータではありません）。

　図4.1.4において、ピクセルごとに回帰を行い、左肘と左手首のピクセルである確率をそれぞれ求めた結果が右上と左下となります。この左肘と左手首の画像内でそれぞれ最も赤い点が、それぞれ左肘と左手首の座標ピクセルとなります。OpenPoseでは1度の推論で画像内に映っているすべての人物の左肘や左手首を推定します（ただし、図4.1.4では遠くのベンチに映っている人間は小さすぎて左肘、左手首は検出されていません）。

　図4.1.4の右上と左下の画像では、左肘と左手首が2つずつ検出されているため、これらをどうつなぐのかを求める必要があります。そこで「左肘と左手首の間にあるピクセル」というクラスを用意し、そのクラスである度合いを同様にピクセルごとに回帰で求めます。この「左肘と左手首の間にあるピクセル」クラスこそが左肘と左手首のPAFsとなります。

　図4.1.4の右下が左肘と左手首のPAFsです。左肘と左手首をつなぐピクセルが赤くなっていることが分かります。このPAFsである「左肘と左手首の間にあるピクセル」情報と左肘、左手首の位置情報を使用すれば、どのペアで左肘と左手首をつなげば良いのか、おのずと分かります。

以上の操作を左肘と左手首だけでなく、全部位と全リンクで行うことで、多人数が写っている画像でもbottom-up的アプローチで姿勢推定することが可能になります。

　図4.1.5にOpenPoseによる姿勢推定の3 stepの流れを掲載します。本節ではOpenPoseの入出力と大きな流れを理解してください。

　Step1では前処理として、画像の大きさを368×368ピクセルにリサイズし、さらに色情報の標準化を行います。

　Step2として、OpenPoseのニューラルネットワークに前処理した画像を入力します。すると出力として19×368×368（クラス数×高さ×幅）の配列と38×368×368の配列が出力されます。これらは身体部位のクラスとPAFsのクラスに対応する配列となります。配列のチャネル数は身体部位の場合18個＋いずれでもないの合計19チャネル、PAFsはリンク19本の、x、y方向のベクトル座標を示し、38チャネルとなります。配列に格納されている値は、各ピクセルが各クラスである確信度（≒確率）に対応した値となります。

　Step3として、身体部位の出力結果から部位ごとに座標を1点に定め、さらにPAFsの情報と合わせてリンクを求めます。最後に画像サイズをもとの大きさに戻します。

　以上がOpenPoseによる姿勢推定の流れとなります。

Step1. 画像を368×368にリサイズ

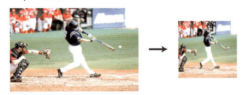

Step2. 画像をOpenPoseのネットワークに入力

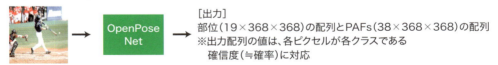

Step3. 部位とPAFsからリンクを決定し、最後にもとの画像の大きさ戻す

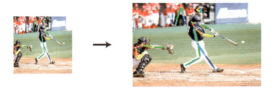

図4.1.5　OpenPoseによる姿勢推定の3stepの流れ

　以上、本節では姿勢推定の概要、MS COCOデータセットとアノテーション情報、OpenPoseを用いた姿勢推定の流れを解説しました。次節ではOpenPoseのDatasetとDataLoaderの作成について解説します。

4-2 DatasetとDataLoaderの実装

　本節では姿勢推定のOpenPose用のDataLoaderを作成する方法を解説します。前節で説明したMS COCOのデータセットに対して行います。

　本節の学習目標は、次の通りです。

1. マスクデータについて理解する
2. OpenPoseで使用するクラスDataset、クラスDataLoaderを実装できるようになる
3. OpenPoseの前処理およびデータオーギュメンテーションで、何をしているのか理解する

> **本節の実装ファイル：**
>
> 4-2_DataLoader.ipynb

❖ マスクデータとは

　DataLoaderの実装に先立ち、OpenPoseの学習で使用するマスクデータについて解説します。

　訓練・検証データにおいて、画像によっては人が写っているのにその姿勢情報のアノテーションデータが存在しない場合があります。それは人が小さく写っている場合や単純にアノテーションデータがないだけの場合など、理由は様々です。ですが、人が写っているのにアノテーションデータがないという不完全なアノテーション状態では姿勢推定の学習に悪影響を及ぼします。

　そこで訓練・検証用の画像データにおいて、画像内に写ってはいるが姿勢アノテーションデータがない人物については黒く塗りつぶすマスクをかけておきます。この塗りつぶすマスクをマスクデータと呼びます。

　OpenPoseの学習時の処理では、損失関数計算時に、画像から身体部位と検出された座標位置に対してマスクデータと照合し、マスクされているピクセルであれば、その結果は損失の計算からは無視をするという扱いをします。

フォルダ準備

それでは、本節および本章で使用するフォルダの作成とファイルのダウンロードを行います。本書の実装コードをダウンロードし、フォルダ「4_pose_estimation」内にある、ファイル「make_folders_and_data_downloads.ipynb」の各セルを1つずつ実行してください。

今回、本書ではOpenPoseの訓練データを用いてゼロから完全に訓練することは行いません。理由は2点あります。1つ目の理由は訓練データが膨大で容量が大きいこと、そして2つ目の理由は、姿勢推定をわざわざ転移学習やファインチューニングをさせる機会は少なく、基本的には学習済みモデルを使用すれば事足りるためです。そのため本書では、どのようにOpenPoseのネットワークモデルを学習させるのか、小さめの検証データのデータセットでその雰囲気だけを確かめることにします。よって、ファイル「make_folders_and_data_downloads.ipynb」の各セルを実行すると、MS COCOの2014年のコンペ用検証データである2014Val imagesのみがダウンロードされます。

とはいえこの検証データの画像セットも6GBあり、ダウンロードと解凍にはしばし時間がかかります(AWS環境で10分弱)。

続いてMS COCOのアノテーションデータおよびマスクデータを[4]から手動でダウンロードします。ファイル「make_folders_and_data_downloads.ipynb」のセル内に記載の通りに、フォルダ「data」にアノテーションデータである「COCO.json」、マスクデータの圧縮ファイルである「mask.tar.gz」を配置してください。

最後に「make_folders_and_data_downloads.ipynb」の最終セルを実行してmask.tar.gzを解凍します。

以上の操作により図4.2.1のようなフォルダ構成が作成されます。

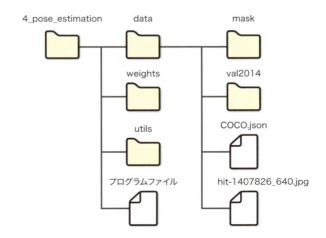

図4.2.1　第4章のフォルダ構成

画像データ、アノテーションデータ、マスクデータへのファイルパスリストを作成

　画像データ、アノテーションデータ、そしてマスクデータへのファイルパスを格納したリストを作成します。これまでの章で行ったファイルパスリスト作成と同じ操作になります。

　ただし、フォルダ「data/val2014/」内には姿勢推定には使用しない画像データも含まれています。そのため全ての画像を使用するのではなく、ファイル「COCO.json」に記載されている画像データのみを使用します。

　ファイルパスリスト作成の実装と動作確認は次の通りです。大量のJSONデータを読み込むので動作確認の実行には10秒ほど時間がかかります。

```python
def make_datapath_list(rootpath):
    """
    学習、検証の画像データとアノテーションデータ、マスクデータへのファイルパスリス
    トを作成する。
    """

    # アノテーションのJSONファイルを読み込む
    json_path = osp.join(rootpath, 'COCO.json')
    with open(json_path) as data_file:
        data_this = json.load(data_file)
        data_json = data_this['root']

    # indexを格納
    num_samples = len(data_json)
    train_indexes = []
    val_indexes = []
    for count in range(num_samples):
        if data_json[count]['isValidation'] != 0.:
            val_indexes.append(count)
        else:
            train_indexes.append(count)

    # 画像ファイルパスを格納
    train_img_list = list()
    val_img_list = list()

    for idx in train_indexes:
        img_path = os.path.join(rootpath, data_json[idx]['img_paths'])
        train_img_list.append(img_path)
```

```python
        for idx in val_indexes:
            img_path = os.path.join(rootpath, data_json[idx]['img_paths'])
            val_img_list.append(img_path)

        # マスクデータのパスを格納
        train_mask_list = []
        val_mask_list = []

        for idx in train_indexes:
            img_idx = data_json[idx]['img_paths'][-16:-4]
            anno_path = "./data/mask/train2014/mask_COCO_tarin2014_" + img_idx+'.jpg'
            train_mask_list.append(anno_path)

        for idx in val_indexes:
            img_idx = data_json[idx]['img_paths'][-16:-4]
            anno_path = "./data/mask/val2014/mask_COCO_val2014_" + img_idx+'.jpg'
            val_mask_list.append(anno_path)

        # アノテーションデータを格納
        train_meta_list = list()
        val_meta_list = list()

        for idx in train_indexes:
            train_meta_list.append(data_json[idx])

        for idx in val_indexes:
            val_meta_list.append(data_json[idx])

        return train_img_list, train_mask_list, val_img_list, val_mask_list,
        train_meta_list, val_meta_list


# 動作確認（実行には10秒ほど時間がかかります）
train_img_list, train_mask_list, val_img_list, val_mask_list, train_meta_list,
val_meta_list = make_datapath_list(
    rootpath="./data/")

val_meta_list[24]
```

[出力]

```
{'dataset': 'COCO_val',
 'isValidation': 1.0,
 'img_paths': 'val2014/COCO_val2014_000000000488.jpg',
 'img_width': 640.0,
 ...
```

マスクデータの働きを確認

マスクデータがどのように動作するのかを確認します。以下の実装コードを実行すると、草野球の画像とそのマスクデータが表示されます。遠くに写っている人物がマスクされます。

```
index = 24
# 画像
img = cv2.imread(val_img_list[index])
img = cv2.cvtColor(img, cv2.COLOR_BGR2RGB)
plt.imshow(img)
plt.show()

# マスク
mask_miss = cv2.imread(val_mask_list[index])
mask_miss = cv2.cvtColor(mask_miss, cv2.COLOR_BGR2RGB)
plt.imshow(mask_miss)
plt.show()

# 合成
blend_img = cv2.addWeighted(img, 0.4, mask_miss, 0.6, 0)
plt.imshow(blend_img)
plt.show()
```

[出力]

省略

画像の前処理作成

クラスDatasetを作成するにあたり、はじめに画像とアノテーションに対して前処理を行うクラスDataTransformを作成します。クラスDataTransformはこれまでの章で作成したものとほぼ同じ機能です。実装コードの流れも同じになります。必要な外部クラスはフォルダ「utils」内の「data_augumentation.py」に実装しています。

ファイル「data_augumentation.py」の実装コードは本書紙面では省略します。ファイル内にコメントを多めに用意しているので、そちらをご覧ください。本書紙面では前処理で何を実施しているのかについて解説します。

まず、対象画像データとアノテーションデータ、そしてマスクデータをセットで変換して

いく必要があるので、そのためのクラスComposeを使用します。Compose内でデータ変換を実施していきます。

訓練データに対してはクラスget_annoで、JSON形式のアノテーションデータをPythonの辞書型変数に変換します。その後クラスadd_neckで、首のアノテーションデータの座標位置を作り、さらに身体部位のアノテーションの順番をMS COCOからOpenPoseで使用されているアノテーションの順番（図4.1.2に示したもの）に変換します。

ここで首の位置情報はMS COCOのアノテーションデータの右肩と左肩の中間を計算し、首の位置とします。首のアノテーションを新たに追加しているのは、例えば推論時に画像内で首は写っているが右肩が写っていない人物の場合でも、首の位置を推論することで首から下の尻や脚の位置などを推論しやすくして、姿勢推定の精度を高めるためです。

続いて、データオーギュメンテーションを実施します。データオーギュメンテーションではまず画像の大きさをクラスaug_scaleで拡大・縮小します。今回は0.5～1.1倍へと変化させています。その後クラスaug_rotateで-40から40度の範囲でランダムに画像を回転させます。続いてクラスaug_croppadで画像を切り出します。画像を切り出す際にはアノテーションデータのキー名'joint_self'で指定されているメインの人物を中心に縦横のサイズを364ピクセルで抜き出します。次にクラスaug_flipにおいて、確率50%で左右を鏡面反転させます。

最後にクラスremove_illegal_jointにて切り出した画像から身体部位がなくなったアノテーションデータの情報を修正します。ここまでのデータオーギュメンテーションの過程で、中心人物の体の一部、もしくはキー名'joint_others'でアノテーションされている人物が切り出した画像に含まれない可能性があります。その部位が切り出した画像からはみ出た場合はアノテーションデータの座標情報の「視認性」を「画像に写っておらずアノテーションもなし」へと変更します（アノテーションデータの3種類の視認性については4.1節で解説済みです）。

前処理の最後にクラスNormalize_Tensorで色情報を標準化し、NumPyのArray型変数をPyTorchのテンソルへと変換します。ただし、本節の実装では画像前処理の結果が確認しやすいように色情報の標準化を省略したクラスno_Normalize_Tensorを用意し、実行しています。

検証データに対しても同様に前処理を行いますが、本書ではOpenPoseの簡易的に学習を体験するのみとして、検証データを使用するフェイズは省略することとします。

画像前処理の実装と動作確認は次の通りです。

```
# データ処理のクラスとデータオーギュメンテーションのクラスをimportする
from utils.data_augumentation import Compose, get_anno, add_neck, aug_scale,
aug_rotate, aug_croppad, aug_flip, remove_illegal_joint, Normalize_Tensor,
no_Normalize_Tensor

class DataTransform():
```

```python
"""
画像とマスク、アノテーションの前処理クラス。
学習時と推論時で異なる動作をする。
学習時はデータオーギュメンテーションする。
"""

def __init__(self):

    self.data_transform = {
        'train': Compose([
            get_anno(),           # JSONからアノテーションを辞書に格納
            add_neck(),           # アノテーションデータの順番を変更し、さらに首のアノテ
                                  #   ーションデータを追加
            aug_scale(),          # 拡大縮小
            aug_rotate(),         # 回転
            aug_croppad(),        # 切り出し
            aug_flip(),           # 左右反転
            remove_illegal_joint(),   # 画像からはみ出たアノテーションを除去
            # Normalize_Tensor()  # 色情報の標準化とテンソル化
            no_Normalize_Tensor()   # 本節のみ、色情報の標準化をなくす
        ]),
        'val': Compose([
            # 本書では検証は省略
        ])
    }

def __call__(self, phase, meta_data, img, mask_miss):
    """
    Parameters
    ----------
    phase : 'train' or 'val'
        前処理のモードを指定。
    """
    meta_data, img, mask_miss = self.data_transform[phase](
        meta_data, img, mask_miss)

    return meta_data, img, mask_miss


# 動作確認
# 画像読み込み
index = 24
img = cv2.imread(val_img_list[index])
mask_miss = cv2.imread(val_mask_list[index])
meat_data = val_meta_list[index]
```

```python
# 画像前処理
transform = DataTransform()
meta_data, img, mask_miss = transform("train", meat_data, img, mask_miss)

# 画像表示
img = img.numpy().transpose((1, 2, 0))
plt.imshow(img)
plt.show()

# マスク表示
mask_miss = mask_miss.numpy().transpose((1, 2, 0))
plt.imshow(mask_miss)
plt.show()

# 合成 RGBにそろえてから
img = Image.fromarray(np.uint8(img*255))
img = np.asarray(img.convert('RGB'))
mask_miss = Image.fromarray(np.uint8((mask_miss)))
mask_miss = np.asarray(mask_miss.convert('RGB'))
blend_img = cv2.addWeighted(img, 0.4, mask_miss, 0.6, 0)
plt.imshow(blend_img)
plt.show()
```

[出力]

省略

訓練データの正解情報として使うアノテーションデータの作成

　続いて訓練データの正解情報として使用するアノテーションデータを作成します。ここまでMS COCOのアノテーションデータをベースに話を進めてきましたが、OpenPoseの学習・検証で使用するアノテーションデータにはさらに一工夫を加えます。

　はじめに身体の部位情報のアノテーションについて解説します。MS COCOのアノテーションデータは身体の部位情報が特定ピクセルの座標で示されています。そのため、そのピクセルから1ピクセルでもズレると間違いとなってしまいます。ですが、部位情報のアノテーション座標はアノテーションをする人（アノテータ）によって少しは異なるはずです。

　例えば同じ画像に対して複数人がアノテーションをしたと仮定します。左肘の位置を見たときに、どの人でも全員が同じピクセルを指定し、1ピクセルもズレないということはあり得ません。そのため、MS COCOのアノテーション情報からの小さなズレは許容してあげる必要があります。

4-2 ● DatasetとDataLoaderの実装

そこでMS COCOのアノテーション情報のピクセル座標を中心としたガウス分布で部位情報のアノテーションデータをOpenPose用に作り直し、中心のピクセルの周辺もその部位である確率を高くします。今後この部位情報のアノテーションのことをheatmapsと呼びます。

続いて身体の部位と部位のリンク情報であるPAFsのアノテーション情報を作成する必要があります。PAFsはOpenPoseのオリジナルの概念なのでそのアノテーション情報はMS COCOにはありません。このPAFsは基本的には部位間の直線上にあるピクセルは1に、その他のピクセルは0にした長方形のような形にします(正確には完全なピクセルの一直線ではなく、ボヤっと幅をもった長方形のような形となります)。

これらheatmapsとPAFsを生成する実装コードは外部クラスとしてフォルダ「utils」内の「data_loader.py」内に関数get_ground_truthとして実装しています。この関数は参考文献[4]で使用されているものとほぼ同じものとなっています。

本書ではheatmapsやPAFsの作成方法については、以上の概念レベルの解説に留めます。より詳細が気になる方は元論文[1,2]と本書の実装コード「data_augumentation.py」および「data_loader.py」をご覧ください(コメントを多めに入れています)。

なお、関数get_ground_truthを実行して生成されるheatmapsとPAFsは、画像サイズ368から1/8された、46×46ピクセルサイズになります。これは次節で紹介するOpenPoseのネットワークの初段にあるFeatureモジュールで画像サイズが1/8の46×46ピクセルになるからです。

以上の内容を実装し、動作確認する内容が次のコードとなります。

```python
from utils.dataloader import get_ground_truth

# 画像読み込み
index = 24
img = cv2.imread(val_img_list[index])
mask_miss = cv2.imread(val_mask_list[index])
meat_data = val_meta_list[index]

# 画像前処理
meta_data, img, mask_miss = transform("train", meat_data, img, mask_miss)

img = img.numpy().transpose((1, 2, 0))
mask_miss = mask_miss.numpy().transpose((1, 2, 0))

# OpenPoseのアノテーションデータ生成
heat_mask, heatmaps, paf_mask, pafs = get_ground_truth(meta_data, mask_miss)


# 左肘のheatmapを確認
```

```python
# 元画像
img = Image.fromarray(np.uint8(img*255))
img = np.asarray(img.convert('RGB'))

# 左肘
heat_map = heatmaps[:, :, 6]  # 6は左肘
heat_map = Image.fromarray(np.uint8(cm.jet(heat_map)*255))
heat_map = np.asarray(heat_map.convert('RGB'))
heat_map = cv2.resize(
    heat_map, (img.shape[1], img.shape[0]), interpolation=cv2.INTER_CUBIC)
# 注意：heatmapは画像サイズが1/8になっているので拡大する

# 合成して表示
blend_img = cv2.addWeighted(img, 0.5, heat_map, 0.5, 0)
plt.imshow(blend_img)
plt.show()
```

[出力]

省略

```python
# 左手首
heat_map = heatmaps[:, :, 7]  # 7は左手首
heat_map = Image.fromarray(np.uint8(cm.jet(heat_map)*255))
heat_map = np.asarray(heat_map.convert('RGB'))
heat_map = cv2.resize(
    heat_map, (img.shape[1], img.shape[0]), interpolation=cv2.INTER_CUBIC)

# 合成して表示
blend_img = cv2.addWeighted(img, 0.5, heat_map, 0.5, 0)
plt.imshow(blend_img)
plt.show()
```

[出力]

省略

```python
# 左肘と左手首へのPAFを確認
paf = pafs[:, :, 24]  # 24は左肘と左手首をつなぐxベクトルのPAF

paf = Image.fromarray(np.uint8((paf)*255))
paf = np.asarray(paf.convert('RGB'))
```

```
    paf = cv2.resize(
        paf, (img.shape[1], img.shape[0]), interpolation=cv2.INTER_CUBIC)

    # 合成して表示
    blend_img = cv2.addWeighted(img, 0.3, paf, 0.7, 0)
    plt.imshow(blend_img)
    plt.show()
```

[出力]

> 省略

```
    # PAFのみを表示
    paf = pafs[:, :, 24]    # 24は左肘と左手首をつなぐxベクトルのPAF
    paf = Image.fromarray(np.uint8((paf)*255))
    paf = np.asarray(paf.convert('RGB'))
    paf = cv2.resize(
        paf, (img.shape[1], img.shape[0]), interpolation=cv2.INTER_CUBIC)
    plt.imshow(paf)
```

[出力]

> 省略

Datasetの作成

次にクラスDatasetを作成します。クラスCOCOkeypointsDatasetとします。Datasetの実装の流れはこれまでの章と同じになります。

COCOkeypointsDatasetのインスタンス生成時の引数に、画像データへのリスト、アノテーションデータへのリスト、マスクデータへのリスト、学習か検証かを示す変数phase、そして前処理クラスのインスタンスDataTransform()を受け取るようにします。

今回マスクデータはRGBで（255, 255, 255）か（0, 0, 0）として表されています。マスク部分は（0, 0, 0）です。そこでRGBの3次元情報を1次元に落とし、マスクされていて無視したい部分は0、そうでない部分は1に変換します。またマスクデータはチャネルが最後の次元に来ているので、チャネルを先頭に置き換えます。

以下、Datasetの実装と動作確認は次の通りです。なお本書では簡易な学習を体験するのみとしているので訓練データをダウンロードしていません。そのため訓練用のDatasetにも検証用のファイルのリストであるval_img_listなどを引数に与えています。

```
from utils.dataloader import get_ground_truth

class COCOkeypointsDataset(data.Dataset):
    """
    MSCOCOのCocokeypointsのDatasetを作成するクラス。PyTorchのDatasetクラスを継承。

    Attributes
    ----------
    img_list : リスト
        画像のパスを格納したリスト
    anno_list : リスト
        アノテーションへのパスを格納したリスト
    phase : 'train' or 'test'
        学習か訓練かを設定する。
    transform : object
        前処理クラスのインスタンス

    """

    def __init__(self, img_list, mask_list, meta_list, phase, transform):
        self.img_list = img_list
        self.mask_list = mask_list
        self.meta_list = meta_list
        self.phase = phase
        self.transform = transform
```

4-2 ● DatasetとDataLoaderの実装

```python
    def __len__(self):
        '''画像の枚数を返す'''
        return len(self.img_list)

    def __getitem__(self, index):
        img, heatmaps, heat_mask, pafs, paf_mask = self.pull_item(index)
        return img, heatmaps, heat_mask, pafs, paf_mask

    def pull_item(self, index):
        '''画像のTensor形式のデータ、アノテーション、マスクを取得する'''

        # 1. 画像読み込み
        image_file_path = self.img_list[index]
        img = cv2.imread(image_file_path)  # ［高さ］［幅］［色BGR］

        # 2. マスクとアノテーション読み込み
        mask_miss = cv2.imread(self.mask_list[index])
        meat_data = self.meta_list[index]

        # 3. 画像前処理
        meta_data, img, mask_miss = self.transform(
            self.phase, meat_data, img, mask_miss)

        # 4. 正解アノテーションデータの取得
        mask_miss_numpy = mask_miss.numpy().transpose((1, 2, 0))
        heat_mask, heatmaps, paf_mask, pafs = get_ground_truth(
            meta_data, mask_miss_numpy)

        # 5. マスクデータはRGBが(1,1,1)か(0,0,0)なので、次元を落とす
        # マスクデータはマスクされている場所は値が0、それ以外は値が1です
        heat_mask = heat_mask[:, :, :, 0]
        paf_mask = paf_mask[:, :, :, 0]

        # 6. チャネルが最後尾にあるので順番を変える
        # 例：paf_mask：torch.Size([46, 46, 38])
        # → torch.Size([38, 46, 46])
        paf_mask = paf_mask.permute(2, 0, 1)
        heat_mask = heat_mask.permute(2, 0, 1)
        pafs = pafs.permute(2, 0, 1)
        heatmaps = heatmaps.permute(2, 0, 1)

        return img, heatmaps, heat_mask, pafs, paf_mask
```

```python
# 動作確認
train_dataset = COCOkeypointsDataset(
    val_img_list, val_mask_list, val_meta_list, phase="train",
transform=DataTransform())
val_dataset = COCOkeypointsDataset(
    val_img_list, val_mask_list, val_meta_list, phase="val",
transform=DataTransform())

# データの取り出し例
item = train_dataset.__getitem__(0)
print(item[0].shape)  # img
print(item[1].shape)  # heatmaps,
print(item[2].shape)  # heat_mask
print(item[3].shape)  # pafs
print(item[4].shape)  # paf_mask
```

[出力]

```
torch.Size([3, 368, 368])
torch.Size([19, 46, 46])
torch.Size([19, 46, 46])
torch.Size([38, 46, 46])
torch.Size([38, 46, 46])
```

4-2 ● DatasetとDataLoaderの実装

◆ DataLoaderの作成

最後にDataLoaderを作成します。DataLoader作成はこれまでの章と同じ操作です。訓練データと検証データそれぞれのDataLoaderを作成し、辞書型変数にまとめます。動作確認をしておきます。

```
# データローダーの作成
batch_size = 8

train_dataloader = data.DataLoader(
    train_dataset, batch_size=batch_size, shuffle=True)

val_dataloader = data.DataLoader(
    val_dataset, batch_size=batch_size, shuffle=False)

# 辞書型変数にまとめる
dataloaders_dict = {"train": train_dataloader, "val": val_dataloader}

# 動作の確認
batch_iterator = iter(dataloaders_dict["train"])  # イテレータに変換
item = next(batch_iterator)  # 1番目の要素を取り出す
print(item[0].shape)  # img
print(item[1].shape)  # heatmaps,
print(item[2].shape)  # heat_mask
print(item[3].shape)  # pafs
print(item[4].shape)  # paf_mask
```

[出力]
```
torch.Size([8, 3, 368, 368])
torch.Size([8, 19, 46, 46])
torch.Size([8, 19, 46, 46])
torch.Size([8, 38, 46, 46])
torch.Size([8, 38, 46, 46])
```

以上でOpenPoseを用いた姿勢推定用のDatasetおよびDataLoaderが実装できました。本節で実装したクラスはフォルダ「utils」の「dataloader.py」に用意しておき、後ほどこちらからimportするようにします。次節ではOpenPoseのネットワークモデルを解説・実装します。

4-3 OpenPoseの ネットワーク構成と実装

　本節ではOpenPoseのネットワーク構成を解説します。はじめにネットワークをモジュール単位で大きくとらえて解説し、その後各モジュールの目的・役割を解説します。最後にOpenPoseのネットワーククラスを実装します。

　本節の学習目標は、次の通りです。

1. OpenPoseのネットワーク構造をモジュール単位で理解する
2. OpenPoseのネットワーククラスを実装できるようになる

本節の実装ファイル：

`4-3-4_NetworkModel.ipynb`

OpenPoseを構成するモジュール

　図4.3.1にOpenPoseのモジュール構成を示します。OpenPoseは7つのモジュールから構成されています。画像の特徴量を抽出するFeatureモジュールと、heatmapsとPAFsを出力するStageモジュールです。StageモジュールはStage1〜Stage6の合計6個を用意します。

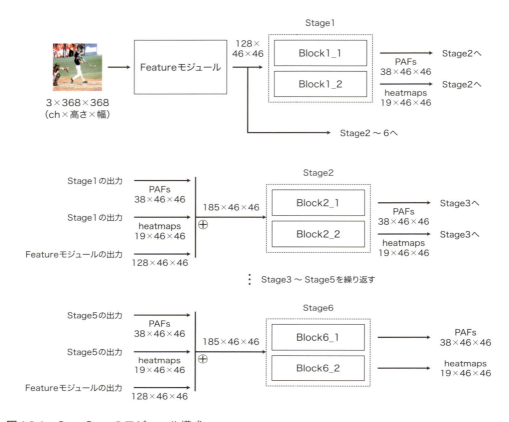

図4.3.1 OpenPoseのモジュール構成

　前処理された画像データははじめにFeatureモジュールに入力され128チャネルの特徴量に変換されます。Featureモジュールのネットワーク構成の詳細は次節で解説しますが、今回はFeatureモジュールにVGG-19を使用し、出力される画像サイズが1/8になります。そのためFeatureモジュールの出力は128×46×46（ch×高さ×幅）となります（先頭のミニバッチ次元は省略しています）。

　Featureモジュールの出力はその後Stage1およびStage2〜Stage6へと送られます。Stage1ではFeatureモジュールの出力を2つのサブネットワークに入力します。2つのサブネットワークはblock1_1とblock1_2と名付けます。ここでblock1_1はPAFsを出力するサブネットワーク、block1_2はheatmapsを出力するサブネットワークです。そのためblock1_1の出力テンソルのサイズは38×46×46、block1_2の出力テンソルのサイズは19×46×46となります。

　簡単に姿勢推定したい場合はblock1_1の出力PAFsとblock1_2の出力heatmapsを使用して推定すれば良いのですが、これだけではなかなか精度がでません。そこでStage1で求めたPAFsとheatmaps、そしてFeatureモジュールの出力を使って、さらに精度の良いPAFsと

heatmapsを求める作戦をとります。

　Stage1のPAFsとheatmaps、そしてFeatureモジュールからの出力テンソルを全てチャネル方向に結合させて185×46×46のテンソルにして出力します。185は38＋19＋128から計算されるチャネル数です。

　Stage1の出力テンソル（185×46×46）をStage2のblock2_1とblock2_2に入力します。これらblock2_1とblock2_2は、Featureモジュールからの出力に加え、Stage1で求めたPAFsとheatmapsも入力として使用し、PAFs（38×46×46）とheatmaps（19×46×46）を出力します。このStage2で出力されたPAFsとheatmapsを使えばStage1よりも精度の良い姿勢推定の結果が得られます。

　ここでさらにStageを重ね、Stage6まで繰り返します。Stage6への入力はStage5で求めたPAFs（38×46×46）、heatmaps（19×46×46）、Featureモジュールの出力（128×46×46）です。これらを結合させて185×46×46のテンソルにして、Stage6に入力します。Stage6のサブネットワークblcok6_1はPAFs（38×46×46）を、block6_2はheatmaps（19×46×46）を出力します。OpenPoseではこのStage6で出力したPAFsとheatmapsを使用して最終的な姿勢を推定します。

　以上がFeatureモジュールとStage1～Stage6の合計7つのモジュールから成るOpenPoseの大きな構成となります。

OpenPoseNetの実装

　上記の解説の通りにOpenPoseのネットワーククラスを実装します。FeatureモジュールとStageモジュールのクラスは次節で実装します。

　実装は次の通りです。コンストラクタで各モジュールを生成し、順伝搬の関数forwardを定義します。関数forwardではここまでの説明の通り、各Stageへの入力はFeatureモジュールの出力と前段Stageの出力をまとめたテンソルを入力とします。

　なおOpenPoseのネットワークを学習させる際は、各StageのPAFsとheatmapsに対して、教師データのPAFsとheatmapsに対する損失値を計算します。そこで、各StageのPAFsとheatmapsの出力をリスト型変数saved_for_lossにまとめます。最終的に関数forwardの出力はStage6のPAFsとheatmap、そしてsaved_for_lossになります。

```
class OpenPoseNet(nn.Module):
    def __init__(self):
        super(OpenPoseNet, self).__init__()

        # Featureモジュール
        self.model0 = OpenPose_Feature()
```

```python
        # Stageモジュール
        # PAFs (Part Affinity Fields) 側
        self.model1_1 = make_OpenPose_block('block1_1')
        self.model2_1 = make_OpenPose_block('block2_1')
        self.model3_1 = make_OpenPose_block('block3_1')
        self.model4_1 = make_OpenPose_block('block4_1')
        self.model5_1 = make_OpenPose_block('block5_1')
        self.model6_1 = make_OpenPose_block('block6_1')

        # confidence heatmap側
        self.model1_2 = make_OpenPose_block('block1_2')
        self.model2_2 = make_OpenPose_block('block2_2')
        self.model3_2 = make_OpenPose_block('block3_2')
        self.model4_2 = make_OpenPose_block('block4_2')
        self.model5_2 = make_OpenPose_block('block5_2')
        self.model6_2 = make_OpenPose_block('block6_2')

    def forward(self, x):
        """順伝搬の定義"""

        # Featureモジュール
        out1 = self.model0(x)

        # Stage1
        out1_1 = self.model1_1(out1)  # PAFs側
        out1_2 = self.model1_2(out1)  # confidence heatmap側

        # CStage2
        out2 = torch.cat([out1_1, out1_2, out1], 1)  # 次元1のチャネルで結合
        out2_1 = self.model2_1(out2)
        out2_2 = self.model2_2(out2)

        # Stage3
        out3 = torch.cat([out2_1, out2_2, out1], 1)
        out3_1 = self.model3_1(out3)
        out3_2 = self.model3_2(out3)

        # Stage4
        out4 = torch.cat([out3_1, out3_2, out1], 1)
        out4_1 = self.model4_1(out4)
        out4_2 = self.model4_2(out4)

        # Stage5
        out5 = torch.cat([out4_1, out4_2, out1], 1)
        out5_1 = self.model5_1(out5)
```

```
            out5_2 = self.model5_2(out5)

            # Stage6
            out6 = torch.cat([out5_1, out5_2, out1], 1)
            out6_1 = self.model6_1(out6)
            out6_2 = self.model6_2(out6)

            # 損失の計算用に各Stageの結果を格納
            saved_for_loss = []
            saved_for_loss.append(out1_1)    # PAFs側
            saved_for_loss.append(out1_2)    # confidence heatmap側
            saved_for_loss.append(out2_1)
            saved_for_loss.append(out2_2)
            saved_for_loss.append(out3_1)
            saved_for_loss.append(out3_2)
            saved_for_loss.append(out4_1)
            saved_for_loss.append(out4_2)
            saved_for_loss.append(out5_1)
            saved_for_loss.append(out5_2)
            saved_for_loss.append(out6_1)
            saved_for_loss.append(out6_2)

            # 最終的なPAFsのout6_1とconfidence heatmapのout6_2、そして
            # 損失計算用に各ステージでのPAFsとheatmapを格納したsaved_for_lossを出力
            # out6_1：torch.Size([minibatch, 38, 46, 46])
            # out6_2：torch.Size([minibatch, 19, 46, 46])
            # saved_for_loss:[out1_1, out_1_2, ・・・, out6_2]

            return (out6_1, out6_2), saved_for_loss
```

　以上、本節ではOpenPoseのネットワーク構成の解説とモデルの実装を行いました。次節ではネットワーク内のFeatureモジュールとStageモジュールの詳細を解説し、実装します。

4-4 Feature、Stageモジュールの解説と実装

本節ではOpenPoseのFeatureモジュールを構成するサブネットワークの構造を解説し、実装を行います。続いてStageモジュールを構成する「block」のサブネットワークの構造を解説し、実装を行います。

本節の学習目標は、次の通りです。

1. Featureモジュールのサブネットワーク構成を理解する
2. Featureモジュールを実装できるようになる
3. Stageモジュールのblockを構成するサブネットワークを理解する
4. Stageモジュールを実装できるようになる

本節の実装ファイル：

4-3-4_NetworkModel.ipynb

Featureモジュールの構成と実装

OpenPoseのFeatureモジュールとして、本書ではVGG-19を使用します。第1、2章で使用したVGG-16とほぼ同様の構成です。図4.4.1にFeatureモジュールのサブネットワーク構成を示します。

図4.4.1　Featureモジュールの構成

FeatureモジュールでははじめにVGG-19の冒頭10個目の畳み込み層までをそのままの構成で使用します。ReLUやマックスプーリング層を合わせると0番目から22番目までに対応します。その後2つの畳み込み層＋ReLUを経て、Featureモジュールの出力とします。出力される画像サイズは入力の1／8となるため、368の1／8で48ピクセルとなります。出力テンソルのサイズは128×48×48（ch×高さ×幅）です。

実装は次の通りです。

```python
class OpenPose_Feature(nn.Module):
    def __init__(self):
        super(OpenPose_Feature, self).__init__()

        # VGG-19の最初10個の畳み込みを使用
        # 初めて実行する際は、モデルの重みパラメータをダウンロードするため、実行に
        # 時間がかかる
        vgg19 = torchvision.models.vgg19(pretrained=True)
        model = {}
        model['block0'] = vgg19.features[0:23]   # VGG19の最初の10個の畳み込み層まで

        # 残りは新たな畳み込み層を2つ用意
        model['block0'].add_module("23", torch.nn.Conv2d(
            512, 256, kernel_size=3, stride=1, padding=1))
        model['block0'].add_module("24", torch.nn.ReLU(inplace=True))
        model['block0'].add_module("25", torch.nn.Conv2d(
            256, 128, kernel_size=3, stride=1, padding=1))
        model['block0'].add_module("26", torch.nn.ReLU(inplace=True))

        self.model = model['block0']

    def forward(self, x):
        outputs = self.model(x)
        return outputs
```

各Stageモジュールのblockの構成と実装

続いてStage1〜6のPAFsおよびheatmapsを出力するサブネットワーク「block」について、その構成と実装を解説します。各Stageの各blockの構成は図4.4.2の通りです。

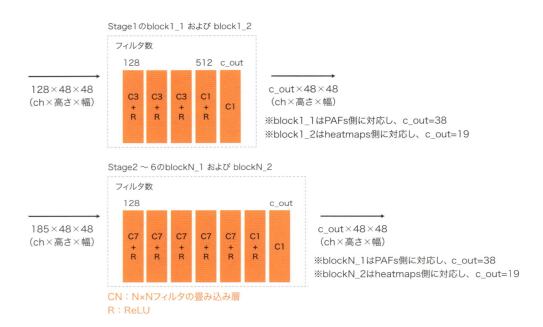

図4.4.2 各Stageのblockの構成

　Stage1はFeatureモジュールからの出力テンソル（128×48×48）を受け取ります。Stage2〜6はFeatureモジュールの出力に加えて前StageのPAFsとheatmapsも受け取るため、入力されるテンソルのサイズは（185×48×48）です。各Stageの各blockはすべて畳み込み層とReLUだけで構成されています。

　各Stageのblock1はPAFsを、2はheatmapsを出力します。各Stageにおいてblock1とblock2は最後の出力チャネル数が38と19で異なるだけで、その他は同じ構成となっています。なおStage1とStage2〜6で畳み込み層の数や種類が異なります。

　実装はクラスnn.Sequential()で作成されたネットワークモデルを生み出す関数make_OpenPose_blockを用意します。

　関数make_OpenPose_blockでは次の4つの手続きを行います。

まず1番目に、サブネットワークを構成するユニットの設定であるコンフィグレーションを設定します。辞書型変数で畳み込み層の設定をリストにして設定します。今回は、全Stage、全blockのコンフィグレーションを用意してしまい、与えられた引数のblock_nameの設定を使用するようにします。2番目にコンフィグレーションの内容に合わせて畳み込み層とReLUを生成し、リスト変数layersに格納します。3番目にリスト変数layersの中身のユニット情報を使用し、nn.Sequential()クラスのネットワークモデル「net」を作成します。最後に4番目の操作として、変数net内の畳み込み層の重みを初期化します。以上で「block」が生成されます。

具体的な実装は次の通りです。

```python
def make_OpenPose_block(block_name):
    """
    コンフィグレーション変数からOpenPoseのStageモジュールのblcokを作成
    nn.Moduleではなく、nn.Sequentialにする
    """

    # 1. コンフィグレーションの辞書変数blocksを作成し、ネットワークを生成させる
    # 最初に全パターンの辞書を用意し、引数block_nameのみを生成する
    blocks = {}
    # Stage 1
    blocks['block1_1'] = [{'conv5_1_CPM_L1': [128, 128, 3, 1, 1]},
                          {'conv5_2_CPM_L1': [128, 128, 3, 1, 1]},
                          {'conv5_3_CPM_L1': [128, 128, 3, 1, 1]},
                          {'conv5_4_CPM_L1': [128, 512, 1, 1, 0]},
                          {'conv5_5_CPM_L1': [512, 38, 1, 1, 0]}]

    blocks['block1_2'] = [{'conv5_1_CPM_L2': [128, 128, 3, 1, 1]},
                          {'conv5_2_CPM_L2': [128, 128, 3, 1, 1]},
                          {'conv5_3_CPM_L2': [128, 128, 3, 1, 1]},
                          {'conv5_4_CPM_L2': [128, 512, 1, 1, 0]},
                          {'conv5_5_CPM_L2': [512, 19, 1, 1, 0]}]

    # Stages 2 - 6
    for i in range(2, 7):
        blocks['block%d_1' % i] = [
            {'Mconv1_stage%d_L1' % i: [185, 128, 7, 1, 3]},
            {'Mconv2_stage%d_L1' % i: [128, 128, 7, 1, 3]},
            {'Mconv3_stage%d_L1' % i: [128, 128, 7, 1, 3]},
            {'Mconv4_stage%d_L1' % i: [128, 128, 7, 1, 3]},
            {'Mconv5_stage%d_L1' % i: [128, 128, 7, 1, 3]},
            {'Mconv6_stage%d_L1' % i: [128, 128, 1, 1, 0]},
            {'Mconv7_stage%d_L1' % i: [128, 38, 1, 1, 0]}
        ]
```

```python
        blocks['block%d_2' % i] = [
            {'Mconv1_stage%d_L2' % i: [185, 128, 7, 1, 3]},
            {'Mconv2_stage%d_L2' % i: [128, 128, 7, 1, 3]},
            {'Mconv3_stage%d_L2' % i: [128, 128, 7, 1, 3]},
            {'Mconv4_stage%d_L2' % i: [128, 128, 7, 1, 3]},
            {'Mconv5_stage%d_L2' % i: [128, 128, 7, 1, 3]},
            {'Mconv6_stage%d_L2' % i: [128, 128, 1, 1, 0]},
            {'Mconv7_stage%d_L2' % i: [128, 19, 1, 1, 0]}
        ]

    # 引数block_nameのコンフィグレーション辞書を取り出す
    cfg_dict = blocks[block_name]

    # 2. コンフィグレーション内容をリスト変数layersに格納
    layers = []

    # 0番目から最後の層までを作成
    for i in range(len(cfg_dict)):
        for k, v in cfg_dict[i].items():
            if 'pool' in k:
                layers += [nn.MaxPool2d(kernel_size=v[0], stride=v[1],
                                       padding=v[2])]
            else:
                conv2d = nn.Conv2d(in_channels=v[0], out_channels=v[1],
                                   kernel_size=v[2], stride=v[3],
                                   padding=v[4])
                layers += [conv2d, nn.ReLU(inplace=True)]

    # 3. layersをSequentialにする
    # ただし、最後にReLUはいらないのでその手前までを使用する
    net = nn.Sequential(*layers[:-1])

    # 4. 初期化関数の設定し、畳み込み層を初期化する

    def _initialize_weights_norm(self):
        for m in self.modules():
            if isinstance(m, nn.Conv2d):
                init.normal_(m.weight, std=0.01)
                if m.bias is not None:
                    init.constant_(m.bias, 0.0)

    net.apply(_initialize_weights_norm)

    return net
```

動作確認

以上でOpenPoseのネットワークが構築できました。最後に動作を確認しておきます。

```
# モデルの定義
net = OpenPoseNet()
net.train()

# ダミーデータの作成
batch_size = 2
dummy_img = torch.rand(batch_size, 3, 368, 368)

# 計算
outputs = net(dummy_img)
print(outputs)
```

[出力]

```
(((tensor([[[[ 5.7086e-05,  4.7046e-05,  7.5011e-05,  ...,  8.2016e-05,
            6.2884e-05,  5.6380e-05],
...
```

なお本節までで実装したクラスはフォルダ「utils」の「openpose_net.py」に用意しておき、後ほどこちらからimportするようにします。

以上でOpenPoseのネットワークモデルで使用するFeatureモジュールとStageモジュールの解説および実装が完了です。これでOpenPoseのネットワークが実装できました。次節ではtensorboardXと呼ばれる、TensorFlowの可視化ツールTensorboardのPyTorchバージョンの使用方法を解説します。

4-5 TensorBoardXを使用したネットワークの可視化手法

　本節ではTensorBoardX（正確には小文字表記でtensorboardX）と呼ばれる、PyTorchのデータやネットワークモデルを可視化するサードパーティのパッケージについて使用方法を解説します。本節では実装したクラス`OpenPoseNet`で入力テンソルがどのように処理されていくのかを確認します。

　本節の学習目標は、次の通りです。

1. tensorboardXの動作環境を構築できるようになる
2. OpenPoseNetクラスを対象に、tensorboardXでネットワーク（graph）を可視化するファイルを出力できるようになる
3. tensorboardXのgraphファイルをブラウザで描画し、テンソルサイズの確認などができるようになる

本節の実装ファイル：

```
4-5_TensorBoardX.ipynb
```

tensorboardX

　本節で紹介するtensorboardXはDeep Learningの代表的パッケージTensorFlowの可視化ライブラリであるTensorBoardをPyTorchから使用できるようにしたサードパーティーのパッケージです。

　基本的にはtensorboardXはPyTorchのモデルを各種ライブラリとの互換性のために用意されたニューラルネットワークの共通フォーマットであるONNX形式（Open Neural Network Exchange、オニキスと呼びます）に変換してTensorBoardに流し込んでいます。そのためPyTorchの関数によっては正確な動作をしない場合もありますが、簡易的にモデル内でテンソルサイズがどのように変化しているのかを把握するのには非常に便利なツールです。

　はじめにtensorboardXを利用するためにパッケージTensorFlowとtensorboardXをインストールする必要があります。次ページを参考にインストールしてください。

```
pip install tensorflow
pip install tensorboardx
```

graphファイルの作成

続いて可視化したいネットワークモデルのファイルを作成します。ここではgraphファイルと呼びます。はじめに前節までで作成したOpenPoseのネットワークモデルのインスタンスを生成します。

```
from utils.openpose_net import OpenPoseNet
# モデルの用意
net = OpenPoseNet()
net.train()
```

続いて、graphファイルを保存するためのクラスWriterを用意します。SummaryWriterをimportし、インスタンスwriterを生成します。

実装は以下の通りです。以下の実装ではフォルダ「tbX」にgraphファイルが保存されます。フォルダ「tbX」は存在していなければ自動で生成されます。フォルダ名は「tbX」以外でも可能であり任意です。

次にモデル「net」に入力するダミーの入力データとして、テンソル dummy_img を作成します。ダミーの入力データが作成できたら、writer.add_graph() コマンドを利用し、net と dummy_img を writer で保存します。最後に writer を close しておきます。

```
# 1. tensorboardXの保存クラスを呼び出します
from tensorboardX import SummaryWriter

# 2. フォルダ「tbX」に保存させるwriterを用意します
# フォルダ「tbX」はなければ自動で作成されます
writer = SummaryWriter("./tbX/")

# 3. ネットワークに流し込むダミーデータを作成します
batch_size = 2
dummy_img = torch.rand(batch_size, 3, 368, 368)

# 4. OpenPoseのインスタンスnetに対して、ダミーデータである
# dummy_imgを流したときのgraphをwriterに保存させます
```

```
writer.add_graph(net, (dummy_img, ))
writer.close()

# 5. コマンドプロンプトを開き、フォルダ「tbX」がある
# フォルダ「4_pose_estimation」まで移動して、
# 以下のコマンドを実行します

# tensorboard --logdir="./tbX/"

# その後、http://localhost:6006
# にアクセスします
```

上記の実装コードを実行するとフォルダ「tbX」に、例えば"events.out.tfevents.1551087976.LAPTOP-KCN90D43"のような名前のファイルが生成されます。

ターミナル上でフォルダ「tbX」があるフォルダ（ディレクトリ）まで、カレントディレクトリを移動します。そしてターミナルに以下のコードを打ち込み実行します。

```
tensorboard --logdir="./tbX/"
```

すると図4.5.1のような実行中画面になります。その後、http://localhost:6006にブラウザ上でアクセスします。すると図4.5.2のような画面が描画されます（AWS環境で実行している場合はポート6006の転送設定が必要です）。

図4.5.1　TensorBoardの実行

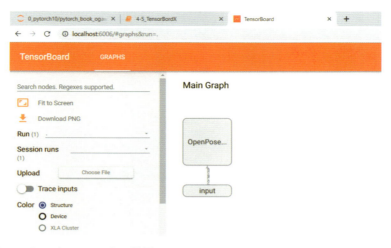

図4.5.2 TensorBoardでのgraphの様子 その1

図4.5.2においてOpenPose…と書かれたブロックをダブルクリックすれば図4.5.3のようにモデルが展開されます。

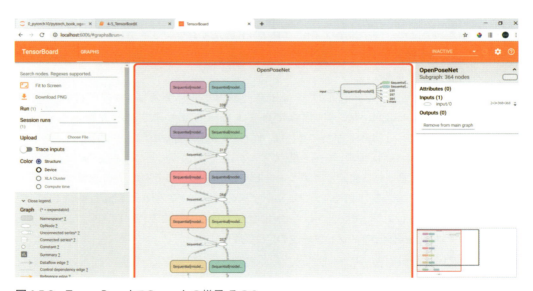

図4.5.3 TensorBoardでのgraphの様子 その2

図4.5.3の右上部分がFeatureモジュールになっています。こちらをクリックして拡大すれば図4.5.4のようにFeatureモジュールの各ユニットの入出力テンソルのサイズなどを確認することができます。

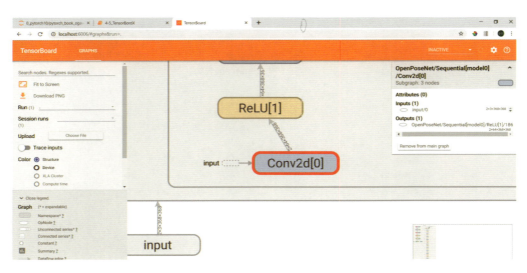

図4.5.4　TensorBoardでのgraphの様子 その3

ブラウザ上での描画を終える際は、ターミナルでCTRL+Cを入力します。

以上本節ではtensorboardXを用いてPyTorchのネットワークモデルを可視化する手法について解説しました。

サードパーティ製なので必ずしも完璧に動作せず、例えば3章のPSPNetで使用した nn.AdaptiveAvgPool2d() などは描画できずエラーを吐きます（本書執筆時点、ただし nn.AdaptiveAvgPool2d() の場合であれば、代わりにnn.AvgPool2d() を使用した実装に変更することでtensorboardXのエラーを回避できます）。このように、ときおりPyTorchからONNXへの変換時（と思われる原因）でエラーを吐くこともあるのですが、tensorboardXを使用すると、ネットワークモデル内のテンソルサイズの確認などに便利な場面も多いです。使用ツールの選択肢の1つとしてtensorboardXに触れてみるのをおススメします。

次節ではOpenPoseのネットワークの学習を行います。

4-6 OpenPoseの学習

本節ではOpenPoseの学習を実装して実行します。ただしOpenPoseの訓練データは巨大であり、学習に時間がかかります。そのため本書では簡易的な学習の実施のみを行い、損失が低下していくのを確認するだけに留めます。4.2節、4.3節で作成したDataLoaderとOpenPoseNetを使用します。

本節の学習目標は、次の通りです。

1. OpenPoseの学習を実装できるようになる

本節の実装ファイル：

```
4-6_OpenPose_training.ipynb
```

学習の注意点

OpenPoseの学習の実装で注意する点は、損失関数の定義です。損失関数の定義については本節の該当部分で解説します。また本書は冒頭にも述べたように巨大な訓練データは使用しません。そのため訓練用のDatasetには検証データを使用します。

DataLoaderとNetworkの作成

はじめにDatasetとDataLoaderを作成します。

実装は次の通りです。実装時に`train_dataset`を`val_img_list`、`val_mask_list`、`val_meta_list`を使用して作成しています。

検証用のDataLoaderを作成しないので、訓練用と検証用のDataLoaderをまとめた辞書型変数`dataloaders_dict`のval側はNoneに設定しています。なおミニバッチサイズはGPUメモリに載る範囲で最大に近い32と設定しています。

4-6 ● OpenPoseの学習

```
from utils.dataloader import make_datapath_list, DataTransform,
COCOkeypointsDataset

# MS COCOのファイルパスリスト作成
train_img_list, train_mask_list, val_img_list, val_mask_list, train_meta_list,
    val_meta_list = make_datapath_list(rootpath="./data/")

# Dataset作成
# 本書ではデータ量の問題から、trainをval_listで作成している点に注意
train_dataset = COCOkeypointsDataset(
    val_img_list, val_mask_list, val_meta_list, phase="train",
transform=DataTransform())

# 今回は簡易な学習とし検証データは作成しない
# val_dataset = CocokeypointsDataset(val_img_list, val_mask_list, val_meta_list,
# phase="val", transform=DataTransform())

# DataLoader作成
batch_size = 32

train_dataloader = data.DataLoader(
    train_dataset, batch_size=batch_size, shuffle=True)

# val_dataloader = data.DataLoader(
#     val_dataset, batch_size=batch_size, shuffle=False)

# 辞書型変数にまとめる
# dataloaders_dict = {"train": train_dataloader, "val": val_dataloader}
dataloaders_dict = {"train": train_dataloader, "val": None}
```

続いてクラス`OpenPose_Net`のインスタンスを生成します。

```
from utils.openpose_net import OpenPoseNet
net = OpenPoseNet()
```

損失関数の定義

OpenPoseの損失関数はheatmapsとPAFs、それぞれについて正解アノテーションデータとの回帰の誤差になります。つまり各heatmapやPAFにおいて、各ピクセルの値が教師データの値とどの程度近い値になるのか、ピクセルごとの値を回帰することになります。

第3章のセマンティックセグメンテーションではピクセルごとに該当するクラスを推定す

る分類タスクでした。しかしOpenPoseではピクセルごとに例えば左肘度合いのheatmapの値を求めるため、クラス分類ではなく回帰となります。そのためセマンティックセグメンテーションとは損失関数が異なります。

　OpenPoseの損失関数は回帰問題で一般に使われる平均二乗誤差関数とし、実装時には`F.mse_loss()`を使用します。OpenPoseでは6つのStageを用意し、各StageからheatmapsとPAFsを出力していました。そのため、教師データとの誤差も各Stageの出力ごとに計算します。ネットワークモデル全体の誤差としては、各StageのheatmapsとPAFsのすべての誤差を単純に足し合わせます。

　ここで注意点ですが、人物が写っているが姿勢のアノテーションがない部分については損失を計算しません。そこで教師データのアノテーション（heatmapsおよびPAFs）、そして各Stageで推定した内容（heatmapsとPAFs）のどちらにもmask（無視する部分の値が0、そうでない部分の値は1）をかけ算します。

　以上の内容をふまえた損失関数の実装は以下の通りとなります。

```
# 損失関数の設定
class OpenPoseLoss(nn.Module):
    """OpenPoseの損失関数のクラスです。"""

    def __init__(self):
        super(OpenPoseLoss, self).__init__()

    def forward(self, saved_for_loss, heatmap_target, heat_mask, paf_target,
                paf_mask):
        """
        損失関数の計算。

        Parameters
        ----------
        saved_for_loss : OpenPoseNetの出力(リスト)

        heatmap_target : [num_batch, 19, 46, 46]
            正解の部位のアノテーション情報

        heatmap_mask : [num_batch, 19, 46, 46]
            heatmap画像のmask

        paf_target : [num_batch, 38, 46, 46]
            正解のPAFのアノテーション情報

        paf_mask : [num_batch, 38, 46, 46]
            PAF画像のmask
```

```
            Returns
            -------
            loss : テンソル
                   損失の値
            """

            total_loss = 0
            # ステージごとに計算します
            for j in range(6):

                # PAFsとheatmapsにおいて、マスクされている部分（paf_mask=0など）は
                # 無視させる
                # PAFs
                pred1 = saved_for_loss[2 * j] * paf_mask
                gt1 = paf_target.float() * paf_mask

                # heatmaps
                pred2 = saved_for_loss[2 * j + 1] * heat_mask
                gt2 = heatmap_target.float()*heat_mask

                total_loss += F.mse_loss(pred1, gt1, reduction='mean') + \
                    F.mse_loss(pred2, gt2, reduction='mean')

            return total_loss

criterion = OpenPoseLoss()
```

学習を実施

　OpenPoseの場合、最適化手法は本来であればepochごとに徐々に学習率を小さくするように変化させるように設定します。本書では学習の雰囲気を確かめるにとどめるので、簡単に設定します。

```
optimizer = optim.SGD(net.parameters(), lr=1e-2,
                      momentum=0.9,
                      weight_decay=0.0001)
```

　続いて学習の関数を定義します。基本的にはこれまでの章と同じ内容です。ただし今回は検証のフェイズを省略しています。またこれまでの章からの変更点として、if imges.size()[0] == 1: という部分でミニバッチのサイズが1になっていないかをチェックしています。PyTorch

では訓練時にバッチノーマライゼーションをする際、ミニバッチのサイズが1だとエラーになります（バッチノーマライゼーションではミニバッチのデータの標準偏差を計算するので、サンプル数が1では計算できないため）。

```python
# モデルを学習させる関数を作成

def train_model(net, dataloaders_dict, criterion, optimizer, num_epochs):

    # GPUが使えるかを確認
    device = torch.device("cuda:0" if torch.cuda.is_available() else "cpu")
    print("使用デバイス：", device)

    # ネットワークをGPUへ
    net.to(device)

    # ネットワークがある程度固定であれば、高速化させる
    torch.backends.cudnn.benchmark = True

    # 画像の枚数
    num_train_imgs = len(dataloaders_dict["train"].dataset)
    batch_size = dataloaders_dict["train"].batch_size

    # イテレーションカウンタをセット
    iteration = 1

    # epochのループ
    for epoch in range(num_epochs):

        # 開始時刻を保存
        t_epoch_start = time.time()
        t_iter_start = time.time()
        epoch_train_loss = 0.0  # epochの損失和
        epoch_val_loss = 0.0  # epochの損失和

        print('-------------')
        print('Epoch {}/{}'.format(epoch+1, num_epochs))
        print('-------------')

        # epochごとの訓練と検証のループ
        for phase in ['train', 'val']:
            if phase == 'train':
                net.train()  # モデルを訓練モードに
                optimizer.zero_grad()
                print(' (train) ')
```

```python
            # 今回は検証はスキップ
        else:
            continue
            # net.eval()   # モデルを検証モードに
            # print('-------------')
            # print(' (val) ')

        # データローダーからminibatchずつ取り出すループ
        for imges, heatmap_target, heat_mask, paf_target,
            paf_mask in dataloaders_dict[phase]:
            # ミニバッチがサイズが1だと、バッチノーマライゼーションでエラーにな
            # るのでさける
            if imges.size()[0] == 1:
                continue

            # GPUが使えるならGPUにデータを送る
            imges = imges.to(device)
            heatmap_target = heatmap_target.to(device)
            heat_mask = heat_mask.to(device)
            paf_target = paf_target.to(device)
            paf_mask = paf_mask.to(device)

            # optimizerを初期化
            optimizer.zero_grad()

            # 順伝搬（forward）計算
            with torch.set_grad_enabled(phase == 'train'):
                # (out6_1, out6_2)は使わないので _ で代替
                _, saved_for_loss = net(imges)

                loss = criterion(saved_for_loss, heatmap_target,
                                 heat_mask, paf_target, paf_mask)

                # 訓練時はバックプロパゲーション
                if phase == 'train':
                    loss.backward()
                    optimizer.step()

                    if (iteration % 10 == 0):  # 10iterに1度、lossを表示
                        t_iter_finish = time.time()
                        duration = t_iter_finish - t_iter_start
                        print('イテレーション {} || Loss: {:.4f} || 10iter:
                            {:.4f} sec.'.fcrmat(
                            iteration, loss.item()/batch_size, duration))
                        t_iter_start = time.time()
```

```
                    epoch_train_loss += loss.item()
                    iteration += 1

                # 検証時
                # else:
                    #epoch_val_loss += loss.item()

        # epochのphaseごとのlossと正解率
        t_epoch_finish = time.time()
        print('-------------')
        print('epoch {} || Epoch_TRAIN_Loss:{:.4f} ||Epoch_VAL_Loss:{:.4f}'.format(
            epoch+1, epoch_train_loss/num_train_imgs, 0))
        print('timer:  {:.4f} sec.'.format(t_epoch_finish - t_epoch_start))
        t_epoch_start = time.time()

    # 最後のネットワークを保存する
    torch.save(net.state_dict(), 'weights/openpose_net_' +
               str(epoch+1) + '.pth')
```

最後に実際に学習を実行します。2 poch実行し、損失が低下するのを確認します。1 pochに約25分かかります（AWSのp2.xlargeの場合）。図4.6.1が実行の様子です。1 epoch目の損失の平均が画像1枚あたり約0.0043、2 epoch目が約0.0015と、損失が低下していくのが確認できます。

```
# 学習・検証を実行する
num_epochs = 2
train_model(net, dataloaders_dict, criterion, optimizer, num_epochs=num_epochs)
```

```
In [*]:  # 学習・検証を実行する
         num_epochs = 2
         train_model(net, dataloaders_dict, criterion, optimizer, num_epochs=num_epochs)

使用デバイス： cuda:0
-------------
Epoch 1/2
-------------
 (train)
イテレーション 10 || Loss: 0.0094 || 10iter: 113.7127 sec.
イテレーション 20 || Loss: 0.0082 || 10iter: 90.4145 sec.
イテレーション 30 || Loss: 0.0069 || 10iter: 88.4890 sec.
イテレーション 40 || Loss: 0.0058 || 10iter: 90.9961 sec.
イテレーション 50 || Loss: 0.0050 || 10iter: 90.8274 sec.
イテレーション 60 || Loss: 0.0042 || 10iter: 89.7553 sec.
イテレーション 70 || Loss: 0.0038 || 10iter: 91.1155 sec.
イテレーション 80 || Loss: 0.0031 || 10iter: 91.3307 sec.
イテレーション 90 || Loss: 0.0027 || 10iter: 91.7214 sec.
イテレーション 100 || Loss: 0.0026 || 10iter: 92.2645 sec.
イテレーション 110 || Loss: 0.0023 || 10iter: 91.7421 sec.
イテレーション 120 || Loss: 0.0020 || 10iter: 90.7930 sec.
イテレーション 130 || Loss: 0.0020 || 10iter: 91.3045 sec.
イテレーション 140 || Loss: 0.0019 || 10iter: 91.6105 sec.
イテレーション 150 || Loss: 0.0016 || 10iter: 90.2619 sec.
-------------
epoch 1 || Epoch_TRAIN_Loss:0.0043 ||Epoch_VAL_Loss:0.0000
timer:  1462.0789 sec.
-------------
```

図4.6.1 OpenPoseの学習の様子

　以上でOpenPoseの学習の解説は終了です。次節ではOpenPoseの学習済みネットワークを使用して推論する方法について解説・実装を行います。

4-7 OpenPoseの推論

本節では学習済みのOpenPoseの学習済みモデルをロードし、画像中の人物の姿勢を推論する部分を実装します。ただし本書ではheatmapsとPAFsから身体部位間のノードを推定する部分については概念の解説に留め、実装の解説は省略します。

本節の学習目標は、次の通りです。

1. OpenPoseの学習済みモデルをロードできるようになる
2. OpenPoseの推論を実装できるようになる

本節の実装ファイル：

4-7_OpenPose_inference.ipynb

準備

はじめにファイル「make_folders_and_data_downloads.ipynb」に記載した通り、[4]で公開されているPyTorchでOpenPoseを学習させた学習済みモデル「pose_model_scratch.pth」をダウンロードして、フォルダ「weights」内に用意しておいてください。

続いて学習済みのネットワークパラメータを今回のモデルにロードします。実装は以下の通りです。本書のOpenPoseのネットワークと[4]のOpenPoseのネットワークでは、各サブネットワークの名前が異なるため、重みをロードする際にひと手間が必要になります。ネットワーク構成は同じなので、学習済みの重みnet_weightsから順番に重みを取り出して新たな変数weights_loadに一度格納し、それを今回のネットワークnetに適用させています。

```
from utils.openpose_net import OpenPoseNet

# 学習済みモデルと本章のモデルでネットワークの層の名前が違うので、対応させてロードする
# モデルの定義
net = OpenPoseNet()
```

4-7 ● OpenPoseの推論

```python
# 学習済みパラメータをロードする
net_weights = torch.load(
    './weights/pose_model_scratch.pth', map_location={'cuda:0': 'cpu'})
keys = list(net_weights.keys())

weights_load = {}

# ロードした内容を、本書で構築したモデルの
# パラメータ名net.state_dict().keys()にコピーする
for i in range(len(keys)):
    weights_load[list(net.state_dict().keys())[i]
                 ] = net_weights[list(keys)[i]]

# コピーした内容をモデルに与える
state = net.state_dict()
state.update(weights_load)
net.load_state_dict(state)

print('ネットワーク設定完了:学習済みの重みをロードしました')
```

続いてファイル「make_folders_and_data_downloads.ipynb」で記載した通り、本章のデータ準備でpixabay.comよりダウンロードした草野球の画像を読み込み表示します。さらに前処理を行います。読み込んだ画像は図4.7.1です。

```python
# 踊っている人の画像を読み込み、前処理します
# pixabay.com よりダウンロード
# 画像権利　Pixabay License　商用利用無料 帰属表示は必要ありません

test_image = './data/dancing-632740_640.jpg'
oriImg = cv2.imread(test_image)  # B,G,Rの順番

# BGRをRGBにして表示
oriImg = cv2.cvtColor(oriImg, cv2.COLOR_BGR2RGB)
plt.imshow(oriImg)
plt.show()

# 画像のリサイズ
size = (368, 368)
img = cv2.resize(oriImg, size, interpolation=cv2.INTER_CUBIC)

# 画像の前処理
img = img.astype(np.float32) / 255.

# 色情報の標準化
```

```
color_mean = [0.485, 0.456, 0.406]
color_std = [0.229, 0.224, 0.225]

preprocessed_img = img.copy()[:, :, ::-1]  # BGR→RGB

for i in range(3):
    preprocessed_img[:, :, i] = preprocessed_img[:, :, i] - color_mean[i]
    preprocessed_img[:, :, i] = preprocessed_img[:, :, i] / color_std[i]

# （高さ、幅、色）→（色、高さ、幅）
img = preprocessed_img.transpose((2, 0, 1)).astype(np.float32)

# 画像をTensorに
img = torch.from_numpy(img)

# ミニバッチ化：torch.Size([1, 3, 368, 368])
x = img.unsqueeze(0)
```

図4.7.1 OpenPoseで姿勢推定するテスト画像

続いてOpenPoseのネットワークに前処理した画像を入力し、heatmapsとPAFsを求めます。出力結果のheatmapsとPAFsのテンソルをNumPyに変換し、それぞれの画像サイズを元の画像サイズと同じに拡大します。

```
# OpenPoseでheatmapsとPAFsを求めます
net.eval()
predicted_outputs, _ = net(x)
```

```
# 画像をテンソルからNumPyに変化し、サイズを戻します
pafs = predicted_outputs[0][0].detach().numpy().transpose(1, 2, 0)
heatmaps = predicted_outputs[1][0].detach().numpy().transpose(1, 2, 0)

pafs = cv2.resize(pafs, size, interpolation=cv2.INTER_CUBIC)
heatmaps = cv2.resize(heatmaps, size, interpolation=cv2.INTER_CUBIC)

pafs = cv2.resize(
    pafs, (oriImg.shape[1], oriImg.shape[0]), interpolation=cv2.INTER_CUBIC)
heatmaps = cv2.resize(
    heatmaps, (oriImg.shape[1], oriImg.shape[0]), interpolation=cv2.INTER_CUBIC)
```

左肘と左手首のheatmap、そして左肘と左手首をつなぐPAFを可視化してみます。

```
# 左肘と左手首のheatmap、そして左肘と左手首をつなぐPAFのxベクトルを可視化する
# 左肘
heat_map = heatmaps[:, :, 6]  # 6は左肘
heat_map = Image.fromarray(np.uint8(cm.jet(heat_map)*255))
heat_map = np.asarray(heat_map.convert('RGB'))

# 合成して表示
blend_img = cv2.addWeighted(oriImg, 0.5, heat_map, 0.5, 0)
plt.imshow(blend_img)
plt.show()

# 左手首
heat_map = heatmaps[:, :, 7]  # 7は左手首
heat_map = Image.fromarray(np.uint8(cm.jet(heat_map)*255))
heat_map = np.asarray(heat_map.convert('RGB'))

# 合成して表示
blend_img = cv2.addWeighted(oriImg, 0.5, heat_map, 0.5, 0)
plt.imshow(blend_img)
plt.show()

# 左肘と左手首をつなぐPAFのxベクトル
paf = pafs[:, :, 24]
paf = Image.fromarray(np.uint8(cm.jet(paf)*255))
paf = np.asarray(paf.convert('RGB'))

# 合成して表示
blend_img = cv2.addWeighted(oriImg, 0.5, paf, 0.5, 0)
plt.imshow(blend_img)
plt.show()
```

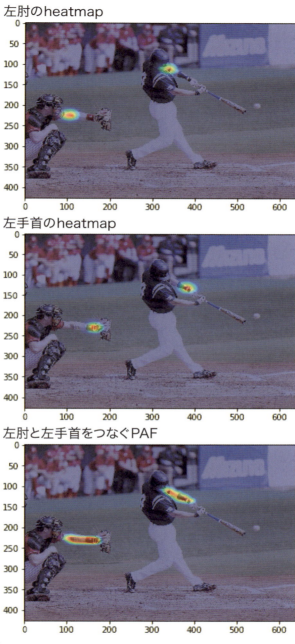

図 4.7.2 テスト画像における heatmaps と PAF

　図4.7.2を見ると各人物の左肘と左手首の位置、そして各人物ごとに左肘と左手首をつなげるPAFがきちんと推定できているように思えます。

最後にheatmapsとPAFsから各人物の各部位をつなぐリンクを求める関数decode_poseを用意します。関数decode_poseに引数として元画像、heatmaps、PAFsを入力すると、推定した姿勢を上書きした画像が出力されます。

本書ではこのリンクを推定する関数decode_poseの実装コードの解説は行いません。参考文献[4]の関数decode_poseを少しだけ変形して使用します。ここで関数decode_poseがどのような概念で何をしているのかについて概要を解説します。

まずheatmapsでは、ぼやっと身体部位の位置が表現されているので、その中で最大値のピクセルを求め、左肘や左手首の位置を同定します。単純に周囲と比べて最大であり、かつ一定の閾値よりも大きな値を持つピクセルを身体部位の部位ピクセルと決定します。

次に抽出された各部位の部位間について、結合の可能性を計算します。今回は身体部位が18か所あるので、組み合わせ的には18 * 17 / 2 = 153ペアあります。これは人物が1人の場合であり、写真に写っている人数が多いとそれだけ部位数が増えて、リンクの可能性も増えます。ただし、PAFsの19リンクのみにOpenPoseは着目しているので、部位間の結合も19ペアだけを考えることにします。

身体部位をheatmapsから特定した後、例えば左肘と左手首のペアを求めるのであれば、図4.7.2では左肘と左手首がそれぞれ2つ検出されています。ここでは便宜的に左肘1、左肘2、左手首1、左手首2と呼びます。各左肘がどの左手首とつながっているのか、その可能性を左肘の座標と各左手首の座標の間のPAFの値を使用して計算します。

例えば左肘1と左手首1のつながり度合いを計算する際には、図4.7.3のような左肘1と左手首1を斜めにつなぐ頂点を持つ長方形を考えます。そして左肘1と左手首1を直線上につないだ間にあるピクセルのPAFの和を求めます。また左肘1と左手首1をつなぐ直線からずれた場所のPAFについては、そのずれ方（傾き方）を考慮してPAFの値を小さくし、PAFの和に加えます。こうして左肘1と左手首1をつなぐ領域内のPAFの値の総和を計算すると左肘1と左手首1のつながっている可能性度が分かります。

同様に左肘1と左手首2のPAFの総和を計算し、左手首1の場合と比較して、大きかった方と最終的にリンクをつなぎます。

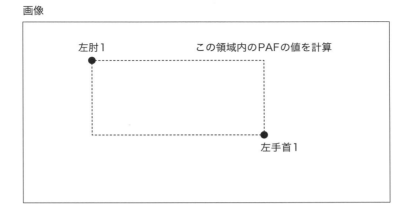

図4.7.3 左肘1と左手首1をつなぐ可能性をPAFから計算するイメージ

　左肘と左手首だけでなく、PAFsで求めた19種類のリンクについて各部位がそれぞれつながる可能性を計算します。

　今回、左肘と左手首だけからそのつながりを決定していますが、本来であれば左肩1、左肩2などの存在も考慮し、左肩、左肘、左手首など検出された全部位の全パターンの組み合わせでPAFが最大になるように1人の人間のリンクを決定する方が正確です。しかし、全組み合わせを考慮し、全身のつながり度合いの総合計をきちんと計算するのは計算コストが高いです。そこでOpenPoseでは全身の考慮はせず、リンクがつながる各部位間のPAF情報のみを考慮してリンクを決定します。

　こうして各部位を組み合わせると、場合によってはリンクのつながりをたどっていくと首が2つ存在するといった場合がありえます。なぜなら合計18部位の人体パーツをつなぐだけであれば、今回の構成の場合、合計17リンクを計算するだけで良いのですが、精度を高めるために冗長性を持たせて19リンクを計算しています。さらに計算コストを下げるために、前述した通り全身のつながりを考慮せずに、2つの部位間のPAFのみでリンクを決定しています。その結果、1つのつながっているリンクをたどると、首が2つ存在するという場合などがありえます。このようにつながっているリンクをたどったときに同じ部位が複数リンクされた場合は2人以上の人間の部位が混ざっていると判断し、適切にリンクを分割する操作を行います。

　以上の操作（heatmapsから部位の特定、PAFsを利用して部位間のつながり可能性の計算、19種類のつながりを確定、複数の人間の部位が混ざっている状態の場合は分割）により、heatmapsとPAFsから姿勢が推定できます。

　なお姿勢の表示には19のリンクではなく、最低限の17種類のリンクのみを描画させています。以上の内容をフォルダ「utils」にあるファイル「decode_pose.py」の関数 decode_pose で実行します。

実装は次の通りです。

```
from utils.decode_pose import decode_pose
_, result_img, _, _ = decode_pose(oriImg, heatmaps, pafs)
```

最後に関数 decode_pose から出力された result_img を描画します。

```
# 結果を描画
plt.imshow(oriImg)
plt.show()

plt.imshow(result_img)
plt.show()
```

図 4.7.5　テスト画像に対する OpenPose による姿勢推定の結果

図4.7.5のテスト画像に対する推定結果を見るとなんとなく姿勢が推定できているような気もしますし、微妙に異なる点もあります（キャッチャーの脚がうまく推定できていない点など）。
　本節で実施したOpenPoseの推論は簡易バージョンです。実際のOpenPoseでは推論の精度を高めるために、推論対象のテスト画像にデータオーギュメンテーションを行います。具体的には、左右反転させた画像や画像を分割して拡大・縮小した画像などを作成し、それらデータオーギュメンテーションしたテスト画像すべてに対して姿勢推定を実行し、結果を全部統合して最終的な推論結果の姿勢を求めます。

まとめ

　本書ではOpenPoseの初期バージョンの論文「Realtime multi-person 2d pose estimation using part affinity fields」[2] の解説と実装を行いました。本書執筆時点での最新版である「OpenPose: Realtime Multi-Person 2D Pose Estimation using Part Affinity Fields」[1] も、本質的には本章の内容と同じですが3点の変更があります。
　最新版ではネットワークの形や使用する畳み込み層のカーネルサイズが変化しています。これは精度と処理速度を高めるためです。気持ちとしてはheatmapsよりもPAFsの方が姿勢推定に重要なのでPAFsの正確な推定に重きを置いたネットワークに変化しています。2つ目の変更点は身体部位の追加です。具体的には足先という新たなアノテーションを用意して学習しています。3つ目はPAFsの追加です。19個からさらに冗長なPAFsを追加しています。この2、3点目の変更により人が重なって写っている状態でもより正確に各人の姿勢を推定できるようにしています。このように最新版では本書の実装から変更がありますが、OpenPoseとしての姿勢推定アルゴリズムの本質的内容は本書で解説した通りであり、変わりありません。
　以上、本章では姿勢推定のディープラーニングモデルとしてOpenPoseを解説・実装しました。次章ではGANと呼ばれる技術を用いた画像生成を行います。

第4章引用

[1] **OpenPose**
Cao, Z., Hidalgo, G., Simon, T., Wei, S. E., & Sheikh, Y. (2018). OpenPose: realtime multi-person 2D pose estimation using Part Affinity Fields. arXiv preprint arXiv:1812.08008.
https://arxiv.org/abs/1812.08008

[2] **OpenPose**
Cao, Z., Simon, T., Wei, S. E., & Sheikh, Y. (2017). Realtime multi-person 2d pose estimation using part affinity fields. In Proceedings of the IEEE Conference on Computer Vision and Pattern Recognition (pp. 7291-7299).
http://openaccess.thecvf.com/content_cvpr_2017/html/Cao_Realtime_Multi-Person_2D_CVPR_2017_paper.html

[3] **MS COCOデータセット**
Lin, T. Y., Maire, M., Belongie, S., Hays, J., Perona, P., Ramanan, D., ... & Zitnick, C. L. (2014, September). Microsoft coco: Common objects in context. In European conference on computer vision (pp. 740-755). Springer, Cham.
https://link.springer.com/chapter/10.1007/978-3-319-10602-1_48
http://cocodataset.org/#home

[4] **GitHub：tensorboy/pytorch_Realtime_Multi-Person_Pose_Estimation**
https://github.com/tensorboy/pytorch_Realtime_Multi-Person_Pose_Estimation
Released under the MIT license

[5] **草野球の画像**
（画像権利情報：商用利用無料、帰属表示は必要ありません）
https://pixabay.com/ja/photos/%E3%83%92%E3%83%83%E3%83%88-%E3%82%AD%E3%83%A3%E3%83%83%E3%83%81%E3%83%A3%E3%83%BC-%E9%87%8E%E7%90%83-1407826/

GANによる画像生成 (DCGAN、Self-Attention GAN)

第5章

5-1 GANによる画像生成のメカニズムとDCGANの実装

5-2 DCGANの損失関数、学習、生成の実装

5-3 Self Attention GANの概要

5-4 Self Attention GANの学習、生成の実装

5-1 GANによる画像生成のメカニズムとDCGANの実装

　本章では生成技術である **GAN**（Generative Adversarial Network）に取り組みながら、DCGAN[1] およびSelf-Attention GAN[2] と呼ばれるディープラーニングモデルについて解説、実装します。

　本節ではGANによる画像生成のメカニズムについてその概要を解説します。

　GANでは2種類のニューラルネットワークを用意します。画像を生成するニューラルネットワークGenerator（生成器、以下G）と、画像がGから生成された偽画像かそれとも訓練データで用意した画像かを分類するニューラルネットワークDiscriminator（識別器、以下D）です。GはDを騙そうと、より訓練データに近い画像を生成できるように学習し、DはGに騙されないようにより真贋を見分けられるように学習し、互いに学習を進めると最終的にはGが訓練データで用意した現実に存在するような画像を生成できるようになる技術がGANとなります。

　ここまでは一般的なGANの説明ですが、本節ではこの説明内容をどのように実装するのか、そのイメージがつくところまで解説を進めます。

　本節の学習目標は、次の通りです。

1. Generatorが画像を生成するためにどのようなニューラルネットワークの構造になっているのかを理解する
2. Discriminatorが画像の識別をするためにどのようなニューラルネットワークの構造になっているのかを理解する
3. GANの一般的な損失関数の形とニューラルネットワークの学習の流れを理解する
4. DCGANのネットワークを実装できるようになる

> **本節の実装ファイル：**
> 5-1-2_DCGAN.ipynb

フォルダ準備

本章では手書き数字の画像をGANにより生成します。はじめに本節および本章で使用するフォルダの作成とファイルのダウンロードを行います。

パッケージの **scikit-learn** を使用しますので、以下のコマンドを実行してインストールします。執筆時点ではAWSのAMIに元から入っているscikit-learnはversion 0.19です。本書ではversion 0.20を使用するので、以下のコマンドを実行し、アップグレードしてください。

```
pip install -U scikit-learn
```

そして、本書の実装コードをダウンロードし、フォルダ「5_gan_generation」内にある、ファイル「make_folders_and_data_downloads.ipynb」の各セルを1つずつ実行してください。

手書き数字画像の教師データとしてMNISTの画像データをダウンロードします。MNISTのデータは画像形式になっていないので、「make_folders_and_data_downloads.ipynb」において、画像形式で保存し直しています。0から9までの数字画像をGANで生成したいのですが、時間短縮のため本章では7と8の2種類の数字画像だけを使用することにします。7、8の画像をそれぞれ200枚ずつMINISTのデータセットから用意します。本章では画像サイズを28ピクセルから64ピクセルへ拡大して用意しています。

実行結果、図5.1.1のようなフォルダ構成が作成されます。

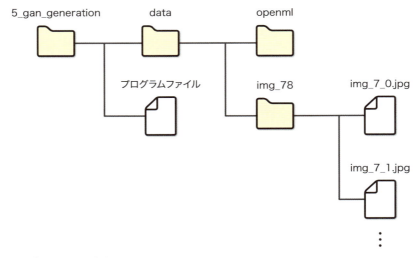

図5.1.1　第5章のフォルダ構成

Generatorのメカニズム

　本章で生成したい画像は手書き数字（7と8）の画像です。そのための教師データとしてMNISTの画像データを使用します。つまり、MNISTの手書き数字画像のような画像を生成することが本章の目的です。

　ここでGANのG（Generator）が何をする存在なのかを整理します。

　今回生成する画像の大きさは64×64ピクセル、色チャネルは白黒1チャネルで0から255の数値を持つ256段階の値とします。すると画像は64×64 ＝ 4096で4096のセルを持ち、各256段階なので（256の4096乗）の画像パターンが存在しうることになります。

　この（256の4096乗）パターンの画像のうち、人が見て手書き数字に見えるパターンが何億パターンか何兆パターンか、実際どれくらいあるのか分かりませんが存在します。この人が見て数字に見えるパターンを生成するのがGの役割です。

　ただしGが毎回同じ画像を生成する、もしくは教師データとまったく同じ画像を生成する状態では意味がなく、様々なパターンの画像を生成してほしいところです。そこでGのニューラルネットワークの入力データには、様々なパターンの生成につながる乱数を入力します。この入力した乱数の値に従い、Gは数字の画像を出力します。

　Gに手書き数字の画像を出力させたいですが、一切の教師データなしにこれを実現することはできません。そこで人が見て数字に見える画像を教師データとして、Gに提供します。気持ちとしては「[実装者]この画像は手書き数字に見えるよ。」「[G]よし、ではこの画像も手書き数字画像に見えるだろう」という感じで、Gは"教師データとして与えた画像とは異なるパターンだが、人が見て手書き数字画像に見えるもの"を出力します。

　つまり、（256の4096乗）パターンの画像のうち、人が見て手書き数字であるいくつかの教師データの画像を手掛かりとして、人が見て手書き数字に見えるパターンのルールをGが覚えることになります。このルール（すなわち学習したニューラルネットワークの結合パラメータ）と入力乱数からGは画像を生成します。

　このようなGを実現する実装内容を解説します。Gの実装では入力乱数から画像を生成するため、データの次元が拡大し、各次元の要素数も増加していく必要があります。そのカギとなるのが`nn.ConvTranspose2d()`という層（ユニット）です。英語ではtransposed convolutionもしくはDeconvolution、日本語では「転置畳み込み」と呼びます。気持ちとしては、`ConvTranspose2d`はニューラルネットワークの畳み込み層と逆っぽい操作をします。

　図5.1.2に2次元データの場合の通常の畳み込みと転値畳み込みの操作を図解します。通常の畳み込みは隣接セルをカーネルでまとめて計算します。画像内の物体の小さなズレなどを吸収した局所特徴量を求めることができ、畳み込み計算の結果、特徴量のサイズは基本的には小さくなります。

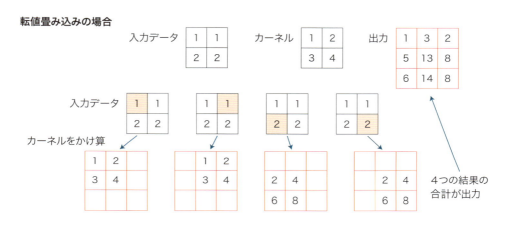

図5.1.2 ConvTranspose2dのイメージ

　対して転置畳み込みConvTranspose2dはカーネルを入力データの1セルごとに計算します。1セルごとにカーネルをかけ算して、全セルのかけ算の結果を最後に足します。すると例えば、2×2のデータに対して、2×2のカーネルを与えると3×3のデータになります。

　このように通常の畳み込みでは入力データの複数のセルをカーネルと対応させます（基本的にはカーネルのサイズと同じ数のセルを計算に使用します）。一方で転置畳み込みでは入力データの1つのセルをカーネルにひっかけて計算をします。このカーネルに対して対応する入力データのセルの数が大きな違いです。

　図5.1.2を見ると2×2の入力データが転置畳み込みによって3×3へと大きくなっていることが分かります。よってGANのGに対して入力の乱数を用意し、転置畳み込みを繰り返せば特徴量マップの要素数が大きくなり、所望のピクセルサイズの画像が得られます（本章の場合は64×64とします）。ここで転置畳み込みのカーネルの値をうまく学習させることができれば、生成された画像は人が見て数字と思えるものになります。

　なお第3章のセマンティックセグメンテーションや第4章の姿勢推定では畳み込み操作の繰り返しで小さくなった画像サイズを大きくする際にアップサンプリングとしてF.interpolateを使用しましたが、F.interpolateにはカーネルという概念は存在せず、ただ画像サイズを引き伸ばして、セル間をなんらか関数補完するだけの拡大手法です。F.interpolateも転置畳み込みと同じく特徴量を拡大しますが、カーネルが存在する分だけ、転置畳み込みの方が複雑な拡大処理を実現できます。

245

Generatorの実装

それでは転置畳み込みConvTranspose2dを使用したGeneratorを実装します。本節では**DCGAN**（Deep Convolution Generative Adversarial Network）[1]と呼ばれるGANを実装します。GはConvTranspose2d、バッチノーマライゼーション、ReLUを1セットにしたlayerを4回繰り返し、徐々に特徴量サイズを大きくします。

実装は次の通りです。各layerにおいて最初のlayerほどチャネル数を多くした転置畳み込みにし、徐々にチャネル数を減らします。

4つのlayerを通ったあと最後にConvTranspose2dの出力のチャネル数を1にし（白黒画像のチャネル数1に対応）、活性化関数をReLUではなくTanhにして、-1から1の出力になるような出力レイヤーを作成します。実装において変数zは入力の乱数を示します。

なお入力する乱数の次元を z_dim=20 にしていますが、20にとくに意味はなく、生成画像が所望の多様性をもつ次元数が確保されれば良いです。今回は適当に20にしています。

```python
class Generator(nn.Module):

    def __init__(self, z_dim=20, image_size=64):
        super(Generator, self).__init__()

        self.layer1 = nn.Sequential(
            nn.ConvTranspose2d(z_dim, image_size * 8,
                               kernel_size=4, stride=1),
            nn.BatchNorm2d(image_size * 8),
            nn.ReLU(inplace=True))

        self.layer2 = nn.Sequential(
            nn.ConvTranspose2d(image_size * 8, image_size * 4,
                               kernel_size=4, stride=2, padding=1),
            nn.BatchNorm2d(image_size * 4),
            nn.ReLU(inplace=True))

        self.layer3 = nn.Sequential(
            nn.ConvTranspose2d(image_size * 4, image_size * 2,
                               kernel_size=4, stride=2, padding=1),
            nn.BatchNorm2d(image_size * 2),
            nn.ReLU(inplace=True))

        self.layer4 = nn.Sequential(
            nn.ConvTranspose2d(image_size * 2, image_size,
                               kernel_size=4, stride=2, padding=1),
```

```
            nn.BatchNorm2d(image_size),
            nn.ReLU(inplace=True))

        self.last = nn.Sequential(
            nn.ConvTranspose2d(image_size, 1, kernel_size=4,
                               stride=2, padding=1),
            nn.Tanh())
        # 注意：白黒画像なので出力チャネルは1つだけ

    def forward(self, z):
        out = self.layer1(z)
        out = self.layer2(out)
        out = self.layer3(out)
        out = self.layer4(out)
        out = self.last(out)

        return out
```

　実装したGで画像を生成してみます。以下の動作確認コードを実行すると図5.1.3のような砂嵐のような画像が生成されます。このように初期状態では砂嵐のような画像しか生成できない状態から、人が見て数字の画像に見えるような画像が生成できる状態へとGの転置畳み込みのカーネルの重みパラメータやユニット間の結合パラメータを学習させれば、Gから所望の手書き数字画像が生成できるようになります。

```
# 動作確認
import matplotlib.pyplot as plt
%matplotlib inline

G = Generator(z_dim=20, image_size=64)

# 入力する乱数
input_z = torch.randn(1, 20)

# テンソルサイズを(1, 20, 1, 1)に変形
input_z = input_z.view(input_z.size(0), input_z.size(1), 1, 1)

# 偽画像を出力
fake_images = G(input_z)

img_transformed = fake_images[0][0].detach().numpy()
plt.imshow(img_transformed, 'gray')
plt.show()
```

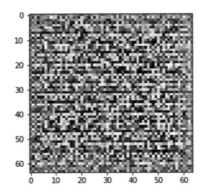

図5.1.3　Generatorによる画像生成の例（未学習）

Discriminatorのメカニズム

　ここまでG（Generator）のメカニズムと実装を解説しました。あとはGに対して損失関数を定義し、学習させれば完成となります。ですが、この損失関数をどう定義すれば人が見て数字に見える画像が生成できるようになるのか不明です。

　人が見て数字に見える画像を生成したいので、Gの生成画像を人が見た場合にどれくらい数字画像に近いかの情報を損失として与えてあげる必要があります。

　それでは人が見て毎回ラベル付け（0：数字画像に見えない、1：数字画像に見える）をすれば良いのかと考えられますが、2つの理由でその作戦はうまくいきません。

　1つ目の理由はディープラーニングの学習には相当の試行数が必要なので、人が見てチェックするには画像枚数が膨大すぎる点です。

　2つ目の理由はGが生成する画像は初期状態では図5.1.3にように明らかに数字には見えないので、生成する画像を人がチェックしたとすると初期状態では全部数字には見えません（ラベル0）という判断しか下せません。するとGの気持ちになると、

「[G] 1つくらいこれは数字のようですって言われれば、今回は良い生成だったのかって分かります、全部だめって言われましては、どう学習して自分のパラメータを変えれば良いか分かりません。」

という状態になってしまいます。すなわち、Gを学習させる初期段階で完璧な判断・識別ができる人間が見てラベル付けすると、初期状態から学習が進まないことになります。

　そこでGANでは、人の代わりにGの画像をチェックし、数字画像に見えるかどうかを判定するDiscriminator（以下D）のニューラルネットワークを用意します。Dは単なる画像分類のディープラーニングであり、（0：数字画像に見えない、1：数字画像に見える）を判定します。数字画像に見えるかどうかの判断を可能にするために、教師データを用意します。この

教師データは人が見て数字に見えた画像（今回はMNISTの画像）です。この教師データを用意することで、Dは入力された画像がGの生成画像（ラベル0）と教師データ（ラベル1）のどちらなのかを画像分類することになります。

　初期段階のDは学習していないニューラルネットワークです。そのため人が判断する場合とは異なり、甘い判定（すなわちGの生成画像を教師データと誤分類）をすることになります。するとGは学習しきれていないDの甘い判断から、
「この生成した画像は実際の手書き数字画像に近いっぽいぞ。この雰囲気の画像をより生成できるようにパラメータを学習しよう」
となります。

　このように未熟な生成器Gと未熟な識別器Dがうまく相互に騙し騙されながら学習を進めることで最終的にGは本物のような画像を生成できるようになります。この相互に騙し合いながら学習するのでGAN（Generative Adversarial Network）と呼び、Adversarialは日本語で「敵対」という意味です。

Discriminatorの実装

　それではDiscriminatorを実装します。といってもDはただの画像分類のニューラルネットワークです。ネットワークはGと同じように4つのlayerと最後のlastの5つのlayerから構成します。

　実装は次の通りです。各layerに畳み込み層Conv2dを与えます。Conv2dのチャネル数は序盤のlayerは少なく、後ろのlayerほど多くなるようにします。そしてlastのlayerで出力を1チャネルにします。出力の1チャネルは、入力画像がGから生成された画像か、それとも教師データかを判定した値に対応します。

　GANのDには注意点があります。それは通常の画像分類では畳み込み層のあとの活性化関数にReLUを使用していましたが、GANではLeakyReLUを使用する点です。

　入力された値が負の値であった場合にReLUでは出力が0になるところを、活性化関数LeakyReLUでは（入力された値×係数）の値を出力させます。のちほどの実装では係数は0.1を使用しています。つまり入力が-2であった場合、ReLUであれば出力が0ですが、LeakyReLUであれば出力が-0.2となります。

　なぜReLUではなくLeakyReLUを使用しているのかについては5.2節のGANの損失関数と学習において解説します。

```python
class Discriminator(nn.Module):

    def __init__(self, z_dim=20, image_size=64):
        super(Discriminator, self).__init__()

        self.layer1 = nn.Sequential(
            nn.Conv2d(1, image_size, kernel_size=4,
                      stride=2, padding=1),
            nn.LeakyReLU(0.1, inplace=True))
        # 注意:白黒画像なので入力チャネルは1つだけ

        self.layer2 = nn.Sequential(
            nn.Conv2d(image_size, image_size*2, kernel_size=4,
                      stride=2, padding=1),
            nn.LeakyReLU(0.1, inplace=True))

        self.layer3 = nn.Sequential(
            nn.Conv2d(image_size*2, image_size*4, kernel_size=4,
                      stride=2, padding=1),
            nn.LeakyReLU(0.1, inplace=True))

        self.layer4 = nn.Sequential(
            nn.Conv2d(image_size*4, image_size*8, kernel_size=4,
                      stride=2, padding=1),
            nn.LeakyReLU(0.1, inplace=True))

        self.last = nn.Conv2d(image_size*8, 1, kernel_size=4, stride=1)

    def forward(self, x):
        out = self.layer1(x)
        out = self.layer2(out)
        out = self.layer3(out)
        out = self.layer4(out)
        out = self.last(out)

        return out
```

Discriminatorの動作を確認します。Gで偽画像を生成しそれをDに入力して判断させます。Dはクラス分類（Gから生成された偽画像ならラベル0、教師データならラベル1）を出力させたいので、出力結果にシグモイド関数をかけて出力を0から1へと変換します。

実行すると約0.5の出力が出ます。まだDiscriminatorの学習をしていないので0か1かの判断が付かず、中間の0.5あたりの値が出力されます。

```
# 動作確認
D = Discriminator(z_dim=20, image_size=64)

# 偽画像を生成
input_z = torch.randn(1, 20)
input_z = input_z.view(input_z.size(0), input_z.size(1), 1, 1)
fake_images = G(input_z)

# 偽画像をDに入力
d_out = D(fake_images)

# 出力d_outにSigmoidをかけて0から1に変換
print(nn.Sigmoid()(d_out))
```

[出力]

```
tensor([[[[0.4999]]]], grad_fn=<SigmoidBackward>)
```

以上、本節ではGANの概要、DCGANのGeneratorとDiscriminatorの実装を解説しました。次節ではDCGANの損失関数と学習手法を解説し、実際にDCGANで手書き数字を生成します。

5-2 DCGANの損失関数、学習、生成の実装

本節ではDCGANの損失関数について解説し、実際にGeneratorとDiscriminatorの学習を実施して手書き数字画像を生成します。

本節の学習目標は、次の通りです。

1. GANの損失関数の形を理解する
2. DCGANを実装し、手書き数字画像が生成できる

本節の実装ファイル：

5-1-2_DCGAN.ipynb

GANの損失関数

前節でGANの生成器Generatorと識別器Discriminatorの実装ができました。あとはこれらの損失関数を定義するだけです。

識別器Dはただの画像分類なので損失関数も簡単です。ここからは通常のクラス分類の数学の話になります（本当はGeneratorから生成する画像と教師データの画像のクラス分類なので通常のクラス分類とは異なり、Jensen-Shannonダイバージェンスと呼ばれる話になるのですが、ここでは簡略化した解説をします）。

入力される画像データが x のとき、Dの出力は $y = D(x)$ です。ただし出力 y は前節で実装したDの出力にシグモイド関数がかかって、値が0から1に変換されているものとします。

正しいラベル l はGが生成した偽データをラベル0、教師データをラベル1とします。するとDの出力が正答かどうかは $y^l(1-y)^{1-l}$ で表されます。$y^l(1-y)^{1-l}$ は、正解ラベル l と予測出力 y の値が同じなら1、異なる間違った予測の場合は0になります。実際には y は0〜1の間の値をとり、極端に0や1にならないので、$y^l(1-y)^{1-l}$ も0〜1の値になります。

この判定がミニバッチのデータ数 M 個分あるので、その同時確率は

$$\prod_{i=1}^{M} y_i^{l_i}(1-y_i)^{1-l_i}$$

となり、対数をとると

$$\sum_{i=1}^{M} [l_i \log y_i + (1-l_i) \log (1-y_i)]$$

となります。

Dはデータ i の正しいラベル l_i を予測する y_i を出力できるようにネットワークを学習したいです。すなわちこの式（対数尤度）が最大となるようにネットワークを学習したいということになります。最大化は実装時に考えにくいので最小化になるようにマイナスをかけると

$$-\sum_{i=1}^{M} [l_i \log y_i + (1-l_i) \log (1-y_i)]$$

となります。これがすなわちDのニューラルネットワークの損失関数です。

このDの損失関数は torch.nn.BCEWithLogitsLoss() を使用して簡単に書けます。ここでBCEはBinary Cross Entropyの略称で、2値分類の誤差関数です。WithLogitsはロジスティクス関数をかけてくれるという意味です。つまりBCEWithLogitsLossはまさに上式となります。ここでラベル l_i が1であるのは教師データからの判定であり、ラベル l_i が0となるのは生成データからの判定なのでそれらを分けて記述します。

よってDの損失関数は実装コード的には以下のイメージになります。以下の実装は変数xが未定義なので動作はエラーになります。ここではDの損失関数の数式表現を実装から理解していただくために、実装イメージを掲載しています。

```
# Dの誤差関数のイメージ実装
# maximize log(D(x)) + log(1 - D(G(z)))

# ※ xが未定義なので動作はエラーになります
# ---------------

# 正解ラベルを作成
mini_batch_size = 2
label_real = torch.full((mini_batch_size,), 1)

# 偽ラベルを作成
label_fake = torch.full((mini_batch_size,), 0)

# 誤差関数を定義
criterion = nn.BCEWithLogitsLoss(reduction='mean')

# 真の画像を判定
d_out_real = D(x)
```

```
# 偽の画像を生成して判定
input_z = torch.randn(mini_batch_size, 20)
input_z = input_z.view(input_z.size(0), input_z.size(1), 1, 1)
fake_images = G(input_z)
d_out_fake = D(fake_images)

# 誤差を計算
d_loss_real = criterion(d_out_real.view(-1), label_real)
d_loss_fake = criterion(d_out_fake.view(-1), label_fake)
d_loss = d_loss_real + d_loss_fake
```

　続いてGの損失関数について解説します。GはDを騙したいので、Gで生成した画像に対して、Dの判定が失敗方向になれば良いです。

　つまりDはGから生まれた画像を正確に判定するために

$$-\sum_{i=1}^{M}[l_i \log y_i + (1-l_i)\log(1-y_i)]$$

を最小化しようとしているので、Gの立場からは逆に上式を最大化してあげれば良いことになります。

　よって損失関数としては、以下となります。

$$\sum_{i=1}^{M}[l_i \log y_i + (1-l_i)\log(1-y_i)]$$

　ここでラベル l_i は偽画像は0なので、上式の第1項は消え、さらに $(1-l_i)=1$、$y=D(x)$、そしてGは入力 z_i から画像を生成するので、Gのミニバッチでの損失関数は

$$\sum_{i=1}^{M}\log\left(1-D\left(G(z_i)\right)\right)$$

ということになります。この式で計算される損失の値をできるだけ小さくすれば、GはDをだませる画像が生成できることになります。

　しかしながら、上式ではGの学習が進みづらいということが分かっています。GANでは人の代わりに未熟なDを用意して画像の判定をさせていますが、それでもやはり初期のGが生成する画像は教師データとの違いが大きく、未熟なDでもある程度判定できてしまいます。すると上式のlogの中身は $1-D\left(G(z_i)\right)=1-0=1$ となり、log1は0なので、Gの損失がほとんど0になってしまいます。損失がほぼ0ということはGの学習が進みません。

そこで、要は$D(G(z_i))$が1と判定してくれれば良いのだろうと考え、DCGANではGの損失関数を

$$-\sum_{i=1}^{M} \log D(G(z_i))$$

としてしまいます。GがうまくDをだますとlogの中身の$D(G(z_i))$は1となり損失関数の値は0となります。一方でDに見抜かれるとlogの中身は0〜1の値となりそのlog0〜log 1は負の大きな値となるため、先頭のマイナスを考慮すると、Dに見抜かれた場合は正の大きな損失値となります。

つまり元の式ではDに見抜かれても損失値は0で学習が進みませんが、書き換えた式であればDに見抜かれたら大きな損失値となり学習が進むことになります。

以上の内容を実装したGの損失関数のイメージは次の通りです。Dのときと同様にBCEWithLogitsLossを使用しています。

実装の分かりづらい点として、Gの損失関数

$$-\sum_{i=1}^{M} \log D(G(z_i))$$

を実装コードで表現するために、criterion(d_out_fake.view(-1), label_real)と記述しています。

```
# Gの誤差関数のイメージ実装
# maximize log(D(G(z)))

# ※ xが未定義なので動作はエラーになります
#---------------

# 偽の画像を生成して判定
input_z = torch.randn(mini_batch_size, 20)
input_z = input_z.view(input_z.size(0), input_z.size(1), 1, 1)
fake_images = G(input_z)
d_out_fake = D(fake_images)

# 誤差を計算
g_loss = criterion(d_out_fake.view(-1), label_real)
```

以上によりDおよびGの損失関数が定義でき実装することができました。実際の学習時にはそれぞれの損失値をバックプロパゲーションすればDおよびGのネットワークのパラメータが変化し学習が進みます。

ここでDのニューラルネットワークの活性化関数にLeakyReLUを使用した理由を解説します。Gの損失関数は今回

$$-\sum_{i=1}^{M} \log D\left(G\left(z_i\right)\right)$$

でした。つまりGの損失を計算する際にDでの判定が入っています。

すなわちGのネットワークを更新する際には、損失値に対してバックプロパゲーションがまずDを通ってからGに到達し、そしてGの出力側から入力側の層へと伝達されていきます。

ここで仮にDの活性化関数にReLUを使用したとすると、ReLUへの入力が負であった場合に出力が0なのでバックプロパゲーションもそこで止まってしまいます。つまりReLUで0になっている経路の誤差はそのReLU層よりも上位の層に伝わらず、DからGへ損失のバックプロパゲーションが伝わらないことになります。このような事態を避け、損失のバックプロパゲーションの勾配計算がDで止まることなくGまで伝えるために、DではLekyReLUを使用しています（LeakyReLUは入力が負の場合でも出力が0にならないので、バックプロパゲーションが止まることはありません）。このLeakyReLUの使用によりDでの誤差がGまで到達し、Gのネットワークが学習しやすくなります。

この説明を聞くと、
「では今後ディープラーニングの全部においてReLUではなくLeakyReLUで良いのではないか、その方が下の層の誤差を上まで届けられる」
と思いますが、LeakyReLUを一般のディープラーニングで多用するケースは少ない印象を筆者は持っています。

その理由は筆者が思うに、LeakyReLUで誤差を上位層まで届けられるのは良いですが、その結果、ReLUにしていれば何とか下位層でその誤差を打ち消すように学習できた内容が上位層までその誤差の責任を押し付けられることになるので、それがあまり望ましくないのだと思います。GANの場合はGの学習時にはDを通らないといけないので仕方なくDの活性化関数にLeakyReLUを使用しますが、ディープラーニングのすべてをLeakyReLUにして、いつも上位層まで誤差の責任を押し付けるのは、必ずしも性能的に良くないのだと思われます（筆者の印象です）。

DataLoaderの作成

それではここから実際にDCGANの学習を実装していきます。まずは教師データとなる手書き数字の画像を格納したDataLoaderを作成します。これまでの章で作成したDataLoaderの作成方法と基本的に同じです。ただし、学習と検証などにDatasetを分けずに作成します。

DataLoaderの実装は次の通りです。

```
def make_datapath_list():
    """学習、検証の画像データとアノテーションデータへのファイルパスリストを作成する。"""

    train_img_list = list()  # 画像ファイルパスを格納

    for img_idx in range(200):
        img_path = "./data/img_78/img_7_" + str(img_idx)+'.jpg'
        train_img_list.append(img_path)

        img_path = "./data/img_78/img_8_" + str(img_idx)+'.jpg'
        train_img_list.append(img_path)

    return train_img_list


class ImageTransform():
    """画像の前処理クラス"""

    def __init__(self, mean, std):
        self.data_transform = transforms.Compose([
            transforms.ToTensor(),
            transforms.Normalize(mean, std)
        ])

    def __call__(self, img):
        return self.data_transform(img)


class GAN_Img_Dataset(data.Dataset):
    """画像のDatasetクラス。PyTorchのDatasetクラスを継承"""

    def __init__(self, file_list, transform):
        self.file_list = file_list
        self.transform = transform
```

```python
        def __len__(self):
            '''画像の枚数を返す'''
            return len(self.file_list)

        def __getitem__(self, index):
            '''前処理をした画像のTensor形式のデータを取得'''

            img_path = self.file_list[index]
            img = Image.open(img_path)  # [高さ][幅]白黒

            # 画像の前処理
            img_transformed = self.transform(img)

            return img_transformed


# DataLoaderの作成と動作確認

# ファイルリストを作成
train_img_list=make_datapath_list()

# Datasetを作成
mean = (0.5,)
std = (0.5,)
train_dataset = GAN_Img_Dataset(
    file_list=train_img_list, transform=ImageTransform(mean, std))

# DataLoaderを作成
batch_size = 64

train_dataloader = torch.utils.data.DataLoader(
    train_dataset, batch_size=batch_size, shuffle=True)

# 動作の確認
batch_iterator = iter(train_dataloader)  # イテレータに変換
imges = next(batch_iterator)  # 1番目の要素を取り出す
print(imges.size())  # torch.Size([64, 1, 64, 64])
```

[出力]

```
torch.Size([64, 1, 64, 64])
```

　出力の1はチャネル数を示し、今回はRGBではなく白黒のグレイスケールなので、色チャネルが1となります。先頭の64はミニバッチのサイズです。2、3番目の64は画像の高さと幅を示します。
　以上により教師データのDataLoaderとして変数train_dataloaderが用意できました。

DCGANの学習

次にネットワークの初期化を実施し、学習部分を実装して学習を実行します。

まずはネットワークの初期化です。転置畳み込みと畳み込み層の重みは平均0、標準偏差0.02の正規分布で、バッチノーマライゼーションの重みは平均1、標準偏差0.02の正規分布に従うように初期化します。それぞれバイアス項は、最初は0にしておきます。

このような（平均、標準偏差）の値で正規化を行うことに理論的な導出があるわけではなく、DCGANでは経験的にこれでうまくいくことが多いとの理由でこの初期化手法がよく使用されます。

```
# ネットワークの初期化
def weights_init(m):
    classname = m.__class__.__name__
    if classname.find('Conv') != -1:
        # Conv2dとConvTranspose2dの初期化
        nn.init.normal_(m.weight.data, 0.0, 0.02)
        nn.init.constant_(m.bias.data, 0)
    elif classname.find('BatchNorm') != -1:
        # BatchNorm2dの初期化
        nn.init.normal_(m.weight.data, 1.0, 0.02)
        nn.init.constant_(m.bias.data, 0)

# 初期化の実施
G.apply(weights_init)
D.apply(weights_init)

print("ネットワークの初期化完了")
```

それでは学習の関数を実装します。学習の関数についての説明はコードの通りなので実装を追っていただければと思います。本節の前半で解説しました損失関数の計算の実装をここで使用しています。

```
# モデルを学習させる関数を作成

def train_model(G, D, dataloader, num_epochs):

    # GPUが使えるかを確認
    device = torch.device("cuda:0" if torch.cuda.is_available() else "cpu")
    print("使用デバイス：", device)
```

```python
# 最適化手法の設定
g_lr, d_lr = 0.0001, 0.0004
beta1, beta2 = 0.0, 0.9
g_optimizer = torch.optim.Adam(G.parameters(), g_lr, [beta1, beta2])
d_optimizer = torch.optim.Adam(D.parameters(), d_lr, [beta1, beta2])

# 誤差関数を定義
criterion = nn.BCEWithLogitsLoss(reduction='mean')

# パラメータをハードコーディング
z_dim = 20
mini_batch_size = 64

# ネットワークをGPUへ
G.to(device)
D.to(device)

G.train()  # モデルを訓練モードに
D.train()  # モデルを訓練モードに

# ネットワークがある程度固定であれば、高速化させる
torch.backends.cudnn.benchmark = True

# 画像の枚数
num_train_imgs = len(dataloader.dataset)
batch_size = dataloader.batch_size

# イテレーションカウンタをセット
iteration = 1
logs = []

# epochのループ
for epoch in range(num_epochs):

    # 開始時刻を保存
    t_epoch_start = time.time()
    epoch_g_loss = 0.0  # epochの損失和
    epoch_d_loss = 0.0  # epochの損失和

    print('-------------')
    print('Epoch {}/{}'.format(epoch, num_epochs))
    print('-------------')
    print(' (train) ')
```

```python
# データローダーからminibatchずつ取り出すループ
for imges in dataloader:

    # --------------------
    # 1. Discriminatorの学習
    # --------------------
    # ミニバッチがサイズが1だと、バッチノーマライゼーションでエラーになるの
    # でさける
    if imges.size()[0] == 1:
        continue

    # GPUが使えるならGPUにデータを送る
    imges = imges.to(device)

    # 正解ラベルと偽ラベルを作成
    # epochの最後のイテレーションはミニバッチの数が少なくなる
    mini_batch_size = imges.size()[0]
    label_real = torch.full((mini_batch_size,), 1).to(device)
    label_fake = torch.full((mini_batch_size,), 0).to(device)

    # 真の画像を判定
    d_out_real = D(imges)

    # 偽の画像を生成して判定
    input_z = torch.randn(mini_batch_size, z_dim).to(device)
    input_z = input_z.view(input_z.size(0), input_z.size(1), 1, 1)
    fake_images = G(input_z)
    d_out_fake = D(fake_images)

    # 誤差を計算
    d_loss_real = criterion(d_out_real.view(-1), label_real)
    d_loss_fake = criterion(d_out_fake.view(-1), label_fake)
    d_loss = d_loss_real + d_loss_fake

    # バックプロパゲーション
    g_optimizer.zero_grad()
    d_optimizer.zero_grad()

    d_loss.backward()
    d_optimizer.step()
```

```python
        # --------------------
        # 2. Generatorの学習
        # --------------------
        # 偽の画像を生成して判定
        input_z = torch.randn(mini_batch_size, z_dim).to(device)
        input_z = input_z.view(input_z.size(0), input_z.size(1), 1, 1)
        fake_images = G(input_z)
        d_out_fake = D(fake_images)

        # 誤差を計算
        g_loss = criterion(d_out_fake.view(-1), label_real)

        # バックプロパゲーション
        g_optimizer.zero_grad()
        d_optimizer.zero_grad()
        g_loss.backward()
        g_optimizer.step()

        # --------------------
        # 3. 記録
        # --------------------
        epoch_d_loss += d_loss.item()
        epoch_g_loss += g_loss.item()
        iteration += 1

    # epochのphaseごとのlossと正解率
    t_epoch_finish = time.time()
    print('-------------')
    print('epoch {} || Epoch_D_Loss:{:.4f} ||Epoch_G_Loss:{:.4f}'.format(
        epoch, epoch_d_loss/batch_size, epoch_g_loss/batch_size))
    print('timer:  {:.4f} sec.'.format(t_epoch_finish - t_epoch_start))
    t_epoch_start = time.time()

return G, D
```

最後に学習を実施します。今回は200 epoch行います。GPU使用で6分ほど時間がかかります。

```python
# 学習・検証を実行する
# 6分ほどかかる
num_epochs = 200
G_update, D_update = train_model(
    G, D, dataloader=train_dataloader, num_epochs=num_epochs)
```

学習の結果を以下の実装により可視化します（図5.2.1）。

```python
# 生成画像と訓練データを可視化する
# 本セルは良い感じの画像が生成されるまで、何度も実行し直しています。

device = torch.device("cuda:0" if torch.cuda.is_available() else "cpu")

# 入力の乱数生成
batch_size = 8
z_dim = 20
fixed_z = torch.randn(batch_size, z_dim)
fixed_z = fixed_z.view(fixed_z.size(0), fixed_z.size(1), 1, 1)

# 画像生成
fake_images = G_update(fixed_z.to(device))

# 訓練データ
batch_iterator = iter(train_dataloader)  # イテレータに変換
imges = next(batch_iterator)  # 1番目の要素を取り出す

# 出力
fig = plt.figure(figsize=(15, 6))
for i in range(0, 5):
    # 上段に訓練データを
    plt.subplot(2, 5, i+1)
    plt.imshow(imges[i][0].cpu().detach().numpy(), 'gray')

    # 下段に生成データを表示する
    plt.subplot(2, 5, 5+i+1)
    plt.imshow(fake_images[i][0].cpu().detach().numpy(), 'gray')
```

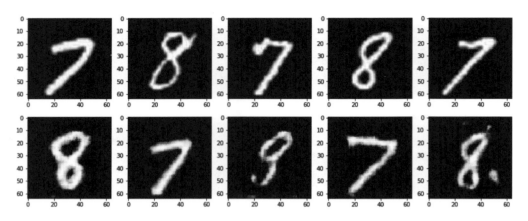

図 5.2.1　DCGANによる画像生成の例（上段は教師データ、下段が生成データ）

　図5.2.1は上段が訓練データ、下段がDCGANにより生成した画像です。DCGANにより手書き数字の画像と思えるものが生成されています。

　なお、本章および次章のGANのプログラムでは、Jupyter Notebookのセルを何度か実行しなおしており、本書とまったく同じ画像生成を再現しづらい点をご容赦ください。何度かセルを実行してどのような画像が生成されるのか試していただければ幸いです。

　今回は時間短縮のため数字の教師画像を7、8それぞれ200枚しか用意しておらず、学習のepoch数をこれ以上増やすと、生成器Gは数字の7の画像しか生成しなくなります。これは数字の7の方が画像的に8に比べると単純であり、識別器Dを騙す画像を生成しやすいので、生成器Gが7ばかり生成します。このような教師データの一部しか生成しなくなる現象をモード崩壊と呼びます。GANの学習を安定的に行うのは難しいです。

　以上、本節ではDCGANの損失関数と学習手法を解説し、実際にDCGANで手書き数字を生成しました。次節からDCGANを発展させたSelf-Attention GANについて解説と実装を行います。

5-3 Self-Attention GANの概要

本節では **Self-Attention GAN**（SAGAN）の概要を解説します。前節までのDCGANとの違いに着目しながら解説します。SAGANはGANの提唱者であるIan Goodfellowらが2018年に提唱したGANとなります[2]。執筆時点で最高峰のGANの1つであるBigGAN[3]もこのSAGANをベースに構築されています。

本節では、Self-Attention、pointwise convolution、Spectral Normalizationという3つのディープラーニング技術について解説を行います。どの技術も難しい内容であり、一読での完全な理解は困難です。本節を何度も読んでみたり、次節で実装して動かしてみてから再度本節を読み直してみたりしていただければと思います。

本節の学習目標は、次の通りです。

1. Self-Attentionを理解する
2. 1×1 Convolutions（pointwise convolution）の意味を理解する
3. Spectral Normalizationの気持ちを理解する

本節の実装ファイル：

なし

従来のGANの問題点

図5.3.1に図5.1.2に掲載した転置畳み込みConvTranspose2dのイメージを再掲します。GANのGeneratorではこの転置畳み込みを繰り返すことで特徴量マップが大きくなるのですが、「転置畳み込みではどうしても局所的な情報の拡大にしかならない」という問題があります。

5-3 ● Self-Attention GAN の概要

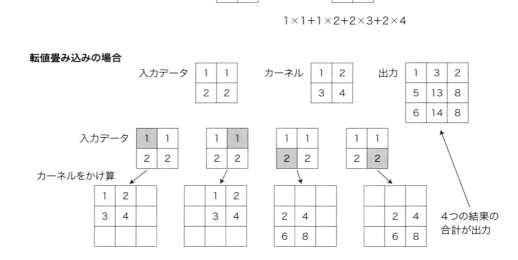

図 5.3.1 ConvTranspose2d のイメージ：図 5.1.2（245 ページ）の再掲載

例えば図 5.3.1 の左下部分（入力データの左上、値が 1 となっているセルに対応する部分）をご覧ください。新しく生成される四角形 9 マスは、左上が（1, 2, 3, 4）となります。この左上が（1, 2, 3, 4）の値は、入力データの左上のマス（値 1）にカーネルがかけ算されたものであり、新たに生成される特徴量マップの左上部分は ConvTranspose2d への入力データの左上部分を強く反映したものになります。つまり新たにできる特徴量マップは ConvTranspose2d の局所的な情報が局所的に拡大されたものとなります。

このように、転置畳み込み ConvTranspose2d の繰り返しでは局所的な情報の拡大の連続になってしまいます。より良い画像生成を実現するためにも、可能であれば、拡大する際に画像全体の大域的な情報を考慮できるしくみが欲しいところです。

❖ Self-Attention の導入

GAN の生成器 Generator は転置畳み込み ConvTranspose2d の繰り返しで画像を拡大生成するため、どうしても局所情報の拡大となり、拡大時に大域的な情報が含まれないという問題を、Self-Attention と呼ばれる技術で解決します。

Self-Attention の概念は一読では難しいので、本節を何度も読み直してみたりしてください。また Self-Attention は本章だけではなく、第 7、8 章の自然言語処理のディープラーニングで

も使用する非常に重要な技術になります。

　本章で実装したGでは4つのlayerとlastの5つのlayerによって徐々に生成画像を拡大しました。この途中のlayer間の出力を x とします。x のテンソルサイズは（チャネル数×高さ×幅）です。これをC×H×Wと記述します。この x が次のlayerに入力されて拡大されるのですが、その際に x を入力するのではなく、大域的な情報を考慮して x を調整した

$$y = x + \gamma o$$

を入力する作戦を考えます。ここで y は、x に対して大域的な情報を考慮して調整した特徴量です。この y が次のlayerへの入力になります。γ は適当な係数です。そして o は x を大域的な情報を用いて調整する値です。この変数 o をSelf-Attention Mapと呼びます。

　ではこのSelf-Attention Mapである o をどのようにして作成すれば良いのでしょうか？　1つの作戦として全結合層（Fully Connected Layer）を使用する方法が考えられます。ですが、全結合層は計算コストが高いのと、サイズC×H×Wの x の各要素の線形和しか作成できないので表現力も乏しいです。要素ごとの積が欲しいところです。

　そこでまず入力変数 x を行列演算しやすいようにサイズC×H×WからサイズC×NのC行N列へと変形します（図5.3.2）。NはW×Hです。

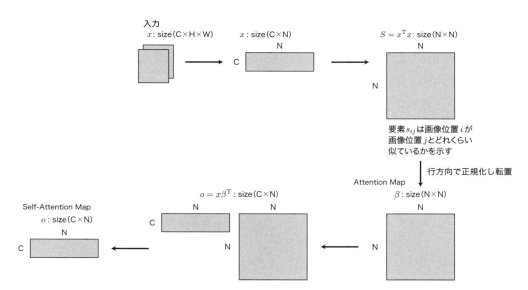

図5.3.2　Self-Attentionの流れ

　そして変形した x 同士のかけ算

$$S = x^{\mathrm{T}} x$$

を作成します。SはN×Cの行列x^TとC×Nの行列xのかけ算なので、N×Nサイズとなります。ここで行列Sの要素s_{ij}は画像位置iが画像位置jとどれくらい似ているかを示すことになります。すなわち、画像位置情報は0からN-1までで表されますが、その位置情報の各チャネルと、別の位置情報の同じチャネルの値をかけ算し、チャネルごとに求めたかけ算の和も計算しているので、同じ位置同士でチャネルごとに値が似ているとS_{ij}は大きな値になります。つまりS_{ij}は画像位置iの特徴量と画像位置jの特徴量の似ている度を示すことになります。

続いてSを規格化します。行方向にソフトマックス関数を計算し、各画像位置が画像位置jと似ている度の総和を1にしてから転置します。この規格化した行列をβとします。

つまり、

$$\beta_{j,i} = \frac{\exp(s_{ij})}{\sum_{i=1}^{N} \exp(s_{ij})}$$

です(ここで転置操作によりβ側ではiとjが入れ替わっています)。

この行列βの要素$\beta_{j,i}$は、位置jの特徴量が位置iの特徴量とどの程度似ているかを示し、「位置jを生成する際に位置iをどの程度考慮すべきかを示すもの」と捉えることにします。さきの規格化で位置iが考慮される量は合計で1になっています。このようにして作成したβをAttention Mapと呼びます。

最後にC×Nの行列xとAttention Mapをかけ算すれば現在のxに対応し、xを大域的な情報から調整する量であるSelf-Attention Mapのoが計算できます。

$$o = x\beta^\mathrm{T}$$

ここで

$$o_{c=i,n=j} = \sum_{k=1}^{N} x_{c=i,k} * \beta^\mathrm{T}_{k,n=j} = \sum_{k=1}^{N} x_{c=i,k} * \beta_{n=j,k}$$

のため$x\beta^\mathrm{T}$という式が導出されます。

ここまでの内容を実装コードで書くと次のようになります。説明は難しいですが、実装は短いです。実装の`torch.bmm`はミニバッチごとに、要素を行列かけ算してくれる命令です。

```
# 最初のサイズ変形 B,C,W,H→B,C,N へ
X = X.view(X.shape[0], X.shape[1], X.shape[2]*X.shape[3])  # サイズ：B,C,N

# かけ算
X_T = X.permute(0, 2, 1)  # B,N,C 転置
S = torch.bmm(X_T, X)  # bmmはバッチごとの行列かけ算です

# 規格化
```

```
m = nn.Softmax(dim=-2)  # 行i方向の和を1にするソフトマックス関数
attention_map_T = m(S)  # 転置されているAttention Map
attention_map = attention_map_T.permute(0, 2, 1)  # 転置をとる

# Self-Attention Mapを計算する
o = torch.bmm(X, attention_map.permute(0, 2, 1))  # Attention Mapは転置してかけ算
```

　ここまでのSelf-Attentionの解説で、どのような流れで処理を行い、どう実装するかを説明しました。ですがSelf-Attentionでなぜこのような操作をやっているのかが分かりづらいので、説明を補足します。

　そもそも今回Self-Attentionという技術が出てきた理由は、転置畳み込みにおいて局所情報しか考慮できないという問題があるからでした。これは転置畳み込みに限らず通常の畳み込みでも同じです。

　ではなぜ転置畳み込みや通常の畳み込みでは局所的な情報しか取得できないのかというと、それはカーネルサイズを小さく規定しているからです。カーネルサイズが小さいから小さな範囲しか参照できず、局所的な情報しか取得できません。

　それでは巨大なカーネル、例えば入力サイズと同じサイズのカーネルを用意すれば良いかと言うと、それはあまりに計算コストが大きくなり、うまく学習できません。計算コストを抑えるためにも、なんらかの制限をかけて大域的な情報を考慮させる仕組みが必要です。

　そのような、入力データの位置情報全体に対するカーネルのような機能を持ちつつも制限を与えて計算コストを抑える手段がSelf-Attentionです。

　Self-Attentionでは計算コストを抑える制限として、

　　「入力データのとあるセルに対して特徴量を計算する際に、着目すべきセルは、自分自身と値が似ているセルとする」

という制限を与えます。

　この記述は、カーネルサイズNの通常の畳み込みや転置畳み込みのケースでは

　　「入力データのとあるセルに対して特徴量を計算する際に、着目すべきセルは、周囲N×Nの範囲のセルとする」

という表現に対応します。

　すなわち畳み込みや転置畳み込みでは、着目すべきセルを、特徴量を計算する対象のセルに対してカーネルサイズ範囲の周囲セルとするところを、Self-Attentionでは着目すべきセルを、特徴量を計算する対象のセルと特徴量が似ているセルとします。

　要はカーネルサイズ最大の畳み込み層だが、そのカーネルの値を学習させるのではなく、自分自身との特徴量の値が似ている度合いをカーネルの値として毎回データごとに計算する、というイメージです。

　以上がSelf-Attentionの解説となります。

　ですが、やはりSelf-Attentionの計算コストを抑える制限として、

「入力データのとあるセルに対して特徴量を計算する際に、着目すべき周りのセルは、自
　分自身と値が似ているセルとする」

という制限は強いので、入力データxに対してそのままSelf-Attentionをかけると性能が良
くなりにくいです。そこで、Self-Attentionの制限があってもうまく入力データxから大域的
な情報を考慮した特徴量を計算できるように、入力データxを一度特徴量変換してからSelf-
Attentionに与えることにします。

1×1 Convolutions（pointwise convolution）

　Self-Attentionを実行する際に、layerの出力xをそのままSelf-Attentionの計算に使用する
のではなく、一度特徴量変換してからSelf-Attentionに与えることにします。

　その特徴量変換の手法として、カーネルサイズが1×1の畳み込み層でxをサイズC×H×
WからサイズC'×H×Wへと変換してSelf-Attentionで使用します。この1×1の畳み込み層
のことをpointwise convolutionと呼びます（第3章のセマンティックセグメンテーションで
もこのpointwise convolutionが出てきていました）。

　カーネルサイズ1の畳み込み処理にどのような意味があるのか解説します。カーネルサイ
ズが1なので、畳み込み層から出力される結果は入力するxの各チャネルを足し算するだけ
になります。以下の図5.3.3がpointwise convolutionのイメージです。もし1×1の畳み込み
層の出力チャネルが1つだけなら、入力xをチャネルごとに線形和をとったものになります。
出力チャネルが複数であれば異なる係数でチャネルごとに線形和をとったものを、出力チャ
ネル分だけ用意することになります。

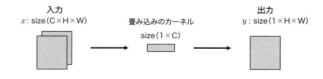

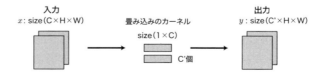

図5.3.3　pointwise convolutionのイメージ

つまりpointwise convolutionは入力データのチャネルごとの線形和を作成するものであり、その1×1の畳み込み層の出力チャネル数を変化させることで、元の入力xのチャネル数をCからC'へと変化させます。基本的には出力チャネル数C'は入力チャネル数Cより小さな値です。

　このように元の入力xの特徴量ごとの線形和を計算する操作は、すなわち入力xの次元圧縮をすることになります。イメージとしては主成分分析と同じです。ニューラルネットワークのバックプロパゲーションで、元の入力xをチャネル数CからC'へと圧縮する際に、xの情報が欠落しにくい線形和の係数（すなわち、pointwise convolutionのカーネルの重み）を学習してくれます。

　Self-Attentionを実施する前段階でこのpointwise convolutionを使用する理由は2つあります。1つ目は先に解説した通り、Self-Attentionの「入力データのとあるセルに対して特徴量を計算する際に、着目すべき周りのセルは、自分自身と値が似ているセルとする」という制限下でもうまく機能する特徴量に入力xを変換したいという理由です。2つ目の理由はSelf-AttentionではN×Cの行列x^TとC×Nの行列xのかけ算をするので、その際のCを小さくしておいて、計算コストを抑えたいという理由です。

　その他、Self-Attentionとは関係ない文脈においてもpointwise convolutionは入力データの次元圧縮を実施し、計算コストを下げる特性を生かして、エッジ端末などの大きなメモリや計算能力が少ない計算機でディープラーニングを実施するMobileNets[4]と呼ばれるモデルでも使用されます。

　1×1の畳み込み層によるpointwise convolutionとSelf-Attentionに実装すると次のようになります。実装でquery、key、valueという概念が出てきます。これらの概念は主に自然言語処理でのSourceTarget-Attentionと呼ばれるAttention技術の概念から出てくるものです。Self-Attentionとは少し概念が違うのですが、Self-Attentionでもこれらquery、key、valueという変数名を使用して実装されることが多いです。本章では、元の入力xの転置に対応するものをquery、元の入力xに対応するものをkey、そしてAttention Mapとかけ算する対象をvalueとして、変数名を付けている程度にご理解いただければと思います。以上、1×1の畳み込み層であるpointwise convolutionの解説でした。

```
# 1×1の畳み込み層によるpointwise convolutionを用意
query_conv = nn.Conv2d(
    in_channels=X.shape[1], out_channels=X.shape[1]//8, kernel_size=1)
key_conv = nn.Conv2d(
    in_channels=X.shape[1], out_channels=X.shape[1]//8, kernel_size=1)
value_conv = nn.Conv2d(
    in_channels=X.shape[1], out_channels=X.shape[1], kernel_size=1)

# 畳み込みをしてから、サイズを変形する。 B,C',W,H→B,C',N へ
```

```python
proj_query = query_conv(X).view(
    X.shape[0], -1, X.shape[2]*X.shape[3])  # サイズ：B,C',N
proj_query = proj_query.permute(0, 2, 1)  # 転置操作
proj_key = key_conv(X).view(
    X.shape[0], -1, X.shape[2]*X.shape[3])  # サイズ：B,C',N

# かけ算
S = torch.bmm(proj_query, proj_key)  # bmmはバッチごとの行列かけ算です

# 規格化
m = nn.Softmax(dim=-2)  # 行i方向の和を1にするソフトマックス関数
attention_map_T = m(S)  # 転置されているAttention Map
attention_map = attention_map_T.permute(0, 2, 1)  # 転置をとる

# Self-Attention Mapを計算する
proj_value = value_conv(X).view(
    X.shape[0], -1, X.shape[2]*X.shape[3])  # サイズ：B,C,N
o = torch.bmm(proj_value, attention_map.permute(
    0, 2, 1))  # Attention Mapは転置してかけ算
```

Spectral Normalization

　SAGANではSpectral Normalization[5]と呼ばれる概念を使用して、畳み込み層の重みの規格化を行います。PyTorchの実装では`torch.nn.utils.spectral_norm()`となります。

　Normalization（ノーマライゼーション）と聞くとバッチノーマライゼーションが思い浮かびますが、バッチノーマライゼーションは、ディープラーニングモデル内を流れるデータに対する規格化操作でした。このSpectral Normalizationはデータではなく、畳み込み層などのネットワークの重みパラメータを規格化する操作です。

　GANがうまく機能するには、識別器Discriminatorがリプシッツ連続性（Lipschitz continuity）を有する必要があります。

　とても難しい言葉が出てきましたが、リプシッツ連続性をイメージで解説すると、
「識別器Dへの入力画像がほんの少し変化しても識別器Dの出力はほとんど変化しませんよ」
という意味です。逆にリプシッツ連続性が保たれていない識別器の場合には、
「識別器Dへの入力画像がほんの少し変化すると識別器Dの出力はとても変化します」
ということになります。

　リプシッツ連続性が保たれておらず、Dへの入力がほんの少し変化しただけで識別結果が大きく変わる状態では、なんとなくGANのGとDがうまく学習できないイメージが持てるかと思います。

ではこのリプシッツ連続性をDのネットワークが有するにはどうすれば良いか？　その解決策がSpectral Normalizationで重みを正規化するという操作になります。Spectral Normalizationの内容を理解するには線形代数の固有値が持つ意味をきちんと理解する必要があります。本書ではそこまで込み入った解説をせず、イメージで解説します。

　とある層へ入力されるテンソルデータがあり、その層からの出力されるテンソルがあります。この入力と出力を考えたときに、入力テンソルの特定の成分（この成分はテンソル形式です、固有ベクトルに対応します）が出力時に元より大きくなる場合、その特定の成分は、その層の処理において拡大されることになります。

　入力画像Aと入力画像Bが存在し、画像Aと画像Bはほとんど一緒で、ほんの少しだけ違うとします。このほんの少しだけ違う部分に上記の大きくなるテンソル成分を含んでいると、入力画像の小さな変化は拡大されることになります。入力画像の小さな変化が拡大する状態では、これが繰り返されると識別器Dの出力手前では入力画像AとBの小さな違いは大きな違いとなっており、最終的な識別結果も大きく変わります。すなわち
「識別器Dへの入力画像がほんの少し変化すると識別器Dの出力はとても変化します」
という状態になります。

　それを防ぐために、層への入力テンソルのどのような成分でも出力テンソルでは拡大されることがないように、様々な成分が拡大される値のうち最大値を使用して（最大固有値に対応します）、で層の重みパラメータを割り算して規格化します。

　難しい解説が続きましたが、「Spectral NormalizationによってGANの学習がうまくいくように層の重みを正規化する」くらいに理解いただければと思います。Spectral Normalizationの詳細が気になる方は、[5, 6]をご覧ください。

　なおSAGANではDだけでなく生成器Gの畳み込み層にもSpectral Normalizationを使用します。

　Spectral Normalizationの実装は簡単です。例えば転置畳み込み層に適用する場合は以下の通りです。

```
nn.utils.spectral_norm(nn.ConvTranspose2d(
    z_dim, image_size * 8, kernel_size=4, stride=1))
```

　以上、本節ではSAGANのキーポイントとなる3つのディープラーニング技術、Self-Attention、1×1畳み込み層（pointwise convolution）、Spectral Normalizationについて解説しました。次節ではこれらを使用してSAGANを実装し、数字画像の生成を学習させます。

5-4 Self-Attention GANの学習、生成の実装

本節ではSAGANを実装し、手書き数字の画像を生成できるように学習させます。5.2節と同じ教師データを使用し、数字の7と8の画像を生成させます。本章の実装はGitHub：heykeetae/Self-Attention-GAN[7]を参考にしています。

本節の学習目標は、次の通りです。

1. SAGANを実装できるようになる

> **本節の実装ファイル：**
> 5-4_SAGAN.ipynb

● Self-Attentionモジュールの実装

Self-Attentionを計算するモジュールを実装します。モジュールへの入力がx、Self-Attention Mapがoのとき、出力は

$$y = x + \gamma o$$

です。ここで、γは適当な係数であり、初期値0から学習させます。そのため実装時には`nn.Parameter()`を使用して変数γを作成します。この`nn.Parameter()`はPyTorchで学習可能な変数を作成する命令です。

実装は次の通りです。なお出力時にAttention Mapも合わせて出力させています。Attention Mapは以後の計算で直接使用するわけではありませんが、後ほどどのようにSelf-Attentionされたのか、Attentionの強さを可視化するために使用します。

```
class Self_Attention(nn.Module):
    """ Self-AttentionのLayer"""

    def __init__(self, in_dim):
        super(Self_Attention, self).__init__()
```

```python
        # 1x1の畳み込み層によるpointwise convolutionを用意
        self.query_conv = nn.Conv2d(
            in_channels=in_dim, out_channels=in_dim//8, kernel_size=1)
        self.key_conv = nn.Conv2d(
            in_channels=in_dim, out_channels=in_dim//8, kernel_size=1)
        self.value_conv = nn.Conv2d(
            in_channels=in_dim, out_channels=in_dim, kernel_size=1)

        # Attention Map作成時の規格化のソフトマックス
        self.softmax = nn.Softmax(dim=-2)

        # 元の入力xとSelf-Attention Mapであるoを足し算するときの係数
        # output = x +gamma*o
        # 最初はgamma=0で、学習させていく
        self.gamma = nn.Parameter(torch.zeros(1))

    def forward(self, x):

        # 入力変数
        X = x

        # 畳み込みをしてから、サイズを変形する。 B,C',W,H→B,C',N へ
        proj_query = self.query_conv(X).view(
            X.shape[0], -1, X.shape[2]*X.shape[3])  # サイズ：B,C',N
        proj_query = proj_query.permute(0, 2, 1)  # 転置操作
        proj_key = self.key_conv(X).view(
            X.shape[0], -1, X.shape[2]*X.shape[3])  # サイズ：B,C',N

        # かけ算
        S = torch.bmm(proj_query, proj_key)  # bmmはバッチごとの行列かけ算です

        # 規格化
        attention_map_T = self.softmax(S)  # 行i方向の和を1にするソフトマックス関数
        attention_map = attention_map_T.permute(0, 2, 1)  # 転置をとる

        # Self-Attention Mapを計算する
        proj_value = self.value_conv(X).view(
            X.shape[0], -1, X.shape[2]*X.shape[3])  # サイズ：B,C,N
        o = torch.bmm(proj_value, attention_map.permute(
            0, 2, 1))  # Attention Mapは転置してかけ算

        # Self-Attention MapであるoのテンソルサイズをXにそろえて、出力にする
        o = o.view(X.shape[0], X.shape[1], X.shape[2], X.shape[3])
        out = x+self.gamma*o

        return out, attention_map
```

生成器Generatorの実装

生成器Gを実装します。基本的にはDCGANのままですが、2点の変更があります。

1点目は転置畳み込み層にSpectral Normalizationを追加する点です。ただし最後のlayerであるlastの転置畳み込み層には追加しません。

2点目はlayer3とlayer4の間、およびlayer4とlastの間の2か所にSelf-Attentionモジュールを追加する点です。

これら2点の変更を踏まえた実装は次の通りです。なお出力時に可視化用のAttention Mapも出力させています。

```python
class Generator(nn.Module):

    def __init__(self, z_dim=20, image_size=64):
        super(Generator, self).__init__()

        self.layer1 = nn.Sequential(
            # Spectral Normalizationを追加
            nn.utils.spectral_norm(nn.ConvTranspose2d(z_dim, image_size * 8,
                                                     kernel_size=4, stride=1)),
            nn.BatchNorm2d(image_size * 8),
            nn.ReLU(inplace=True))

        self.layer2 = nn.Sequential(
            # Spectral Normalizationを追加
            nn.utils.spectral_norm(nn.ConvTranspose2d(image_size * 8,
                                                     image_size * 4,
                                                     kernel_size=4, stride=2,
                                                     padding=1)),
            nn.BatchNorm2d(image_size * 4),
            nn.ReLU(inplace=True))

        self.layer3 = nn.Sequential(
            # Spectral Normalizationを追加
            nn.utils.spectral_norm(nn.ConvTranspose2d(image_size * 4,
                                                     image_size * 2,
                                                     kernel_size=4, stride=2,
                                                     padding=1)),
            nn.BatchNorm2d(image_size * 2),
            nn.ReLU(inplace=True))

        # Self-Attentin層を追加
```

```python
        self.self_attntion1 = Self_Attention(in_dim=image_size * 2)

        self.layer4 = nn.Sequential(
            # Spectral Normalizationを追加
            nn.utils.spectral_norm(nn.ConvTranspose2d(image_size * 2, image_size,
                                                      kernel_size=4, stride=2,
                                                      padding=1)),
            nn.BatchNorm2d(image_size),
            nn.ReLU(inplace=True))

        # Self-Attentin層を追加
        self.self_attntion2 = Self_Attention(in_dim=image_size)

        self.last = nn.Sequential(
            nn.ConvTranspose2d(image_size, 1, kernel_size=4,
                               stride=2, padding=1),
            nn.Tanh())
        # 注意:白黒画像なので出力チャネルは1つだけ

        self.self_attntion2 = Self_Attention(in_dim=64)

    def forward(self, z):
        out = self.layer1(z)
        out = self.layer2(out)
        out = self.layer3(out)
        out, attention_map1 = self.self_attntion1(out)
        out = self.layer4(out)
        out, attention_map2 = self.self_attntion2(out)
        out = self.last(out)

        return out, attention_map1, attention_map2
```

識別器Discriminatorの実装

続いて識別器Dを実装します。こちらも基本はDCGANのままで生成器Gと同じく2点の変更があります。

1点目は畳み込み層にSpectral Normalizationを追加する点です。ただし最後のlayerであるlastの畳み込み層には追加しません。

2点目はlayer3とlayer4の間、およびlayer4とlastの間の2か所にSelf-Attentionモジュールを追加する点です。生成器Gと同じ変更手順となります。

これらの変更を踏まえた実装は次の通りです。なお出力時に可視化用のAttention Mapも

出力させています。

```python
class Discriminator(nn.Module):

    def __init__(self, z_dim=20, image_size=64):
        super(Discriminator, self).__init__()

        self.layer1 = nn.Sequential(
            # Spectral Normalizationを追加
            nn.utils.spectral_norm(nn.Conv2d(1, image_size, kernel_size=4,
                                             stride=2, padding=1)),
            nn.LeakyReLU(0.1, inplace=True))
            # 注意：白黒画像なので入力チャネルは1つだけ

        self.layer2 = nn.Sequential(
            # Spectral Normalizationを追加
            nn.utils.spectral_norm(nn.Conv2d(image_size, image_size*2,
                                             kernel_size=4,
                                             stride=2, padding=1)),
            nn.LeakyReLU(0.1, inplace=True))

        self.layer3 = nn.Sequential(
            # Spectral Normalizationを追加
            nn.utils.spectral_norm(nn.Conv2d(image_size*2, image_size*4,
                                             kernel_size=4,
                                             stride=2, padding=1)),
            nn.LeakyReLU(0.1, inplace=True))

        # Self-Attentin層を追加
        self.self_attntion1 = Self_Attention(in_dim=image_size*4)

        self.layer4 = nn.Sequential(
            # Spectral Normalizationを追加
            nn.utils.spectral_norm(nn.Conv2d(image_size*4, image_size*8,
                                             kernel_size=4,
                                             stride=2, padding=1)),
            nn.LeakyReLU(0.1, inplace=True))

        # Self-Attentin層を追加
        self.self_attntion2 = Self_Attention(in_dim=image_size*8)

        self.last = nn.Conv2d(image_size*8, 1, kernel_size=4, stride=1)

    def forward(self, x):
        out = self.layer1(x)
```

```
        out = self.layer2(out)
        out = self.layer3(out)
        out, attention_map1 = self.self_attntion1(out)
        out = self.layer4(out)
        out, attention_map2 = self.self_attntion2(out)
        out = self.last(out)

        return out, attention_map1, attention_map2
```

DataLoaderの作成

　続いて教師データのDataLoaderである変数`train_dataloader`を作成します。この変数`train_dataloader`は5.2節と全く同じ、数字の7と8の画像のDataLoaderです。5.2節と同じ内容なので、DataLoader作成の実装コードは掲載を省略します。

ネットワークの初期化と学習の実施

　学習の関数を定義します。基本的には5.2節のDCGANと同じになりますが1点だけ異なる部分があります。それは損失関数の定義です。

　SAGANでは損失関数を hinge version of the adversarial loss と呼ばれるものに変更しています。DCGANでは識別器Dの損失関数は、Dの出力を $y = D(x)$ とすると

$$-\sum_{i=1}^{M} [l_i \log y_i + (1 - l_i) \log (1 - y_i)]$$

であり、実装コードでは

```
criterion = nn.BCEWithLogitsLoss(reduction='mean')
d_loss_real = criterion(d_out_real.view(-1), label_real)
d_loss_fake = criterion(d_out_fake.view(-1), label_fake)
```

として記述されていました。SAGANの hinge version of the adversarial loss ではDの損失関数は

$$-\frac{1}{M}\sum_{i=1}^{M} [l_i * \min (0, -1 + y_i) + (1 - l_i) * \min (0, -1 - y_i)]$$

となり、実装時には

```
d_loss_real = torch.nn.ReLU()(1.0 - d_out_real).mean()
d_loss_fake = torch.nn.ReLU()(1.0 + d_out_fake).mean()
```

となります。この実装においてReLUはネットワークの活性化関数という意味ではなく、単に数値0とReLUへの入力を比較し、損失関数の $\min(0, -1+y_i)$ などのmin関数を実現する役割である点に注意してください（損失関数の先頭にあるマイナスを考慮しているので実際はmax関数をReLUで表現）。

また生成器Gの場合、DCGANではGの損失関数は

$$\sum_{i=1}^{M} \log\left(1 - D\left(G\left(z_i\right)\right)\right)$$

を、学習しやすくするために

$$-\sum_{i=1}^{M} \log D\left(G\left(z_i\right)\right)$$

として、使用しました。実装コードでは

```
criterion = nn.BCEWithLogitsLoss(reduction='mean')
g_loss = criterion(d_out_fake.view(-1), label_real)
```

として記述されていました。SAGANのhinge version of the adversarial lossではGの損失関数は

$$-\frac{1}{M}\sum_{i=1}^{M} D\left(G\left(z_i\right)\right)$$

となり、実装時には

```
g_loss = - d_out_fake.mean()
```

となります。

このようなhinge versionの損失関数を使用している理由として論文著者らは、通常のGANの損失関数よりも経験的にうまく学習できるからとしています。このhinge version以外にもGANの損失関数は多数提案されています。そしてこのhinge versionを含め様々なGANの損失関数は経験的にうまくいくという理由から使用されているケースが多いです。

上記の損失関数の変更を踏まえてSAGANの学習関数を実装すると次の通りとなります。

```
# モデルを学習させる関数を作成

def train_model(G, D, dataloader, num_epochs):

    # GPUが使えるかを確認
    device = torch.device("cuda:0" if torch.cuda.is_available() else "cpu")
    print("使用デバイス：", device)

    # 最適化手法の設定
    g_lr, d_lr = 0.0001, 0.0004
    beta1, beta2 = 0.0, 0.9
    g_optimizer = torch.optim.Adam(G.parameters(), g_lr, [beta1, beta2])
    d_optimizer = torch.optim.Adam(D.parameters(), d_lr, [beta1, beta2])

    # 誤差関数を定義 → hinge version of the adversarial lossに変更
    # criterion = nn.BCEWithLogitsLoss(reduction='mean')

    # パラメータをハードコーディング
    z_dim = 20
    mini_batch_size = 64

    # ネットワークをGPUへ
    G.to(device)
    D.to(device)

    G.train()  # モデルを訓練モードに
    D.train()  # モデルを訓練モードに

    # ネットワークがある程度固定であれば、高速化させる
    torch.backends.cudnn.benchmark = True

    # 画像の枚数
    num_train_imgs = len(dataloader.dataset)
    batch_size = dataloader.batch_size

    # イテレーションカウンタをセット
    iteration = 1
    logs = []

    # epochのループ
    for epoch in range(num_epochs):

        # 開始時刻を保存
```

```python
        t_epoch_start = time.time()
        epoch_g_loss = 0.0  # epochの損失和
        epoch_d_loss = 0.0  # epochの損失和

        print('-------------')
        print('Epoch {}/{}'.format(epoch, num_epochs))
        print('-------------')
        print(' (train) ')

        # データローダーからminibatchずつ取り出すループ
        for imges in dataloader:

            # --------------------
            # 1. Discriminatorの学習
            # --------------------
            # ミニバッチがサイズが1だと、バッチノーマライゼーションでエラーになるのでさける
            if imges.size()[0] == 1:
                continue

            # GPUが使えるならGPUにデータを送る
            imges = imges.to(device)

            # 正解ラベルと偽ラベルを作成
            # epochの最後のイテレーションはミニバッチの数が少なくなる
            mini_batch_size = imges.size()[0]
            #label_real = torch.full((mini_batch_size,), 1).to(device)
            #label_fake = torch.full((mini_batch_size,), 0).to(device)

            # 真の画像を判定
            d_out_real, _, _ = D(imges)

            # 偽の画像を生成して判定
            input_z = torch.randn(mini_batch_size, z_dim).to(device)
            input_z = input_z.view(input_z.size(0), input_z.size(1), 1, 1)
            fake_images, _, _ = G(input_z)
            d_out_fake, _, _ = D(fake_images)

            # 誤差を計算→hinge version of the adversarial lossに変更
            # d_loss_real = criterion(d_out_real.view(-1), label_real)
            # d_loss_fake = criterion(d_out_fake.view(-1), label_fake)

            d_loss_real = torch.nn.ReLU()(1.0 - d_out_real).mean()
            # 誤差 d_out_realが1以上で誤差0になる。d_out_real>1で、
            # 1.0 - d_out_realが負の場合ReLUで0にする

            d_loss_fake = torch.nn.ReLU()(1.0 + d_out_fake).mean()
```

```python
            # 誤差　d_out_fakeが-1以下なら誤差0になる。d_out_fake<-1で、
            # 1.0 + d_out_realが負の場合ReLUで0にする

            d_loss = d_loss_real + d_loss_fake

            # バックプロパゲーション
            g_optimizer.zero_grad()
            d_optimizer.zero_grad()

            d_loss.backward()
            d_optimizer.step()

            # --------------------
            # 2. Generatorの学習
            # --------------------
            # 偽の画像を生成して判定
            input_z = torch.randn(mini_batch_size, z_dim).to(device)
            input_z = input_z.view(input_z.size(0), input_z.size(1), 1, 1)
            fake_images, _, _ = G(input_z)
            d_out_fake, _, _ = D(fake_images)

            # 誤差を計算→hinge version of the adversarial lossに変更
            #g_loss = criterion(d_out_fake.view(-1), label_real)
            g_loss = - d_out_fake.mean()

            # バックプロパゲーション
            g_optimizer.zero_grad()
            d_optimizer.zero_grad()
            g_loss.backward()
            g_optimizer.step()

            # --------------------
            # 3. 記録
            # --------------------
            epoch_d_loss += d_loss.item()
            epoch_g_loss += g_loss.item()
            iteration += 1

    # epochのphaseごとのlossと正解率
    t_epoch_finish = time.time()
    print('-------------')
    print('epoch {} || Epoch_D_Loss:{:.4f} ||Epoch_G_Loss:{:.4f}'.format(
        epoch, epoch_d_loss/batch_size, epoch_g_loss/batch_size))
    print('timer:  {:.4f} sec.'.format(t_epoch_finish - t_epoch_start))
    t_epoch_start = time.time()
```

```
        # print("総イテレーション回数:", iteration)

    return G, D
```

最後にネットワークの重みを初期化し、学習を実行します。学習は300 epoch行います。GPU使用で15分ほど時間がかかります。

```
# ネットワークの初期化
def weights_init(m):
    classname = m.__class__.__name__
    if classname.find('Conv') != -1:
        # Conv2dとConvTranspose2dの初期化
        nn.init.normal_(m.weight.data, 0.0, 0.02)
        nn.init.constant_(m.bias.data, 0)
    elif classname.find('BatchNorm') != -1:
        # BatchNorm2dの初期化
        nn.init.normal_(m.weight.data, 1.0, 0.02)
        nn.init.constant_(m.bias.data, 0)

# 初期化の実施
G.apply(weights_init)
D.apply(weights_init)

print("ネットワークの初期化完了")


# 学習・検証を実行する
# 15分ほどかかる
num_epochs = 300
G_update, D_update = train_model(
    G, D, dataloader=train_dataloader, num_epochs=num_epochs)
```

学習の結果を可視化します。図5.4.1は上段が訓練データ、下段がSAGANにより生成した画像です。SAGANにより手書き数字の画像と思えるものが生成されています。

```python
# 生成画像と訓練データを可視化する
# 本セルは、良い感じの画像が生成されるまで、何度か実行をし直しています

device = torch.device("cuda:0" if torch.cuda.is_available() else "cpu")

# 入力の乱数生成
batch_size = 8
z_dim = 20
fixed_z = torch.randn(batch_size, z_dim)
fixed_z = fixed_z.view(fixed_z.size(0), fixed_z.size(1), 1, 1)

# 画像生成
fake_images, am1, am2 = G_update(fixed_z.to(device))

# 訓練データ
batch_iterator = iter(train_dataloader)  # イテレータに変換
imges = next(batch_iterator)  # 1番目の要素を取り出す

# 出力
fig = plt.figure(figsize=(15, 6))
for i in range(0, 5):
    # 上段に訓練データを
    plt.subplot(2, 5, i+1)
    plt.imshow(imges[i][0].cpu().detach().numpy(), 'gray')

    # 下段に生成データを表示する
    plt.subplot(2, 5, 5+i+1)
    plt.imshow(fake_images[i][0].cpu().detach().numpy(), 'gray')
```

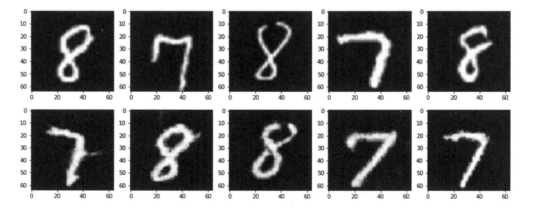

図5.4.1 SAGANによる画像生成の例（上段は教師データ、下段が生成データ）

続いて、生成画像のAttention Mapを可視化します。

```
# Attentiom Mapを出力
fig = plt.figure(figsize=(15, 6))
for i in range(0, 5):

    # 上段に生成した画像データを
    plt.subplot(2, 5, i+1)
    plt.imshow(fake_images[i][0].cpu().detach().numpy(), 'gray')

    # 下段にAttentin Map1の画像中央のピクセルのデータを
    plt.subplot(2, 5, 5+i+1)
    am = am1[i].view(16, 16, 16, 16)
    am = am[7][7]  # 中央に着目
    plt.imshow(am.cpu().detach().numpy(), 'Reds')
```

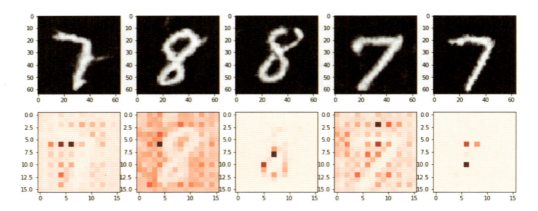

図5.4.2　SAGANの生成器において画像キャンバス中央のピクセルのAttention Mapの例（上段は生成データ、下段がAttention Map）

図5.4.2のAttention Mapは画像キャンバスの縦横方向中央にあるど真ん中のピクセルを生成する際に、他のどの位置のピクセルの特徴量にAttentionをかけて考慮したのかを示しています。

例えば左端の画像7の画像を生成する際、Attention Mapを見ると、中央から左横と左下方向のピクセルを特にチェック（注意 = Attention）して、これらの位置の特徴量を参照していることが分かります。

左から2番目の画像8を生成する際には8の輪郭となる外側全てに強くAttentionをかけています。

左から3番目の画像8を生成する際には、8の輪郭の下半分に強くAttentionをかけ、これらの位置の特徴量を参照して、中央のセルの特徴量が計算されています。

まとめ

以上、本章ではDCGANおよびSelf-Attention GANを用いた画像生成を解説・実装しました。Self-Attention、pointwise convolution、Spectral Normalizationと難しい概念が出てきた章なので、何度も読み直したりして理解を深めていただければと思います。とくにSelf-Attentionは第7、8の自然言語処理でも使用する重要な技術です。

次章ではGANを用いた異常検知を行います。

第5章引用

[1] **DCGAN**
Radford, A., Metz, L., & Chintala, S. (2015). Unsupervised representation learning with deep convolutional generative adversarial networks. arXiv preprint arXiv:1511.06434.
https://arxiv.org/abs/1511.06434

[2] **Self-Attention GAN**
Zhang, H., Goodfellow, I., Metaxas, D., & Odena, A. (2018). Self-attention generative adversarial networks. arXiv preprint arXiv:1805.08318.
https://arxiv.org/abs/1805.08318

[3] **BigGAN**
Brock, A., Donahue, J., & Simonyan, K. (2018). Large scale gan training for high fidelity natural image synthesis. arXiv preprint arXiv:1809.11096.
https://arxiv.org/abs/1809.11096

[4] **MobileNets**
Howard, A. G., Zhu, M., Chen, B., Kalenichenko, D., Wang, W., Weyand, T., ... & Adam, H. (2017). Mobilenets: Efficient convolutional neural networks for mobile vision applications. arXiv preprint arXiv:1704.04861.
https://arxiv.org/abs/1704.04861

[5] **Spectral Normalization**
Miyato, T., Kataoka, T., Koyama, M., & Yoshida, Y. (2018). Spectral normalization for generative adversarial networks. arXiv preprint arXiv:1802.05957.
https://arxiv.org/abs/1802.05957

[6] **Spectral Normalization Explained**
https://christiancosgrove.com/blog/2018/01/04/spectral-normalization-explained.html

[7] **GitHub：heykeetae/Self-Attention-GAN**
https://github.com/heykeetae/Self-Attention-GAN

GANによる異常検知
(AnoGAN、
Efficient GAN)

第 **6** 章

6-1 GANによる異常画像検知のメカニズム

6-2 AnoGANの実装と異常検知の実施

6-3 Efficinet GANの概要

6-4 Efficinet GANの実装と異常検知の実施

6-1 GANによる異常画像検知のメカニズム

本章ではGANを用いた異常画像の検知に取り組みます。

本節ではGANを用いて異常画像を検知・検出するメカニズムについて解説します。本章の6.1、6.2節では異常画像検出に **AnoGAN**（Anomaly Detection with GAN）[1] と呼ばれるGANを使用します。

本節の学習目標は、次の通りです。

1. GANを用いた異常画像検出技術が必要とされる背景を理解する
2. AnoGANのアルゴリズムを理解する

> 本節の実装ファイル：
> なし

フォルダ準備

本章では第5章GANによる画像生成と同じく、手書き数字の画像を使用します。はじめに本節および本章で使用するフォルダの作成とファイルのダウンロードを行います。

本書の実装コードをダウンロードし、フォルダ「6_gan_anomaly_detection」内にある、ファイル「make_folders_and_data_downloads.ipynb」の各セルを1つずつ実行してください。

手書き数字画像の教師データとしてMNISTの画像データをダウンロードします。第5章と同じく時間短縮のため「7」、「8」の画像をそれぞれ200枚ずつ使用します。

本章ではさらに異常画像検出のテスト画像として、正常画像として「7」、「8」、異常画像として「2」の画像を5枚ずつフォルダ「test」に用意します。

実行結果、図6.1.1のようなフォルダ構成が作成されます。本章では第5章と同じく画像サイズを28ピクセルから64ピクセルへ拡大したデータと、元の28ピクセルのデータを用意します。64ピクセル画像は6.2節で、28ピクセル画像は6.4節で使用します。

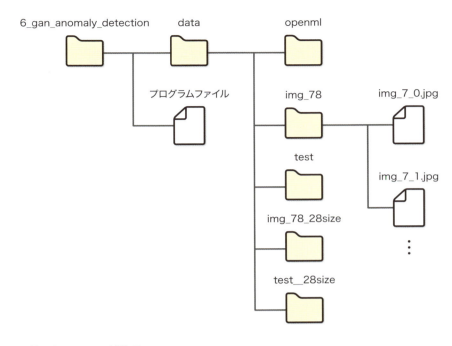

図6.1.1　第6章のフォルダ構成

GANを用いた異常画像検出の必要性

　はじめにGANを用いた異常画像検出の必要性について解説します。異常画像検出は例えば、医療現場において医療画像から疾患と健常を判定したり、製造業において部品検査で異常部品を検出したりする場面で使用されます。対象画像に対してルールベースの処理では疾患や異常製品をうまく判定できず、熟練者（専門医や熟練工）が経験から目で見て判定していた業務を、ディープラーニングを活用すれば補助・代替できる可能性があります。

　しかしながら異常検知をディープラーニングで解決する際には問題があります。それは異常画像が正常画像よりも非常に少ない、場合によっては正常画像の数パーセント以下の枚数しか用意できないという問題です。疾患画像や欠陥品画像はたくさん用意するのが難しいです。正常画像と同様に異常画像をたくさん集めることができるケースでは、（正常、異常）で画像分類をすることも可能です。しかしながら異常画像のデータが十分に集まらないケースでは、画像分類の作戦ができないという問題があります。

　そこで正常画像のみでディープラーニングを実施し、異常画像を検出できるアルゴリズムを構築したいという課題が生まれます。この課題を解決するのが本章で実装するAnoGANと呼ばれる技術です。

AnoGANの概要

AnoGANの概要について解説します。

正常画像のみでディープラーニングを実施し、異常画像を検出できるアルゴリズムを構築したいという課題に対して、直感的に思い浮かぶのは「正常画像を生成するGANモデルを構築し、その識別器Discriminatorに判定したいテスト画像を投入して、テスト画像が教師データ（すなわち正常画像）か偽画像かを判定させる」という作戦です。

識別器Dで判定させる作戦はある程度は機能するのですが、異常検知するには不十分です（この内容はAnoGANの論文[1]のFig.4 (a)の緑線P_DがAnoGANよりも精度が悪いことからも読み取れます）。

そこで「識別器Dの力だけではなく、生成器Gの力も活用して異常検知しよう」というのが本章で扱うAnoGANなどのGANを用いた異常検知の手法となります。

生成器Gの力も活用した異常検知について以下の図6.1.2を用いて解説します。

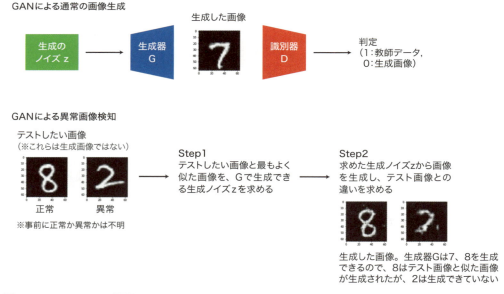

図6.1.2　AnoGANの概要

図6.1.2上側は通常のGANの流れです。生成ノイズzを生成器Gに入力して画像を生成し、生成した画像が教師データか生成データかを識別器Dで判定させます。AnoGANではまずこの通常のGANモデルを学習させます。

　続いて学習させたGとDを使用して異常検知を実施します。まず異常かどうかをテストしたい画像を用意します。図6.1.2の下側では数字の「8」と「2」の画像を用意しています（これらの画像は生成されたものではなく、実際に存在し、異常かどうかを判定したい画像です）。

　まずStep1として、このテストしたい画像と最もよく似た画像を生成できる生成ノイズzを求めます。この生成ノイズzを求める具体的な方法は次節で実装しながら解説します。

　可能な限り最もよく似た画像を生成できるzを求めたら、Step2としてその生成ノイズzを生成器Gに入力し画像を生成します。このときGANの学習に用いた教師データとテストデータが良く似ている、すなわち正常画像であれば、生成した画像はテストデータとよく似た画像になります。

　図6.1.2では「8」のテスト画像において、「8」はGANが学習したデータなので、テストデータの画像とよく似た画像が生成できています。一方で「2」の画像については、生成器Gに「2」を生成する能力がないので、テスト画像と精一杯似た画像を生成する生成ノイズzを用意しましたが、生成された画像とテスト画像には大きく違いが生じています。「2」の最後の右下の横棒部分などが生成できておらず、「8の画像のテスト画像と生成画像の差」と「2の画像のテスト画像と生成画像の差」を比べると2の方が大きいです。

　このようにAnoGANでは、生成器Gは正常画像しか生成できないという特性を使用して異常検知を実施します。

　ここまでの解説では、「識別器Dは使わないのか？」、「Step1の生成ノイズzはどうやって求めるのだ？」という疑問が湧くかと思います。識別器DはStep1の生成ノイズを求める際に使用します。次節で実際にAnoGANを実装しながら、Step 1をどのように実現するのか解説します。

　以上、本節ではGANによる異常検知の重要性、AnoGANの概要を解説しました。次節ではAnoGANを実装します。

6-2 AnoGANの実装と異常検知の実施

本節ではAnoGANを実装しながらそのアルゴリズムを解説します。
本節の学習目標は、次の通りです。

1. AnoGANでテスト画像に最も似た画像を生成するノイズzを求める方法を理解する
2. AnoGANを実装し、手書き数字画像で異常検知が生成できる

本節の実装ファイル：

6-2_AnoGAN.ipynb

DCGANの学習

本節では5.1節、5.2節で実装したDCGANを使用した異常検知AnoGANを実装します。
AnoGANを実装する場合、本節のDCGAN以外にも任意のGANが使用できます。

AnoGANではまず通常のDCGANを教師データから学習させます。基本的には5.1節とまったく同じ内容で、生成器Gのモデル、識別器Dのモデル、数字の7、8の教師データのDataLoaderを用意し、5.2節と同じ学習を実施します。

ただし、1点だけ異なる点があります。識別器Dのモデルの出力を変更します。Dの出力を（0：生成データ、1：教師データ）の判定結果だけでなく、その1つ手前の特徴量も出力させるように変更します。なぜならこの特徴量をAnoGANのStep1の生成ノイズzを求める際に使用したいからです。

生成器G（5.1節と同じ）、識別器G（出力のみ5.1節から変更）を実装します。実装は次の通りです。

```
class Generator(nn.Module):

    def __init__(self, z_dim=20, image_size=64):
        super(Generator, self).__init__()

        self.layer1 = nn.Sequential(
```

```python
            nn.ConvTranspose2d(z_dim, image_size * 8,
                               kernel_size=4, stride=1),
            nn.BatchNorm2d(image_size * 8),
            nn.ReLU(inplace=True))

        self.layer2 = nn.Sequential(
            nn.ConvTranspose2d(image_size * 8, image_size * 4,
                               kernel_size=4, stride=2, padding=1),
            nn.BatchNorm2d(image_size * 4),
            nn.ReLU(inplace=True))

        self.layer3 = nn.Sequential(
            nn.ConvTranspose2d(image_size * 4, image_size * 2,
                               kernel_size=4, stride=2, padding=1),
            nn.BatchNorm2d(image_size * 2),
            nn.ReLU(inplace=True))

        self.layer4 = nn.Sequential(
            nn.ConvTranspose2d(image_size * 2, image_size,
                               kernel_size=4, stride=2, padding=1),
            nn.BatchNorm2d(image_size),
            nn.ReLU(inplace=True))

        self.last = nn.Sequential(
            nn.ConvTranspose2d(image_size, 1, kernel_size=4,
                               stride=2, padding=1),
            nn.Tanh())
        # 注意:白黒画像なので出力チャネルは1つだけ

    def forward(self, z):
        out = self.layer1(z)
        out = self.layer2(out)
        out = self.layer3(out)
        out = self.layer4(out)
        out = self.last(out)

        return out


class Discriminator(nn.Module):

    def __init__(self, z_dim=20, image_size=64):
        super(Discriminator, self).__init__()

        self.layer1 = nn.Sequential(
            nn.Conv2d(1, image_size, kernel_size=4,
```

```
                        stride=2, padding=1),
              nn.LeakyReLU(0.1, inplace=True))
        # 注意：白黒画像なので入力チャネルは1つだけ

        self.layer2 = nn.Sequential(
            nn.Conv2d(image_size, image_size*2, kernel_size=4,
                        stride=2, padding=1),
            nn.LeakyReLU(0.1, inplace=True))

        self.layer3 = nn.Sequential(
            nn.Conv2d(image_size*2, image_size*4, kernel_size=4,
                        stride=2, padding=1),
            nn.LeakyReLU(0.1, inplace=True))

        self.layer4 = nn.Sequential(
            nn.Conv2d(image_size*4, image_size*8, kernel_size=4,
                        stride=2, padding=1),
            nn.LeakyReLU(0.1, inplace=True))

        self.last = nn.Conv2d(image_size*8, 1, kernel_size=4, stride=1)

    def forward(self, x):
        out = self.layer1(x)
        out = self.layer2(out)
        out = self.layer3(out)
        out = self.layer4(out)

        feature = out   # 最後にチャネルを1つに集約する手前の情報
        feature = feature.view(feature.size()[0], -1)   # 2次元に変換

        out = self.last(out)

        return out, feature
```

AnoGANの生成乱数zの求め方

DCGANのモデルができたらAnoGANを実装します。

前節で解説したStep 1のテスト画像と最もよく似た生成画像を生み出すノイズzを求めるアルゴリズムを解説します。といっても実は非常に簡単な内容です。

はじめは適当なノイズzを乱数から求めます。そしてノイズzから画像を生成します。生成した画像とテスト画像のチャネルごとのピクセルレベルでの違いを計算してピクセルの違い

の絶対値の和を求め、損失値を計算します。

このチャネルごとのピクセルレベルの違いを小さくするには、zの各次元において値を大きくするべきか、小さくするべきか、すなわち損失値に対するzの微分値を求めます。求めた微分値に従いzを更新します。すると更新されたzは先ほどよりもテスト画像に似た画像を生成できます。この手順を繰り返せば、テスト画像に似た画像を作成できる入力ノイズzが求まります。

このアルゴリズムを実装するには、テスト画像と生成画像のピクセルレベルの違いという損失に対して、zの微分を求めなければいけません。どのように実装しようか迷うところですが、PyTorchのフレームワークの中で簡単に実装できます。

一般的にディープラーニングでは層と層の間の結合パラメータや、畳み込み層であればカーネルの値を学習させますが、任意の変数の微分を求めることもできます。その性質を使用した実装のイメージは次の通りです。

```
# 異常検知したい画像を生成するための、初期乱数
z = torch.randn(5, 20).to(device)
z = z.view(z.size(0), z.size(1), 1, 1)

# 変数zを微分を求めることが可能なように、requires_gradをTrueに設定
z.requires_grad = True

# 変数zを更新できるように、zの最適化関数を求める
z_optimizer = torch.optim.Adam([z], lr=1e-3)
```

上記の実装例で、生成ノイズzの要素5はミニバッチの数、20はzの次元を表します。通常のGANと同様に乱数zを生成した後、zの微分を求めることが可能にするために、requires_gradをTrueに設定します。そしてzを更新する最適化関数を設定します。

あとはzを生成器Gに入力して画像を生成し、テスト画像とのピクセルレベルの差を損失lossとして求め、loss.backward()を実行すればlossを下げる方向のzの微分値が求まります。そしてその方向にzを更新するために、z_optimizer.step()を実行する、この手順の繰り返しで最適なzが求まります。

AnoGANの損失関数

続いてAnoGANの損失関数について解説します。

簡単に考えれば、生成された画像とテスト画像のチャネルごとのピクセルごとの差を求めて、その絶対値のピクセル和を損失とする作戦が考えられます。この損失のことをAnoGAN

ではresidual lossと呼びます。

しかしresidual lossだけでは学習が進みづらいです。また識別器Dを使用しないので、効果的ではありません。生成した画像とテスト画像の違いを表すさらなる指標を追加し、より効率的に両者の違いを損失に組み込むことで、zの学習を進ませたいです。

そこでAnoGANではテスト画像や生成した画像を識別器Dに入力し、真贋を判定する最後の全結合層の1つ手前の特徴量を利用します。テスト画像と生成画像の識別器Dでの特徴量に対してピクセルレベルの差を計算します。この識別器Dに入力した際の特徴量の違いをAnoGANではdiscrimination lossと呼びます。

このようにして求めるテスト画像と生成画像の違い、residual lossとdiscrimination lossの和を、

$$loss = (1 - \lambda) \times residual\ loss + \lambda \times discrimination\ loss$$

として、計算してあげます。λはresidual lossとdiscrimination lossのバランスをコントロールする変数でAnoGANの論文[1]内では0.1が使用されています。

以上の内容に従い、AnoGANの損失関数を実装すると次の通りです。

```
def Anomaly_score(x, fake_img, D, Lambda=0.1):

    # テスト画像xと生成画像fake_imgのピクセルレベルの差の絶対値を求めて、ミニバッ
    # チごとに和を求める
    residual_loss = torch.abs(x-fake_img)
    residual_loss = residual_loss.view(residual_loss.size()[0], -1)
    residual_loss = torch.sum(residual_loss, dim=1)

    # テスト画像xと生成画像fake_imgを識別器Dに入力し、特徴量を取り出す
    _, x_feature = D(x)
    _, G_feature = D(fake_img)

    # テスト画像xと生成画像fake_imgの特徴量の差の絶対値を求めて、ミニバッチごとに
    # 和を求める
    discrimination_loss = torch.abs(x_feature-G_feature)
    discrimination_loss = discrimination_loss.view(
        discrimination_loss.size()[0], -1)
    discrimination_loss = torch.sum(discrimination_loss, dim=1)

    # ミニバッチごとに2種類の損失を足し算する
    loss_each = (1-Lambda)*residual_loss + Lambda*discrimination_loss

    # ミニバッチ全部の損失を求める
    total_loss = torch.sum(loss_each)
```

```
        return total_loss, loss_each, residual_loss
```

あとはこの損失関数を使用してzを学習していくだけです。

AnoGANの学習の実装と異常検知の実施

最後にAnoGANの学習と異常検知を実装、実施します。ここまでの解説を実装に落とし込むだけになります。今回は新たに数字の「7」、「8」に加えて、異常画像として「2」の画像を追加したフォルダ「test」の画像をDataLoaderとして使用します。

テスト用のDataLoaderの実装は次の通りです。

```
# テスト用のDataLoaderの作成

def make_test_datapath_list():
    """学習、検証の画像データとアノテーションデータへのファイルパスリストを作成する。"""

    train_img_list = list()  # 画像ファイルパスを格納

    for img_idx in range(5):
        img_path = "./data/test/img_7_" + str(img_idx)+'.jpg'
        train_img_list.append(img_path)

        img_path = "./data/test/img_8_" + str(img_idx)+'.jpg'
        train_img_list.append(img_path)

        img_path = "./data/test/img_2_" + str(img_idx)+'.jpg'
        train_img_list.append(img_path)

    return train_img_list

# ファイルリストを作成
test_img_list = make_test_datapath_list()

# Datasetを作成
mean = (0.5,)
std = (0.5,)
test_dataset = GAN_Img_Dataset(
    file_list=test_img_list, transform=ImageTransform(mean, std))

# DataLoaderを作成
batch_size = 5
```

```
test_dataloader = torch.utils.data.DataLoader(
    test_dataset, batch_size=batch_size, shuffle=True)
```

テスト画像を確認します(図6.2.1)。

```
# テストデータの確認
batch_iterator = iter(test_dataloader)  # イテレータに変換
imges = next(batch_iterator)

fig = plt.figure(figsize=(15, 6))
for i in range(0, 5):
    plt.subplot(2, 5, i+1)
    plt.imshow(imges[i][0].cpu().detach().numpy(), 'gray')
```

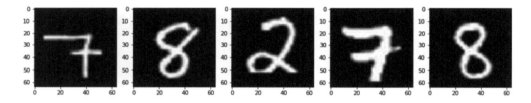

図6.2.1 異常検知を実施するテスト画像

学習を実施し、テスト画像に最も似た画像を生成するノイズzを求めます。実装と実行は次の通りです。

```
# 異常検知したい画像
x = imges[0:5]
x = x.to(device)

# 異常検知したい画像を生成するための、初期乱数
z = torch.randn(5, 20).to(device)
z = z.view(z.size(0), z.size(1), 1, 1)

# 変数zを微分を求めることが可能なように、requires_gradをTrueに設定
z.requires_grad = True

# 変数zを更新できるように、zの最適化関数を求める
z_optimizer = torch.optim.Adam([z], lr=1e-3)
```

```python
# zを求める
for epoch in range(5000+1):
    fake_img = G_update(z)
    loss, _, _ = Anomaly_score(x, fake_img, D_update, Lambda=0.1)

    z_optimizer.zero_grad()
    loss.backward()
    z_optimizer.step()

    if epoch % 1000 == 0:
        print('epoch {} || loss_total:{:.0f} '.format(epoch, loss.item()))
```

[出力]
```
epoch 0 || loss_total:6299
epoch 1000 || loss_total:3815
epoch 2000 || loss_total:2809
・・・
```

最後に求めたノイズzを生成器Gに入力し画像を生成します。そして損失がどうなっているかを求め、さらに元のテスト画像との差を視覚化します（図6.2.2）。

```python
# 画像を生成
fake_img = G_update(z)

# 損失を求める
loss, loss_each, residual_loss_each = Anomaly_score(
    x, fake_img, D_update, Lambda=0.1)

# 損失の計算。トータルの損失
loss_each = loss_each.cpu().detach().numpy()
print("total loss：", np.round(loss_each, 0))

# 画像を可視化
fig = plt.figure(figsize=(15, 6))
for i in range(0, 5):
    # 上段にテストデータを
    plt.subplot(2, 5, i+1)
    plt.imshow(imges[i][0].cpu().detach().numpy(), 'gray')

    # 下段に生成データを表示する
    plt.subplot(2, 5, 5+i+1)
    plt.imshow(fake_img[i][0].cpu().detach().numpy(), 'gray')
```

[出力]

```
total loss：[456. 279. 716. 405. 359.]
```

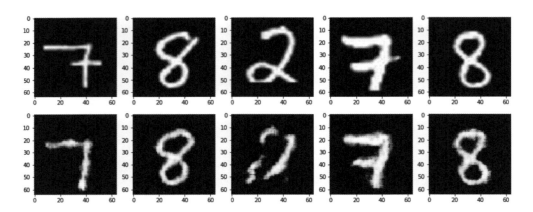

図6.2.2 AnoGANによる画像の生成（上段：テスト画像、下段：生成した画像）

　異常検知の結果を見ると、数字の7、8（すなわち正常）はtotal lossが最大約450に対して、数字の2の画像（すなわち異常値）では700を超えています。また図6.2.2の生成した画像を見ても、精いっぱいテスト画像に似た画像を生成できるように入力ノイズzを学習させましたが、異常画像である数字の2はうまくテスト画像が再現できていません。

　実運用においてはトータルのlossに対してある程度の閾値を設定し、閾値以上のlossに対しては人間が目視で異常か正常かを判断することになります。

　以上、本節ではAnoGANのStep1入力ノイズzの求め方を解説し、AnoGANの損失関数の解説、そして実際に異常検知を実装、実行しました。

　しかしながら今回のAnoGANでは適切な生成ノイズzを求める際に何epochもzを更新学習する必要があり、異常検知に非常に多くの時間がかかっています。近年ではこの生成ノイズzをテスト画像から求める別のディープラーニングのモデルを構築する作戦が提案されています。この手法の代表例がEfficient GAN[2]です。次節からこのEfficient GANについて解説と実装を行います。

6-3 Efficient GANの概要

前節ではAnoGANを実装しました。AnoGanではテスト画像と最もよく似た画像を生成する初期乱数zを求める際に、テスト画像と生成画像の誤差をバックプロパゲーションしてzを更新学習するため、異常検知に時間がかかることを体感しました。本節と次節ではこの問題を解決する手法として提案されたEfficient GAN[2]を解説・実装します。

本節の学習目標は、次の通りです。

1. テスト画像から生成ノイズを求めるエンコーダEをGANと同時作ることが重要である点を理解する
2. Efficient GANのアルゴリズムを理解する

本節の実装ファイル：

なし

Efficient GAN

AnoGANではテスト画像から生成ノイズzを求める手法が更新学習であったため、異常検知の計算に多くの時間を要しました。そこでEfficient GANでは生成ノイズzをテスト画像から求めるディープラーニングのモデル（エンコーダE）を構築する作戦を行います。

単純に考えれば、通常通りにGANを構築し、生成器Gに対して、入力した乱数zと生成される画像のペアを大量に用意して、生成画像を入力にし、その元になる乱数zを回帰するディープラーニングモデルを構築すれば良いと考えられます。

ですが、この作戦は経験的にあまり良くないと報告されています[3]。つまりGANを独立に作成してから、生成器Gの逆関数となる動作G^{-1}の役割をするモデル、すなわちエンコーダE $= G^{-1}$となるディープラーニングモデルを後から作る作戦はうまくいかないという意味です。

よって、GANの画像データxから生成ノイズzを求める場合は、後からエンコーダEを作るのではなく、GANの生成器G、識別器Dと一緒にエンコーダEを作成することが重要だと考えられています。

エンコーダEを作る方法、後から作る作戦が良くない理由

後からエンコーダEを作る作戦がうまくいかない点について解説します。本内容は非常に難しいので必要に応じて読み飛ばしてください。後からEを作る作戦がうまくいかない理由は理論的に証明されているというよりは、引用文献[3]にて実験的に述べられているものになります。

図6.3.1をご覧ください。これは引用文献[3]のFigure 8: Comparison with GAN on a toy datasetの図と同じです。ただ元論文の図は見づらいので引用[4]で示した著者らの解説ページの図が見やすいです。

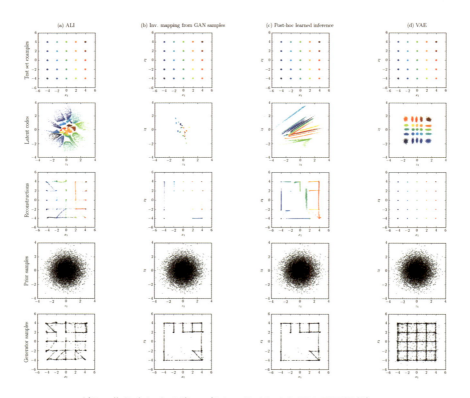

図6.3.1 エンコーダEの作り方による違い（[4]のサイトより図を引用掲載）

図6.3.1の横4列の意味を解説します。1列目はGANと一緒にエンコーダE（すなわち画像からzを求めるモデル）を学習させた結果、2列目が後からエンコーダEをAutoencoderモデル（ちっく）に学習させた結果、3列目は読み飛ばしてください、そして4列目はエンコーダEをVariational Autoencoderモデル（VAE）で学習させた結果です。つまり「1列目のGANと

一緒にEを作るのが2、4列目よりも良いですよ」と言いたい図です。

　図を縦に読みます。1行目は生成画像xに対応するデータです。この図ではxは画像ではなく2次元のデータです。GANで2次元データを生成させます。1行目の図は全列で共通であり、xの中心が25個のクラスターに分かれている混合ガウス分布のデータです。

　このxを各列それぞれの手法で学習したエンコーダEでzに変換した結果が2行目です。そもそもGANでは入力ノイズzは平均0、標準偏差1の分布を仮定しており、図6.3.1の4行目のような丸い形に、2行目もなってほしいところです。そういう見方をすると1列目はだいたいその通り丸い形になっています。一方で2列目、4列目はそうではありません。

　さらに、1行目のデータxのクラスター25個は、2行目の再構成した入力ノイズzでもきれいに分離されており、かつ隙間がないことが望ましいです。隙間があると隙間のzを使用すると元の1列目にはなかったデータが生成されてしまいます。1列目のGANと一緒にEを学習する手法は25個のクラスターがきれいに分離されており、かつ隙間は少ないです。2列目の2行目は4行目の丸い形と照らすと隙間が多いうえに、25個のクラスターも曖昧で一部被っています。4列目のVAEを用いる手法はzがきれいに分離されていますが、隙間が多いです。

　最後の5行目が4行目のような平均0標準偏差1のzからxを再構成した場合です。ここで注意点ですが4列目のVAEの生成器GはGANとは関係なく、オートエンコーダーモデルです。1行目のデータがあり、それを入力ノイズ（VAEの2次元の潜在変数）に変換するEncoderと復元のDecoderを学習し、4行目のノイズをDecoderで再構成した結果が5行目です。

　1列目、2列目、4列目の5行目の再構成結果と1行目の元のデータxを比べます。2列目（すなわち後からエンコーダEを作成作戦）の場合、5行目は1行目とかなり異なっており、元のxにあったクラスターが消えています。4列目（すなわちGANではなく、オートエンコーダーとして、データxにVAEを適用）の場合、5行目はクラスター間をつなぐ元の1行目にはなかった縦横に走る点が多数生成されています。これは2行目のzの隙間部分から生まれたデータです。最後に1列目（すなわちエンコーダEをGANと同時に学習させる作戦）の場合5行目のデータが1行目のデータと似ておりクラスターが25個あり、クラスターをつなぐ元々は存在しなかったデータもあまり生成されていません。

　この図の1列目と2列目の結果から、GANのデータxから元の入力ノイズzを求める場合は、後からエンコーダEを作るのではなく、GANの生成器G、識別器Dと一緒にエンコーダEを作成することが重要だと分かります。またオートエンコーダー作戦（4列目）も微妙であることが分かります。

　この結果は理論的な帰結ではなく実験的なものですが、このような結果となる感覚的な理解としては、GANの入力ノイズzは平均0標準偏差1の分布を仮定しているので、データxからzを求める動作G^{-1}の役割をするエンコーダEの回帰結果も平均0、標準偏差1の分布になって欲しいです。

　ではなぜ図7.3.1の2列目のデータ、後からEを作る作戦がうまくいかないか説明します。GANの生成器Gが元のデータxの分布を完璧に再現できる理想状態まで学習しきることは基

本的に困難です。「後から E を作る作戦」はこの完璧でない生成器 G を使用してエンコーダ E を作成することになり、一切元の教師データ x は使われません。つまりエンコーダ E は元のデータ x の分布とは異なる分布を生成する生成器 G から G の逆操作 G^{-1} を作るので、$G(E(x))$ が作るデータの分布は、x とは異なってしまいます。

このように生成器 G が完璧にはならないため、エンコーダ E を作る際には GAN の学習時に使用する教師データも使用してあげることが重要になります。

エンコーダ E を GAN と同時に作る方法

GAN の生成器 G、識別器 D と一緒にエンコーダ E を作成することが重要であり、かつエンコーダ E を作成するときに教師データ x を関与させることが重要です。そこで、GAN と一緒にエンコーダ E のモデルを学習する方法を解説します。

まず通常の GAN が目指していた式を再掲しますと、画像データ（教師データもしくは生成データ）を識別器 D で判定した結果が y であったときに、識別器 D の目的は

$$\sum_{i=1}^{M} \left[l_i \log y_i + (1-l_i) \log(1-y_i) \right] = \sum_{i=1}^{M} \left[l_i \log D(x) + (1-l_i) \log\bigl(1-D(G(z))\bigr) \right]$$

の判別式の値を最大化することでした。

すなわち、教師データの画像 x と生成画像 $G(z)$ の区別がつく状態です。一方で生成器 G は上式がうまく機能しないようにし、識別器 D を騙すことが目的でした。

ここにエンコーダ E を教師データの画像 x と関与させるために、BiGAN（Bidirectional Generative Adversarial Networks）[5] と呼ばれる仕組みを利用します。

BiGAN では識別器 D への入力を画像 x と入力ノイズ z のペアにして (x, z) を入力します。識別器はそれが「教師データの画像と教師データの画像に対してエンコーダ E で求めた入力ノイズのペア」なのか「生成器 G で生成した画像と生成時に使用した入力ノイズのペア」なのか、つまり識別器に入力されたのは $(x, E(x))$ なのか $(G(z), z)$ なのかを区別します。このようにエンコーダ E を教師データ x に対して適用するようにしています。Efficient GAN はこの BiGAN の仕組みをそのまま異常検知に使用します（図 6.3.2）。

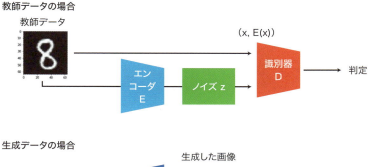

図6.3.2 Efficient GAN の概要

　識別器 D、生成器 G、エンコーダ E がどのような式から求まる損失を最小化することで Efficient GAN の3つのモデルが学習できるのかを解説します。

　識別器 D の損失関数は従来のGANと同様です。

$$-\sum_{i=1}^{M} \log D\left(x_i, E\left(x_i\right)\right) - \sum_{j=1}^{M} \log \left(1 - D\left(G\left(z_j\right), z_j\right)\right)$$

$(x, E(x))$ と $(G(z), z)$ を区別できるように学習させるため、上式を最小化させます。生成器 G も従来のGANと同じく識別器 D を騙すように学習させるので、上式を大きくさせるために、

$$\sum_{j=1}^{M} \log \left(1 - D\left(G\left(z_j\right), z_j\right)\right)$$

を最小化します。ただ、このままでは損失がゼロになりやすいので第5章のGANの生成器と同様に

$$-\sum_{j=1}^{M} \log D\left(G\left(z_j\right), z_j\right)$$

を最小化するように置き換えて実装します。

　最後にエンコーダ E の損失関数です。$(x, E(x))$ と $(G(z), z)$ において、エンコーダとしては $E(x)$ が z となるようになって欲しい、すなわち画像 x をエンコーダに入力して求めた値 $E(x)$ と画像 x が生成される生成乱数 z が同じになってほしいという気持ちがあります。

　生成器 G は x と $G(z)$ が同じになるように学習するため、つまりエンコーダとしては識別器

Dにおいて、$(x, E(x))$ と $(G(z), z)$ の区別がつかなくなれば、$E(x)$ が z となるように学習できたことになります。よって識別器Dで $(x, E(x))$ と $(G(z), z)$ がうまく判定できなくなり、エンコーダが関与している $(x, E(x))$ が誤って生成された $(G(z), z)$ と判定されれば良いことになります。よってエンコーダEは識別器Dが最小化しようとしている式を最大化するので

$$\sum_{i=1}^{M} \log D\left(x_{i}, E\left(x_{i}\right)\right) + \sum_{j=1}^{M} \log \left(1 - D\left(G\left(z_{j}\right), z_{j}\right)\right)$$

を最小化させることを目指して学習を進めます。上の式で2項目は E が関与していないので、エンコーダ E の損失関数は

$$\sum_{i=1}^{M} \log D\left(x_{i}, E\left(x_{i}\right)\right)$$

となります。

しかしながらこの式は第5章の生成器 G の損失関数と同じで、エンコーダEが学習初期では識別器 D が $(x_i, E(x_i))$ と $(G(z), z)$ を勘違いせず見破る可能性が高く、$\log D(x_i, E(x_i)) = \log 1 = 0$ となって、損失が0になりやすく学習が進みづらいです。

そこでうまく引き算を用意して

$$\sum_{i=1}^{M} \log \left(1 - D\left(x_{i}, E\left(x_{i}\right)\right)\right)$$

を最大化することがエンコーダ E の学習を進める方法だと考え、さらにマイナスをかけ算して、エンコーダEの損失関数を

$$-\sum_{i=1}^{M} \log \left(1 - D\left(x_{i}, E\left(x_{i}\right)\right)\right)$$

として実装します。

なお、識別器 D との関係だけでエンコーダ E が学習できるのなら通常のGANを学習させてから上式に従いエンコーダEを学習させれば、エンコーダEには教師データ x が関与して良いのではと思うかもしれませんが、通常のGANの学習後では識別器 D の学習が進んでいて、識別器 D をだますことができず、エンコーダ E の損失値が大きくなりすぎて学習が安定しません。そのため、識別器 D、生成器 G、エンコーダ E は未熟な状態から全て同時に学習させていくことになります。

以上の解説内容を実装コードで書いたイメージは次の通りとなります。

```python
# 誤差関数を定義
# BCEWithLogitsLossは入力にシグモイド（logit）をかけてから、
# バイナリークロスエントロピーを計算
criterion = nn.BCEWithLogitsLoss(reduction='mean')

# データローダーからminibatchずつ取り出すループ
for imges in dataloader:
    # ミニバッチサイズの1もしくは0のラベル役のテンソルを作成
    label_real = torch.full((mini_batch_size,), 1)
    label_fake = torch.full((mini_batch_size,), 0)

    # --------------------
    # 1. Discriminatorの学習
    # --------------------
    # 真の画像を判定
    z_out_real = E(imges)
    d_out_real, _ = D(imges, z_out_real)

    # 偽の画像を生成して判定
    input_z = torch.randn(mini_batch_size, z_dim).to(device)
    fake_images = G(input_z)
    d_out_fake, _ = D(fake_images, input_z)

    # 誤差を計算
    d_loss_real = criterion(d_out_real.view(-1), label_real)
    d_loss_fake = criterion(d_out_fake.view(-1), label_fake)
    d_loss = d_loss_real + d_loss_fake

    # バックプロパゲーション
    d_optimizer.zero_grad()
    d_loss.backward()
    d_optimizer.step()

    # --------------------
    # 2. Generatorの学習
    # --------------------
    # 偽の画像を生成して判定
    input_z = torch.randn(mini_batch_size, z_dim).to(device)
    fake_images = G(input_z)
    d_out_fake, _ = D(fake_images, input_z)

    # 誤差を計算
    g_loss = criterion(d_out_fake.view(-1), label_real)
```

```python
# バックプロパゲーション
g_optimizer.zero_grad()
g_loss.backward()
g_optimizer.step()

# --------------------
# 3. Encoderの学習
# --------------------
# 真の画像のzを推定
z_out_real = E(imges)
d_out_real, _ = D(imges, z_out_real)

# 誤差を計算
e_loss = criterion(d_out_real.view(-1), label_fake)

# バックプロパゲーション
e_optimizer.zero_grad()
e_loss.backward()
e_optimizer.step()
```

　以上本節では、画像から生成器Gの生成ノイズzを推定するエンコーダの構築方法について、通常のGANの学習後に個別に作る作戦がうまくいかないことを説明し、識別器D、生成器G、エンコーダEを同時に学習させるためにBiGANのモデルを利用したEfficient GANのアルゴリズムを解説しました。次節ではEfficient GANを実装します。

6-4 Efficient GANの実装と異常検知の実施

本節ではEfficient GANを実装し、6.2節と同様に数字の7、8を教師データに、数字の2の異常画像を検出させます。

本節の学習目標は、次の通りです。

1. Efficient GANを実装し、手書き数字画像で異常検知が生成できる

本節の実装ファイル：

`6-4_EfficientGAN.ipynb`

GeneratorとDiscriminatorの実装

本節では6.2節のAnoGANと同様に7と8の手書き数字画像200枚ずつを教師データとしてGANを構築します。ただし本節のGANはEfficient GAN論文[2]のMNIST実験と同じネットワーク構成としました。そのため入力画像の大きさは64×64サイズに拡大せず、MNISTの28ピクセルのままとし、フォルダ「img_78_28size」に格納された28×28の画像データを使用します。また識別器Dと生成器Gのネットワークの形も第5章や6.2節とは異なります。

はじめに生成器Gを実装します。実装に難しい点はなく、以下の通りです。

```
class Generator(nn.Module):

    def __init__(self, z_dim=20):
        super(Generator, self).__init__()

        self.layer1 = nn.Sequential(
            nn.Linear(z_dim, 1024),
            nn.BatchNorm1d(1024),
            nn.ReLU(inplace=True))

        self.layer2 = nn.Sequential(
            nn.Linear(1024, 7*7*128),
```

```python
            nn.BatchNorm1d(7*7*128),
            nn.ReLU(inplace=True))

        self.layer3 = nn.Sequential(
            nn.ConvTranspose2d(in_channels=128, out_channels=64,
                               kernel_size=4, stride=2, padding=1),
            nn.BatchNorm2d(64),
            nn.ReLU(inplace=True))

        self.last = nn.Sequential(
            nn.ConvTranspose2d(in_channels=64, out_channels=1,
                               kernel_size=4, stride=2, padding=1),
            nn.Tanh())
        # 注意：白黒画像なので出力チャネルは1つだけ

    def forward(self, z):
        out = self.layer1(z)
        out = self.layer2(out)

        # 転置畳み込み層に入れるためにテンソルの形を整形
        out = out.view(z.shape[0], 128, 7, 7)
        out = self.layer3(out)
        out = self.last(out)

        return out
```

動作を確認します。白黒の砂嵐のような画像が出力されます。

```python
# 動作確認
import matplotlib.pyplot as plt
%matplotlib inline

G = Generator(z_dim=20)
G.train()

# 入力する乱数
# バッチノーマライゼーションがあるのでミニバッチ数は2以上
input_z = torch.randn(2, 20)

# 偽画像を出力
fake_images = G(input_z)  # torch.Size([2, 1, 28, 28])
img_transformed = fake_images[0][0].detach().numpy()
plt.imshow(img_transformed, 'gray')
plt.show()
```

続いて識別器Dを実装します。識別器Dの順伝搬関数forwardは、本書でこれまで実装したGANと異なる点があります。今回はBiGANのモデルになっているため、画像データxだけでなく、入力ノイズzも入力します。この2つの入力は畳み込み層および全結合層で別々に処理された後、torch.cat() を使用してテンソル結合させ、結合したテンソルをその後に全結合層で処理します。

またAnoGANと同様に異常度の計算に、最後の識別結果を出力する全結合層の1つ手前の層の特徴量を使用するので、別途出力するように設定します。

実装は次の通りです。

```python
class Discriminator(nn.Module):

    def __init__(self, z_dim=20):
        super(Discriminator, self).__init__()

        # 画像側の入力処理
        self.x_layer1 = nn.Sequential(
            nn.Conv2d(1, 64, kernel_size=4,
                      stride=2, padding=1),
            nn.LeakyReLU(0.1, inplace=True))
        # 注意：白黒画像なので入力チャネルは1つだけ

        self.x_layer2 = nn.Sequential(
            nn.Conv2d(64, 64, kernel_size=4,
                      stride=2, padding=1),
            nn.BatchNorm2d(64),
            nn.LeakyReLU(0.1, inplace=True))

        # 乱数側の入力処理
        self.z_layer1 = nn.Linear(z_dim, 512)

        # 最後の判定
        self.last1 = nn.Sequential(
            nn.Linear(3648, 1024),
            nn.LeakyReLU(0.1, inplace=True))

        self.last2 = nn.Linear(1024, 1)

    def forward(self, x, z):

        # 画像側の入力処理
        x_out = self.x_layer1(x)
        x_out = self.x_layer2(x_out)
```

```
        # 乱数側の入力処理
        z = z.view(z.shape[0], -1)
        z_out = self.z_layer1(z)

        # x_outとz_outを結合し、全結合層で判定
        x_out = x_out.view(-1, 64 * 7 * 7)
        out = torch.cat([x_out, z_out], dim=1)
        out = self.last1(out)

        feature = out  # 最後にチャネルを1つに集約する手前の情報
        feature = feature.view(feature.size()[0], -1)  # 2次元に変換

        out = self.last2(out)

        return out, feature
```

動作を確認します。

```
# 動作確認
D = Discriminator(z_dim=20)

# 偽画像を生成
input_z = torch.randn(2, 20)
fake_images = G(input_z)

# 偽画像をDに入力
d_out, _ = D(fake_images, input_z)

# 出力d_outにSigmoidをかけて0から1に変換
print(nn.Sigmoid()(d_out))
```

[出力]

```
tensor([[0.4976],
        [0.4939]], grad_fn=<SigmoidBackward>)
```

Encoderの実装

　Efficient GANの特徴であるEncoderを実装します。ネットワークとしては特に難しい点はなく、畳み込み層とLeakyReLUを使用した識別器Dと似た形となります。ただし出力の次元は1次元ではなく、入力ノイズzの次元数となります。本節の場合は20次元に設定します。

```python
class Encoder(nn.Module):

    def __init__(self, z_dim=20):
        super(Encoder, self).__init__()

        self.layer1 = nn.Sequential(
            nn.Conv2d(1, 32, kernel_size=3,
                      stride=1),
            nn.LeakyReLU(0.1, inplace=True))
        # 注意：白黒画像なので入力チャネルは1つだけ

        self.layer2 = nn.Sequential(
            nn.Conv2d(32, 64, kernel_size=3,
                      stride=2, padding=1),
            nn.BatchNorm2d(64),
            nn.LeakyReLU(0.1, inplace=True))

        self.layer3 = nn.Sequential(
            nn.Conv2d(64, 128, kernel_size=3,
                      stride=2, padding=1),
            nn.BatchNorm2d(128),
            nn.LeakyReLU(0.1, inplace=True))

        # ここまでで画像のサイズは7×7になっている
        self.last = nn.Linear(128 * 7 * 7, z_dim)

    def forward(self, x):
        out = self.layer1(x)
        out = self.layer2(out)
        out = self.layer3(out)

        # FCに入れるためにテンソルの形を整形
        out = out.view(-1, 128 * 7 * 7)
        out = self.last(out)

        return out
```

動作を確認します。

```
# 動作確認
E = Encoder(z_dim=20)

# 入力する画像データ
x = fake_images  # fake_imagesは上のGで作成したもの
```

```
# 画像からzをEncode
z = E(x)

print(z.shape)
print(z)
```

[出力]
```
torch.Size([2, 20])
tensor([[-0.2117, -0.3586,  0.1473, -0.1527,
...
```

DataLoaderの実装

教師データのDataLoaderを実装します。DataLoaderは6.2節と同じ形になります。ただし、28ピクセルの画像を使用するので、データが存在するフォルダパスが異なります。実装コードの紙面への掲載は省略します。GitHubのリポジトリから実装をご覧ください。

Efficient GANの学習

続いて識別器D、生成器G、エンコーダEを、教師データを格納したDataLoaderを使用して学習させます。学習の関数train_modelの実装は次の通りです。

前節で解説した通り、識別器Dを学習させ、その後生成器GとエンコーダEを学習させています。エンコーダEの学習が追加されている点以外は基本的に通常のGANの学習と同じになります。ただし、識別器Dの学習率をG、Eよりも今回は低く設定しています。識別器Dは画像とノイズのペアで真贋を識別するので、画像だけの場合よりも真贋を識別しやすい状態になっています。そのため今回のような少ない画像データ枚数では、体感的には識別器Dの学習率を他2つよりも下げている方が安定して学習できる気がしています。

```
# モデルを学習させる関数を作成

def train_model(G, D, E, dataloader, num_epochs):

    # GPUが使えるかを確認
    device = torch.device("cuda:0" if torch.cuda.is_available() else "cpu")
    print("使用デバイス：", device)
```

```python
# 最適化手法の設定
lr_ge = 0.0001
lr_d = 0.0001/4
beta1, beta2 = 0.5, 0.999
g_optimizer = torch.optim.Adam(G.parameters(), lr_ge, [beta1, beta2])
e_optimizer = torch.optim.Adam(E.parameters(), lr_ge, [beta1, beta2])
d_optimizer = torch.optim.Adam(D.parameters(), lr_d, [beta1, beta2])

# 誤差関数を定義
# BCEWithLogitsLossは入力にシグモイド（logit）をかけてから、
# バイナリークロスエントロピーを計算
criterion = nn.BCEWithLogitsLoss(reduction='mean')

# パラメータをハードコーディング
z_dim = 20
mini_batch_size = 64

# ネットワークをGPUへ
G.to(device)
E.to(device)
D.to(device)

G.train()  # モデルを訓練モードに
E.train()  # モデルを訓練モードに
D.train()  # モデルを訓練モードに

# ネットワークがある程度固定であれば、高速化させる
torch.backends.cudnn.benchmark = True

# 画像の枚数
num_train_imgs = len(dataloader.dataset)
batch_size = dataloader.batch_size

# イテレーションカウンタをセット
iteration = 1
logs = []

# epochのループ
for epoch in range(num_epochs):

    # 開始時刻を保存
    t_epoch_start = time.time()
    epoch_g_loss = 0.0  # epochの損失和
    epoch_e_loss = 0.0  # epochの損失和
    epoch_d_loss = 0.0  # epochの損失和
```

```python
        print('-------------')
        print('Epoch {}/{}'.format(epoch, num_epochs))
        print('-------------')
        print(' (train) ')

        # データローダーからminibatchずつ取り出すループ
        for imges in dataloader:

            # ミニバッチがサイズが1だと、バッチノーマライゼーションでエラーになるの
            # でさける
            if imges.size()[0] == 1:
                continue

            # ミニバッチサイズの1もしくは0のラベル役のテンソルを作成
            # 正解ラベルと偽ラベルを作成
            # epochの最後のイテレーションはミニバッチの数が少なくなる
            mini_batch_size = imges.size()[0]
            label_real = torch.full((mini_batch_size,), 1).to(device)
            label_fake = torch.full((mini_batch_size,), 0).to(device)

            # GPUが使えるならGPUにデータを送る
            imges = imges.to(device)

            # --------------------
            # 1. Discriminatorの学習
            # --------------------
            # 真の画像を判定
            z_out_real = E(imges)
            d_out_real, _ = D(imges, z_out_real)

            # 偽の画像を生成して判定
            input_z = torch.randn(mini_batch_size, z_dim).to(device)
            fake_images = G(input_z)
            d_out_fake, _ = D(fake_images, input_z)

            # 誤差を計算
            d_loss_real = criterion(d_out_real.view(-1), label_real)
            d_loss_fake = criterion(d_out_fake.view(-1), label_fake)
            d_loss = d_loss_real + d_loss_fake

            # バックプロパゲーション
            d_optimizer.zero_grad()
            d_loss.backward()
            d_optimizer.step()
```

```python
            # --------------------
            # 2. Generatorの学習
            # --------------------
            # 偽の画像を生成して判定
            input_z = torch.randn(mini_batch_size, z_dim).to(device)
            fake_images = G(input_z)
            d_out_fake, _ = D(fake_images, input_z)

            # 誤差を計算
            g_loss = criterion(d_out_fake.view(-1), label_real)

            # バックプロパゲーション
            g_optimizer.zero_grad()
            g_loss.backward()
            g_optimizer.step()

            # --------------------
            # 3. Encoderの学習
            # --------------------
            # 真の画像のzを推定
            z_out_real = E(imges)
            d_out_real, _ = D(imges, z_out_real)

            # 誤差を計算
            e_loss = criterion(d_out_real.view(-1), label_fake)

            # バックプロパゲーション
            e_optimizer.zero_grad()
            e_loss.backward()
            e_optimizer.step()

            # --------------------
            # 4. 記録
            # --------------------
            epoch_d_loss += d_loss.item()
            epoch_g_loss += g_loss.item()
            epoch_e_loss += e_loss.item()
            iteration += 1

    # epochのphaseごとのlossと正解率
    t_epoch_finish = time.time()
    print('-------------')
    print('epoch {} || Epoch_D_Loss:{:.4f} ||Epoch_G_Loss:{:.4f} ||Epoch_E_
        Loss:{:.4f}'.format(
        epoch, epoch_d_loss/batch_size, epoch_g_loss/batch_size,
        epoch_e_loss/batch_size))
```

```
            print('timer:  {:.4f} sec.'.format(t_epoch_finish - t_epoch_start))
            t_epoch_start = time.time()

    print("総イテレーション回数:", iteration)

    return G, D, E
```

学習を実施する前にネットワークの重みを初期化します。

```
# ネットワークの初期化
def weights_init(m):
    classname = m.__class__.__name__
    if classname.find('Conv') != -1:
        # Conv2dとConvTranspose2dの初期化
        nn.init.normal_(m.weight.data, 0.0, 0.02)
        nn.init.constant_(m.bias.data, 0)
    elif classname.find('BatchNorm') != -1:
        # BatchNorm2dの初期化
        nn.init.normal_(m.weight.data, 0.0, 0.02)
        nn.init.constant_(m.bias.data, 0)
    elif classname.find('Linear') != -1:
        # 全結合層Linearの初期化
        m.bias.data.fill_(0)

# 初期化の実施
G.apply(weights_init)
E.apply(weights_init)
D.apply(weights_init)

print("ネットワークの初期化完了")
```

最後に学習を実施します。AWSのp2.xlargeで15分ほどかかります。

```
# 学習・検証を実行する
# 15分ほどかかる
num_epochs = 1500
G_update, D_update, E_update = train_model(
    G, D, E, dataloader=train_dataloader, num_epochs=num_epochs)
```

学習後にまずはGANとしての性能を確認するため、教師データと生成データを表示します。出力結果は図6.4.1の通りです。数字の7、8の画像が生成できています。

```python
# 生成画像と訓練データを可視化する
device = torch.device("cuda:0" if torch.cuda.is_available() else "cpu")

# 入力の乱数生成
batch_size = 8
z_dim = 20
fixed_z = torch.randn(batch_size, z_dim)
fake_images = G_update(fixed_z.to(device))

# 訓練データ
batch_iterator = iter(train_dataloader)  # イテレータに変換
imges = next(batch_iterator)  # 1番目の要素を取り出す

# 出力
fig = plt.figure(figsize=(15, 6))
for i in range(0, 5):
    # 上段に訓練データを
    plt.subplot(2, 5, i+1)
    plt.imshow(imges[i][0].cpu().detach().numpy(), 'gray')

    # 下段に生成データを表示する
    plt.subplot(2, 5, 5+i+1)
    plt.imshow(fake_images[i][0].cpu().detach().numpy(), 'gray')
```

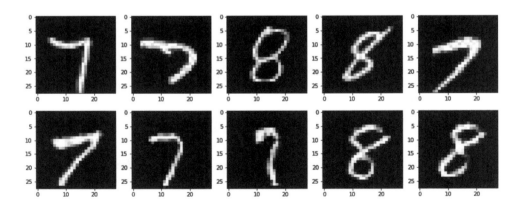

図6.4.1 Efficient GANの生成画像（上段：教師データ、下段：生成データ）

Efficient GANによる異常検知

最後にテスト画像に対して異常検知を実施します。

テスト画像用のDataLoaderを作成します。基本的に6.2節のAnoGANのテスト画像用DataLoaderの作成と同じ手順です。ただし画像ファイルをフォルダ「test_28size」にある28×28の画像を使用します。これまでの解説と同じなのでテストデータのDataLoaderの実装は掲載を省略します。

続いて異常度を計算する関数Anomaly_scoreを実装します。基本的には6.2節のAnoGANの場合と同様ですが、今回はBiGANの形で識別器Dを使用するため入力が少し異なります。関数Anomaly_scoreへの入力はテスト画像xとエンコーダに通して求めた入力ノイズzから生成器で再構成したfake_imgに加えて、使用した入力ノイズzも与えます。その他はAnoGANの関数Anomaly_scoreと同じです。

```
def Anomaly_score(x, fake_img, z_out_real, D, Lambda=0.1):

    # テスト画像xと生成画像fake_imgのピクセルレベルの差の絶対値を求めて、ミニバッ
    # チごとに和を求める
    residual_loss = torch.abs(x-fake_img)
    residual_loss = residual_loss.view(residual_loss.size()[0], -1)
    residual_loss = torch.sum(residual_loss, dim=1)

    # テスト画像xと生成画像fake_imgを識別器Dに入力し、特徴量マップを取り出す
    _, x_feature = D(x, z_out_real)
    _, G_feature = D(fake_img, z_out_real)

    # テスト画像xと生成画像fake_imgの特徴量の差の絶対値を求めて、ミニバッチごとに
    # 和を求める
    discrimination_loss = torch.abs(x_feature-G_feature)
    discrimination_loss = discrimination_loss.view(
        discrimination_loss.size()[0], -1)
    discrimination_loss = torch.sum(discrimination_loss, dim=1)

    # ミニバッチごとに2種類の損失を足し算する
    loss_each = (1-Lambda)*residual_loss + Lambda*discrimination_loss

    # ミニバッチ全部の損失を求める
    total_loss = torch.sum(loss_each)

    return total_loss, loss_each, residual_loss
```

最後に異常検知を実施します。AnoGANとは違いテスト画像に最もよく似た画像を生成する入力ノイズzは、`z_out_real = E_update(imges.to(device))`の1行で求まります。AnoGANの場合には更新学習を繰り返してzを求めましたが、今回はテスト画像をエンコーダEに入力すれば、生成ノイズzが出力されるため非常に高速になります。

```
# 異常検知したい画像
x = imges[0:5]
x = x.to(device)

# 教師データの画像をエンコードしてzにしてから、Gで生成
z_out_real = E_update(imges.to(device))
imges_reconstract = G_update(z_out_real)

# 損失を求める
loss, loss_each, residual_loss_each = Anomaly_score(
    x, imges_reconstract, z_out_real, D_update, Lambda=0.1)

# 損失の計算。トータルの損失
loss_each = loss_each.cpu().detach().numpy()
print("total loss：", np.round(loss_each, 0))

# 画像を可視化
fig = plt.figure(figsize=(15, 6))
for i in range(0, 5):
    # 上段に訓練データを
    plt.subplot(2, 5, i+1)
    plt.imshow(imges[i][0].cpu().detach().numpy(), 'gray')

    # 下段に生成データを表示する
    plt.subplot(2, 5, 5+i+1)
    plt.imshow(imges_reconstract[i][0].cpu().detach().numpy(), 'gray')
```

[出力]

```
total loss：[171. 205. 285. 190. 161.]
```

図6.4.2にテスト画像とEfficient GANで再構成した画像を掲載します。数字の7、8の画像はそのままある程度よく似た7、8の画像を再構成できていますが、教師データにない異常画像である数字の2の場合は、2を再構成できず7が生成されています。

異常度を計算すると正常画像が171、205、190、161と約200以下に対して、異常画像は285と280以上になっています。

運用時にこの異常度の閾値をどこに設定するかは望む性能（偽陽性、偽陰性のバランス）しだいとなります。

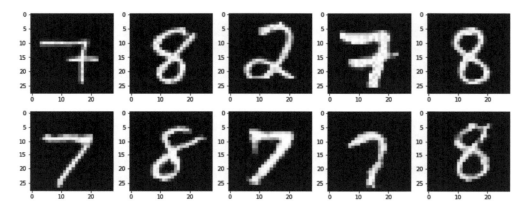

図6.4.2 Efficient GANによる異常検知（上段：テスト画像、下段：再構成した画像）

まとめ

以上、本章ではAnoGANおよびEfficient GANを用いた画像の異常検知について解説・実装しました。次章からは自然言語処理に取り組みます。

第6章引用

[1] **AnoGAN**
Schlegl, T., Seeböck, P., Waldstein, S. M., Schmidt-Erfurth, U., & Langs, G. (2017, June). Unsupervised anomaly detection with generative adversarial networks to guide marker discovery. In International Conference on Information Processing in Medical Imaging (pp. 146-157). Springer, Cham.
https://link.springer.com/chapter/10.1007/978-3-319-59050-9_12

[2] **Efficient GAN**
Zenati, H., Foo, C. S., Lecouat, B., Manek, G., & Chandrasekhar, V. R. (2018). Efficient gan-based anomaly detection. arXiv preprint arXiv:1802.06222.
https://arxiv.org/abs/1802.06222

[3] **Adversarially learned inference**
Dumoulin, V., Belghazi, I., Poole, B., Mastropietro, O., Lamb, A., Arjovsky, M., & Courville, A. (2016). Adversarially learned inference. arXiv preprint arXiv:1606.00704.
https://arxiv.org/abs/1606.00704

[4] **Adversarially learned inferenceのホームページ**
https://ishmaelbelghazi.github.io/ALI/

[5] **BiGAN**
Donahue, J., Krähenbühl, P., & Darrell, T. (2016). Adversarial feature learning. arXiv preprint arXiv:1605.09782.
https://arxiv.org/abs/1605.09782

第7章

自然言語処理に よる感情分析 (Transformer)

7-1 形態素解析の実装（Janome、MeCab＋NEologd）

7-2 torchtextを用いたDataset、DataLoaderの実装

7-3 単語のベクトル表現の仕組み（word2vec、fastText）

7-4 word2vec、fastTextで日本語学習済みモデルを使用する方法

7-5 IMDb（Internet Movie Database）のDataLoaderを実装

7-6 Transformerの実装（分類タスク用）

7-7 Transformerの学習・推論、判定根拠の可視化を実装

7-1 形態素解析の実装（Janome、MeCab＋NEologd）

本章および第8章ではテキストデータを扱う自然言語処理に取り組みます。本章ではTransformer[1]と呼ばれるディープラーニングモデルを使用し、テキストデータに対して、その記述内容がポジティブなのかネガティブなのかクラス分類を行う感情分析に取り組みます。

本節では機械学習における自然言語処理の流れと、文章を単語に分割する手法について解説、実装します。

なお本章のファイルはすべてUbuntuでの動作を前提としています。Windowsなど文字コードが違う環境での動作にはご注意ください。AWSのインスタンスに200GB程度のSSDを用意している場合は、本書を前から進めると本章あたりでSSDが一杯になる可能性があります。その場合は新しいインスタンスを立てるのをおすすめします。

本節の学習目標は、次の通りです。

1. 機械学習における自然言語処理の流れを理解する
2. JanomeおよびMeCab+NEologdを用いた形態素解析を実装できるようになる

> **本節の実装ファイル：**
> 7-1_Tokenizer.ipynb

フォルダ準備

はじめに本節および本章で使用するフォルダの作成とファイルのダウンロードを行います。本書の実装コードをダウンロードし、フォルダ「7_nlp_sentiment_transformer」内にある、ファイル「make_folders_and_data_downloads.ipynb」の各セルを1つずつ実行してください。

フォルダ「data」にある筆者が用意した「text_train.tsv」などのファイルはtsv形式のファイルとなります。このtsv形式はタブで区切りを入れたファイルとなります。カンマで区切るcsvファイルと似ていますが、カンマはテキストデータの場合文章中でも使用されるため、タブで区切ったtsvファイルの形式を使用しています。

ファイル「make_folders_and_data_downloads.ipynb」の実行結果、図7.1.1のようなフォルダ構成が作成されます。

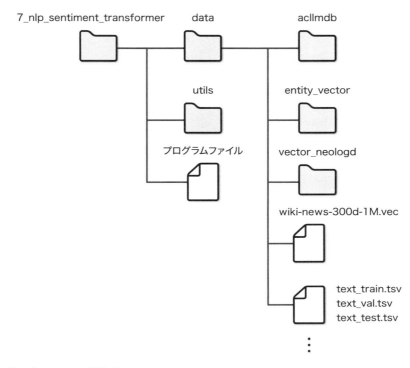

図7.1.1 第7章のフォルダ構成

機械学習における自然言語処理の流れ

機械学習における自然言語処理の流れを解説します。紙面の都合上解説できる深さに限界があるため、本書以外にも自然言語処理に特化した書籍[2-4]などを参考にしてください。

図7.1.2に機械学習における自然言語処理のフローを示します。はじめに文書データを集めます。集めた文書データのことを**コーパス**と呼びます。続いて、文書データから文章ではないノイズ部分をクリーニングします。例えばWebから集めた文書データであればHTMLタグがついているのでそれらを除去したり、メールのデータであればヘッダーが付いていたりするので、それらを除去したりします。

処理	説明
クリーニング	HTMLタグやメールのヘッダなど、文章データの文章ではないノイズを除去する
正規化	半角・全角の統一、大文字・小文字の統一、表記ゆれの修正、意味を持たない数字の置き換え、など
単語分割（形態素解析）	文章を単語ごとに区切る
基本形への変換（見出し語化）	単語を基本形（原形、語幹）に変換。例えば、"走っ"を"走る"へ変換。基本形に変換しない場合もある
ストップワード除去	出現数の多い単語や、助詞など、あまり意味を持たない単語を削除する。除去しない場合もある
単語の数値化	単語を機械学習で扱えるように数値に置き換える。単純にIDを振る場合もあれば、ベクトルで表現する場合もある

図7.1.2 機械学習における自然言語処理の流れ

　続いて前処理として正規化を行います。正規化で行う処理の内容は多種多様ですが、文章中の半角・全角を統一したり、英語の大文字・小文字を統一したり、表記ゆれ（例えば"猫"と"ねこ"と"ネコ"）を統一したりします。また日時を示す部分など、実施したいタスクによっては数字がそれほど意味を持たない場合は数字を全部0に置き換えたりします。

　その後文章を単語に分割します。機械学習では文章を単語ごとに分割して扱いたいです。英語であれば基本的にはスペースで分割されているのですが、日本語は文章から単語の切れ目が判断つきづらいです。そこで文を単語分割する処理を実施します。例えば、「今日5km走った。」という文章があれば、「今日 / 5 / km / 走っ / た / 。」と分割されます。単語分割は形態素解析や分かち書きとも呼ばれます。

　文章を単語に分割した後、場合によっては単語を基本形へと変換します。基本形への変換とは、例えば"走っ"を"走る"に変換することです。

　その後場合によってはストップワード除去を行います。ストップワードとは出現数の多い単語や助詞・助動詞など、文章内であまり意味を持たない品詞、単語たちです。これらを除去します。またあらかじめ除去する単語を指定しておく場合もあります。なおタスクによってはストップワード除去を行わないこともあります。

　最後に単語を記号化します。例えば"走る"という単語表現のままではディープラーニングをはじめ、機械学習で扱えません。テキスト形式のデータをなんらか数値に置き換える必要があります。置き換え方は単純にIDを振る場合もあれば、単語をベクトルで表現する場合もあります。単語のベクトル表現については7.3節で解説します。

　このようにして文章が機械学習・ディープラーニングで扱える数値データに変換されたら、所望のタスクを学習・推論します。以上が機械学習における自然言語処理の流れとなります。

Janomeによる単語分割

Janomeと呼ばれるパッケージを使用して日本語文章の単語分割を実現する手法について解説します。

コンソールで、source activate pytorch_p36 を実行してpytorch_p36の仮想環境に入り、pip install janomeを実行し、Janomeをインストールしてください。

あとは以下のように実装して実行するだけです。すると実行結果のように文章が単語に分割され、さらに各単語の品詞情報などが表示されます。

```
from janome.tokenizer import Tokenizer

j_t = Tokenizer()

text = '機械学習が好きです。'

for token in j_t.tokenize(text):
    print(token)
```

[出力]
```
機械    名詞,一般,*,*,*,*,機械,キカイ,キカイ
学習    名詞,サ変接続,*,*,*,*,学習,ガクシュウ,ガクシュー
が      助詞,格助詞,一般,*,*,*,が,ガ,ガ
好き    名詞,形容動詞語幹,*,*,*,*,好き,スキ,スキ
です    助動詞,*,*,*,特殊・デス,基本形,です,デス,デス
。      記号,句点,*,*,*,*,。,。,。
```

上記のJanomeの処理を機械学習実装時に使用しやすいように関数化したtokenizer_janomeを実装します。なおJanomeにおいて単語分割だけを必要とし、単語の品詞情報などが必要ない場合は、j_t.tokenizeの引数にwakati=Trueを与えます。実装と実行結果は次の通りです。

```
# 単語分割する関数を定義

def tokenizer_janome(text):
    return [tok for tok in j_t.tokenize(text, wakati=True)]

text = '機械学習が好きです。'
print(tokenizer_janome(text))
```

[出力]
```
['機械', '学習', 'が', '好き', 'です', '。']
```

上記の関数tokenizer_janomeを使用すれば文章を単語に分割したリストを取得することができます。以上がJanomeを使用した単語分割、形態素解析の実装となります。

❖ MeCab + NEologdによる単語分割

続いて**MeCab**と呼ばれる単語分割（形態素解析）のライブラリを使用します。MeCabは新語辞書と呼ばれる**NEologd**と合わせて使用されることが多いです。新語とは新たに使用されるようになった単語のことです。このような新語にも対応しやすいのがMeCabの特徴です。

Ubuntuのコンソール（ターミナル）で以下の手順で、MeCabおよびNEologdをインストールしていきます。

1. MeCabのインストール

```
sudo apt install mecab
sudo apt install libmecab-dev
sudo apt install mecab-ipadic-utf8
```

2. NEologdのインストール

```
git clone https://github.com/neologd/mecab-ipadic-neologd.git
cd mecab-ipadic-neologd
sudo bin/install-mecab-ipadic-neologd
```

途中で止まり、

```
Do you want to install mecab-ipadic-NEologd? Type yes or no.
```

と聞かれたら、yesと入力。

3. PythonからMeCabを使用できるようにする

```
conda install -c anaconda swig
pip install mecab-python3
cd ..
jupyter notebook --port 9999
```

インストールが完了したらJupyter Notebookを起動します。Janomeのときと同様に形態素解析を実行します。

```
import MeCab

m_t = MeCab.Tagger('-Ochasen')

text = '機械学習が好きです。'

print(m_t.parse(text))
```

[出力]

```
機械      キカイ       機械      名詞-一般
学習      ガクシュウ    学習      名詞-サ変接続
が        ガ          が        助詞-格助詞-一般
好き      スキ        好き      名詞-形容動詞語幹
です      デス        です      助動詞      特殊・デス   基本形
。        。          。        記号-句点
EOS
```

Janomeを使用した先の結果もそうでしたが、「機械学習」という1つの単語が「機械」と「学習」に分割されています。そこで新語辞書であるNEologdを使用した単語分割にしてみます。実装は次の通りです。

```
import MeCab

m_t = MeCab.Tagger('-Ochasen -d /usr/lib/mecab/dic/mecab-ipadic-neologd')

text = '機械学習が好きです。'

print(m_t.parse(text))
```

[出力]

```
機械学習    キカイガクシュウ     機械学習    名詞-固有名詞-一般
が          ガ                  が          助詞-格助詞-一般
好き        スキ                好き        名詞-形容動詞語幹
です        デス                です        助動詞      特殊・デス      基本形
。          。                  。          記号-句点
EOS
```

7-1 ● 形態素解析の実装（Janome、MeCab＋NEologd）

　NEologdを使用すると、新語である「機械学習」を1つの単語として認識し分割してくれました。機械学習は新語か？　という疑問はありますが、一般の方にとってなじみのない専門用語・学術用語に近いものではあります。MeCab＋NEologdを使用すればこうした言葉をきちんと1つの単語として捉えてくれるという利点があります。

　最後にMeCab＋NEologdで文章を単語リストに分割する関数`tokenizer_mecab`を実装します。

```python
# 単語分割する関数を定義

m_t = MeCab.Tagger('-Owakati -d /usr/lib/mecab/dic/mecab-ipadic-neologd')

def tokenizer_mecab(text):
    text = m_t.parse(text)  # これでスペースで単語が区切られる
    ret = text.strip().split()  # スペース部分で区切ったリストに変換
    return ret

text = '機械学習が好きです。'
print(tokenizer_mecab(text))
```

［出力］

```
['機械学習', 'が', '好き', 'です', '。']
```

　以上、本節では機械学習における自然言語処理の流れの概要を解説し、その後JanomeおよびMeCab＋NEologdを用いた単語分割の実装手法について解説しました。次節ではtorchtextを使用したPyTorchにおける自然言語処理のDataset、DataLoaderの実装手法について解説します。

7-2 torchtextを用いたDataset、DataLoaderの実装

本節ではPyTorchの自然言語処理用パッケージであるtorchtextを使用して、DatasetおよびDataLoaderを実装する方法を解説します。

本節の学習目標は、次の通りです。

1. torchtextを用いてDatasetおよびDataLoaderの実装ができる

本節の実装ファイル：

`7-2_torchtext.ipynb`

❖ torchtextのインストール

本節からPyTorchでテキストデータを扱うためのパッケージであるtorchtextを使用します。コンソール画面で、`pip install torchtext`を実行してインストールしてください。

❖ 使用するデータ

本節で使用するデータはフォルダ「data」に筆者が用意した模擬データ「text_train.tsv」、「text_val.tsv」、「text_test.tsv」です。本節では実際に機械学習を実施するわけではないので、3つのファイルの中身は全て同じとなっています。各ファイルの1、2行目には以下のような内容が記述されています。

```
王と王子と女王と姫と男性と女性がいました。    0
機械学習が好きです。    1
```

上記データの各行、前半が文章です。そしてタブをはさんだ後の数字はクラスを示すラベルです。今この文章データのラベル（0、1）に意味はないですが、例えば0をネガティブクラス、1をポジティブクラスというようにラベル付けします。このようにtsv形式のテキスト

データの場合、タブを挟んで文章とラベルを1行に記述します。つまり各行が1つのデータを表すことになります。

本節ではこのような文書データをPyTorchのディープラーニングで使用するDataset、DataLoaderまで変換していく手法を、実装しながら解説します。

前処理と単語分割の関数を実装

まず文章の前処理と単語分割を合体させた関数を作成します。最初にJanomeを使用した単語分割の関数を定義します。

```python
# 単語分割にはJanomeを使用
from janome.tokenizer import Tokenizer

j_t = Tokenizer()

def tokenizer_janome(text):
    return [tok for tok in j_t.tokenize(text, wakati=True)]
```

その後、前処理の関数を定義します。

```python
# 前処理として正規化をする関数を定義
import re

def preprocessing_text(text):
    # 半角・全角の統一
    # 今回は無視

    # 英語の小文字化
    # 今回はここでは無視
    # output = output.lower()

    # 改行、半角スペース、全角スペースを削除
    text = re.sub('\r', '', text)
    text = re.sub('\n', '', text)
    text = re.sub('　', '', text)
    text = re.sub(' ', '', text)

    # 数字文字の一律「0」化
    text = re.sub(r'[0-9 ０-９]', '0', text)  # 数字
```

```
    # 記号と数字の除去
    # 今回は無視。半角記号,数字,英字
    # 今回は無視。全角記号

    # 特定文字を正規表現で置換する
    # 今回は無視

    return text
```

最後に前処理をしてから単語分割をする関数tokenizer_with_preprocessingを実装します。

```
# 前処理とJanomeの単語分割を合わせた関数を定義する

def tokenizer_with_preprocessing(text):
    text = preprocessing_text(text)  # 前処理の正規化
    ret = tokenizer_janome(text)  # Janomeの単語分割

    return ret

# 動作確認
text = "昨日は とても暑く、気温が36度もあった。"
print(tokenizer_with_preprocessing(text))
```

[出力]

```
['昨日', 'は', 'とても', '暑く', '、', '気温', 'が', '00', '度', 'も', 'あっ', 'た', '。']
```

動作確認の出力結果を見ると、元の文章では「昨日は」のあとに半角スペースが入っていましたが、その半角スペースが除去され、さらに「36度」が「00度」に変換されたうえで単語分割されています。

以上により、文章に対する前処理と単語分割をする関数が実装できました。

文章データの読み込み

ここからtorchtextを使用して文章データを読み込みます。はじめに文章の各行を読み込んだときに、読み込んだ内容に対して、どのような処理を実施するのかを定義します。

今回のtsv形式の文書データは、各行の前半がテキストデータ、タブを挟んだ後半がラベルのデータとなっていました。そのため前半のデータには前処理や単語分割の処理を実施したいです。

そこで、読み込んだ内容に対して実施する処理を`torchtext.data.Field`を利用し、その引数で定義します。実装は以下の通りです。

引数`tokenize`に、先に実装した前処理と単語分割の関数である`tokenizer_with_preprocessing`を指定しています。その他の引数の意味は次の通りです。

- `sequential`：データの長さが可変か？　文章は長さがいろいろなのでTrue、ラベルはFalseです。
- `tokenize`：文章を読み込んだときに、前処理や単語分割をするための関数を定義します。
- `use_vocab`：単語をボキャブラリー（単語集：後で解説）に追加するかどうかを設定します。
- `lower`：アルファベットがあったときに小文字に変換するかどうか設定します。
- `include_length`：文章の単語数のデータを保持するかの設定します。
- `batch_first`：ミニバッチの次元を先頭に用意するかどうか
- `fix_length`：全部の文章を指定した長さと同じになるように、paddingします。

引数`fix_length`について補足説明します。テキストデータは画像データとは異なり、データごとの大きさ、すなわち単語数が一定ではありません。長いテキストもあれば短いテキストもあります。以下の実装ではテキストの長さが25単語になるように統一させています。25単語より短い場合は足りない分を、paddingを意味する`<pad>`という単語で埋めます。25単語よりも長い場合は打ち切られます。

```
import torchtext

# tsvやcsvデータを読み込んだときに、読み込んだ内容に対して行う処理を定義します
# 文章とラベルの両方に用意します

max_length = 25
TEXT = torchtext.data.Field(sequential=True, tokenize=tokenizer_with_preprocessing,
                            use_vocab=True, lower=True, include_lengths=True,
                            batch_first=True, fix_length=max_length)
LABEL = torchtext.data.Field(sequential=False, use_vocab=False)
```

以上により文章データを読み込む際の処理を定義したら実際にデータをロードします。実装は次の通りです。

```
# data.TabularDataset 詳細
# https://torchtext.readthedocs.io/en/latest/examples.html?highlight=data.
# TabularDataset.splits
```

```python
# フォルダ「data」から各tsvファイルを読み込み、Datasetにします
# 1行がTEXTとLABELで区切られていることをfieldsで指示します
train_ds, val_ds, test_ds = torchtext.data.TabularDataset.splits(
    path='./data/', train='text_train.tsv',
    validation='text_val.tsv', test='text_test.tsv', format='tsv',
    fields=[('Text', TEXT), ('Label', LABEL)])

# 動作確認
print('訓練データの数', len(train_ds))
print('1つ目の訓練データ', vars(train_ds[0]))
print('2つ目の訓練データ', vars(train_ds[1]))
```

[出力]

```
訓練データの数 4
1つ目の訓練データ {'Text': ['王', 'と', '王子', 'と', '女王', 'と', '姫', 'と', '男性',
'と', '女性', 'が', 'い', 'まし', 'た', '。'], 'Label': '0'}
2つ目の訓練データ {'Text': ['機械', '学習', 'が', '好き', 'です', '。'], 'Label': '1'}
```

上記で実装に使用したTabularDatasetとはファイルの1行が1つのdataを示すテーブル形式のテキストデータをPyTorchのDatasetに変換するクラスです。生成されるtrain_dsなどは自然言語処理用のDatasetとなります。

出力結果を見ると文章データの前半がTextとして、後半がLabelとして処理されていることが分かります。なおこの出力方法ではテキストデータの長さを統一するために挿入されている<pad>は表示されません。

以上の操作により、torchtextを使用して、文書データからDatasetを作ることができました。[注1]

単語の数値化

画像処理の場合はDatasetが完成すればそのまま簡単にDataLoaderを作成できました。しかし自然言語処理の場合は、単語というテキスト形式のデータを機械学習が扱える数値形式の表現に変換する必要があります。単語を数値化する手法にはIDを振る方法とベクトルで表現する手法がありますが、本節ではIDを振る方法を解説します。7.3節では単語のベクトル表現について解説します。

単語を数値に変換するためには、今回の機械学習・ディープラーニングで扱う単語のボキャ

[注1] torchtextではテキストデータの前処理の扱い方として、torchtext.data.Fieldの引数preprocessingに前処理用関数を定義して与えることができます。ですが本書では前処理と単語分割を1つの関数にまとめて引数tokenizeの関数に与える形式を採用しています。

ブラリーを用意する必要があります。ボキャブラリーとは単語の集まりです。英語にせよ日本語にせよ、単語数は非常に膨大な数なので、それらの全単語にIDを振るのではなく、今回扱う対象をボキャブラリーとして設定し、ボキャブラリーに用意した単語に対してIDを振ります。実装は次の通りです。

```
# ボキャブラリーを作成します
# 訓練データtrainの単語からmin_freq以上の頻度の単語を使用してボキャブラリー（単語集）
# を構築
TEXT.build_vocab(train_ds, min_freq=1)

# 訓練データ内の単語と頻度を出力 ( 頻度min_freqより大きいものが出力されます )
TEXT.vocab.freqs    # 出力させる
```

[出力]

```
Counter({'王': 1,
         'と': 5,
         '王子': 1,
         '女王': 1,
...
```

　フィールドを読み込む際に処理を定義した`torchtext.data.Field`のインスタンスである`TEXT`の関数`build_vocab`を実行します。引数にはボキャブラリーの生成に使用するDataset、そして単語の出現頻度何回以上の単語をボキャブラリーとして登録するかを設定する`min_freq`を与えます。`TEXT.build_vocab(train_ds, min_freq=1)`を実行すると、`TEXT`のメンバ変数にボキャブラリーとして`vocab`が生成されます。`TEXT.vocab.freqs`を実行すれば`TEXT`が持つボキャブラリーの単語と各単語がDataset内で出現した回数が表示されます。

　続いて生成したボキャブラリーの単語IDを確認します。以下のコードを実行すれば、どの単語がどのIDに割り振られたのかを確認できます。実行命令の`stoi`はString to IDの略称です。

```
# ボキャブラリーの単語をidに変換した結果を出力。
# 頻度がmin_freqより小さい場合は未知語<unk>になる

TEXT.vocab.stoi    # 出力。string to identifiers 文字列をidへ
```

[出力]

```
defaultdict(<function torchtext.vocab._default_unk_index()>,
            {'<unk>': 0,
             '<pad>': 1,
             'と': 2,
```

```
                    '。': 3,
                    'な': 4,
                    'の': 5,
                    '文章': 6,
                    '、': 7,
...
```

　出力を見ると各単語に対してどのIDが振られたのかが分かります。例えば、単語の「と」はIDが2、単語の「文章」はIDが6ということが分かります。IDが0番目の<unk>はunknowの意味です。ボキャブラリーにない単語がテストデータなどで出現した場合にはその単語（未知語と呼びます）にこの<unk>を使用します。IDが1番目の<pad>はpaddingの意味です。先にも説明したように文章の長さを統一するために文のあとに入れる疑似的な単語です。以上で単語をIDとして数値で表すことができました。

❖ DataLoaderの作成

　最後にDataLoaderを作成します。DataLoaderの作成には「torchtext.data.Iterator」を使用します。DataLoaderにしたいDatasetを引数で与え、ミニバッチのサイズを指定します。実装は次の通りです。

　DataLoaderの作成時には訓練用のDataLoaderかどうかを引数trainで指定します。検証とテスト用のDataLoaderにはさらにsortの引数にFalseを与え、dataの順番を変更にしない（sortしない）ように指定します。感覚的にはtrain=Falseだけでも動作しそうですが、エラーになるためsort = Falseも指定します。

```
# DataLoaderを作成します（torchtextの文脈では単純にiteraterと呼ばれています）
train_dl = torchtext.data.Iterator(train_ds, batch_size=2, train=True)

val_dl = torchtext.data.Iterator(
    val_ds, batch_size=2, train=False, sort=False)

test_dl = torchtext.data.Iterator(
    test_ds, batch_size=2, train=False, sort=False)

# 動作確認 検証データのデータセットで確認
batch = next(iter(val_dl))
print(batch.Text)
print(batch.Label)
```

［出力］

```
(tensor([[46,  2, 47,  2, 40,  2, 42,  2, 48,  2, 39,  8, 19, 29, 23,  3,  1,  1,
           1,  1,  1,  1,  1,  1,  1],
         [45, 43,  8, 41, 25,  3,  1,  1,  1,  1,  1,  1,  1,  1,  1,  1,  1,  1,
           1,  1,  1,  1,  1,  1,  1]]), tensor([16,  6]))
 tensor([0, 1])
```

　上記のDataLoaderの出力結果を見ると、単語がIDに置き換えられており、機械学習・ディープラーニングで扱える形になっています。また文章が25単語よりも短い分、ID=1の<pad>が入り、長さが25に統一されています。出力の tensor([16, 6]) はその文章の単語数です。ミニバッチの文章の数は今2つであり、1つ目のテキストデータの単語数は16個、2つ目のテキストデータの単語数は6個という意味です。そのあとに表示されている tensor([0, 1]) は各文章のラベルです。1つ目のテキストデータのラベルは0、2つ目のテキストデータのラベルは1であることを示します。

　以上、本節ではtorchtextを用いたDataset、DataLoaderの作成方法を解説しました。次節では単語をIDではなくベクトル表現で表す手法を実装・解説します。

7-3 単語のベクトル表現の仕組み（word2vec、fastText）

本節ではword2vecおよびfastTextと呼ばれる手法を用いて、単語をベクトル表現（分散表現）で数値化する手法について解説します。本節の内容は難しく、一読で完全な理解は大変です。何度も読み直したり、他の書籍やネット上の情報とも合わせて理解を進めたりしていただければと思います。

本節の学習目標は、次の通りです。

1. word2vecで単語のベクトル表現を学習する仕組みを理解する
2. fastTextで単語のベクトル表現を学習する仕組みを理解する

本節の実装ファイル：

なし

word2vecでの単語のベクトル表現手法

単語のベクトル表現について解説します。前節で使用した単語に対してIDを振る作戦は2つの問題を抱えています。それは、ID表現では単語を示す表現（one-hot表現）が長くなりすぎること、そして単語間の関係性を考慮できないことです。

単語を示す表現が長くなりすぎるとは、例えばボキャブラリーが5つで、ID=3の単語の場合、単語IDをone-hot表現で表すと、（0,0,0,1,0）となります。もしボキャブラリーが1万単語であれば1つの単語をone-hot表現で表すのに1万の長さが必要となり、非効率的です。

単語間の関係性を考慮できないとは、IDで単語を表すと本当は「王」と「王子」という単語は「王」と「機械」よりは関係性が強そうですが、そういった単語が持つ情報がID表現には反映できないという意味です。

上記2つのID表現の問題を解決できるのが単語のベクトル表現です。単語を数百次元程度の特徴量ベクトルとして表してあげます。例えば単語を示す特徴量次元が4だったとすると、とある単語は（0.2, 0.5, 0.8, 0.2）のようなベクトルで表現されます。この表現手法であればボキャブラリーが1万単語であっても4次元のベクトルで表すことができます。また単語ベクトルの各特徴量次元が適切であれば、単語間の関係性も考慮された表現になります。

例えば特徴量次元の0番目が「性別っぽさ」、1番目が「大人・子供っぽさ」、2番目が「王族っぽさ」、3番目が「その他の特徴」と学習したとすると、

- 王 ＝（0.9, 0.9, 0.8, 0.0）
- 王子 ＝（0.9, 0.1, 0.8, 0.0）
- 女王 ＝（0.1, 0.9, 0.8, 0.0）
- 姫 ＝（0.1, 0.1, 0.8, 0.0）
- 男性 ＝（1.0, 0.0, 0.0, 0.0）
- 女性 ＝（0.1, 0.0, 0.0, 0.0）

のように、各単語がベクトル表現されます。すると、単語の関係性を演算で表すことができます。例えば、「姫 - 女性 ＋ 男性」を計算すると、人間の直感的にはその関係性は「王子」です。上記のベクトルで計算してみると、（0.1, 0.1, 0.8, 0.0）-（0.1, 0.0, 0.0, 0.0）+（1.0, 0.0, 0.0, 0.0）=（1.0, 0.1, 0.8, 0.0）となります。計算結果の（1.0, 0.1, 0.8, 0.0）というベクトルは「王子」を示すベクトル（0.9, 0.1, 0.8, 0.0）とほぼ一致します。

このように各単語が適切な特徴量次元のベクトルとして示されると単語間の関係性が適切に表現できるようになります。

word2vecでの単語のベクトル表現手法：CBOW

単語のベクトル表現の代表的アルゴリズムである「word2vec」について解説します。ここまで単語のベクトル表現について解説しました。それではどのようにその特徴量の次元、そして各単語の特徴量の値を求めるのかが重要となります。

「word2vec」をはじめ、ディープラーニングモデルで単語のベクトル表現を求める方法の気持ちとしては、「とある単語のベクトル表現は、その単語の周囲で頻繁に使用される単語を使って決定しよう」という考え方です。例えば、「王子」という単語が入っている文章を考えたとき、「王子はまだ幼く…」や「王子は勇ましく狩りに出かけ…」や「貴族のたしなみを学ぶ王子は…」など王子という単語と関係の深い単語が出現します。これら周辺単語を使用して「王子」という単語の特徴量を決定してあげる作戦です。

「とある単語のベクトル表現は、その単語の周囲で頻繁に使用される単語を使って決定しよう」作戦を実際に実現の形に落とし込む方法について解説します。作戦としてはCBOW（Countinuous Bag-of-Words）とSkip-gramという2つの手法があります。

はじめにCBOWでもSkip-gramでも大量の文章を集めます。集めた文章に「貴族のたしなみを学ぶ王子は勇ましく狩りに出かけました。」というテキストがあったとします。このテキストを単語分割すると、「'貴族','の','たしなみ','を','学ぶ','王子','は','勇ましく','狩り','に',

'出かけ','まし','た','。'」となります。ここで王子という単語に着目し、王子という単語のベクトル表現を学びたいとします。

　CBOWの場合は図7.3.1のように王子という単語の前後の単語を利用し、中央に入る単語を推定するというタスクを行います。周囲の何単語を使用するかをwindow幅として指定します。このwindow幅が1の場合は「王子」の前後1単語ずつを取り出し、「学ぶ→？→は」、の「？」に当てはまる単語を当てることになります。周辺1単語では難しすぎるので、基本的には5単語程度が使用されます。5単語の場合は、「貴族→の→たしなみ→を→学ぶ→？→は→勇ましく→狩り→に→出かけ」の「？」に当てはまる単語を推定することになります。

（元文章）貴族　の　たしなみ　を　学ぶ　王子　は　勇ましく　狩り　に　出かけ　まし　た

（window幅1の場合）　　　　　学ぶ　？　は
　　　　　　　　　　　　　　　→？に入る単語を当ててください

（window幅5の場合）
　　　貴族　の　たしなみ　を　学ぶ　？　は　勇ましく　狩り　に　出かけ
　　　　　　　　　　　　　　　→？に入る単語を当ててください

図7.3.1　CBOWのイメージ

　ここまででCBOWが、とある単語の周囲の単語からその単語を当てるタスクだと説明しましたが、なぜこの単語当てタスクで単語のベクトル表現が獲得できるのか、そして肝心のベクトル表現は単語当てタスクのどこから手に入るのかを解説します。

　このCBOWという単語当てタスクを、単純な全結合層からなるディープラーニングのクラス分類の枠組みに落とし込んだのがMikolovらのword2vec[5]です。そしてこのword2vecのディープラーニングモデル内の全結合層の重みWが単語の分散表現となります。

　図7.3.2にCBOWのディープラーニングモデルを図解します。ボキャブラリーが1万単語の場合、入力層は1万個のニューロンです。各ニューロンが各単語に対応し、入力はone-hot表現で与えられます。入力は、今回当てたい単語である「王子」の周辺の単語を1、その他の単語は0とします。すなわちwindow幅が5であれば、周辺10単語に該当する単語の入力は1になり、その他の入力は0となります。

　仮にいま、単語を300次元の特徴量による単語ベクトルで表したいとします。その場合、全結合層の出力層を出力層300個とします。この全結合層にone-hot表現でwindow幅に対応した周辺単語が1、その他が0の入力を与えると、出力ニューロン300個になんらかの値が計算されます。つまり1万ニューロンの周辺単語が300個の中間層ニューロンで示されたことになります。この全結合層の重みをW_inとします。W_inのサイズは10,000×300ということになります。

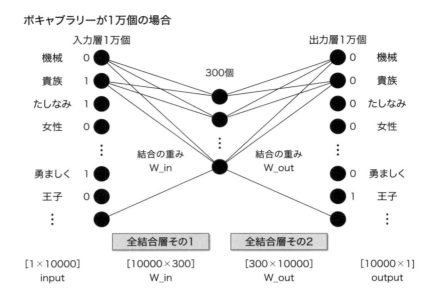

図7.3.2 CBOWのディープラーニング

　続いてこの300次元に圧縮された特徴量にもう1つの全結合層をつなぎ、ボキャブラリー数である10,000個のニューロンに出力させます。2つ目の全結合層は入力チャネル数が300、出力チャネル数が10,000となり、重みを変数W_outで表現すると、W_outの次元は300×10,000となります。出力層のニューロンはボキャブラリー数の10,000個です。そしてCBOWタスクで当てたい単語である「王子」のみが1となり、その他の単語は0となるような出力結果がタスクの解となる出力です（正確には全結合層あとのソフトマックス関数による計算結果で「王子」のみが1、その他が0となる出力です）。

　このような2つの全結合層からなるディープラーニングモデルにおいて、所望の出力が得られるように全結合層の重みW_inとW_outを学習させます。

　ここで重みW_inというのは図7.3.3のように10,000行と300列からなる行列です。例えば上から2番目の「貴族」という単語のみが入力で1であった場合、出力の300個のニューロンの値はW_inの2行目の値と同じになります。つまり「貴族」という単語を300次元に落とし込むと、W_inの2行目の300次元の値に変換されるということになります。

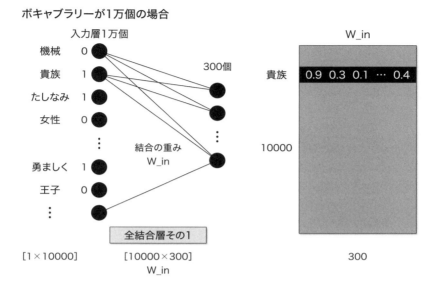

図 7.3.3 CBOW の W_in

　よってCBOWのディープラーニングモデルの1つ目の全結合層の重みW_inは、対応する各単語を300次元の特徴量に落とし込んだ際の300次元の特徴量の値となっており、このW_inの行表現を各単語のベクトル表現として用いれば良いということになります。

　以上が、とある単語の周囲の単語からその単語を当てるタスクCBOWにおいて、単語のベクトル表現が学べる理由と、ベクトル表現はどこから出てくるのかの解説となります。

　整理し直すと、CBOWタスクで単語のベクトル表現が学べるのは、2つの全結合層からなるディープラーニングモデルを用意してCBOWタスクを実現した場合、中間層のニューロンに単語情報が圧縮して表現されるので、この情報がベクトル表現として使用できます。

　単語のベクトル表現はその際の1つの全結合層の重みW_inで表現され、W_inの各行が各単語のベクトル表現を示します（なお、W_outも使用してベクトル表現するケースもあります）。

　CBOWのword2vecを実装してディープラーニングモデルの重みを学習させる場合は、この解説の通りの実装・学習を行うわけではありません。ボキャブラリーが何十万となると解説の手法のままでは実装・学習がしづらいので「ネガティブサンプリング」と「階層化ソフトマックス」と呼ばれる技術で問題をうまくすり替え、学習を効率的にした実装をします。本書ではこれらの技術までは解説しませんので、興味がある方は原著論文[5]やその他ネット上の情報などを参照ください。

word2vecでの単語のベクトル表現手法：Skip-gram

続いてword2vecのタスク手法Skip-gramについて解説します。Skip-gramの場合は図7.3.4のように「王子」という単語を与え、その前後の単語を推定するというタスクを行います。周囲の何単語を推定するのかですが、window幅が1の場合は「王子」の前後1単語である、「学ぶ」と「は」を当てることになります。1単語では難しすぎるので、基本的には5単語程度が使用されます。5単語の場合は、「貴族」、「の」、「たしなみ」、「を」、「学ぶ」、「は」、「勇ましく」、「狩り」、「に」、「出かけ」を推定することになります。

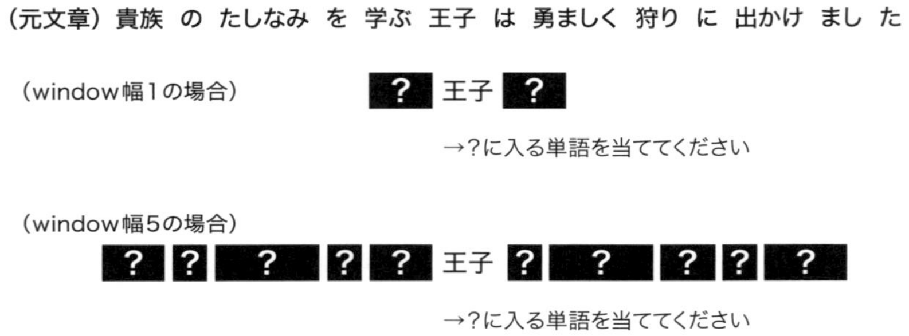

（元文章）貴族 の たしなみ を 学ぶ 王子 は 勇ましく 狩り に 出かけ まし た

（window幅1の場合）　　　? 王子 ?

→?に入る単語を当ててください

（window幅5の場合）　　　? ? ? ? ? 王子 ? ? ? ? ?

→?に入る単語を当ててください

図7.3.4　Skip-gramのイメージ

　このSkip-gramのタスクをディープラーニングモデルに落とし込んだ場合、モデルのネットワークの形はCBOWと同じになります。ただし、図7.3.5のように入出力が変わります。入力は「王子」のみが1のone-hot表現となり、出力は周辺単語が1のone-hot表現となります。
　CBOWの場合と同じくW_inが各単語を特徴量次元300次元に落とし込む重みとなっており、W_inの各行が各単語のベクトル表現となります。

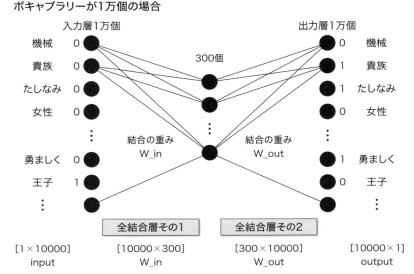

図7.3.5 Skip-gramのディープラーニング

　それではCBOWとSkip-gram、どちらのタスクで獲得する単語ベクトル表現を使用すれば良いのでしょうか？　この問いに関して理論的な証明はありませんが、基本的にはSkip-gramのベクトル表現を利用する方が自然言語処理タスクの性能が良いとされています。

　Skip-gramの方が、性能が良くなる理由は感覚的には2つあります。

　1つ目はCBOWのように周辺5単語ずつを与えられて真ん中の単語を当てるよりも、Skip-gramのように単語の前後5単語を当てる方が難しいからです。人間が同じタスクを行うとしても、Skip-gramの方が難しそうだなと感じます。難しいタスクができるように学習したベクトル表現なので良いのであろうという理解です。

　2つ目の感覚的な理由は次の通りです。CBOWタスクにおけるディープラーニングモデルへの入力は基本的にone-hot表現ですが、window幅が5の場合は入力が1となる部分は10個あり、それらを特徴量ニューロン300個の値に変換します。つまりCBOWはW_inを持つ全結合層への入力が複数個あり、中間層の300個ニューロンの値はW_inの複数行の和となります。一方でSkip-gramの場合は入力のone-hot表現は1単語のみ1で、その他は0です。そしてその単語だけがW_inを持つ全結合層で特徴量ニューロンに変換します。つまり中間層の300個ニューロンの値はW_inの1単語の値のみです。単語ベクトル表現では1単語のベクトル表現が欲しいのですが、中間層のニューロンの表現がW_inの複数行の和になるCBOWよりも、ダイレクトに単語1つの行となるSkip-gramの方が、単語の1つの特性を反映しやすいように思えます。

　これら2つの理由からSkip-gramの方がCBOWよりも良いベクトル表現を得られるのだと思われます（筆者の感覚的理解です）。

fastTextでの単語のベクトル表現手法

続いて、fastText[6]と呼ばれる技術を用いた単語のベクトル表現手法を解説します。このfastTextはword2vecと同じくMikolov氏が提案したベクトル表現手法です。word2vecが2013年、fastTextは2016年の発表となります。

fastTextとword2vecの大きな違いは「サブワード」という概念です。fastTextでは単語をサブワードと呼ばれる「分割された単語」の和で表現し、分割された単語ごとにベクトル表現を学習させます。

英単語のケースでサブワードについて解説します。サブワードに分割する場合は基本的に3〜6文字で分割されます。単語whereを考えましょう。まず単語の最初と最後に単語の始まりと終わりを示す記号「<」もしくは「>」をくっつけて、<where>とします。これを3から6文字で区切ると、

- 3文字：<wh, whe, her, ere, re>
- 4文字：<whe, wher, here, ere>
- 5文字：<wher, where, here>
- 6文字：<where, where>

となり、5+4+3+2=14通りのサブワードになりました。この14通りのサブワードのベクトル表現の和で単語whereは表現されることになります。

このようなサブワードの考え方が出てきた背景は、word2vecは未知語に弱いという問題があったからです。word2vecを学習させた際に、ボキャブラリーに含まれていなかった単語（未知語）については単語のベクトル表現を得ることができません。その未知語のベクトル表現の問題を解決する手法がfastTextのカギとなるサブワードという概念です。

サブワードを使用した学習をすればベクトル表現を学習していない未知語であってもサブワードに分け、各サブワードを別の単語で学習していれば、サブワードの和として未知語のベクトル表現も得ることができます。

続いて日本語の単語のケースです。fastTextは英語などを前提としていますが、日本語の場合の感覚的な理解は次の通りです。まずfastTextの実装内においてサブワードの何文字で分割するかは、utf-8のバイト数で判断され、3から6バイトでサブワードを区切ります。英数字の場合はutf-8では1バイトなので3文字から6文字になります。一方で日本語のひらがなや漢字はutf-8では3バイトなので（基本的には）、3から6バイトでの分割は、1文字もしくは2文字での分割となります。単語として「機械学習」のサブワード表現を考えましょう。単語の前後の開始・終端記号はバイト数にカウントしないとすると、

- 1文字：<機,機,械,学,習,習>
- 2文字：<機械,機械,械学,学習,学習>

となり、6+5=11通りのサブワードになります。この11通りのサブワードのベクトル和で単語「機械学習」は表現されることになります。

日本語にせよ英語にせよ、fastTextで単語のベクトル表現を獲得する際、単語をサブワードに分割して考える以外の部分についてはword2vecと同じ手法になります。fastTextもCBOWもしくはSkip-gramが使用され、一般的にはSkip-gramが使用されます。ただし、fastTextの実装はword2vecよりもかなり高速に学習できるようにさらに様々な工夫がされています。

以上、word2vecとfastTextの概念について解説しました。次節ではこれらを実際に日本語で使用する実装方法について解説します。

7-4 word2vec、fastTextで日本語学習済みモデルを使用する方法

本節ではword2vecおよびfastTextの日本語学習済みモデルを用いて日本語の単語をベクトル表現する手法について実装します。さらに「姫 - 女性 + 男性」のベクトル表現が「王子」になるのかどうか確かめ、ベクトル表現が単語の関係性を反映できているのかを確かめます。

本節の学習目標は、次の通りです。

1. 学習済みの日本語word2vecモデルで単語をベクトル表現に変換する実装ができるようになる
2. 学習済みの日本語fastTextモデルで単語をベクトル表現に変換する実装ができるようになる

本節の実装ファイル：

7-4_vectorize.ipynb

前準備

本節を進めるにあたり、パッケージgensimをインストールし、さらにword2vecの日本語学習済みモデル、fastTextの日本語学習済みモデルをダウンロードします。

ターミナルで、`pip install gensim` を実行してください。

今回日本語のword2vec学習済みモデルは、東北大学 乾・岡崎研究室で公開されているデータ[7]を、fastTextの日本語学習済みモデルは「Qiita：いますぐ使える単語埋め込みベクトルのリスト」[8]で@Hironsanさんが公開されているモデルを使用させていただきます。

word2vecの学習済みモデルは7.1節でファイル「make_folders_and_data_downloads.ipynb」の各セルを実行していればフォルダ「data」内にフォルダ「entity_vector」というものがあり、その中に「entity_vector.model.bin」というファイルができています。これを利用します。

fastTextの日本語学習済みモデルについては「make_folders_and_data_downloads.ipynb」の指示の通りに、手動で手元のPCでQiita記事「いますぐ使える単語埋め込みベクトルのリスト」[8]のfastTextの「URL2：Download Word Vectors(NEologd)」部分のリンクからGoogle

Driveのリンクに飛び、Google Driveから「vector_neologd.zip」をダウンロードします。

AWSのディープラーニング用EC2でJupyter Notebookを開き、フォルダ「7_nlp_sentiment_transformer」のフォルダ「data」に行き、フォルダ「data」内にダウンロードしたzipファイル「vector_neologd.zip」をアップロードします。その後「make_folders_and_data_downloads.ipynb」の最後尾に記載されたセルを実行し、zipファイルを解凍します。するとフォルダ「data」内にフォルダ「vector_neologd」が生成され、その中にファイル「model.vec」というファイルができています。

word2vecの日本語学習済みモデルを使用する実装

7.2節で解説した内容と同じ流れで前処理と単語分割をまとめた関数tokenizer_with_preprocessingを定義し、torchtext.data.FieldクラスのTEXTとLABELを定義し、torchtext.data.TabularDataset.splitsを利用して3つのDatasetとしてtrain_ds、val_ds、test_dsを作成します。

7.2節と同じ内容なので、紙面への実装コードの掲載は省略します。なおこれから使用する単語ベクトルがMecabで単語分割して作成されたボキャブラリーを使用しているため、それに合わせて単語分割をJanomeからMeCab＋Neologdに変更しています。詳細は実装プログラム「7-4_vectorize.ipynb」をご覧ください。

続いてダウンロードした東北大学 乾・岡崎研究室：日本語Wikipediaエンティティベクトル「entity_vector.model.bin」を読み込みます。ですがこのファイルはこのままではtorchtextでは読み込めません。そこでgensimパッケージで一度読み込んで、torchtextでも読み込める形式で保存し直します。実装は次の通りです。

以下の内容を実行するとフォルダ「data」に「japanese_word2vec_vectors.vec」というファイルが生成されます。10分弱時間がかかります。

```
# そのままではtorchtextで読み込めないので、gensimライブラリを使用して、
# Word2Vecのformatで保存し直します

# 事前インストール
# pip install gensim

from gensim.models import KeyedVectors

# 一度gensimライブラリで読み込んで、word2vecのformatで保存する
model = KeyedVectors.load_word2vec_format(
    './data/entity_vector/entity_vector.model.bin', binary=True)
```

7-4 ● word2vec、fastTextで日本語学習済みモデルを使用する方法

```
# 保存（時間がかかります、10分弱）
model.wv.save_word2vec_format('./data/japanese_word2vec_vectors.vec')
```

次にtorchtextの単語ベクトルとして読み込む設定を実装します。確認のため1単語を表現する次元数と、総単語数を表示してみます。

```
# torchtextで単語ベクトルとして読み込みます
from torchtext.vocab import Vectors

japanese_word2vec_vectors = Vectors(
    name='./data/japanese_word2vec_vectors.vec')

# 単語ベクトルの中身を確認します
print("1単語を表現する次元数：", japanese_word2vec_vectors.dim)
print("単語数：", len(japanese_word2vec_vectors.itos))
```

[出力]
```
1単語を表現する次元数： 200
単語数： 1015474
```

1単語の次元数は200で、総単語数は約100万語と分かりました。100万単語のデータを使い続けるのは大変なので、訓練データセット train_ds のボキャブラリーを作成し、そのボキャブラリーの単語にのみこのベクトル表現を与えます。8.2節と同様にTEXT.build_vocabを実行しますが今回は引数にvectors=japanese_word2vec_vectorsを与えます。実装は次の通りです。

```
# ベクトル化したバージョンのボキャブラリーを作成します
TEXT.build_vocab(train_ds, vectors=japanese_word2vec_vectors, min_freq=1)

# ボキャブラリーのベクトルを確認します
print(TEXT.vocab.vectors.shape)  # 49個の単語が200次元のベクトルで表現されている
TEXT.vocab.vectors
```

[出力]
```
torch.Size([49, 200])
tensor([[ 0.0000,  0.0000,  0.0000,  ...,  0.0000,  0.0000,  0.0000],
        [ 0.0000,  0.0000,  0.0000,  ...,  0.0000,  0.0000,  0.0000],
        [ 2.6023, -2.6357, -2.5822,  ...,  0.6953, -1.4977,  1.4752],
...
```

49単語が各200次元のベクトルで表現されたことが分かります。ボキャブラリーの順番を

確認します。姫が41番目、女性が38番目、男性が46番目になっています。

```
# ボキャブラリーの単語の順番を確認します
TEXT.vocab.stoi
```

[出力]
```
defaultdict(<function torchtext.vocab._default_unk_index()>,
            {'<unk>': 0,
             '<pad>': 1,
             'と': 2,
             '。': 3,
             'な': 4,
             'の': 5,
             '文章': 6,
...
```

最後に「姫 - 女性 + 男性」のベクトルを計算し、「王子」が近くなるのか確認しましょう。比較の対象として、「女王」、「王」、「王子」、「機械学習」の4単語を用意します。ベクトルの近さはコサイン類似度で計算します。コサイン類似度はベクトル a、b があったときに、$a \cdot b / (\|a\| \cdot \|b\|)$ で計算されます。2つのベクトルが全く同じであれば1になり、まったく似ていないときは0になります。

```
# 姫 - 女性 + 男性 のベクトルがどれと似ているのか確認してみます
import torch.nn.functional as F

# 姫 - 女性 + 男性
tensor_calc = TEXT.vocab.vectors[41] - \
    TEXT.vocab.vectors[38] + TEXT.vocab.vectors[46]

# コサイン類似度を計算
# dim=0 は0次元目で計算してくださいという指定
print("女王", F.cosine_similarity(tensor_calc, TEXT.vocab.vectors[39], dim=0))
print("王", F.cosine_similarity(tensor_calc, TEXT.vocab.vectors[44], dim=0))
print("王子", F.cosine_similarity(tensor_calc, TEXT.vocab.vectors[45], dim=0))
print("機械学習", F.cosine_similarity(tensor_calc, TEXT.vocab.vectors[43], dim=0))
```

[出力]
```
女王 tensor(0.3840)
王 tensor(0.3669)
王子 tensor(0.5489)
機械学習 tensor(-0.1404)
```

「姫 - 女性 + 男性」のベクトルを計算結果は「王子」が最も近くなりました。同じ王族の王や女王もまずまず似ていますが、王子が最も似たベクトルになっています。またまったく関係ないであろう単語「機械学習」に対してはほぼ0になっており、関係ないという結果が得られました。以上によりword2vecのベクトル表現で単語間の関係がしっかりと表されていることが確認できました。

fastTextの日本語学習済みモデルを使用する実装

続いてfastTextの日本語学習済みの単語分散表現をtorchtextで使用する方法について解説します。@Hironsanさんが公開されている学習済みモデルを使用します。なおtorchtextにはfastTextで日本語の学習済みモデルが使用できるようになっているのですが、かなり精度が低い（と筆者は感じており）、おすすめしていません。

7.2節と同じ流れで前処理と単語分割をまとめた関数tokenizer_with_preprocessingを定義し、torchtext.data.FieldkクラスのTEXTとLABELを定義し、torchtext.data.TabularDataset.splitsを利用して3つのDatasetとしてtrain_ds、val_ds、test_dsを作成します。実装コードの掲載は省略します。

次にtorchtextの単語ベクトルとして学習済みモデルを読み込みます。word2vecの場合とは異なり、こちらのファイルはそのまますぐに読み込めます。

```
# torchtextで単語ベクトルとして読み込みます
# word2vecとは異なり、すぐに読み込めます

from torchtext.vocab import Vectors

japanese_fasttext_vectors = Vectors(name='./data/vector_neologd/model.vec')


# 単語ベクトルの中身を確認します
print("1単語を表現する次元数：", japanese_fasttext_vectors.dim)
print("単語数：", len(japanese_fasttext_vectors.itos))
```

[出力]

```
1単語を表現する次元数： 300
単語数： 351122
```

fastTextの場合は1単語の特徴量は300次元になっています。また単語数は35万とword2vecよりも少ないです。

前ページでロードしたfastTextの単語ベクトルでボキャブラリーを作成し、word2vecと同様に、「姫 - 女性 + 男性」を計算してみます。ボキャブラリー作成の実装はword2vecと同様で引数のvectorsをjapanese_fasttext_vectorsに変更します。単語ベクトルの計算手法も同様になります。

```
# ベクトル化したバージョンのボキャブラリーを作成します
TEXT.build_vocab(train_ds, vectors=japanese_fasttext_vectors, min_freq=1)

# ボキャブラリーのベクトルを確認します
print(TEXT.vocab.vectors.shape)  # 52個の単語が300次元のベクトルで表現されている
TEXT.vocab.vectors

# ボキャブラリーの単語の順番を確認します
TEXT.vocab.stoi

# 姫 - 女性 + 男性 のベクトルがどれと似ているのか確認してみます
import torch.nn.functional as F

# 姫 - 女性 + 男性
tensor_calc = TEXT.vocab.vectors[41] - \
    TEXT.vocab.vectors[38] + TEXT.vocab.vectors[46]

# コサイン類似度を計算
# dim=0 は0次元目で計算してくださいという指定
print("女王", F.cosine_similarity(tensor_calc, TEXT.vocab.vectors[39], dim=0))
print("王", F.cosine_similarity(tensor_calc, TEXT.vocab.vectors[44], dim=0))
print("王子", F.cosine_similarity(tensor_calc, TEXT.vocab.vectors[45], dim=0))
print("機械学習", F.cosine_similarity(tensor_calc, TEXT.vocab.vectors[43], dim=0))
```

[出力]

```
女王 tensor(0.3650)
王 tensor(0.3461)
王子 tensor(0.5531)
機械学習 tensor(0.0952)
```

「姫 - 女性 + 男性」のベクトルの計算結果はfastTextでも王子が最も近くなりました。同じ王族の王や女王もまずまず似ていますが、王子が最も似たベクトルになっています。まったく関係ないであろう単語「機械学習」に対しては0.1以下の小さな値になっていて、関係性が低いという結果です。fastTextでも単語間の関係がしっかりとベクトル表現に反映されていることが確認されました。

以上本節では、word2vecおよびfastTextの日本語学習済みモデルを用いて日本語の単語をベクトル表現する手法について実装方法を解説しました。次節からIMDb（Internet Movie Database）と呼ばれる映画のレビューのテキストデータを使用して、感情分析を行う方法を解説・実装します。

7-5 IMDb(Internet Movie Database)のDataLoaderを実装

　本節から感情分析モデルの構築を行います。本節ではテキストデータのDataLoaderを構築します。今回は文書データとして、IMDb（Internet Movie Database）[9]と呼ばれる映画のレビュー文章を集めたデータを使用します。なおIMDbは英語で書かれたデータとなります。本当は日本語での感情分析用データセットを使いたいのですが、あまり最適なデータセットがないため、本書では英語のデータを使用します。

　本節の学習目標は、次の通りです。

1. テキスト形式のファイルデータからtsvファイルを作成し、torchtext用のDataLoaderを作成できるようになる

> 本節の実装ファイル：
> 7-5_IMDb_Dataset_DataLoader.ipynb

IMDbデータのダウンロード

　IMDbデータセットはtorchtextでは元から用意されています。そのためtorchtextの関数を使用すればすぐにDataLoaderを使用することもできるのですが、今後読者の皆様が手持ちのデータで自然言語処理の実装ができるよう、生のテキストデータをダウンロードしてDataLoaderを実装します。

　7.1節にて「make_folders_data_download.ipynb」を順番に実行していればフォルダ「data」にフォルダ「aclImdb」ができています。この下にはフォルダ「train」やフォルダ「test」が存在し、その中にレビュー1つずつが.txt形式のファイルで用意されています。ファイル数は5万件（train、testともに2.5万件）です（Anacondaを使いブラウザ上で確認しようとするとフリーズするので気をつけてください）。

　ファイル名はデータのidと評価のrating（1-10）でファイル名が決まっています。ファイル名でratingが0となっているファイルはrating不明のファイルです。なおrateは10が最高で、1が最低です。IMDbデータセットでは各レビューにおいて、評価ratingが4以下の場合negative、7以上がpositiveにクラス分けされています。各レビューがどの映画のレビューなのかを示す情報はありません。またレビュー内容はtxtファイルの中に記載されています。

IMDbデータセットをtsv形式に変換

ダウンロードした状態ではフォルダごとにpositiveクラスとnegativeクラスが分けたtxtデータが格納されています。これを本章でこれまで扱ってきたようなtsv形式のデータ、すなわち1行が1つのdataを示し、テキストとラベル（0:negative、1:positive）を記載し、それらをタブで区切ったファイルにします。

実装は次の通りです。なお元のレビューテキストにタブが入っていると処理が誤作動するので、文章中のタブは、text = text.replace('\t', " ")、で消去しています。

```
# tsv形式のファイルにします
import glob
import os
import io
import string

# 訓練データのtsvファイルを作成します

f = open('./data/IMDb_train.tsv', 'w')

path = './data/aclImdb/train/pos/'
for fname in glob.glob(os.path.join(path, '*.txt')):
    with io.open(fname, 'r', encoding="utf-8") as ff:
        text = ff.readline()
        
        # タブがあれば消しておきます
        text = text.replace('\t', " ")
        
        text = text+'\t'+'1'+'\t'+'\n'
        f.write(text)

path = './data/aclImdb/train/neg/'
for fname in glob.glob(os.path.join(path, '*.txt')):
    with io.open(fname, 'r', encoding="utf-8") as ff:
        text = ff.readline()
        
        # タブがあれば消しておきます
        text = text.replace('\t', " ")
        
        text = text+'\t'+'0'+'\t'+'\n'
        f.write(text)

f.close()
```

同様にテストデータでも同じ操作を行います。

```
# テストデータの作成

f = open('./data/IMDb_test.tsv', 'w')

path = './data/aclImdb/test/pos/'
for fname in glob.glob(os.path.join(path, '*.txt')):
    with io.open(fname, 'r', encoding="utf-8") as ff:
        text = ff.readline()

        # タブがあれば消しておきます
        text = text.replace('\t', " ")

        text = text+'\t'+'1'+'\t'+'\n'
        f.write(text)

path = './data/aclImdb/test/neg/'

for fname in glob.glob(os.path.join(path, '*.txt')):
    with io.open(fname, 'r', encoding="utf-8") as ff:
        text = ff.readline()

        # タブがあれば消しておきます
        text = text.replace('\t', " ")

        text = text+'\t'+'0'+'\t'+'\n'
        f.write(text)

f.close()
```

以上によりフォルダ「data」に「IMDb_train.tsv」と「IMDb_test.tsv」が生成されました。あとはこれらを7.2節で解説した手順でDataLoaderへと変換します。

前処理と単語分割の関数を定義

前処理と単語分割の関数を定義します。前処理では改行コード
を除去し、ピリオドとカンマ以外の記号をスペースに変えて最終的に除去します。

単語分割は簡易的に半角スペースで単語を分割することにします。前処理と単語分割と一緒にした関数tokenizer_with_preprocessingを定義します。

7-5 ● IMDb (Internet Movie Database) のDataLoaderを実装

```python
import string
import re

# 以下の記号はスペースに置き換えます（カンマ、ピリオドを除く）。
# punctuationとは日本語で句点という意味です
print("区切り文字：", string.punctuation)
# !"#$%&'()*+,-./:;<=>?@[\]^_`{|}~

# 前処理

def preprocessing_text(text):
    # 改行コードを消去
    text = re.sub('<br />', '', text)

    # カンマ、ピリオド以外の記号をスペースに置換
    for p in string.punctuation:
        if (p == ".") or (p == ","):
            continue
        else:
            text = text.replace(p, " ")

    # ピリオドなどの前後にはスペースを入れておく
    text = text.replace(".", " . ")
    text = text.replace(",", " , ")
    return text

# 分かち書き（今回はデータが英語で、簡易的にスペースで区切る）

def tokenizer_punctuation(text):
    return text.strip().split()

# 前処理と分かち書きをまとめた関数を定義
def tokenizer_with_preprocessing(text):
    text = preprocessing_text(text)
    ret = tokenizer_punctuation(text)
    return ret

# 動作を確認します
print(tokenizer_with_preprocessing('I like cats.'))
```

[出力]

```
区切り文字： !"#$%&'()*+,-./:;<=>?@[\]^_`{|}~
['I', 'like', 'cats', '.']
```

　以上で単語分割と前処理の関数が定義できました。

DataLoaderの作成

続いて先ほど作成したtsvファイルを読み込んだときに、各行のTEXTとLABELに実施する処理をtorchtext.data.Fieldで定義します。7.2節と同じ手順ですが、TEXTに新たな引数として、init_token="<cls>"、eos_token="<eos>" を加えます。これらの引数は、DataLoaderにする際に、文頭に単語<cls>を、文末に<eos>を追加しなさいという意味です。文末のeosはEnd of Sentenceを、文頭の<cls>はClassを示します。通常文頭には<bos>（Beginning of Sentence）の記号を入れることが多いのですが、今回はクラス分類をしたいので<cls>を使用します。この文頭に用意する<cls>の役割は現段階ではまだ説明しきれないので、本節ではそんなものなんだ、という程度にご理解いただければと思います。

```
# データを読み込んだときに、読み込んだ内容に対して行う処理を定義します
import torchtext

# 文章とラベルの両方に用意します
max_length = 256
TEXT = torchtext.data.Field(sequential=True, tokenize=tokenizer_with_preprocessing,
                            use_vocab=True,
                            lower=True, include_lengths=True, batch_first=True,
                            fix_length=max_length, init_token="<cls>",
                            eos_token="<eos>")
LABEL = torchtext.data.Field(sequential=False, use_vocab=False)

# 引数の意味は次の通り
# init_token：全部の文章で、文頭に入れておく単語
# eos_token：全部の文章で、文末に入れておく単語
```

続いてDatasetを作成します。訓練および検証のDatasetであるtrain_val_dsと テストデータのDatasetであるtest_dsに分けます。実装は次の通りです。

```
# フォルダ「data」から各tsvファイルを読み込みます
train_val_ds, test_ds = torchtext.data.TabularDataset.splits(
    path='./data/', train='IMDb_train.tsv',
    test='IMDb_test.tsv', format='tsv',
    fields=[('Text', TEXT), ('Label', LABEL)])

# 動作確認
print('訓練および検証のデータ数', len(train_val_ds))
print('1つ目の訓練および検証のデータ', vars(train_val_ds[0]))
```

7-5 ● IMDb (Internet Movie Database) のDataLoaderを実装

[出力]

```
訓練および検証のデータ数 25000
1つ目の訓練および検証のデータ {'Text': ['i', 'couldn', 't', 'believe', 'the',
'comments', 'made', 'about', 'the', 'movie', 'as', 'i', 'rea
...
'hope', 'she', 'can', 'laugh', 'in', 'the', 'face', 'of', 'everyone', 'that',
'criticized', 'her', 'you', 'go', 'girl'], 'Label': '1'}
```

　続いて、訓練および検証のDatasetを訓練と検証のDatasetに分割します。先ほど作成したtrain_val_dsはクラスtorchtext.data.TabularDatasetのオブジェクトであり、関数spritを持っています。引数として分割の割合0.8を与えて、訓練と検証のDatasetに分割します。この操作により訓練データは2万個、検証データは5千個となります。

　以上で訓練、検証、テスト用の3つのDatasetを作成することができました。

```
import random
# torchtext.data.Datasetのsplit関数で訓練データとvalidationデータを分ける

train_ds, val_ds = train_val_ds.split(
    split_ratio=0.8, random_state=random.seed(1234))

# 動作確認
print('訓練データの数', len(train_ds))
print('検証データの数', len(val_ds))
print('1つ目の訓練データ', vars(train_ds[0]))
```

[出力]

```
訓練データの数 20000
検証データの数 5000
1つ目の訓練データ {'Text': ['i', 'watched', 'the', 'entire', 'movie', 'recognizing',
'the', 'participation', 'of', 'william', 'hurt', 'natas
...
```

ボキャブラリーを作成

　続いて単語の分散表現を用いたボキャブラリーを作成します。分散表現には英語版のfastTextを使用することにします。英語のfastText学習済みモデルは「make_folders_data_download.ipynb」を実行していればfastTextの公式のモデルがフォルダ「data」に「wiki-news-300d-1M.vec」として用意されています。まずこの学習済みモデルを読み込みます。単語数は99万個あります。

```
# torchtextで単語ベクトルとして英語学習済みモデルを読み込みます

from torchtext.vocab import Vectors

english_fasttext_vectors = Vectors(name='data/wiki-news-300d-1M.vec')

# 単語ベクトルの中身を確認します
print("1単語を表現する次元数：", english_fasttext_vectors.dim)
print("単語数：", len(english_fasttext_vectors.itos))
```

[出力]

```
1単語を表現する次元数： 300
単語数： 999994
```

続いて、ボキャブラリーを作成します。

```
# ベクトル化したバージョンのボキャブラリーを作成します
TEXT.build_vocab(train_ds, vectors=english_fasttext_vectors, min_freq=10)

# ボキャブラリーのベクトルを確認します
print(TEXT.vocab.vectors.shape)   # 17916個の単語が300次元のベクトルで表現されている
TEXT.vocab.vectors

# ボキャブラリーの単語の順番を確認します
TEXT.vocab.stoi
```

[出力]

```
torch.Size([17916, 300])
defaultdict(<function torchtext.vocab._default_unk_index()>,
            {'<unk>': 0,
             '<pad>': 1,
             '<cls>': 2,
             '<eos>': 3,
             'the': 4,
...
```

7-5 ● IMDb（Internet Movie Database）のDataLoaderを実装

最後にDataLoaderを作成します。

```
# DataLoaderを作成します（torchtextの文脈では単純にiteraterと呼ばれています）
train_dl = torchtext.data.Iterator(train_ds, batch_size=24, train=True)

val_dl = torchtext.data.Iterator(
    val_ds, batch_size=24, train=False, sort=False)

test_dl = torchtext.data.Iterator(
    test_ds, batch_size=24, train=False, sort=False)

# 動作確認 検証データのデータセットで確認
batch = next(iter(val_dl))
print(batch.Text)
print(batch.Label)
```

[出力]

```
(tensor([[  2,  15,  22, ...,   1,   1,   1],
        [  2,  57,  14, ...,   1,   1,   1],
        [  2,  14,  43, ...,   1,   1,   1],
...
```

ここでDataLoaderの出力を確認すると単語は単語IDで表現されており、ベクトル表現でないことに気づきます。これはDataLoaderにおいて、ベクトル表現で単語データを持つとメモリを大量に消費するためです。そのためディープラーニングのモデル側で単語IDに応じてベクトル表現を取り出すようにします。単語IDをベクトル表現にする実装方法は次節で解説します。

以上により、IMDbの各DataLoaderと訓練データの単語を使用したボキャブラリーの分散ベクトルを用意することができました。次節以降でこれらを簡単に使用できるように本節の内容をフォルダ「utils」の「dataloader.py」に用意しておきます。

次節ではこれらのDataLoaderと単語ベクトルを使用して文章のネガ・ポジの感情分析を実現するためのディープラーニングモデルとしてTransformerを実装します。

7-6 Transformerの実装（分類タスク用）

本節では自然言語処理の分野において2017年以降に多く使用されるようになったディープラーニングモデルTransformer[1]を実装します。Transformerは論文「Attention Is All You Need」で発表された、Attentionを活用したモデルです。本書ではAttention（Self-Attention）について第5章で詳細に解説しました。本節ではTransformerについて、そのモジュール構成などを解説しながら実装します。

本節の学習目標は、次の通りです。

1. Transformerのモジュール構成を理解する
2. LSTMやRNNを使用せずCNNベースのTransformerで自然言語処理が可能な理由を理解する
3. Transformerを実装できるようになる

本節の実装ファイル：

7-6_transformer.ipynb

これまでの自然言語処理とTransformerの関係

前節ではIMDbのデータをDataLoaderとして利用できる部分まで実装しました。残るはDataLoaderからレビュー文章の情報を入力として取り出し、レビュー内容がネガティブ（0）なのかポジティブ（1）なのかをクラス分類するモデルの構築です。

言語データは画像データと性質が異なります。私たち人間が画像および言語を処理している状況を考えると性質の違いが分かりやすいです。

画像データの場合はピクセルデータの集まりを1枚の絵として一度に脳に入力して処理をします（基本的には）。一方で言語データの場合は全部の単語を一度に聞き取るわけではなく、前から順番に逐次的に脳に入力して処理します。そのため言語データでは、とある単語が入力される際に、それまでに入力された単語の情報を保持し、文脈を理解しておく必要があります（脳・神経科学の分野ではワーキングメモリと呼ばれる記憶保持機能になります）。

7-6 ● Transformerの実装（分類タスク用）

　例えば、言語データの場合、突然「買った」、という単語が入力されたら、意味が分かりませんが、「昨日、リンゴを」に続いて「買った」という単語が入力されたら意味が分かります。一方で画像データの場合は、画像のとある一部を見せられても、「ああ、この画像は人の足の部分だな」などと理解することができます。

　このように、言語データと画像データは大きく性質が異なり、言語データの場合は逐次的に処理をし、それまでの入力単語の情報を文脈として保持しておく必要がある点が特徴的です。

　言語データの性質に合わせて、逐次的に言語データを処理するためにこれまでディープラーニングのモデルとして、RNN（Recurrent Neural Network）やLSTM（Long short-term memory）といった再帰的な処理をするニューラルネットワークが使用されてきました。

　しかしながら、RNN、LSTMには「ニューラルネットワークの学習時間が非常に長くかかってしまう」という問題がありました。言語データの文章の単語を1 stepに1単語ずつネットワークに投入するため、言語データは1 stepで全データを処理できる画像よりも数十倍（正確には1テキストの単語数倍分）だけ時間がかかります。学習時間がかかるということはモデルサイズが巨大で複雑なモデルを学習させづらいということにもつながり、高度な処理をする自然言語処理を実現することが困難でした。

　そこで画像データと同様に畳み込みニューラルネットワーク（CNN）や全結合層を使用して言語データを処理する手法が試されるようになりました。

　そもそもテキストデータの場合、Bag-of-Wordsと呼ばれる文章内の語順情報を捨て、どのような単語が文章に登場するかだけの情報表現でも、タスクによってはそれなりの性能を発揮します。

　言語データにCNNを使用するとは、Bag-of-Wordsから一歩拡張して、畳み込みによって隣接する数単語の情報を1つの特徴量として表現することで、単語と単語の隣接情報を加味した情報処理を実現することになります。このCNNを用いた言語処理は再帰的ニューラルネットワークとは異なり一度に文章を処理できるため学習が高速になりました。

　とはいえCNNによる言語データの処理には問題があります。CNNでは隣接する単語の情報が特徴量に変換できても、離れた単語との関係性は考慮できません。ですがテキストデータの場合は、とある単語が割と離れた場所の単語と関係していることが多々あります。

　例えば「昨日、田中君はマラソンに参加したそうだ。自己ベストを更新したらしい。そのため今日の彼は疲労が抜けておらず、とても疲れている様子だ。」という文章があったします。このとき最後の文の"彼"は、最初の文の"田中君"と関係しており、また最後の文の"疲れている"は、最初の文の"マラソン"とも関係深いです。このような離れた位置の単語との関係性をうまく特徴量に変換できる必要があります。

　「CNNでは離れた位置にある情報との関係性を特徴量に落とし込めない」という問題は画像データのCNNでも問題であり、そこで第5章GANによる画像生成ではAttention（Self-Attention）という概念を解説・実装しました。

　簡単にSelf-Attentionのおさらいをします。データをカーネルサイズ1の畳み込み (pointwise

convolution）で特徴量変換し、その特徴量で各ピクセルを他のピクセルとかけ算し、かけ算の値が大きくなるピクセルのペアは特徴量が似ているので関係が深いとして、そのかけ算の値を Attention Map と呼びました。この Attention Map はデータの各ピクセルが離れた位置のピクセルとどの程度関係性を持つのかを示します。そして、元のデータを別の pointwise convolution で特徴量に変換し、Attention Map とかけ算することで、最終的に入力データを離れた位置のピクセルとの関係性を考慮した特徴量に変換することができました。

この Self-Attention（および、本書では紹介していませんが Source-Target-Attention）を活用すれば、言語データでも、とある単語と離れた位置の単語の関係性を考慮することができます。そこで言語データに対して Attention を使用するディープラーニングモデルが論文「Attention Is All You Need」で提案された Transformer となります。

Transformer は、Transform（日本語で、変換という意味）の名前がついている通り、最初は翻訳タスクのモデルとして提案されました。例えば日本語から英語へ翻訳する場合は Transformer のエンコーダネットワークに日本語文章を入力し、エンコーダ出力を得ます。その後 Transformer のデコーダネットワークにエンコーダ出力を入力して、英語の翻訳文を出力させます。

本書では翻訳タスクのようなエンコーダ・デコーダの両者が存在するタイプのタスクではなく、感情分析のようなエンコーダのみを必要とするタスクを扱うため、Transformer のエンコーダネットワークについてのみ解説と実装を進めます。

Transformer のネットワーク構造

Transformer のネットワーク構造を解説します。ただし上記にも述べたように Transformer のエンコーダ側のみを使用し、最後にポジ・ネガの感情分析をするクラス分類モジュールを足したネットワークについて解説します。

図 7.6.1 に Transformer のモジュール構成を示します。

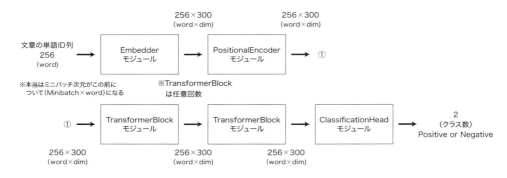

図 7.6.1　Transformer のモジュール構成

入力テンソルは（ミニバッチ数×1文の単語数）です。前節でIMDbのDataLoaderを作成する際にmax_length = 256として設定したため、（ミニバッチ数×256）が入力テンソルのサイズとなります。図7.6.1では最初のミニバッチの次元は省略しているので、入力は1文の単語数（256）というテンソルサイズになります。

DataLoaderは単語のIDのみを持っており、単語のベクトル表現は保持していませんでした。そこではじめにEmbedderモジュールで各単語をベクトル表現に変換します。単語IDに応じて、その単語のベクトル表現を用意します。今回単語のベクトル表現にはfastTextの英語学習済みベクトルを使用することにします。この学習済みベクトルが300次元なのでEmbedderモジュールの出力は（単語数×分散表現の次元数）となり、（256×300）のテンソルが出力されます。

続いてPositionalEncoderモジュールに入ります。このPositionalEncoderモジュールでは（単語数×分散表現の次元数）の入力データに、（単語数×分散表現の次元数）の位置情報テンソルを足し算して、入力データと同じく（単語数×分散表現の次元数）のテンソルを出力します。位置情報テンソルは（単語数×分散表現の次元数）サイズのテンソルであり、位置情報テンソルのとある値を見れば、その値がある位置は入力文章の何単語目の分散表現の何次元目を示しているのかが分かる、という位置情報を示したテンソルです。

なぜこのような位置情報テンソルが必要かについて解説します。今回Self-Attentionを使用することにしたので、各単語がどの単語と関係深いかをうまくAttentionで計算してくれます。これは一見良いことですが、例えば入力文章の単語の順番をぐちゃぐちゃにした場合、それに合わせてAttentionをうまくかけて処理しようとするため、通常の文章でも、語順をぐちゃぐちゃにした文章でも、同様に処理できてしまう可能性があります。つまり語順という概念が存在していないのと同じ（ような感じ）になります。

このAttention導入による語順情報の欠落問題を解決したく、語順や単語ベクトルの次元の語順概念を持ち込むために、位置情報テンソルを用意しています（単語ベクトルの次元については、Self-Attentionで考慮する必要が本当はないのですが、Transformerの場合は単語ベクトルの次元もきちんと定まるように位置情報テンソルを用意します）。

位置情報テンソルは入力データに足し算するだけなので、PositionalEncoderモジュールの出力は入力と同じく（単語数×分散表現の次元数）となり、（256×300）のテンソルが出力されます。

上記2つのモジュールで単語列がベクトル表現になり、語順情報も付加されたら、あとはこの特徴量を最終的にクラス分類でうまく処理できる特徴量へと変換するだけとなります。ここでSelf-Attentionを搭載したTransformerBlockモジュールを使用します。

TransformerBlockモジュールは任意回数繰り返して使用します。TransformerBlockモジュールへの入力はPositionalEncoderモジュールの出力である（256×300）のテンソル、もしくは前段のTransformerBlockモジュールの出力です。そのためTransformerBlockモジュールの出力は入力と同じく、（単語数×分散表現の次元数）となり、（256×300）のテンソルを出力

します。本書ではTransformerBlockモジュールによる特徴量変換は2段で実装します。

このTransformerBlockモジュールではmaskという概念が登場します。このmaskはAttention Mapの一部の値を0に置き換える役割をします。どのような値を0に置き換えるかというと、文章がmax_lengthの256文字よりも短く<pad>が埋められている部分です。この<pad>にAttentionがかかるのはおかしいので、Self-AttentionがかからないようにAttention Mapの<pad>への重みはmaskで0に置き換えます。その他、翻訳タスクなどのデコーダ側では異なるmaskの使い方をするのですが、本書ではエンコーダのみを解説するにとどめ、デコーダ側のmaskの使い方の詳細は割愛します。

任意回数のTransformerBlockモジュールで特徴量を変換したあと、（単語数×分散表現の次元数）の入力テンソルを最後のClassificationHeadモジュールに入力します。このClassificationHeadモジュールはTransformerで標準的に使用するものではなく、今回のタスクがポジ・ネガのクラス分類であるためTransformerのエンコーダ側の最後にこのモジュールをくっつけています。ClassificationHeadモジュールはただの全結合層であり、（単語数×分散表現の次元数）の入力テンソルに対して、ポジ・ネガ2クラスのクラス分類を実施し、（クラス数）、今回であれば（2）のテンソルを出力します。

ClassificationHeadモジュールの出力テンソルに対して教師データの正解ラベル（0：ネガティブ、1：ポジティブ）との損失値をnn.CrossEntropyLoss()で計算します（nn.CrossEntropyLossは多クラス出力のソフトマックスを計算し、さらにnegative log likelihood lossを計算するものです）。この損失値が小さくなるようにTransformerのネットワークを学習させれば、入力文章のポジ・ネガを判定するネットワークが完成します。

以上が分類タスク用のTransformerの概要となります。それではこれから各モジュールを実装していきます。以後、Transformer実装に際しては[10]を参考にしております。

Embedderモジュール

Embedderモジュールは単語IDに応じて単語ベクトルを与える役割をします。そこでPyTorchのnn.Embeddingというユニットを使用します。このユニットは重みに（ボキャブラリーの総単語数×分散表現の次元数）であるTEXT.vocab.vectorsを与えれば、単語ID、すなわち行idに応じてその行（すなわちその単語の分散表現ベクトル）を返す役割をします。実装は以下の通りです。

```
class Embedder(nn.Module):
    '''idで示されている単語をベクトルに変換します'''

    def __init__(self, text_embedding_vectors):
```

7-6 ● Transformerの実装（分類タスク用）

```
        super(Embedder, self).__init__()

        self.embeddings = nn.Embedding.from_pretrained(
            embeddings=text_embedding_vectors, freeze=True)
        # freeze=Trueによりバックプロパゲーションで更新されず変化しなくなります

    def forward(self, x):
        x_vec = self.embeddings(x)

        return x_vec
```

動作を確認します。

```
# 動作確認

# 前節のDataLoaderなどを取得
from utils.dataloader import get_IMDb_DataLoaders_and_TEXT
train_dl, val_dl, test_dl, TEXT = get_IMDb_DataLoaders_and_TEXT(
    max_length=256, batch_size=24)

# ミニバッチの用意
batch = next(iter(train_dl))

# モデル構築
net1 = Embedder(TEXT.vocab.vectors)

# 入出力
x = batch.Text[0]
x1 = net1(x)  # 単語をベクトルに

print("入力のテンソルサイズ：", x.shape)
print("出力のテンソルサイズ：", x1.shape)
```

[出力]

```
入力のテンソルサイズ： torch.Size([24, 256])
出力のテンソルサイズ： torch.Size([24, 256, 300])
```

　動作確認の結果、（ミニバッチ数×単語数）の入力が（ミニバッチ数×単語数×分散表現の次元数）に変換されています。

PositionalEncoder モジュール

次に`PositionalEncoder`モジュールを実装します。単語の位置と分散表現の次元が一意に決まる位置情報テンソルを足し算するのですが、位置情報テンソルは次のような式で計算します。

$$PE(pos_{word}, 2i) = \sin(pos_{word}/10000^{2i/\text{DIM}})$$
$$PE(pos_{word}, 2i+1) = \cos(pos_{word}/10000^{2i/\text{DIM}})$$

ここで PE は Positional Encoding を意味し、位置情報です。pos_{word} はその単語が何番目の単語かを示します。$2i$ は単語の分散ベクトルの何次元目かを示します。DIM は分散ベクトルの次元数で今回であれば 300 です。例えば、3 番目の単語の 5 番目の次元の Positional Encoding 値は

$$PE(3, 2*2+1) = \cos(3/10000^{4/300})$$

で計算されます。

どうしてこんなややこしい式が出てくるのか、その理由は本書では割愛します。こんなものなのだと、本書では納得してください（本当は sin、cos の相対的な足し算がやりやすいという特性をうまく使いたいからです。気になる方は原著論文[1]をご参照ください）。

この`PositionalEncoder`クラスを実装すると以下のようになります。単語ベクトルが Positional Encoding よりも小さいので、`root(300)`をかけ算して大きさをある程度そろえて足し算しています。

```
class PositionalEncoder(nn.Module):
    '''入力された単語の位置を示すベクトル情報を付加する'''

    def __init__(self, d_model=300, max_seq_len=256):
        super().__init__()

        self.d_model = d_model  # 単語ベクトルの次元数

        # 単語の順番（pos）と埋め込みベクトルの次元の位置（i）によって一意に定まる
        # 値の表をpeとして作成
        pe = torch.zeros(max_seq_len, d_model)

        # GPUが使える場合はGPUへ送る、ここでは省略。実際に学習時には使用する
        # device = torch.device("cuda:0" if torch.cuda.is_available() else "cpu")
        # pe = pe.to(device)
```

7-6 ● Transformerの実装（分類タスク用）

```
        for pos in range(max_seq_len):
            for i in range(0, d_model, 2):
                pe[pos, i] = math.sin(pos / (10000 ** ((2 * i)/d_model)))
                pe[pos, i + 1] = math.cos(pos /
                                    (10000 ** ((2 * (i + 1))/d_model)))

        # 表peの先頭に、ミニバッチ次元となる次元を足す
        self.pe = pe.unsqueeze(0)

        # 勾配を計算しないようにする
        self.pe.requires_grad = False

    def forward(self, x):

        # 入力xとPositonal Encodingを足し算する
        # xがpeよりも小さいので、大きくする
        ret = math.sqrt(self.d_model)*x + self.pe
        return ret
```

動作確認です。

```
# 動作確認

# モデル構築
net1 = Embedder(TEXT.vocab.vectors)
net2 = PositionalEncoder(d_model=300, max_seq_len=256)

# 入出力
x = batch.Text[0]
x1 = net1(x)   # 単語をベクトルに
x2 = net2(x1)

print("入力のテンソルサイズ：", x1.shape)
print("出力のテンソルサイズ：", x2.shape)
```

[出力]

```
入力のテンソルサイズ： torch.Size([24, 256, 300])
出力のテンソルサイズ： torch.Size([24, 256, 300])
```

TransformerBlockモジュール

図7.6.2にTransformerBlockモジュールの構成を示します。TransformerBlockモジュールはLayerNormalizationユニット、Dropout、そして2つサブネットワークAttentionとFeedForwardから構成されます。LayerNormalizationは各単語が持つ300個の特徴量に対して、特徴量ごとに正規化を行う操作です。各特徴量次元の300要素の平均が0、標準偏差が1になるように正規化します。正規化後、サブネットワークAttentionに入力されて特徴量が変換され（256, 300）のテンソルが出力されます。サブネットワークAttentionからの出力にはDropoutを適用します。その出力とLayerNormalization前の入力を足し算します。以上でAttentionによる特徴量変換が完了です。

さらに先ほどのAttentionを2つの全結合層からなる単純なネットワークFeedForwardに置き換えた同様の処理を実施し、特徴量を変換します。最終的にTransformerBlockモジュールへの入力サイズと同じく（256, 300）のテンソルを出力します。

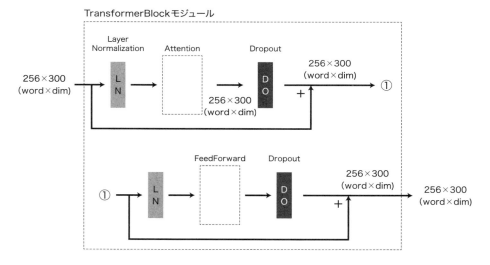

図7.6.2 TransformerBlockの構成

以上で解説したTransformerBlockモジュールを実装します。

本来のTransformer[1]ではAttentionにはMulti-Headed Attentionと呼ばれ、複数個のAttentionを並列に使用する手法を採用します。Attentionを複数個、同時に使うイメージです。ですが本書では分かりやすさを優先し、単一のAttentionで実装します。

第5章で解説したSAGANの場合、Self-Attentionにおける入力の特徴量変換を、カーネルサイズ1の畳み込み（pointwise convolution）で実施していました。Transformerでは全結合

7-6 ● Transformerの実装（分類タスク用）

層 nn.Linear で特徴量変換します。

　またテキストデータが短く<pad>が入っている部分はmaskの値が0になっていましたが、Attentionのmask=0に該当する部分を、-1e9というほぼマイナス無限大に置き換えます。ここでmaskの値をマイナス無限大にするのはそのあとソフトマックスを計算して正規化する際にAttention Mapが0になって欲しいからです（softmax(-inf) = 0 です）。

```python
class Attention(nn.Module):
    '''Transformerは本当はマルチヘッドAttentionですが、
    分かりやすさを優先しシングルAttentionで実装します'''

    def __init__(self, d_model=300):
        super().__init__()

        # SAGANでは1dConvを使用したが、今回は全結合層で特徴量を変換する
        self.q_linear = nn.Linear(d_model, d_model)
        self.v_linear = nn.Linear(d_model, d_model)
        self.k_linear = nn.Linear(d_model, d_model)

        # 出力時に使用する全結合層
        self.out = nn.Linear(d_model, d_model)

        # Attentionの大きさ調整の変数
        self.d_k = d_model

    def forward(self, q, k, v, mask):
        # 全結合層で特徴量を変換
        k = self.k_linear(k)
        q = self.q_linear(q)
        v = self.v_linear(v)

        # Attentionの値を計算する
        # 各値を足し算すると大きくなりすぎるので、root(d_k)で割って調整
        weights = torch.matmul(q, k.transpose(1, 2)) / math.sqrt(self.d_k)

        # ここでmaskを計算
        mask = mask.unsqueeze(1)
        weights = weights.masked_fill(mask == 0, -1e9)

        # softmaxで規格化をする
        normlized_weights = F.softmax(weights, dim=-1)

        # AttentionをValueとかけ算
        output = torch.matmul(normlized_weights, v)
```

```
            # 全結合層で特徴量を変換
            output = self.out(output)

            return output, normlized_weights
```

続いてFeedForwardを実装し、TransformerBlockを実装します。TransformerBlockの出力としてnormlized_weightsも出力するように設定しておき、あとでSelf-Attentionを確認できるようにしておきます。

```
class FeedForward(nn.Module):
    def __init__(self, d_model, d_ff=1024, dropout=0.1):
        '''Attention層から出力を単純に全結合層2つで特徴量を変換するだけのユニットです'''
        super().__init__()

        self.linear_1 = nn.Linear(d_model, d_ff)
        self.dropout = nn.Dropout(dropout)
        self.linear_2 = nn.Linear(d_ff, d_model)

    def forward(self, x):
        x = self.linear_1(x)
        x = self.dropout(F.relu(x))
        x = self.linear_2(x)
        return x


class TransformerBlock(nn.Module):
    def __init__(self, d_model, dropout=0.1):
        super().__init__()

        # LayerNormalization層
        # https://pytorch.org/docs/stable/nn.html?highlight=layernorm
        self.norm_1 = nn.LayerNorm(d_model)
        self.norm_2 = nn.LayerNorm(d_model)

        # Attention層
        self.attn = Attention(d_model)

        # Attentionのあとの全結合層2つ
        self.ff = FeedForward(d_model)

        # Dropout
        self.dropout_1 = nn.Dropout(dropout)
        self.dropout_2 = nn.Dropout(dropout)
```

7-6 ● Transformerの実装（分類タスク用）

```python
    def forward(self, x, mask):
        # 正規化とAttention
        x_normlized = self.norm_1(x)
        output, normlized_weights = self.attn(
            x_normlized, x_normlized, x_normlized, mask)
        
        x2 = x + self.dropout_1(output)
        
        # 正規化と全結合層
        x_normlized2 = self.norm_2(x2)
        output = x2 + self.dropout_2(self.ff(x_normlized2))
        
        return output, normlized_weights
```

以上で、TransformerBlockモジュールの実装が完了です。動作確認をしておきます。ここでinput_maskは単語がある部分は1、文章が終わり<pad>が入っている部分は0が出力されます。

```python
# 動作確認

# モデル構築
net1 = Embedder(TEXT.vocab.vectors)
net2 = PositionalEncoder(d_model=300, max_seq_len=256)
net3 = TransformerBlock(d_model=300)

# maskの作成
x = batch.Text[0]
input_pad = 1  # 単語のIDにおいて、'<pad>': 1 なので
input_mask = (x != input_pad)
print(input_mask[0])

# 入出力
x1 = net1(x)   # 単語をベクトルに
x2 = net2(x1)  # Positon情報を足し算
x3, normlized_weights = net3(x2, input_mask)  # Self-Attentionで特徴量を変換

print("入力のテンソルサイズ：", x2.shape)
print("出力のテンソルサイズ：", x3.shape)
print("Attentionのサイズ：", normlized_weights.shape)
```

[出力]

省略

ClassificationHeadモジュール

　TransformerBlockモジュールを任意回数繰り返して特徴量を変換した後、(単語数×分散表現の次元数)の(256×300)のテンソルをClassificationHeadモジュールに入力し、ポジ・ネガの値を2次元で出力させます。この出力でクラス分類を行い、入力文章がポジティブかネガティブかを判定します。ClassificationHeadモジュールは1つの全結合層があるだけです。

　実装は以下の通りです。ここでClassificationHeadモジュールへの入力テンソル(256×300)から、1単語目の特徴量(1×300)を取り出して使用しています。Dataset、DataLoaderを作成する際にTEXTのフィールドにinit_token="<cls>"を設定し、文の1単語目を<cls>にしました。このclsの特徴量を使用して文章のポジ・ネガを判定することにします。全256単語の全部の特徴量を使用しても良いのですが、データによって文章の長さが異なるため文後半に<pad>が入っている数が文章ごとに異なっており、全部の特徴量を使用するのは少し微妙に感じます。するとどこか1つの特徴量を使うのが良く、それでは先頭を使おう、という作戦です。

　ここで大事なのは、Transformerにおいて先頭単語の特徴量にクラス分類のための情報が自然と集まる性質が備わっているわけではない点にご注意ください。先頭単語に文章の特徴量が集まる性質が予め備わっているのではなく、先頭単語の特徴量を使用して分類し、その損失をバックプロパゲーションしてネットワーク全体を学習させるので、先頭単語の特徴量が自然と文章のポジ・ネガを判定する特徴量になるように学習されます。

```
class ClassificationHead(nn.Module):
    '''Transformer_Blockの出力を使用し、最後にクラス分類させる'''

    def __init__(self, d_model=300, output_dim=2):
        super().__init__()

        # 全結合層
        self.linear = nn.Linear(d_model, output_dim)  # output_dimはポジ・ネガの2つ

        # 重み初期化処理
        nn.init.normal_(self.linear.weight, std=0.02)
        nn.init.normal_(self.linear.bias, 0)

    def forward(self, x):
        x0 = x[:, 0, :]  # 各ミニバッチの各文の先頭の単語の特徴量(300次元)を取り出す
        out = self.linear(x0)

        return out
```

Transfomerの実装

ここまで作成したモジュールを組み合わせて分類タスク用のTransformerを実装します。今回はTransformerBlockモジュールを2回繰り返すことにします。

```
# 最終的なTransformerモデルのクラス

class TransformerClassification(nn.Module):
    '''Transformerでクラス分類させる'''

    def __init__(self, text_embedding_vectors, d_model=300, max_seq_len=256,
                 output_dim=2):
        super().__init__()

        # モデル構築
        self.net1 = Embedder(text_embedding_vectors)
        self.net2 = PositionalEncoder(d_model=d_model, max_seq_len=max_seq_len)
        self.net3_1 = TransformerBlock(d_model=d_model)
        self.net3_2 = TransformerBlock(d_model=d_model)
        self.net4 = ClassificationHead(output_dim=output_dim, d_model=d_model)

    def forward(self, x, mask):
        x1 = self.net1(x)  # 単語をベクトルに
        x2 = self.net2(x1)  # Positon情報を足し算
        x3_1, normlized_weights_1 = self.net3_1(
            x2, mask)  # Self-Attentionで特徴量を変換
        x3_2, normlized_weights_2 = self.net3_2(
            x3_1, mask)  # Self-Attentionで特徴量を変換
        x4 = self.net4(x3_2)  # 最終出力の0単語目を使用して、分類0-1のスカラーを出力
        return x4, normlized_weights_1, normlized_weights_2
```

最後にTransformerの動作確認をします。

```
# 動作確認

# ミニバッチの用意
batch = next(iter(train_dl))

# モデル構築
net = TransformerClassification(
    text_embedding_vectors=TEXT.vocab.vectors, d_model=300, max_seq_len=256,
    output_dim=2)

# 入出力
x = batch.Text[0]
input_mask = (x != input_pad)
out, normlized_weights_1, normlized_weights_2 = net(x, input_mask)

print("出力のテンソルサイズ：", out.shape)
print("出力テンソルのsigmoid：", F.softmax(out, dim=1))
```

[出力]

```
出力のテンソルサイズ： torch.Size([24, 2])
出力テンソルのsigmoid： tensor([[0.6263, 0.3737],
        [0.5870, 0.4130],
        [0.6039, 0.3961],
...
```

　以上で感情分析（分類タスク）用のTransformerの実装が完了です。次節ではIMDbのDataLoaderに対してTransformerを学習させ、推論を実施します。

7-7 Transformerの学習・推論、判定根拠の可視化を実装

　本節ではIMDbのDataLoderからデータを取り出し、前節で実装したTransformerを学習させ、映画のレビュー文章（英語）に対して、そのレビュー内容がポジティブな内容なのかネガティブな内容なのかを判定させます。また判定した際にどのような単語に着目して判定したのか、Self-Attentionを可視化します。

　本節の学習目標は、次の通りです。

1. Transformerの学習を実装できるようになる
2. Transformerの判定時のAttention可視化を実装できるようになる

本節の実装ファイル：

`7-7_transformer_training_inference.ipynb`

DataLoaderとTransformerモデルの用意

　7.5節で実装したDataLoaderと7.6節で実装したTransformerモデルをフォルダ「utils」内の各Pythonファイルに用意しています。これらを読み込んでDataLoaderとモデルを用意します。今回、1文章の単語数は256とし、それよりも短い文章は\<pad\>で埋め、256単語より長い文章はオーバーした部分が切り捨てられています。ミニバッチのサイズは64としています。

　モデルの `TransformerBlock` モジュールについては活性化関数がReLUなので `nn.init.kaiming_normal_` を使用し、「Heの初期値」で初期化しておきます。

```
from utils.dataloader import get_IMDb_DataLoaders_and_TEXT

# 読み込み
train_dl, val_dl, test_dl, TEXT = get_IMDb_DataLoaders_and_TEXT(
    max_length=256, batch_size=64)

# 辞書オブジェクトにまとめる
```

```python
dataloaders_dict = {"train": train_dl, "val": val_dl}


from utils.transformer import TransformerClassification

# モデル構築
net = TransformerClassification(
    text_embedding_vectors=TEXT.vocab.vectors, d_model=300, max_seq_len=256,
    output_dim=2)

# ネットワークの初期化を定義

def weights_init(m):
    classname = m.__class__.__name__
    if classname.find('Linear') != -1:
        # Liner層の初期化
        nn.init.kaiming_normal_(m.weight)
        if m.bias is not None:
            nn.init.constant_(m.bias, 0.0)

# 訓練モードに設定
net.train()

# TransformerBlockモジュールを初期化実行
net.net3_1.apply(weights_init)
net.net3_2.apply(weights_init)

print('ネットワーク設定完了')
```

損失関数と最適化手法

損失関数と最適化手法を実装します。クラス分類なので損失には通常のクロスエントロピー損失を使用します。最適化手法にはAdamを使用しています。

```python
# 損失関数の設定
criterion = nn.CrossEntropyLoss()
# nn.LogSoftmax()を計算してからnn.NLLLoss(negative log likelihood loss)を計算

# 最適化手法の設定
learning_rate = 2e-5
optimizer = optim.Adam(net.parameters(), lr=learning_rate)
```

訓練と検証の関数の実装と実行

モデルを訓練させる関数を実装し、学習を実行します。本書のこれまでで解説した内容と同じになります。今回は訓練したモデルをreturnさせて取得します。

```python
# モデルを学習させる関数を作成

def train_model(net, dataloaders_dict, criterion, optimizer, num_epochs):

    # GPUが使えるかを確認
    device = torch.device("cuda:0" if torch.cuda.is_available() else "cpu")
    print("使用デバイス：", device)
    print('-----start-------')
    # ネットワークをGPUへ
    net.to(device)

    # ネットワークがある程度固定であれば、高速化させる
    torch.backends.cudnn.benchmark = True

    # epochのループ
    for epoch in range(num_epochs):
        # epochごとの訓練と検証のループ
        for phase in ['train', 'val']:
            if phase == 'train':
                net.train()  # モデルを訓練モードに
            else:
                net.eval()   # モデルを検証モードに

            epoch_loss = 0.0  # epochの損失和
            epoch_corrects = 0  # epochの正解数

            # データローダーからミニバッチを取り出すループ
            for batch in (dataloaders_dict[phase]):
                # batchはTextとLabelの辞書オブジェクト

                # GPUが使えるならGPUにデータを送る
                inputs = batch.Text[0].to(device)  # 文章
                labels = batch.Label.to(device)  # ラベル

                # optimizerを初期化
                optimizer.zero_grad()

                # 順伝搬（forward）計算
```

```python
                    with torch.set_grad_enabled(phase == 'train'):

                        # mask作成
                        input_pad = 1  # 単語のIDにおいて、'<pad>': 1 なので
                        input_mask = (inputs != input_pad)

                        # Transformerに入力
                        outputs, _, _ = net(inputs, input_mask)
                        loss = criterion(outputs, labels)  # 損失を計算

                        _, preds = torch.max(outputs, 1)  # ラベルを予測

                        # 訓練時はバックプロパゲーション
                        if phase == 'train':
                            loss.backward()
                            optimizer.step()

                        # 結果の計算
                        epoch_loss += loss.item() * inputs.size(0)  # lossの合計を更新
                        # 正解数の合計を更新
                        epoch_corrects += torch.sum(preds == labels.data)

                # epochごとのlossと正解率
                epoch_loss = epoch_loss / len(dataloaders_dict[phase].dataset)
                epoch_acc = epoch_corrects.double(
                ) / len(dataloaders_dict[phase].dataset)

                print('Epoch {}/{} | {:^5} |  Loss: {:.4f} Acc: {:.4f}'.format(epoch+1,
                                                                              num_epochs,
                                                                              phase,
                                                                              epoch_loss,
                                                                              epoch_acc))

    return net
```

学習・検証を実施します。今回は10 epoch 実施することにします。学習には15分ほどかかります。

```python
# 学習・検証を実行する 15分ほどかかります
num_epochs = 10
net_trained = train_model(net, dataloaders_dict,
                          criterion, optimizer, num_epochs=num_epochs)
```

[出力]

```
使用デバイス： cuda:0
-----start-------
Epoch 1/10 | train | Loss: 0.6039 Acc: 0.6629
Epoch 1/10 |  val  | Loss: 0.4203 Acc: 0.8174
Epoch 2/10 | train | Loss: 0.4382 Acc: 0.8025
Epoch 2/10 |  val  | Loss: 0.3872 Acc: 0.8332
Epoch 3/10 | train | Loss: 0.4130 Acc: 0.8161
Epoch 3/10 |  val  | Loss: 0.3688 Acc: 0.8456
Epoch 4/10 | train | Loss: 0.3862 Acc: 0.8292
Epoch 4/10 |  val  | Loss: 0.3789 Acc: 0.8432
Epoch 5/10 | train | Loss: 0.3718 Acc: 0.8356
Epoch 5/10 |  val  | Loss: 0.3477 Acc: 0.8552
Epoch 6/10 | train | Loss: 0.3601 Acc: 0.8397
Epoch 6/10 |  val  | Loss: 0.3401 Acc: 0.8570
Epoch 7/10 | train | Loss: 0.3515 Acc: 0.8480
Epoch 7/10 |  val  | Loss: 0.3452 Acc: 0.8558
Epoch 8/10 | train | Loss: 0.3435 Acc: 0.8513
Epoch 8/10 |  val  | Loss: 0.3523 Acc: 0.8560
Epoch 9/10 | train | Loss: 0.3409 Acc: 0.8525
Epoch 9/10 |  val  | Loss: 0.3300 Acc: 0.8598
Epoch 10/10 | train | Loss: 0.3312 Acc: 0.8573
Epoch 10/10 |  val  | Loss: 0.3354 Acc: 0.8598
```

9 epoch目で検証データの正解率が約86%になり最高性能になります。それ以降、訓練データの正解率は上がりますが検証データの正解率は上がらず、過学習に陥っていきます。

テストデータでの推論と判定根拠の可視化

10 epoch学習をした学習済みのTransformerモデルであるnet_trainedを使用して、テストデータの正解率を求めます。テストデータでの正解率は85%になりました。

```python
# device
device = torch.device("cuda:0" if torch.cuda.is_available() else "cpu")

net_trained.eval()    # モデルを検証モードに
net_trained.to(device)

epoch_corrects = 0   # epochの正解数
```

```
for batch in (test_dl):  # testデータのDataLoader
    # batchはTextとLabelの辞書オブジェクト

    # GPUが使えるならGPUにデータを送る
    inputs = batch.Text[0].to(device)  # 文章
    labels = batch.Label.to(device)   # ラベル

    # 順伝搬（forward）計算
    with torch.set_grad_enabled(False):

        # mask作成
        input_pad = 1  # 単語のIDにおいて、'<pad>': 1 なので
        input_mask = (inputs != input_pad)

        # Transformerに入力
        outputs, _, _ = net_trained(inputs, input_mask)
        _, preds = torch.max(outputs, 1)  # ラベルを予測

        # 結果の計算
        # 正解数の合計を更新
        epoch_corrects += torch.sum(preds == labels.data)

# 正解率
epoch_acc = epoch_corrects.double() / len(test_dl.dataset)

print('テストデータ{}個での正解率：{:.4f}'.format(len(test_dl.dataset),epoch_acc))
```

[出力]

```
テストデータ25000個での正解率：0.8500
```

Attentionの可視化で判定根拠を探る

　最後になぜそのレビュー文章の内容をポジティブ、もしくはネガティブとモデルが判定したのか、判定する際に強くAttentionをかけた単語を可視化することで、その判定根拠を探ります。

　近年は **XAI**（Explainable Artificial Intelligence：**説明可能な人工知能**）など、ディープラーニングのブラックボックス性を緩和し、少しでも説明性を持たせる判定根拠の可視化技術に注目が集まっています。

　本書ではAttentionを可視化することでモデルの判定根拠を探ります。本書執筆時点では自然言語処理において判定根拠を示す確立された手法は存在しません。本書では「まずは

Attentionの可視化レベルで探ってみようよ」というスタンスです（なおAttentionが本当に判定根拠になるのかについては研究されており、再帰的ニューラルネットワークの場合はAttentionが判定根拠になるとは言い切れないのではという研究もあります[11]。LSTMベースなのかCNNベースなのかといった、ディープラーニングのモデルの構成やタスクによってもAttentionが持つ説明性の妥当感は変わると思われます）。

　文章データにAttentionが強くかかっている単語は背景を赤くし、赤色の濃さでAttentionの強さを可視化します。Jupyter Notebookの`print`文ではこのような出力はできないため、HTMLデータとして作成します。

　HTMLのbackground-colorの値をAttentionの強さに合わせて変化させたHTMLデータをJupyter Notebookで表示させます。そのために以下の関数`highlight`と「mk_html」を定義します。こちらの実装には@itok_msiさんのQiita記事[12]の実装を参考にさせていただきました。

　実装は次の通りです。文章の1単語目である`<cls>`の特徴量をポジ・ネガの分類に使用しており、その特徴量を作成する際に使用したSelf-Attentionを`normlized_weights`から取り出して使用しています。TransformerBlockモジュールが2つあるので、1つ目と2つ目のAttentionが存在します。

```
# HTMLを作成する関数を実装

def highlight(word, attn):
    "Attentionの値が大きいと文字の背景が濃い赤になるhtmlを出力させる関数"

    html_color = '#%02X%02X%02X' % (
        255, int(255*(1 - attn)), int(255*(1 - attn)))
    return '<span style="background-color: {}"> {}</span>'.format(html_color, word)

def mk_html(index, batch, preds, normlized_weights_1, normlized_weights_2, TEXT):
    "HTMLデータを作成する"

    # indexの結果を抽出
    sentence = batch.Text[0][index]  # 文章
    label = batch.Label[index]  # ラベル
    pred = preds[index]  # 予測

    # indexのAttentionを抽出と規格化
    attens1 = normlized_weights_1[index, 0, :]  # 0番目の<cls>のAttention
    attens1 /= attens1.max()

    attens2 = normlized_weights_2[index, 0, :]  # 0番目の<cls>のAttention
    attens2 /= attens2.max()
```

```
    # ラベルと予測結果を文字に置き換え
    if label == 0:
        label_str = "Negative"
    else:
        label_str = "Positive"

    if pred == 0:
        pred_str = "Negative"
    else:
        pred_str = "Positive"

    # 表示用のHTMLを作成する
    html = '正解ラベル：{}<br>推論ラベル：{}<br><br>'.format(label_str, pred_str)

    # 1段目のAttention
    html += '[TransformerBlockの1段目のAttentionを可視化]<br>'
    for word, attn in zip(sentence, attens1):
        html += highlight(TEXT.vocab.itos[word], attn)
    html += "<br><br>"

    # 2段目のAttention
    html += '[TransformerBlockの2段目のAttentionを可視化]<br>'
    for word, attn in zip(sentence, attens2):
        html += highlight(TEXT.vocab.itos[word], attn)

    html += "<br><br>"

    return html
```

これでAttention可視化の関数が実装できたのでテストデータを判定し、さらにそのAttentionを可視化します。学習済みのTransformerにデータを入力し、予測結果とTransformerBlockモジュールのSelf-Attentionを求め、先ほど作成した関数mk_htmlでHTMLを作成して表示します。

実装は以下の通りです。引数のindexでミニバッチの何番目の文章を表示するかを指定しています。

```
from IPython.display import HTML

# Transformerで処理

# ミニバッチの用意
batch = next(iter(test_dl))
```

```
# GPUが使えるならGPUにデータを送る
inputs = batch.Text[0].to(device)  # 文章
labels = batch.Label.to(device)  # ラベル

# mask作成
input_pad = 1  # 単語のIDにおいて、'<pad>': 1 なので
input_mask = (inputs != input_pad)

# Transformerに入力
outputs, normlized_weights_1, normlized_weights_2 = net_trained(
    inputs, input_mask)
_, preds = torch.max(outputs, 1)  # ラベルを予測

index = 3  # 出力させたいデータ
html_output = mk_html(index, batch, preds, normlized_weights_1,
                      normlized_weights_2, TEXT)  # HTML作成
HTML(html_output)  # HTML形式で出力
```

　上記のコードを実行した結果出力されるのが以下の図7.7.1です。1段目のTransformerBlockのAttentionは単語"wonderful"に強くかかっており、その他、"charming"、"great"、"nice"などの単語にもAttentionがかかっています。

　2段目のTransformerBlockで処理し、最終的に判定に使用した特徴量を作成する際には図7.7.1下側のAttentionが使用されました。1段目のAttentionから少し変化しており、"wonderful"のAttentionが弱くなって、"very cool"や"great"、そして1段目ではAttentionされていなかった"well"などにAttentionがかかっています。

　これらの単語位置の特徴量を強く使用して、最終的にPositiveという判断がされたことが分かりました。

正解ラベル：Positive
推論ラベル：Positive

[TransformerBlockの1段目のAttentionを可視化]
a wonderful film a charming , quirky family story . a cross country journey filled with lots of interesting , oddball stops along the way several very cool cameos . great cast led by rod steiger carries the film along and leads to a surprise ending . well directed shot a really nice movie .

[TransformerBlockの2段目のAttentionを可視化]
a wonderful film a charming , quirky family story . a cross country journey filled with lots of interesting , oddball stops along the way several very cool cameos . great cast led by rod steiger carries the film along and leads to a surprise ending . well directed shot a really nice movie .

図7.7.1 文章データの判定のAttention可視化その1

続いてポジ・ネガの判定を間違えた例のAttentionを次のコードで実行し、図7.7.2に確認します。本当はPositiveなレビュー内容ですが、Negativeと判定されました。

```
index = 61  # 出力させたいデータ
html_output = mk_html(index, batch, preds, normlized_weights_1,
                     normlized_weights_2, TEXT)  # HTML作成
HTML(html_output)  # HTML形式で出力
```

正解ラベル：Positive
推論ラベル：Negative

[TransformerBlockの1段目のAttentionを可視化]
i watched this movie as a child and still enjoy viewing it every once in a while for the nostalgia factor . when i was younger i loved the movie because of the entertaining storyline and interesting characters . today , i still love the characters . additionally , i think of the plot with higher regard because i now see the morals and symbolism . rainbow is far from the worst film ever , and though out dated , i m sure i will show it to my children in the future , when i have children .

[TransformerBlockの2段目のAttentionを可視化]
i watched this movie as a child and still enjoy viewing it every once in a while for the nostalgia factor . when i was younger i loved the movie because of the entertaining storyline and interesting characters . today , i still love the characters . additionally , i think of the plot with higher regard because i now see the morals and symbolism . rainbow is far from the worst film ever , and though out dated , i m sure i will show it to my children in the future , when i have children .

図7.7.2 文章データの判定のAttention可視化その2

1段目のAttentionでは"enjoy"や"loved"、"entertaining"などの単語の他、"worst"のようなNegativeな単語にもAttentionがかかり、これらの単語を加味して2段目に送る特徴量が作成されています。

しかし2段目のAttentionは最終的に"worst"のみに集中し、Negative判定をしています。つまりこの"worst"という単語（正確には"worst"という単語位置の特徴量）に起因して誤った判定をしています。

レビュー文章の内容を丁寧に読むと「rainbow is far from the worst film ever,」とあり、rainbowはおそらく映画名です。日本語に直訳すると

「映画Rainbowは史上最悪の映画からはかけ離れているわ。」

であり、ニュアンス的には

「映画Rainbowはまずまず良い映画だわ」

となります。"worst"だけではなく"far from the worst"という二重否定的な意味をうまくとらえなければいけません。

しかしながら、"far from the worst"という表現、そして"far"を利用した二重否定的表現が学習データ内におそらく少ないため、きちんと二重否定的ニュアンスが学習できておらず、"far from the worst"ではなく、"worst"だけに強く反応したようです。

今回のような二重否定的な婉曲的表現はディープラーニングモデルを使用しないbag-of-words手法でもうまく処理できません。今回のデータセットは映画レビューだけの小さなデータセットだったので、より大きなデータセットでTransformerモデルを学習させれば、"far

391

from the worst"という表現がきちんと処理できるようになり、精度は上がると予想されます。

　このようにAttentionを可視化すればディープラーニングで推論結果が得られた根拠（正確にはヒントぐらい）が求まるほかに、モデルの改善方針なども検討することができます。

まとめ

　以上、本章では自然言語処理に取り組み、Janome、MeCab＋NEologdを用いた単語分割、torchtextによるDataLoader作成の流れ、word2vec、fastTextによる単語ベクトル表現、そしてTransformerモデルとIMDbの分類、最後にAttentionの可視化を解説・実装しました。次章ではTransformerからさらに進化した自然言語処理モデルであるBERTについて解説を行い、実装して、再度IMDbの感情分析に挑戦します。

第7章引用

[1] Transformer
Vaswani, A., Shazeer, N., Parmar, N., Uszkoreit, J., Jones, L., Gomez, A. N., ... & Polosukhin, I. (2017). Attention is all you need. In Advances in neural information processing systems (pp. 5998-6008).

http://papers.nips.cc/paper/7181-attention-is-all-you-need

[2] 自然言語処理の基本と技術（仕組みが見えるゼロからわかる）、奥野 陽ら、翔泳社

[3] Pythonによるテキストマイニング入門、山内 長承、オーム社

[4] 自然言語処理のための深層学習、Yoav Goldberg、共立出版

[5] word2vec
Mikolov, T., Sutskever, I., Chen, K., Corrado, G. S., & Dean, J. (2013). Distributed representations of words and phrases and their compositionality. In Advances in neural information processing systems (pp. 3111-3119).

http://papers.nips.cc/paper/5021-distributed-representations-of-words-andphrases

[6] fastText
Joulin, A., Grave, E., Bojanowski, P., & Mikolov, T. (2016). Bag of tricks for efficient text classification. arXiv preprint arXiv:1607.01759.

https://arxiv.org/abs/1607.01759

[7] 日本語学習済みモデル word2vec
東北大学 乾・岡崎研究室 日本語Wikipedia エンティティベクトル

http://www.cl.ecei.tohoku.ac.jp/~m-suzuki/jawiki_vector/

https://github.com/singletongue/WikiEntVec

MIT License

Copyright 2018 Masatoshi Suzuki

[8] 日本語学習済みモデル fastText
Qiita：いますぐ使える単語埋め込みベクトルのリスト @Hironsanさん

https://qiita.com/Hironsan/items/8f7d35f0a36e0f99752c

のURL2：Download Word Vectors(NEologd)

https://drive.google.com/open?id=0ByFQ96A4DgSPUm9wVWRLdm5qbmc

[9] IMDb（Large Movie Review Dataset）
Maas, A. L., Daly, R. E., Pham, P. T., Huang, D., Ng, A. Y., & Potts, C. (2011, June). Learning word vectors for sentiment analysis. In Proceedings of the 49th annual meeting of the association for computational linguistics: Human language technologies-volume 1 (pp. 142-150). Association for Computational Linguistics.

https://dl.acm.org/citation.cfm?id=2002491

http://ai.stanford.edu/~amaas/data/sentiment/

[10]　How to code The Transformer in Pytorch
https://towardsdatascience.com/how-to-code-the-transformer-in-pytorch-24db27c8f9ec

[11]　Attention is not Explanation
Sarthak Jain, Byron C. Wallace. (2019). Attention is not Explanation. arXiv preprint arXiv: 1902.10186.
https://arxiv.org/abs/1902.10186

[12]　Qiita：【self attention】簡単に予測理由を可視化できる文書分類モデルを実装する
https://qiita.com/itok_msi/items/ad95425b6773985ef959
https://github.com/nn116003/self-attention-classification/blob/master/view_attn.py

自然言語処理による感情分析（BERT）

第8章

- 8-1 BERTのメカニズム
- 8-2 BERTの実装
- 8-3 BERTを用いたベクトル表現の比較
  （bank：銀行とbank：土手）
- 8-4 BERTの学習・推論、判定根拠の可視化を実装

8-1 BERTのメカニズム

　本章では第7章に引き続き、テキストデータを扱う自然言語処理に取り組みます。本章ではBERT[1]と呼ばれるディープラーニングモデルを使用し、第7章と同じくIMDbデータセットに対してその内容がポジティブなのかネガティブなのか2値のクラス分類を行う感情分析に取り組みます。

　BERTは2018年の後半にGoogleから発表された、自然言語処理を行うための新たなディープラーニングモデルです。BERTの正式名称はBidirectional Encoder Representations from Transformersです。名称の最後にTransformersが含まれているように、第7章で実装したTransformerがベースとなっています。ですが、BERTはこれまでの自然言語処理用のディープラーニングモデルとは一線を画する特徴を持ち、画像系に比べると発展が遅れていた言語処理のディープラーニングがついにブレークスルーするきっかけになるのでは、と期待を持たれているモデルになります。

　本節ではBERTのネットワークの構造、BERTに特有の事前タスク、そしてBERTの3つの特徴について解説します。

　本節の学習目標は、次の通りです。

1. BERTのモデル構造の概要を理解する
2. BERTが事前学習する2種類の言語タスクを理解する
3. BERTの3つの特徴を理解する

> **本節の実装ファイル：**
>
> なし

BERTのモデル構造の概要

　BERTはその名前にTransformerの文言が含まれているように、前章で扱ったTransformerモデルをベースとしたニューラルネットワークです。

図8.1.1にBERTのモデル構造の概要を示します。BERTにはモデルサイズの異なる2つのタイプがあり、本書ではBERT-Baseと呼ばれる小さい方のモデルを扱います。

基本的にBERTの構成はTransformerとほぼ同じとなります。まず文章を単語IDにしたID列を用意します。BERTの場合その長さは`seq_len=512`です。この入力がTransformerと同じく`Embeddings`モジュールに送られます。

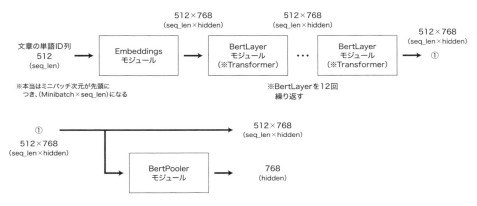

図8.1.1 BERTのモデル構造の概要

EmbeddingsモジュールではID列を単語の特徴量ベクトルに変換し、さらにTransformerと同じように単語と特徴量ベクトルの位置情報を示すPositional Embeddingを追加します。BERT（BERT-Base）で使用する特徴量ベクトルの次元数は768です。図8.1.1ではhiddenと記載しています。

Embeddingsモジュールからの出力テンソル（seq_len×hidden）=（512×768）は、その後BertLayerモジュールに送られます。このBertLayerモジュールはTransformerモジュールです。このモジュールではSelf-Attentionを利用して特徴量の変換が行われます。BertLayerの出力テンソルのサイズは入力テンソルのサイズと同じく（512×768）です。このBertLayerモジュールを12回繰り返します。

12回のBertLayerモジュールを繰り返して出力された（512×768）テンソルの先頭単語の特徴量（1×768）を取り出し、BertPoolerモジュールに入力します。BERTにおいてもTransformerと同様に先頭単語を[CLS]と設定して、文章のクラス分類などに使用するための、入力文全体の特徴量を持たせる部分として活用します。その先頭単語の特徴量をBertPoolerモジュールで変換します。

以上がBERTでの基本的な処理フローです。最終的な出力テンソルは、12回のBertLayerモジュールから出力された（seq_len×hidden）=（512×768）のテンソルと先頭単語[CLS]の特徴量（BertPoolerモジュールの出力）であるサイズ（768）のテンソルの2種類となります。

BERTが事前学習する2種類の言語タスク

　ここまでの内容であればBERTはただの12段Transformerモデルですが、BERTとTransformerの大きな違いは、BERTではネットワークモデルを2種類の言語タスクで事前学習させる点にあります。2種類の言語タスクとはMasked Language ModelとNext Sentence Predictionです。
　Masked Language Modelとは7.3節のword2vecのアルゴリズムCBOWの拡張版タスクとなります。CBOWは文章中の、とある単語をマスクして不明にし、マスクした単語の前後（約5単語ずつ）の情報からマスクされた単語を推定するタスクでした。このCBOWタスクを実現することで、マスクされた単語の特徴量ベクトルを周辺単語との関係から構築できました。BERTのMasked Language Modelでは入力512単語のうち、複数単語をマスクし、マスクされた単語の前後何単語とは指定せず、文章の残りのマスクされていない単語全てを使用してマスクされた単語を推定し、その単語の特徴量ベクトルを獲得するタスクになります（図8.1.2）。

事前タスク
Masked Language Model

（例）
以下のような一部単語がマスクされた文章を入力し、その単語がボキャブラリーのどの単語か当てる

（文章）[CLS] I accessed the [マスク] account. [SEP] We play soccer at the bank of the [マスク] [SEP]
※答えはbank　　　　　　　　　　　　　　　　　　　　　　　　　　　　　　※答えはriver

事前タスク
Next Sentence Prediction

（例）
以下のような2つの文章を入力し、2つの文章が意味的につながりがある、つながりがないを当てる

（文章）　[CLS] I accessed the bank account. [SEP] We play soccer at the bank of the river. [SEP]
※答えは、つながりがない

図8.1.2　BERTにおける2種類の事前学習

　BERTにおける事前学習のもう1つのタスク、Next Sentence Predictionについて解説します。第7章のTransformerでは基本的に1つのテキストデータを入力しましたが、BERTの事前学習では2つのテキストデータを入力します。つまり512単語で2つの文章となります。2つの文章は[SEP]で区切ります。この2つの文章は教師データ内で「連続的に存在する意味があって関係が深い文章」の場合と、「まったく関係がなく文脈のつながりのない2つの文章」の場合の2パターンを用意します。Next Sentence Predictionでは図8.1.1のBertPoolerモジュールから出力された先頭単語[CLS]の特徴量を使用し、入力された2つの文章が、「連続的に存

在する意味があって関係が深い文章」なのか、それとも「まったく関係がなく文脈のつながりのない2つの文章」なのかを推論させます（図8.1.2）。

　これら2つの言語タスクを解くためのモジュールをつなげたBERTモデルが図8.1.3です。基本モデルにMaskedWordPredictionsモジュールと、SeqRelationshipモジュールをくっつけて、2種類の事前タスク、Masked Language ModelとNext Sentence Predictionをうまく解けるように、基本モデルを学習させます。

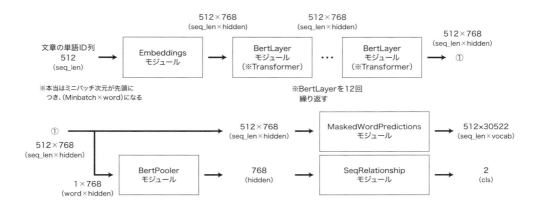

図8.1.3　事前学習を実施するBERTのモデルの構造

　MaskedWordPredictionsモジュールへはBERTのBertLayerの出力（seq_len×hidden）＝（512×768）を入力します。そして（seq_len×vocab_size）＝（512×30,522）を出力します。ここでvocab_sizeの30,522はBERTのボキャブラリー全体の単語数です（英語での学習済みモデルの場合）。入力された512単語がこの全ボキャブラリーの単語のどれなのかを（512×30,522）に対してソフトマックス関数を計算して求めます。ただし実際に推定することになるのは入力単語512個すべてではなく、マスクされている不明単語のみです。

　SeqRelationshipモジュールではBertPoolerモジュールから出力された先頭単語 [CLS] の特徴量ベクトルを全結合層に入力して、クラス数2の分類を実行します。全結合層の出力サイズ2は、「連続的に存在する意味があって関係が深い文章」の場合と、「まったく関係がなく文脈のつながりのない2つの文章」の場合のどちらなのかを判定するため、クラス数が2となります。

BERTの3つの特徴を理解する

ここまでBERTのおおまかなモデル構造（12段のTransformer）、そしてBERTで事前学習として実施する2つの言語タスク（Masked Language ModelとNext Sentence Prediction）について解説しました。続いて、BERTが持つ3つの特徴について解説します。3つの特徴とは「文脈に依存した単語ベクトル表現を作れるようになった」「自然言語処理タスクでファインチューニングが可能になった」「Attentionにより説明性と可視化が簡便」の3つとなります。

はじめに、文脈に依存した単語ベクトル表現を作れるようになった点について解説します。例えば英語のbankという単語を考えます。このbankという単語は「銀行」という意味と「土手」という意味があります。英語にせよ日本語にせよ、1つの単語の意味が1つである場合は少ないです。国語辞典を引いても各単語には複数のいろいろな意味が掲載されており、文脈によって単語の意味が異なります。BERTではこのような文脈に応じた単語ベクトルの表現が可能になりました。

BERTでは12段のTransformerを使用します。最初にEmbeddingsモジュールで単語IDを単語ベクトルに変換する際には、銀行のbankも土手のbankも、長さ768のまったく同じ単語ベクトルになります。ですが、12段のTransformerを経るうちに単語bankの位置にある特徴量ベクトルは変化していきます。その結果12段目の出力である単語bankの位置にある特徴量ベクトルは、最終的には銀行のbankと土手のbankで異なるベクトルになります。

この特徴量ベクトルは事前学習のMasked Language Modelが解けるような特徴量ベクトルとなっており、その文章中の単語bankとその周辺の単語との関係性をベースに、TransformerのSelf-Attention処理によって作られます。そのため同じbankという単語でも、周辺単語との関係性から文脈に応じた単語ベクトルが作成されます。8.3節でこの特徴について実際に実装しながら確認します。

続いてBERTの2つ目の特徴、ファインチューニングが自然言語処理タスクで可能となった点について解説します。BERTをベースに様々な自然言語処理タスクを行わせるには、まず2つの言語タスクで事前学習した重みパラメータを図8.1.1のBERTモデルの重みに設定します。そして出力として図8.1.1に示した、（seq_len×hidden）＝（512×768）のテンソルと（hidden）＝（768）の2つのテンソルを出力させます。これら2つのテンソルを実施したい自然言語処理タスクに合わせた「アダプターモジュール」に投入し、タスクに応じた出力を得ます。

例えば、ポジ・ネガの感情分析であれば、アダプターモジュールとして1つの全結合層を追加するだけで、文章の判定が可能になります。学習時にはベースのBERTとアダプターモジュールの全結合層、両方をファインチューニングで学習させます。

このようにBERTの出力に「アダプターモジュール」をつなげることで様々な自然言語処理タスクを行わせることが可能です。このようなBERTの特徴は、第2章物体検出のSSDや、第4章姿勢推定のOpenPoseのベースネットワークであったVGGのような役割をBERTが果たすことを意味しており、より少ない文書データから性能の良いモデルが作成可能となります。BERTの出現により自然言語処理タスクにおいても、画像タスクのように転移学習・ファインチューニングが実現できるようになったことが、BERTが注目を浴びた大きな要因の1つです。

　ではなぜBERTが画像タスクの基本モデルであるVGGのような転移学習・ファインチューニングのベースとなる役割が果たせたのでしょうか。VGGなど画像処理においては、何となく画像分類ができるネットワークは、物体検出やセマンティックセグメンテーションにも有効な気がします。BERTも同様に、事前タスク Masked Language Modelが解けるような、「単語を文脈に応じた特徴量ベクトルに変換できる能力」が単語の意味を正確にとらえ、さらに事前学習 Next Sentence Predictionで「文が意味的につながっているのかどうかを判定できる能力」が、（おおまかに）文章の意味を理解する力を獲得しているのだと思われます。単語と文章の意味を理解できるように事前学習しているので、その先の応用的な自然言語処理タスクである感情分析などにも転用できるというイメージです。

　今後、Masked Language ModelやNext Sentence Predictionよりも最適な事前学習の言語タスクなどが出てくる可能性はありますが、「単語と文章の意味をしっかり捉える必要がある事前タスクを課す、それらの事前タスクで学習した重みをベースに使い、アダプターを自然言語処理タスクに応じて付け替えてファインチューニングさせる」という流れは自然言語処理の1つのスタンダードになるだろうと思います。この先駆けとなる汎用的な言語モデルの事例を作ったということでBERTが注目を浴びました。

　最後のBERTの特徴であるAttentionにより説明性と可視化がしやすい、については基本的に第7章のTransformerでAttentionを可視化したのと同じ話です。ディープラーニングモデルの解釈性・説明性などが大切な昨今において、Attentionは予測結果に影響した単語位置の情報であり、それを可視化して人間が推論結果の説明について考えやすいという特徴はTransformerを多段につなげたBERTでも同じです。

　以上、本節ではBERTのモデルの形、モジュールの概要を解説し、BERTで行う事前学習の内容、そしてBERTが持つ3つの特徴について解説しました。次節ではBERTの実装を行います。

8-2 BERTの実装

本節ではBERTのニューラルネットワークモデルを実装します。本章の実装は、GitHub：huggingface/pytorch-pretrained-BERT[2]を参考にしています。なお本章のプログラムはすべてUbuntuでの動作を前提としています。

本節の学習目標は、次の通りです。

1. BERTのEmbeddingsモジュールの動作を理解し、実装できる
2. BERTのSelf-Attentionを活用したTransformer部分であるBertLayerモジュールの動作を理解し、実装できる
3. BERTのPoolerモジュールの動作を理解し、実装できる

本節の実装ファイル：

8-2-3_bert_base.ipynb

使用するデータ

はじめに本節および本章で使用するフォルダの作成とファイルのダウンロードを行います。本書の実装コードをダウンロードし、フォルダ「8_nlp_sentiment_bert」内にある、ファイル「make_folders_and_data_downloads.ipynb」の各セルを1つずつ実行してください。

実行結果、図8.2.1のようなフォルダ構成が作成されます。フォルダ「vocab」にはBERTで使用する単語のボキャブラリー一覧「bert-base-uncased-vocab.txt」が、フォルダ「weights」にはBERTの学習済みの重みパラメータ「pytorch_model.bin」が、フォルダ「data」内には第7章と同様にIMDbデータがダウンロードされ、本章の場合はtrainとtestのtsvファイル「IMDb_train.tsv」と「IMDb_test.tsv」まで作成されます。

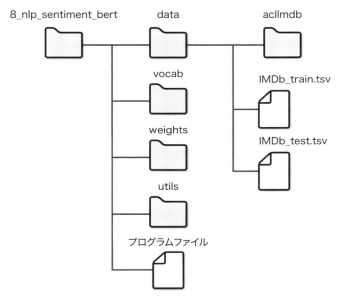

図8.2.1 第8章のフォルダ構成

BERT_Baseのネットワークの設定ファイルの読み込み

　はじめにBERT_Baseにおいて、Transformerが12段であることや、特徴量ベクトルが768次元であることなどを記載した、フォルダ「weights」にあるネットワークの設定ファイル「bert_config.json」を読み込みます。JSONファイルを読み込むと辞書型変数として扱われますが、辞書型変数は記述が面倒です。例えば読み込んだJSONファイルの辞書型変数からkey「hidden」の値をとるにはconfig['hidden_size']と記載する必要があります。これをもし、config.hidden_sizeと記述できればすっきりします。

　そこで事前にコンソール画面にて、pip install attrdictを実施し、パッケージattrdictをインストールしておきます。このパッケージattrdictを利用すれば、config = AttrDict(config)を実行することで、変数configを辞書型変数ではなくクラスオブジェクトに変換でき、config.hidden_sizeで設定パラメータにアクセスできるようになります。

　実装は次の通りです。

```
# 設定をconfig.jsonから読み込み、JSONの辞書変数をオブジェクト変数に変換
import json

config_file = "./weights/bert_config.json"
```

```
# ファイルを開き、JSONとして読み込む
json_file = open(config_file, 'r')
config = json.load(json_file)

# 出力確認
config
```

[出力]

```
{'attention_probs_dropout_prob': 0.1,
 'hidden_act': 'gelu',
 'hidden_dropout_prob': 0.1,
 'hidden_size': 768,
 'initializer_range': 0.02,
 'intermediate_size': 3072,
 'max_position_embeddings': 512,
 'num_attention_heads': 12,
 'num_hidden_layers': 12,
 'type_vocab_size': 2,
 'vocab_size': 30522}
```

```
# 辞書変数をオブジェクト変数に
from attrdict import AttrDict

config = AttrDict(config)
config.hidden_size
```

[出力]

```
768
```

BERT用にLayerNormalization層を定義

　続いてBERTモデル構築の事前準備としてLayerNormalization層のクラスを定義します。第7章で使用したように、PyTorchにもLayerNormalizationは用意されているのですが、TensorFlowとPyTorchではLayerNormalizationの実装が少しだけ異なっています。テンソルの最後のチャネル（すなわち単語の特徴量ベクトル768次元）について、平均0、標準偏差が1になるようにLayerNormalizationするのですが、0で割り算しないように補助項epsilonを入れる入れ方が、PyTorchとTensorFlowで異なります。今回使用する学習済みモデルはGoogleが公開したTensorFlowでの学習結果がベースとなっているので、TensorFlow版の

LayerNormalization層を作ります。

実装は次の通りです。

```
# BERT用にLayerNormalization層を定義します。
# 実装の細かな点をTensorFlowに合わせています。

class BertLayerNorm(nn.Module):
    """LayerNormalization層 """

    def __init__(self, hidden_size, eps=1e-12):
        super(BertLayerNorm, self).__init__()
        self.gamma = nn.Parameter(torch.ones(hidden_size))  # weightのこと
        self.beta = nn.Parameter(torch.zeros(hidden_size))  # biasのこと
        self.variance_epsilon = eps

    def forward(self, x):
        u = x.mean(-1, keepdim=True)
        s = (x - u).pow(2).mean(-1, keepdim=True)
        x = (x - u) / torch.sqrt(s + self.variance_epsilon)
        return self.gamma * x + self.beta
```

Embeddingsモジュールの実装

　それでは図8.1.1に示したBERTのモジュール構成に従い実装していきます。まずはEmbeddingsモジュールです。実装コードは次ページの通りです。実装コード内にコメントとして解説を豊富に書きましたのでそちらをご覧ください。

　TransformerのEmbeddingsモジュールとの大きな違いが2点あるので、その点のみ解説します。

　1つ目はPositional Embedding（位置情報をベクトルに変換）の表現手法を、Transformerの場合はsin、cosで計算していましたが、BERTの場合は表現方法も学習させています。ただし学習させるのは単語の位置情報だけで、単語ベクトルの次元情報はとくに与えていません。つまり1単語目の768個の次元には同じposition_embeddingsの値が格納され、2単語目は1単語目とは異なるが768次元の方向には同じposition_embeddingsの値が格納されます。

　2つ目の違いはSentence Embeddingの存在です。BERTでは2つの文章を入力するので、1文章目と2文章目を区分するためのEmbeddingを用意します。

　Embeddingsモジュールでは、Token Embedding、Positional Embedding、Sentence Embeddingからそれぞれ求まる3つのテンソルをTransformerの場合と同じように足し算してEmbeddingsモジュールの出力とします。そのためEmbeddingsモジュールへの入力テン

8-2 ● BERTの実装

ソルは (batch_size, seq_len) サイズから成る文章の単語IDの羅列である変数 input_ids と (batch_size, seq_len) の各単語が1文章目なのか、2文章目なのかを示す文章idである変数 token_type_ids となり、出力は (batch_size, seq_len, hidden_size) のテンソルです。ここで seq_len は512、hidden_size は768となります。

```python
# BERTのEmbeddingsモジュールです

class BertEmbeddings(nn.Module):
    """文章の単語ID列と、1文目か2文目かの情報を、埋め込みベクトルに変換する
    """

    def __init__(self, config):
        super(BertEmbeddings, self).__init__()

        # 3つのベクトル表現の埋め込み

        # Token Embedding：単語IDを単語ベクトルに変換、
        # vocab_size = 30522でBERTの学習済みモデルで使用したボキャブラリーの量
        # hidden_size = 768 で特徴量ベクトルの長さは768
        self.word_embeddings = nn.Embedding(
            config.vocab_size, config.hidden_size, padding_idx=0)
        # （注釈）padding_idx=0はidx=0の単語のベクトルは0にする。BERTのボキャブラリ
        # 一のidx=0が[PAD]である。

        # Transformer Positional Embedding：位置情報テンソルをベクトルに変換
        # Transformerの場合はsin、cosからなる固定値だったが、BERTは学習させる
        # max_position_embeddings = 512　で文の長さは512単語
        self.position_embeddings = nn.Embedding(
            config.max_position_embeddings, config.hidden_size)

        # Sentence Embedding：文章の1文目、2文目の情報をベクトルに変換
        # type_vocab_size = 2
        self.token_type_embeddings = nn.Embedding(
            config.type_vocab_size, config.hidden_size)

        # 作成したLayerNormalization層
        self.LayerNorm = BertLayerNorm(config.hidden_size, eps=1e-12)

        # Dropout  'hidden_dropout_prob': 0.1
        self.dropout = nn.Dropout(config.hidden_dropout_prob)

    def forward(self, input_ids, token_type_ids=None):
        '''
        input_ids： [batch_size, seq_len]の文章の単語IDの羅列
```

```python
            token_type_ids：[batch_size, seq_len]の各単語が1文目なのか、2文目なのかを示
                          すid
    '''

    # 1. Token Embeddings
    # 単語IDを単語ベクトルに変換
    words_embeddings = self.word_embeddings(input_ids)

    # 2. Sentence Embedding
    # token_type_idsがない場合は文章の全単語を1文目として、0にする
    # そこで、input_idsと同じサイズのゼロテンソルを作成
    if token_type_ids is None:
        token_type_ids = torch.zeros_like(input_ids)
    token_type_embeddings = self.token_type_embeddings(token_type_ids)

    # 3. Transformer Positional Embedding：
    # [0, 1, 2・・・]と文章の長さだけ、数字が1つずつ昇順に入った
    # [batch_size, seq_len]のテンソルposition_idsを作成
    # position_idsを入力して、position_embeddings層から768次元のテンソルを取り出す
    seq_length = input_ids.size(1)  # 文章の長さ
    position_ids = torch.arange(
        seq_length, dtype=torch.long, device=input_ids.device)
    position_ids = position_ids.unsqueeze(0).expand_as(input_ids)
    position_embeddings = self.position_embeddings(position_ids)

    # 3つの埋め込みテンソルを足し合わせる [batch_size, seq_len, hidden_size]
    embeddings = words_embeddings + position_embeddings + token_type_embeddings

    # LayerNormalizationとDropoutを実行
    embeddings = self.LayerNorm(embeddings)
    embeddings = self.dropout(embeddings)

    return embeddings
```

BertLayerモジュール

　BertLayerはいわゆるTransformer部分です。サブネットワークとして、Self-Attentionを計算するBertAttentionと、Self-Attentionの出力を処理する全結合層であるBertIntermediate、そしてSelf-Attentionの出力とBertIntermediateで処理した特徴量を足し算するBertOutputの3つからなります。これらの構成は次ページに示す図8.2.2のようになっています。

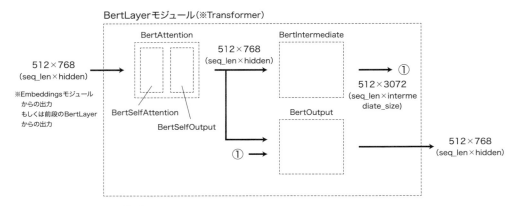

図8.2.2 BertLayerの構成

　BertLayerへの入力はEmbeddinsモジュールからの出力、もしくは前段のBertLayerからの出力でサイズは (batch_size, seq_len, hidden_size) です。このBertLayerへの入力はまずBertAttentionでSelf-Attentionが計算され、新たな特徴量に変換されます。BertAttentionは、BertSelfAttentionとBertSelfOutputからなります。BertAttentionの出力は全結合層からなるBertIntermediateでさらに特徴量が変換されます。BertOutputではこのBertIntermediateの出力3072チャネルを全結合層で768チャネルに変換し、さらにBertAttentionの出力と足し算して、BertLayerの出力とします。BertLayerの出力サイズは入力と同じく (batch_size, seq_len, hidden_size) です。

　基本的にはBertLayerの実装は第7章のTransformerと同じ内容となります。実装コードにコメントを豊富に書いているので、次ページの実装コードをご覧ください。

　BertLayerの実装は第7章のTransformerと異なる点が2つあるので、それらについて解説します。

　1つ目の違いはBertIntermediateの全結合層のあとの活性化関数にGELU（Gaussian Error Linear Unit）という関数を使用している点です。このGELUは基本的にはReLUと同じ形の関数ですが、入力が0のところでReLUの出力がカクっとしている（滑らかな変化ではなく急激に変化する）のに対して、GELUは入力0のあたりの出力が滑らかになる形をしています。引用文献[3]のFigure 1にReLUとGELUの形の比較があるので、こちらを見ていただくと分かりやすいです。

　2つ目の違いはAttentionがMulti-Head Self-Attentionになっている点です。TransformerもMulti-Head Self-Attentionなのですが、本書の第7章では分かりやすさを優先してSingle-HeadのSelf-Attentionで実装していました。Multi-Head Self-Attentionは単純にSelf-Attentionが複数あるだけです。ですが特徴量ベクトルの次元を768のままMulti-Headにすると、次元数が768からMulti-Headの数だけ倍数で増えてしまうので、Multi-Headにし、かつ合計で特徴量次元が768になるように調整します。そのため今回は12個のMulti-Headを用意すること

にし、Self-Attentionに入力する特徴量の次元数を0〜63個目まで、64〜127個目まで、…、と64次元ずつを入力し、Self-Attentionの出力も64次元にして、それらを全部つなげて12×64=768次元の出力にします。

本書の実装は引用文献[2]を参考にしていますがいくつか変更しており、ここでは引数にattention_show_flgを追加しています。このフラグがTrueの場合はSelf-Attentionの重みのテンソルも出力するように改変しています。実装は次の通りです。

```python
class BertLayer(nn.Module):
    '''BERTのBertLayerモジュールです。Transformerになります'''

    def __init__(self, config):
        super(BertLayer, self).__init__()

        # Self-Attention部分
        self.attention = BertAttention(config)

        # Self-Attentionの出力を処理する全結合層
        self.intermediate = BertIntermediate(config)

        # Self-Attentionによる特徴量とBertLayerへの元の入力を足し算する層
        self.output = BertOutput(config)

    def forward(self, hidden_states, attention_mask, attention_show_flg=False):
        '''
        hidden_states：Embedderモジュールの出力テンソル[batch_size, seq_len,
                                                    hidden_size]
        attention_mask：Transformerのマスクと同じ働きのマスキング
        attention_show_flg：Self-Attentionの重みを返すかのフラグ
        '''
        if attention_show_flg == True:
            '''attention_showのときは、attention_probsもリターンする'''
            attention_output, attention_probs = self.attention(
                hidden_states, attention_mask, attention_show_flg)
            intermediate_output = self.intermediate(attention_output)
            layer_output = self.output(intermediate_output, attention_output)
            return layer_output, attention_probs

        elif attention_show_flg == False:
            attention_output = self.attention(
                hidden_states, attention_mask, attention_show_flg)
            intermediate_output = self.intermediate(attention_output)
            layer_output = self.output(intermediate_output, attention_output)

            return layer_output  # [batch_size, seq_length, hidden_size]
```

```python
class BertAttention(nn.Module):
    '''BertLayerモジュールのSelf-Attention部分です'''
    def __init__(self, config):
        super(BertAttention, self).__init__()
        self.selfattn = BertSelfAttention(config)
        self.output = BertSelfOutput(config)

    def forward(self, input_tensor, attention_mask, attention_show_flg=False):
        '''
        input_tensor：Embeddingsモジュールもしくは前段のBertLayerからの出力
        attention_mask：Transformerのマスクと同じ働きのマスキングです
        attention_show_flg：Self-Attentionの重みを返すかのフラグ
        '''
        if attention_show_flg == True:
            '''attention_showのときは、attention_probsもリターンする'''
            self_output, attention_probs = self.selfattn(input_tensor,
                                                        attention_mask,
                                                        attention_show_flg)
            attention_output = self.output(self_output, input_tensor)
            return attention_output, attention_probs

        elif attention_show_flg == False:
            self_output = self.selfattn(input_tensor, attention_mask,
                                        attention_show_flg)
            attention_output = self.output(self_output, input_tensor)
            return attention_output


class BertSelfAttention(nn.Module):
    '''BertAttentionのSelf-Attentionです'''

    def __init__(self, config):
        super(BertSelfAttention, self).__init__()

        self.num_attention_heads = config.num_attention_heads
        # num_attention_heads': 12

        self.attention_head_size = int(
            config.hidden_size / config.num_attention_heads)  # 768/12=64
        self.all_head_size = self.num_attention_heads * \
            self.attention_head_size  # = 'hidden_size': 768

        # Self-Attentionの特徴量を作成する全結合層
        self.query = nn.Linear(config.hidden_size, self.all_head_size)
        self.key = nn.Linear(config.hidden_size, self.all_head_size)
        self.value = nn.Linear(config.hidden_size, self.all_head_size)
```

```python
        # Dropout
        self.dropout = nn.Dropout(config.attention_probs_dropout_prob)

    def transpose_for_scores(self, x):
        '''multi-head Attention用にテンソルの形を変換する
        [batch_size, seq_len, hidden] → [batch_size, 12, seq_len, hidden/12]
        '''
        new_x_shape = x.size()[
            :-1] + (self.num_attention_heads, self.attention_head_size)
        x = x.view(*new_x_shape)
        return x.permute(0, 2, 1, 3)

    def forward(self, hidden_states, attention_mask, attention_show_flg=False):
        '''
        hidden_states：Embeddingsモジュールもしくは前段のBertLayerからの出力
        attention_mask：Transformerのマスクと同じ働きのマスキングです
        attention_show_flg：Self-Attentionの重みを返すかのフラグ
        '''
        # 入力を全結合層で特徴量変換（注意、multi-head Attentionの全部をまとめて変
        # 換しています）
        mixed_query_layer = self.query(hidden_states)
        mixed_key_layer = self.key(hidden_states)
        mixed_value_layer = self.value(hidden_states)

        # multi-head Attention用にテンソルの形を変換
        query_layer = self.transpose_for_scores(mixed_query_layer)
        key_layer = self.transpose_for_scores(mixed_key_layer)
        value_layer = self.transpose_for_scores(mixed_value_layer)

        # 特徴量同士を掛け算して似ている度合をAttention_scoresとして求める
        attention_scores = torch.matmul(
            query_layer, key_layer.transpose(-1, -2))
        attention_scores = attention_scores / \
            math.sqrt(self.attention_head_size)

        # マスクがある部分にはマスクをかけます
        attention_scores = attention_scores + attention_mask
        # （備考）
        # マスクが掛け算でなく足し算なのが直感的でないですが、このあとSoftmaxで正規
        # 化するので、
        # マスクされた部分は-infにしたいです。 attention_maskには、0か-infが
        # もともと入っているので足し算にしています。

        # Attentionを正規化する
        attention_probs = nn.Softmax(dim=-1)(attention_scores)
```

```python
            # ドロップアウトします
            attention_probs = self.dropout(attention_probs)

            # Attention Mapを掛け算します
            context_layer = torch.matmul(attention_probs, value_layer)

            # multi-head Attentionのテンソルの形をもとに戻す
            context_layer = context_layer.permute(0, 2, 1, 3).contiguous()
            new_context_layer_shape = context_layer.size()[
                :-2] + (self.all_head_size,)
            context_layer = context_layer.view(*new_context_layer_shape)

            # attention_showのときは、attention_probsもリターンする
            if attention_show_flg == True:
                return context_layer, attention_probs
            elif attention_show_flg == False:
                return context_layer


class BertSelfOutput(nn.Module):
    '''BertSelfAttentionの出力を処理する全結合層です'''

    def __init__(self, config):
        super(BertSelfOutput, self).__init__()

        self.dense = nn.Linear(config.hidden_size, config.hidden_size)
        self.LayerNorm = BertLayerNorm(config.hidden_size, eps=1e-12)
        self.dropout = nn.Dropout(config.hidden_dropout_prob)
        # 'hidden_dropout_prob': 0.1

    def forward(self, hidden_states, input_tensor):
        '''
        hidden_states：BertSelfAttentionの出力テンソル
        input_tensor：Embeddingsモジュールもしくは前段のBertLayerからの出力
        '''
        hidden_states = self.dense(hidden_states)
        hidden_states = self.dropout(hidden_states)
        hidden_states = self.LayerNorm(hidden_states + input_tensor)
        return hidden_states

def gelu(x):
    '''Gaussian Error Linear Unitという活性化関数です。
    LeLUが0でカクっと不連続なので、そこを連続になるように滑らかにした形のLeLUです。
    '''
```

```python
        return x * 0.5 * (1.0 + torch.erf(x / math.sqrt(2.0)))

class BertIntermediate(nn.Module):
    '''BERTのTransformerBlockモジュールのFeedForwardです'''
    def __init__(self, config):
        super(BertIntermediate, self).__init__()

        # 全結合層：'hidden_size': 768、'intermediate_size': 3072
        self.dense = nn.Linear(config.hidden_size, config.intermediate_size)

        # 活性化関数gelu
        self.intermediate_act_fn = gelu

    def forward(self, hidden_states):
        '''
        hidden_states：BertAttentionの出力テンソル
        '''
        hidden_states = self.dense(hidden_states)
        hidden_states = self.intermediate_act_fn(hidden_states)  # GELUによる活性化
        return hidden_states

class BertOutput(nn.Module):
    '''BERTのTransformerBlockモジュールのFeedForwardです'''

    def __init__(self, config):
        super(BertOutput, self).__init__()

        # 全結合層：'intermediate_size': 3072、'hidden_size': 768
        self.dense = nn.Linear(config.intermediate_size, config.hidden_size)

        self.LayerNorm = BertLayerNorm(config.hidden_size, eps=1e-12)

        # 'hidden_dropout_prob': 0.1
        self.dropout = nn.Dropout(config.hidden_dropout_prob)

    def forward(self, hidden_states, input_tensor):
        '''
        hidden_states：BertIntermediateの出力テンソル
        input_tensor：BertAttentionの出力テンソル
        '''
        hidden_states = self.dense(hidden_states)
        hidden_states = self.dropout(hidden_states)
        hidden_states = self.LayerNorm(hidden_states + input_tensor)
        return hidden_states
```

BertLayerモジュールの繰り返し部分

　BERT_BaseではBertLayerモジュール（Transformer）を12回繰り返すので、それらをまとめてBertEncoderというクラスにします。ここでは単純にBertLayer 12個を nn.ModuleList に記載し、それらを順伝搬させます。

　実装は以下の通りです。順伝搬関数 forward の引数について解説します。引数の output_all_encoded_layers は返り値にBertLayerから出力された特徴量を12段分すべて返すのか、それとも12段目の最終層の特徴量のみを返すのかを指定する変数です。12段のTransformerの途中で単語ベクトルがどのように変わっていくのかを確認したいときには引数の output_all_encoded_layers を True にすることで、12段分の単語ベクトルを取り出せます。単純に12段目からの出力のみを使用して自然言語処理タスクをする場合には、False にして最終のBertLayerモジュールの出力のみをBertEncoderから出力させ、その後に使用します。

　引数 attention_show_flg はBertLayerモジュールで使用していた変数と同じです。Self-Attentionの重みを出力するかどうかを指定します。今回のBERT_BaseのAttentionは各層が12個のMulti-Head Self-Attentionで、それが12段分あるので、合計で144個のSelf-Attentionの重みが存在します。BertEncoderで引数 attention_show_flg を True にした場合にはBertLayerモジュールのうち12段目の最後にあるBertLayerモジュールでの12個のMulti-Head Self-Attentionの重みを出力します。

```
# BertLayerモジュールの繰り返し部分モジュールの繰り返し部分です

class BertEncoder(nn.Module):
    def __init__(self, config):
        '''BertLayerモジュールの繰り返し部分モジュールの繰り返し部分です'''
        super(BertEncoder, self).__init__()

        # config.num_hidden_layers の値、すなわち12 個のBertLayerモジュールを作ります
        self.layer = nn.ModuleList([BertLayer(config)
                                    for _ in range(config.num_hidden_layers)])

    def forward(self, hidden_states, attention_mask,
                output_all_encoded_layers=True, attention_show_flg=False):
        '''
        hidden_states：Embeddingsモジュールの出力
        attention_mask：Transformerのマスクと同じ働きのマスキングです
        output_all_encoded_layers：返り値を全TransformerBlockモジュールの出力にするか、
        それとも、最終層だけにするかのフラグ。
        attention_show_flg：Self-Attentionの重みを返すかのフラグ
        '''
```

```
            # 返り値として使うリスト
            all_encoder_layers = []

            # BertLayerモジュールの処理を繰り返す
            for layer_module in self.layer:

                if attention_show_flg == True:
                    '''attention_showのときは、attention_probsもリターンする'''
                    hidden_states, attention_probs = layer_module(
                        hidden_states, attention_mask, attention_show_flg)
                elif attention_show_flg == False:
                    hidden_states = layer_module(
                        hidden_states, attention_mask, attention_show_flg)

                # 返り値にBertLayerから出力された特徴量を12層分、すべて使用する場合の処理
                if output_all_encoded_layers:
                    all_encoder_layers.append(hidden_states)

            # 返り値に最後のBertLayerから出力された特徴量だけを使う場合の処理
            if not output_all_encoded_layers:
                all_encoder_layers.append(hidden_states)

            # attention_showのときは、attention_probs（最後の12段目）もリターンする
            if attention_show_flg == True:
                return all_encoder_layers, attention_probs
            elif attention_show_flg == False:
                return all_encoder_layers
```

BertPoolerモジュール

　図8.1.1で示したBertPoolerモジュールを実装します。BertPoolerモジュールはBertEncoderの出力から、入力文章の1単語目である [CLS] の部分の特徴量テンソル（1×768次元）を取り出し、全結合層を使用して特徴量変換するモジュールです。全結合層のあとに活性化関数Tanhを使用し、出力を1から-1の範囲にします。出力するテンソルのサイズは (batch_size, hidden_size) です。

　実装は次の通りです。

```
class BertPooler(nn.Module):
    '''入力文章の1単語目[cls]の特徴量を変換して保持するためのモジュール'''
```

```python
    def __init__(self, config):
        super(BertPooler, self).__init__()
        
        # 全結合層、'hidden_size': 768
        self.dense = nn.Linear(config.hidden_size, config.hidden_size)
        self.activation = nn.Tanh()
    
    def forward(self, hidden_states):
        # 1単語目の特徴量を取得
        first_token_tensor = hidden_states[:, 0]
        
        # 全結合層で特徴量変換
        pooled_output = self.dense(first_token_tensor)
        
        # 活性化関数Tanhを計算
        pooled_output = self.activation(pooled_output)
        
        return pooled_output
```

動作確認

ここまで作成したモジュールの動作をまとめて確認します。実装は次の通りです。

ミニバッチのサイズを2、各ミニバッチの文章の長さを5とした入力を適当に作っています。この長さ5に2つの文章が含まれます。そこでどの単語までが1文章目で、どの単語からが2文章目なのかを示す文章IDとAttention用のマスクも適当に作成しています。これらの入力を使用して動作を確認しています。

注意点はAttention用のマスクを拡張した変数extended_attention_maskを作成している点です。これはMulti-Head Self-AttentionでAttentionのマスクを使用できるようにする変換です。またAttentionをかけない部分は、Sigmoidを計算したときに0になるようにマイナス無限にしたいので、マイナス無限の代替として-10000を代入しています。

```python
# 動作確認

# 入力の単語ID列、batch_sizeは2つ
input_ids = torch.LongTensor([[31, 51, 12, 23, 99], [15, 5, 1, 0, 0]])
print("入力の単語ID列のテンソルサイズ：", input_ids.shape)
```

```python
# マスク
attention_mask = torch.LongTensor([[1, 1, 1, 1, 1], [1, 1, 1, 0, 0]])
print("入力のマスクのテンソルサイズ：", attention_mask.shape)

# 文章のID。2つのミニバッチそれぞれについて、0が1文目、1が2文目を示す
token_type_ids = torch.LongTensor([[0, 0, 1, 1, 1], [0, 1, 1, 1, 1]])
print("入力の文章IDのテンソルサイズ：", token_type_ids.shape)

# BERTの各モジュールを用意
embeddings = BertEmbeddings(config)
encoder = BertEncoder(config)
pooler = BertPooler(config)

# マスクの変形　[batch_size, 1, 1, seq_length]にする
# Attentionをかけない部分はマイナス無限にしたいので、代わりに-10000をかけ算しています
extended_attention_mask = attention_mask.unsqueeze(1).unsqueeze(2)
extended_attention_mask = extended_attention_mask.to(dtype=torch.float32)
extended_attention_mask = (1.0 - extended_attention_mask) * -10000.0
print("拡張したマスクのテンソルサイズ：", extended_attention_mask.shape)

# 順伝搬する
out1 = embeddings(input_ids, token_type_ids)
print("BertEmbeddingsの出力テンソルサイズ：", out1.shape)

out2 = encoder(out1, extended_attention_mask)
# out2は、[minibatch, seq_length, embedding_dim]が12個のリスト
print("BertEncoderの最終層の出力テンソルサイズ：", out2[0].shape)

out3 = pooler(out2[-1])   # out2は12層の特徴量のリストになっているので一番最後を使用
print("BertPoolerの出力テンソルサイズ：", out3.shape)
```

[出力]

```
入力の単語ID列のテンソルサイズ： torch.Size([2, 5])
入力のマスクのテンソルサイズ： torch.Size([2, 5])
入力の文章IDのテンソルサイズ： torch.Size([2, 5])
拡張したマスクのテンソルサイズ： torch.Size([2, 1, 1, 5])
BertEmbeddingsの出力テンソルサイズ： torch.Size([2, 5, 768])
BertEncoderの最終層の出力テンソルサイズ： torch.Size([2, 5, 768])
BertPoolerの出力テンソルサイズ： torch.Size([2, 768])
```

全部をつなげてBERTモデルにする

動作確認で問題なければ、全部をつなげたBERTモデルにします。これで図8.1.1に示したBERTモデルのクラスが完成です。

```python
class BertModel(nn.Module):
    '''モジュールを全部つなげたBERTモデル'''

    def __init__(self, config):
        super(BertModel, self).__init__()

        # 3つのモジュールを作成
        self.embeddings = BertEmbeddings(config)
        self.encoder = BertEncoder(config)
        self.pooler = BertPooler(config)

    def forward(self, input_ids, token_type_ids=None, attention_mask=None,
                output_all_encoded_layers=True, attention_show_flg=False):
        '''
        input_ids： [batch_size, sequence_length]の文章の単語IDの羅列
        token_type_ids： [batch_size, sequence_length]の、各単語が1文目なのか、2文
            目なのかを示すid
        attention_mask：Transformerのマスクと同じ働きのマスキングです
        output_all_encoded_layers：最終出力に12段のTransformerの全部をリストで返す
            か、最後だけかを指定
        attention_show_flg：Self-Attentionの重みを返すかのフラグ
        '''

        # Attentionのマスクと文の1文目、2文目のidが無ければ作成する
        if attention_mask is None:
            attention_mask = torch.ones_like(input_ids)
        if token_type_ids is None:
            token_type_ids = torch.zeros_like(input_ids)

        # マスクの変形　[minibatch, 1, 1, seq_length]にする
        # 後ほどmulti-head Attentionで使用できる形にしたいので
        extended_attention_mask = attention_mask.unsqueeze(1).unsqueeze(2)

        # マスクは0、1だがソフトマックスを計算したときにマスクになるように、0と-infにする
        # -infの代わりに-10000にしておく
        extended_attention_mask = extended_attention_mask.to(
            dtype=torch.float32)
        extended_attention_mask = (1.0 - extended_attention_mask) * -10000.0
```

```python
            # 順伝搬させる
            # BertEmbeddinsモジュール
            embedding_output = self.embeddings(input_ids, token_type_ids)

            # BertLayerモジュール（Transformer）を繰り返すBertEncoderモジュール
            if attention_show_flg == True:
                '''attention_showのときは、attention_probsもリターンする'''

                encoded_layers, attention_probs = self.encoder(embedding_output,
                                                  extended_attention_mask,
                                                  output_all_encoded_layers,
                                                  attention_show_flg)

            elif attention_show_flg == False:
                encoded_layers = self.encoder(embedding_output,
                                              extended_attention_mask,
                                              output_all_encoded_layers,
                                              attention_show_flg)

            # BertPoolerモジュール
            # encoderの一番最後のBertLayerから出力された特徴量を使う
            pooled_output = self.pooler(encoded_layers[-1])

            # output_all_encoded_layersがFalseの場合はリストではなく、テンソルを返す
            if not output_all_encoded_layers:
                encoded_layers = encoded_layers[-1]

            # attention_showのときは、attention_probs（1番最後の）もリターンする
            if attention_show_flg == True:
                return encoded_layers, pooled_output, attention_probs
            elif attention_show_flg == False:
                return encoded_layers, pooled_output
```

動作確認をしておきます。

```python
# 動作確認
# 入力の用意
input_ids = torch.LongTensor([[31, 51, 12, 23, 99], [15, 5, 1, 0, 0]])
attention_mask = torch.LongTensor([[1, 1, 1, 1, 1], [1, 1, 1, 0, 0]])
token_type_ids = torch.LongTensor([[0, 0, 1, 1, 1], [0, 1, 1, 1, 1]])
```

```
# BERTモデルを作る
net = BertModel(config)

# 順伝搬させる
encoded_layers, pooled_output, attention_probs = net(
    input_ids, token_type_ids, attention_mask, output_all_encoded_layers=False,
attention_show_flg=True)

print("encoded_layersのテンソルサイズ：", encoded_layers.shape)
print("pooled_outputのテンソルサイズ：", pooled_output.shape)
print("attention_probsのテンソルサイズ：", attention_probs.shape)
```

[出力]

```
encoded_layersのテンソルサイズ： torch.Size([2, 5, 768])
pooled_outputのテンソルサイズ： torch.Size([2, 768])
attention_probsのテンソルサイズ： torch.Size([2, 12, 5, 5])
```

　以上、本節では図8.1.1に示したBERTモデルの実装を行いました。次節ではBERTを用いたbank（銀行）とbank（土手）の単語ベクトル表現の比較を行います。

8-3 BERTを用いたベクトル表現の比較（bank：銀行とbank：土手）

　本節ではBERTの文脈に応じた単語表現を獲得する特徴を確認するために、bank（銀行）とbank（土手）の単語ベクトル表現を比較します。本書ではBERTを最初から学習させることはせず、学習済みモデル（英語版）をロードします。

　本節ではまずBERT用のテキストデータの前処理クラスを実装します。その後、前処理したテキストデータをBERTに入力して、BertLayerから出力される単語の特徴量ベクトルを比較し、bank（銀行）とbank（土手）の単語ベクトル表現が文脈に応じて変化していることを確認します。

　本節の学習目標は、次の通りです。

1. BERTの学習済みモデルを自分の実装モデルにロードできる
2. BERT用の単語分割クラスなど、言語データの前処理部分を実装できる
3. BERTで単語ベクトルを取り出して確認する内容を実装できる

本節の実装ファイル：

```
8-2-3_bert_base.ipynb
```

学習済みモデルのロード

　前節で実装したBERTモデル[2]で提供されている学習済みモデルのパラメータをロードします。フォルダ「weights」の「pytorch_model.bin」となります。

　ただし「pytorch_model.bin」には事前学習課題であるMasked Language ModelとNext Sentence Predictionを解くためのモジュールまでが含まれており、また前節で実装したBERTモデルは「pytorch_model.bin」とモジュール名が異なるため、そのままロードすることができません。

　しかしながら、前節で実装したモデルは学習済みモデルとパラメータ名は違うものの、パラメータの順番は同じにしてあるので、前から順番に結合パラメータをコピーするという作戦をとります。

　まず学習済みモデルをロードし、パラメータ名を出力してみます。

```python
# 学習済みモデルのロード
weights_path = "./weights/pytorch_model.bin"
loaded_state_dict = torch.load(weights_path)

for s in loaded_state_dict.keys():
    print(s)
```

[出力]
```
bert.embeddings.word_embeddings.weight
bert.embeddings.position_embeddings.weight
bert.embeddings.token_type_embeddings.weight
...
```

続いて前節で実装したBERTモデルのパラメータ名を確認します。

```python
# モデルの用意
net = BertModel(config)
net.eval()

# 現在のネットワークモデルのパラメータ名
param_names = []  # パラメータの名前を格納していく

for name, param in net.named_parameters():
    print(name)
    param_names.append(name)
```

[出力]
```
embeddings.word_embeddings.weight
embeddings.position_embeddings.weight
embeddings.token_type_embeddings.weight
...
```

　学習済みモデルは例えばbert.embeddings.word_embeddings.weightという名前に対して、実装したモデルはembeddings.word_embeddings.weightと、前節のモデルにはパラメータ名の先頭にbertという部分はついていません。また、学習済みモデルはcls.predictions.biasなど、事前学習課題用のclsモジュールが存在しています。

　今回実装したモデルは学習済みモデルに対して、名前は違っても実質的なパラメータの順番は同じになっており、さらに途中までが同じで最後のclsから先がないという状態です。そのため、前から順番にパラメータの中身を代入する作戦をとります。

　実装は次の通りです。学習済みモデルのパラメータ何から、実装したモデルのパラメータ

何にコピーされたのかを出力で確認し、おかしなコピーがないかをチェックします。以上により、前節で実装したBERTモデルに学習済みのパラメータをロードすることができました。

```
# state_dictの名前が違うので前から順番に代入する
# 今回、パラメータの名前は違っていても、対応するものは同じ順番になっています

# 現在のネットワークの情報をコピーして新たなstate_dictを作成
new_state_dict = net.state_dict().copy()

# 新たなstate_dictに学習済みの値を代入
for index, (key_name, value) in enumerate(loaded_state_dict.items()):
    name = param_names[index]  # 現在のネットワークでのパラメータ名を取得
    new_state_dict[name] = value  # 値を入れる
    print(str(key_name)+"→"+str(name))  # 何から何に入ったかを表示

    # 現在のネットワークのパラメータを全部ロードしたら終える
    if index+1 >= len(param_names):
        break

# 新たなstate_dictを実装したBERTモデルに与える
net.load_state_dict(new_state_dict)
```

[出力]

```
bert.embeddings.word_embeddings.weight→embeddings.word_embeddings.weight
bert.embeddings.position_embeddings.weight→embeddings.position_embeddings.weight
・・・
bert.pooler.dense.weight→pooler.dense.weight
bert.pooler.dense.bias→pooler.dense.bias
```

BERT用のTokenizerの実装

続いてBERT用にテキストデータの前処理クラスの1つとして、Tokenizer（単語分割のクラス）を実装します。第7章では単純にスペースで英単語を単語分割しましたが、BERTではサブワードの概念で単語を分割します。本書ではBERTの単語分割の詳細には触れず、引用[2]の実装を基本的にはそのまま使用します。BERTのサブワードの単語分割の詳細が気になる方は論文[1]をご確認ください（WordPieceと呼ばれる手法を使用しています）。

単語分割クラスとしてBertTokenizerを実装します。BERTのボキャブラリーファイルをフォルダ「vocab」に「bert-base-uncased-vocab.txt」としてダウンロードしているので、これを辞書として使用します。「bert-base-uncased-vocab.txt」は1行に1単語（正確にはサブワ

8-3 ● BERTを用いたベクトル表現の比較（bank：銀行とbank：土手）

ード）が記載され、それが30,522行、すなわち30,522単語用意されたファイルです。文章をこれらの単語のいずれかに分割させます。

はじめにこの単語辞書となるテキストファイルを読み込み、単語とIDを紐づけた辞書型変数`vocab`と、逆にIDと単語を紐づけた辞書型変数`ids_to_tokens`、を作成します。実装は次の通りです。

```python
# vocabファイルを読み込み、
import collections

def load_vocab(vocab_file):
    """text形式のvocabファイルの内容を辞書に格納します"""
    vocab = collections.OrderedDict()  # (単語, id)の順番の辞書変数
    ids_to_tokens = collections.OrderedDict()  # (id, 単語)の順番の辞書変数
    index = 0

    with open(vocab_file, "r", encoding="utf-8") as reader:
        while True:
            token = reader.readline()
            if not token:
                break
            token = token.strip()

            # 格納
            vocab[token] = index
            ids_to_tokens[index] = token
            index += 1

    return vocab, ids_to_tokens

# 実行
vocab_file = "./vocab/bert-base-uncased-vocab.txt"
vocab, ids_to_tokens = load_vocab(vocab_file)
```

上記実装を実行して得られる、`vocab`と`ids_to_tokens`は以下のような内容が格納されています。

vocab
```
OrderedDict([('[PAD]', 0),
             ('[unused0]', 1),
             ('[unused1]', 2),
...
```

ids_to_tokens

```
OrderedDict([(0, '[PAD]'),
             (1, '[unused0]'),
             (2, '[unused1]'),
...
```

　以上によりBERT用のボキャブラリーで使用する単語をPythonの辞書型変数に用意できました。続いて、実際に単語分割を実行するクラスBertTokenizerを実装します。フォルダ「utils」の「tokenizer.py」に用意したクラスBasicTokenizerとWordpieceTokenizerを利用します。

　クラスBertTokenizerの関数としては、文章を単語に分割する関数tokenize、分割された単語リストをIDに変換する関数convert_tokens_to_ids、IDを単語に変換する関数convert_ids_to_tokensの3つ用意します。実装は次の通りです。

```python
from utils.tokenizer import BasicTokenizer, WordpieceTokenizer

# BasicTokenizer, WordpieceTokenizerは、引用文献[2]そのままです
# https://github.com/huggingface/pytorch-pretrained-BERT/blob/master/pytorch_pretrained_bert/tokenization.py
# これらはsub-wordで単語分割を行うクラスになります。

class BertTokenizer(object):
    '''BERT用の文章の単語分割クラスを実装'''

    def __init__(self, vocab_file, do_lower_case=True):
        '''
        vocab_file:ボキャブラリーへのパス
        do_lower_case:前処理で単語を小文字化するかどうか
        '''

        # ボキャブラリーのロード
        self.vocab, self.ids_to_tokens = load_vocab(vocab_file)

        # 分割処理の関数をフォルダ「utils」からimoprt、sub-wordで単語分割を行う
        never_split = ("[UNK]", "[SEP]", "[PAD]", "[CLS]", "[MASK]")
        # (注釈)上記の単語は途中で分割させない。これで1つの単語とみなす

        self.basic_tokenizer = BasicTokenizer(do_lower_case=do_lower_case,
                                              never_split=never_split)
        self.wordpiece_tokenizer = WordpieceTokenizer(vocab=self.vocab)

    def tokenize(self, text):
        '''文章を単語に分割する関数'''
```

```
            split_tokens = []  # 分割後の単語たち
            for token in self.basic_tokenizer.tokenize(text):
                for sub_token in self.wordpiece_tokenizer.tokenize(token):
                    split_tokens.append(sub_token)
            return split_tokens

    def convert_tokens_to_ids(self, tokens):
        """分割された単語リストをIDに変換する関数"""
        ids = []
        for token in tokens:
            ids.append(self.vocab[token])

        return ids

    def convert_ids_to_tokens(self, ids):
        """IDを単語に変換する関数"""
        tokens = []
        for i in ids:
            tokens.append(self.ids_to_tokens[i])
        return tokens
```

Bankの文脈による意味変化を単語ベクトルとして求める

　ここまででBERT用のクラスtokenizerが実装でき、文章を単語に分割し、その単語をIDに変換できるようになりました。後は第7章のときと同じようにテキストデータを前処理してモデルに入力するだけとなります。

　単語bankが文脈によって「銀行」という意味と「土手」という意味に変わる状況を、BERTが単語ベクトルの表現としてどのようにきちんと捉えているのかを確認します。そこでまず次のような3つの文章を入力として用意します。

- 文章1：銀行口座にアクセスしました。
  ("[CLS] I accessed the bank account. [SEP]")
- 文章2：彼は敷金を銀行口座に振り込みました。
  ("[CLS] He transferred the deposit money into the bank account. [SEP]")
- 文章3：川岸でサッカーをします。
  ("[CLS] We play soccer at the bank of the river. [SEP]")

　実際にBERTに入力するのは日本語ではなく英語のテキストです。文章の1、2はbankが銀行という意味に対して、文章3はbankが土手という意味です。これらの文章をBERTに入力

し、単語bankの位置の768次元の特徴量ベクトルを取り出します。取り出し元は12段あるBertLayer（Transformer）の出力の1段目か12段目です。そして768次元の特徴量ベクトルのコサイン類似度を比較し、文章1のbankが、文章2のbankとは類似し、文章3のbankとは類似していなければ、文脈に応じた単語ベクトルの表現が実現できていそうだと考えられます。

まず文章を入力し、BERT用の単語分割を用意して単語を分割します。

```
# 文章1：銀行口座にアクセスしました。
text_1 = "[CLS] I accessed the bank account. [SEP]"

# 文章2：彼は敷金を銀行口座に振り込みました。
text_2 = "[CLS] He transferred the deposit money into the bank account. [SEP]"

# 文章3：川岸でサッカーをします。
text_3 = "[CLS] We play soccer at the bank of the river. [SEP]"

# 単語分割Tokenizerを用意
tokenizer = BertTokenizer(
    vocab_file="./vocab/bert-base-uncased-vocab.txt", do_lower_case=True)

# 文章を単語分割
tokenized_text_1 = tokenizer.tokenize(text_1)
tokenized_text_2 = tokenizer.tokenize(text_2)
tokenized_text_3 = tokenizer.tokenize(text_3)

# 確認
print(tokenized_text_1)
```

[出力]

```
['[CLS]', 'i', 'accessed', 'the', 'bank', 'account', '.', '[SEP]']
```

続いて単語をIDに変換します。

```
# 単語をIDに変換する
indexed_tokens_1 = tokenizer.convert_tokens_to_ids(tokenized_text_1)
indexed_tokens_2 = tokenizer.convert_tokens_to_ids(tokenized_text_2)
indexed_tokens_3 = tokenizer.convert_tokens_to_ids(tokenized_text_3)

# 各文章のbankの位置
bank_posi_1 = np.where(np.array(tokenized_text_1) == "bank")[0][0]  # 4
bank_posi_2 = np.where(np.array(tokenized_text_2) == "bank")[0][0]  # 8
bank_posi_3 = np.where(np.array(tokenized_text_3) == "bank")[0][0]  # 6
```

```python
# seqId（1文目か2文目かは今回は必要ない）

# リストをPyTorchのテンソルに
tokens_tensor_1 = torch.tensor([indexed_tokens_1])
tokens_tensor_2 = torch.tensor([indexed_tokens_2])
tokens_tensor_3 = torch.tensor([indexed_tokens_3])

# bankの単語id
bank_word_id = tokenizer.convert_tokens_to_ids(["bank"])[0]

# 確認
print(tokens_tensor_1)
```

[出力]
```
tensor([[  101,  1045, 11570,  1996,  2924,  4070,  1012,   102]])
```

学習済みモデルをロードしたBERTに入力し、推論します。output_all_encoded_layers=Trueと設定し、12段のBertLayerの全出力をリストとして、変数encoded_layers_1〜3に出力します。

```python
# 文章をBERTで処理
with torch.no_grad():
    encoded_layers_1, _ = net(tokens_tensor_1, output_all_encoded_layers=True)
    encoded_layers_2, _ = net(tokens_tensor_2, output_all_encoded_layers=True)
    encoded_layers_3, _ = net(tokens_tensor_3, output_all_encoded_layers=True)
```

各文章について、1段目のBertLayerモジュール（Transformer）から出力される単語bankの位置の特徴量ベクトルと、最終12段目の特徴量ベクトルを取り出します。

```python
# bankの初期の単語ベクトル表現
# これはEmbeddingsモジュールから取り出し、単語bankのidに応じた単語ベクトルなので
# 3文で共通している
bank_vector_0 = net.embeddings.word_embeddings.weight[bank_word_id]

# 文章1のBertLayerモジュール1段目から出力されるbankの特徴量ベクトル
bank_vector_1_1 = encoded_layers_1[0][0, bank_posi_1]

# 文章1のBertLayerモジュール最終12段目から出力されるのbankの特徴量ベクトル
bank_vector_1_12 = encoded_layers_1[11][0, bank_posi_1]
```

```
# 文章2、3も同様に
bank_vector_2_1 = encoded_layers_2[0][0, bank_posi_2]
bank_vector_2_12 = encoded_layers_2[11][0, bank_posi_2]
bank_vector_3_1 = encoded_layers_3[0][0, bank_posi_3]
bank_vector_3_12 = encoded_layers_3[11][0, bank_posi_3]
```

取り出した単語ベクトル表現について、コサイン類似度を計算します。

```
# コサイン類似度を計算
import torch.nn.functional as F

print("bankの初期ベクトル と 文章1の1段目のbankの類似度：",
      F.cosine_similarity(bank_vector_0, bank_vector_1_1, dim=0))
print("bankの初期ベクトル と 文章1の12段目のbankの類似度：",
      F.cosine_similarity(bank_vector_0, bank_vector_1_12, dim=0))

print("文章1の1層目のbank と 文章2の1段目のbankの類似度：",
      F.cosine_similarity(bank_vector_1_1, bank_vector_2_1, dim=0))
print("文章1の1層目のbank と 文章3の1段目のbankの類似度：",
      F.cosine_similarity(bank_vector_1_1, bank_vector_3_1, dim=0))

print("文章1の12層目のbank と 文章2の12段目のbankの類似度：",
      F.cosine_similarity(bank_vector_1_12, bank_vector_2_12, dim=0))
print("文章1の12層目のbank と 文章3の12段目のbankの類似度：",
      F.cosine_similarity(bank_vector_1_12, bank_vector_3_12, dim=0))
```

[出力]

```
bankの初期ベクトル と 文章1の1段目のbankの類似度： tensor(0.6814, grad_fn=<DivBackward0>)
bankの初期ベクトル と 文章1の12段目のbankの類似度： tensor(0.2276, grad_fn=<DivBackward0>)
文章1の1層目のbank と 文章2の1段目のbankの類似度： tensor(0.8968)
文章1の1層目のbank と 文章3の1段目のbankの類似度： tensor(0.7584)
文章1の12層目のbank と 文章2の12段目のbankの類似度： tensor(0.8796)
文章1の12層目のbank と 文章3の12段目のbankの類似度： tensor(0.4814)
```

　　出力結果を見ると、bankの初期ベクトルと文章1においてBertLayerを1つ通過したあとの単語ベクトルのコサイン類似度は0.6814です。これがBertLayerを12段通過した後の場合には0.2276となり、初期ベクトルからBertLayerの繰り返しで単語ベクトルの表現が変化していることが確認できます。

　　続いて文章1と文章2の単語bankの類似度、文章1と文章3の単語bankの類似度を比較します。BertLayer1段目から出力される単語ベクトルは0.8968と0.7584であり、文章1のbankは、文章2、文章3のbankのどちらとも似ていて差はそれほどありません。これがBertLayer

の最終12段目から出力される単語ベクトルだと、0.8796と0.4814となり、文章1のbankは文章2のbankとは類似していますが、文章3のbankとはあまり類似していないということが分かります。つまり単語bankは銀行という意味で使われている場合（文章1、2）と土手という意味で使われている場合（文章3）で、BERTから最終的に出力される単語ベクトルが変化し、文脈に応じたベクトル表現を獲得している（であろう）ことが確認できました。

　以上、本節では単語bankが銀行という意味の文章と、土手という意味の文章で使用される場合に、文脈に応じてどのように単語ベクトル表現で表されるのか比較を行いました。その結果、BERTではBertLayer（Transformer）を12段通過する間に、同じ単語でも文章内の周辺の単語の情報をSelf-Attentionで拾ってきて演算処理し、文脈に応じた単語ベクトルの表現を獲得して出力しているということが確認されました。

　次節ではBERTの出力を利用して第7章と同じくIMDbの映画レビュー文章のポジ・ネガを判定する感情分析を実装し、学習・評価を行います。

付録：事前学習課題用のモジュールを実装

　本節の実装ファイル：8-2-3_bert_base.ipynbには付録として、BERTの事前学習課題の推論部分を掲載しております。付録部分では事前学習課題のMasked Language ModelとNext Sentence Predictionのためのアダプターモジュールとして、図8.1.3に示したMaskedWordPredictionsモジュールとSeqRelationshipモジュールを実装します。その後、学習済みモデルをロードし、Masked Language ModelとNext Sentence Predictionが実際に解けるのかを確認しています。

8-4 BERTの学習・推論、判定根拠の可視化を実装

本節ではBERTを用いて、第7章でも使用した映画レビューデータであるIMDbのポジ・ネガを判定する感情分析モデルを構築します。モデル構築後に学習、推論を実行します。推論時にはSelf-Attentionの重みを可視化し、BERTがどのような単語に着目して推論しているのか、説明を試みます。

本節の学習目標は、次の通りです。

1. BERTのボキャブラリーをtorchtextで使用する実装方法を理解する
2. BERTに分類タスク用のアダプターモジュールを追加し、感情分析を実施するモデルを実装できる
3. BERTをファインチューニングして、モデルを学習できる
4. BERTのSelf-Attentionの重みを可視化し、推論の説明を試みることができる

本節の実装ファイル：

```
8-4_bert_IMDb.ipynb
```

IMDbデータを読み込み、DataLoaderを作成（BERTのTokenizerを使用）

本節でははじめにIMDbデータを読み込み、ディープラーニングで使用できるようにDataLoaderの形にします。基本的には第7章Transformerの流れと同じですが、今回は異なる点が2つあります。

1点目は単語分割のTokenizerにBERT用のTokenizerを使用する点です。第7章ではスペースで区切る関数を作成して使用しましたが、今回は前節で実装したクラスBertTokenizerの関数tokenizeを使用します。

2点目はtorchtextでDataLoaderを作成する際のボキャブラリーであるTEXT.vocabの作成方法の違いです。第7章では訓練データに含まれている単語でボキャブラリーを作成しました。BERTの場合はすでに用意されたフォルダ「vocab」の「bert-base-uncased-vocab.txt」の30,522単語（正確にはサブワード）をすべて使用したボキャブラリーを作成します。これはBERTモデルではBERTが持つ全単語を使用してBertEmbeddingモジュールを作成している

からです。

　これら2点の違いに注意しながら実装します。実装は以下の通りです。
　まずは文章の前処理と単語分割をまとめた関数 tokenizer_with_preprocessing の実装です。前節で実装した BertTokenizer はフォルダ「utils」の「bert.py」に用意しています。

```
# 前処理と単語分割をまとめた関数を作成
import re
import string
from utils.bert import BertTokenizer
# フォルダ「utils」のbert.pyより

def preprocessing_text(text):
    '''IMDbの前処理'''
    # 改行コードを消去
    text = re.sub('<br />', '', text)

    # カンマ、ピリオド以外の記号をスペースに置換
    for p in string.punctuation:
        if (p == ".") or (p == ","):
            continue
        else:
            text = text.replace(p, " ")

    # ピリオドなどの前後にはスペースを入れておく
    text = text.replace(".", " . ")
    text = text.replace(",", " , ")
    return text

# 単語分割用のTokenizerを用意
tokenizer_bert = BertTokenizer(
    vocab_file="./vocab/bert-base-uncased-vocab.txt", do_lower_case=True)

# 前処理と単語分割をまとめた関数を定義
# 単語分割の関数を渡すので、tokenizer_bertではなく、tokenizer_bert.tokenizeを渡す点に注意
def tokenizer_with_preprocessing(text, tokenizer=tokenizer_bert.tokenize):
    text = preprocessing_text(text)
    ret = tokenizer(text)  # tokenizer_bert
    return ret
```

　続いて、データを読み込んだときにどのような処理を行うのか、torchtext.data.Field を TEXT と LABEL に対して用意します。なお max_length は第7章 Transformer と同じく256単語にしています。そのため DataLoader にした際には、256単語に満たない場合は [PAD] が追加されて、256単語になります。そして BERT に入力する際にさらに [PAD] が追加されて512単

語のテキストデータとしてBERT内では取り扱われます。

```
# データを読み込んだときに、読み込んだ内容に対して行う処理を定義します
max_length = 256

TEXT = torchtext.data.Field(sequential=True,
                            tokenize=tokenizer_with_preprocessing, use_vocab=True,
                            lower=True, include_lengths=True, batch_first=True,
                            fix_length=max_length, init_token="[CLS]",
                            eos_token="[SEP]", pad_token='[PAD]',
                            unk_token='[UNK]')
LABEL = torchtext.data.Field(sequential=False, use_vocab=False)

# (注釈):各引数を再確認
# sequential: データの長さが可変か?文章は長さがいろいろなのでTrue. ラベルはFalse
# tokenize: 文章を読み込んだときに、前処理や単語分割をするための関数を定義
# use_vocab:単語をボキャブラリーに追加するかどうか
# lower:アルファベットがあったときに小文字に変換するかどうか
# include_length: 文章の単語数のデータを保持するか
# batch_first:ミニバッチの次元を用意するかどうか
# fix_length:全部の文章を指定した長さと同じ長さになるように、paddingします
# init_token, eos_token, pad_token, unk_token:文頭、文末、padding、未知語に対して、
# どんな単語を与えるかを指定
```

次にフォルダ「data」からIMDbを整形したtsvファイルを読み込みDatasetにします。実行完了には10分弱時間がかかります。

```
# フォルダ「data」から各tsvファイルを読み込みます
# BERT用で処理するので、10分弱時間がかかります
train_val_ds, test_ds = torchtext.data.TabularDataset.splits(
    path='./data/', train='IMDb_train.tsv',
    test='IMDb_test.tsv', format='tsv',
    fields=[('Text', TEXT), ('Label', LABEL)])

# torchtext.data.Datasetのsplit関数で訓練データとvalidationデータを分ける
train_ds, val_ds = train_val_ds.split(
    split_ratio=0.8, random_state=random.seed(1234))
```

torchtextでDataLoaderを作成する際にはIDと単語を紐づける辞書であるTEXT.vocab.stoi（stoiはstring_to_IDで、単語からIDへの辞書）が必要です。そこでBERTのボキャブラリーデータを辞書型変数vocab_bertに用意し、TEXT.vocab.stoi=vocab_bertとしたいところですが、一度TEXT.bulild_vocabを実行しないとTEXTオブジェクトがvocabのメンバ変数をもっ

ていないため、エラーになります。そのため以下のような実装で対応します（もっと良い実装があるかもしれません）。

```
# BERTはBERTが持つ全単語でBertEmbeddingモジュールを作成しているので、ボキャブラリ
# ーとしては全単語を使用します
# そのため訓練データからボキャブラリーは作成しません

# まずBERT用の単語辞書を辞書型変数に用意します
from utils.bert import BertTokenizer, load_vocab

vocab_bert, ids_to_tokens_bert = load_vocab(
    vocab_file="./vocab/bert-base-uncased-vocab.txt")

# このまま、TEXT.vocab.stoi= vocab_bert（stoiはstring_to_IDで、単語からIDへの辞書）
# としたいですが、
# 一度bulild_vocabを実行しないとTEXTオブジェクトがvocabのメンバ変数をもってくれな
# いです。
# ('Field' object has no attribute 'vocab' というエラーをはきます）

# 一度適当にbuild_vocabでボキャブラリーを作成してから、BERTのボキャブラリーを上書き
# します
TEXT.build_vocab(train_ds, min_freq=1)
TEXT.vocab.stoi = vocab_bert
```

これでTEXTに単語辞書TEXT.vocab.stoiを用意できたので、DataLoaderを作成します。

```
# DataLoaderを作成します（torchtextの文脈では単純にiteraterと呼ばれています）
batch_size = 32  # BERTでは16、32あたりを使用する

train_dl = torchtext.data.Iterator(
    train_ds, batch_size=batch_size, train=True)

val_dl = torchtext.data.Iterator(
    val_ds, batch_size=batch_size, train=False, sort=False)

test_dl = torchtext.data.Iterator(
    test_ds, batch_size=batch_size, train=False, sort=False)

# 辞書オブジェクトにまとめる
dataloaders_dict = {"train": train_dl, "val": val_dl}
```

以上でIMDbデータに対して、BERTの単語分割とボキャブラリーを使用したtorchtextのスキームでのDataLoaderを構築することができました。動作を確認しておきます。

```python
# 動作確認 検証データのデータセットで確認
batch = next(iter(val_dl))
print(batch.Text)
print(batch.Label)
```

[出力]

```
(tensor([[ 101, 2023, 3185,  ...,    0,    0,    0],
        [ 101, 2043, 1045,  ...,    0,    0,    0],
...
```

ミニバッチの1つ目の文章の内容を確認してみます。DataLoaderは単語IDで文章が表現されているので、IDを単語に戻すために、関数tokenizer_bert.convert_ids_to_tokensを使用します。

```python
# ミニバッチの1文目を確認してみる
text_minibatch_1 = (batch.Text[0][1]).numpy()

# IDを単語に戻す
text = tokenizer_bert.convert_ids_to_tokens(text_minibatch_1)

print(text)
```

[出力]

```
['[CLS]', 'when', 'i', 'saw', 'this', 'movie', ',', 'i', 'was', 'amazed', 'that', 'it', 'was', 'only', 'a', 'tv', 'movie', '.', 'i', 'think', 'this', 'movie', 'should', 'have', 'been', 'in', 'theaters', '.', 'i', 'have', 'seen', 'many', 'movies', 'that', 'are', 'about', 'rape', ',', 'but', 'this', 'one', 'stands', 'out', '.', 'this', 'movie', 'has', 'a', 'kind', 'of', 'realism', 'that', 'is', 'very', 'rarely', 'found', 'in', 'movies', 'today', ',', ',', 'let', 'alone', 'tv', 'movies', '.', 'it', 'tells', 'a', 'story', 'that', 'i', "'", 'm', 'sure', 'is', 'very', 'realistic', 'to', 'many', 'rape', 'victims', 'in', 'small', 'towns', 'today', ',', 'and', 'i', 'found', 'it', 'to', 'be', 'very', 'bel', '##ie', '##vable', 'which', 'is', ...
```

途中で、'bel'、'##ie'、'##vable'、という表現があり、'believable'（信じられる）という単語がサブワードで分割されていることが分かります。

感情分析用のBERTモデルを構築

BERTモデルに対して、学習済みパラメータをロードし、さらにポジ・ネガ分類用のアダプターモジュールを取り付けることで感情分析を行うBERTモデルを構築します。

まずはBERTの基本モデルを構築し、学習済みパラメータをロードします。前節で実装したクラス BertModel などをフォルダ「utils」の「bert.py」に用意しているので、これらを import します。

```
from utils.bert import get_config, BertModel, set_learned_params

# モデル設定のJOSNファイルをオブジェクト変数として読み込みます
config = get_config(file_path="./weights/bert_config.json")

# BERTモデルを作成します
net_bert = BertModel(config)

# BERTモデルに学習済みパラメータセットします
net_bert = set_learned_params(
    net_bert, weights_path="./weights/pytorch_model.bin")
```

[出力]

```
bert.embeddings.word_embeddings.weight → embeddings.word_embeddings.weight
bert.embeddings.position_embeddings.weight → embeddings.position_embeddings.weight
・・・
```

次にBERTの基本モデルに、文章分類のためのアダプターとして全結合層を1つだけつなげたクラス BertForIMDb を作成します。BERTではクラス分類をする際に、文章の1単語目 [CLS] の特徴量を、入力したテキストデータの特徴量として使用します。

TransformerもBERTも先頭単語の特徴量を、入力したテキストデータの特徴量として使用しますが、少し状況は異なります。BERTの場合は、先頭単語の特徴量を使用して事前学習タスクとして Next Sentence Prediction を実施しています。そのためBERTでは、入力文章の意味合いがとれる（少なくとも入力されている2つの文章が意味的につながるかつながらないかの判断がつくくらいの情報を保有する）ように、先頭単語の特徴量の作られ方が事前学習されており、先頭単語の特徴量が入力文章全体の特徴を反映するようになっています。一方でTransformerの場合に事前タスクは存在せず、ただ文章分類に先頭単語を使用したため、バックプロパゲーションで先頭単語の特徴量がテキストデータの特徴を表すように学習されていきます。BERTの場合は先頭単語が入力テキスト全体の特徴を持ちやすいように事前タスク

で結合パラメータが学習されているという点を押さえておいてください。

実装は以下の通りです。

```python
class BertForIMDb(nn.Module):
    '''BERTモデルにIMDbのポジ・ネガを判定する部分をつなげたモデル'''

    def __init__(self, net_bert):
        super(BertForIMDb, self).__init__()

        # BERTモジュール
        self.bert = net_bert  # BERTモデル

        # headにポジネガ予測を追加
        # 入力はBERTの出力特徴量の次元、出力はポジ・ネガの2つ
        self.cls = nn.Linear(in_features=768, out_features=2)

        # 重み初期化処理
        nn.init.normal_(self.cls.weight, std=0.02)
        nn.init.normal_(self.cls.bias, 0)

    def forward(self, input_ids, token_type_ids=None, a
                ttention_mask=None, output_all_encoded_layers=False,
                attention_show_flg=False):
        '''
        input_ids： [batch_size, sequence_length]の文章の単語IDの羅列
        token_type_ids： [batch_size, sequence_length]の、各単語が1文目なのか、2文
            目なのかを示すid
        attention_mask：Transformerのマスクと同じ働きのマスキングです
        output_all_encoded_layers：最終出力に12段のTransformerの全部をリストで返す
            か、最後だけかを指定
        attention_show_flg：Self-Attentionの重みを返すかのフラグ
        '''

        # BERTの基本モデル部分の順伝搬
        # 順伝搬させる
        if attention_show_flg == True:
            '''attention_showのときは、attention_probsもリターンする'''
            encoded_layers, pooled_output, attention_probs = self.bert(
                input_ids, token_type_ids, attention_mask,
                output_all_encoded_layers, attention_show_flg)
        elif attention_show_flg == False:
            encoded_layers, pooled_output = self.bert(
                input_ids, token_type_ids, attention_mask,
                output_all_encoded_layers, attention_show_flg)
```

```
            # 入力文章の1単語目[CLS]の特徴量を使用して、ポジ・ネガを分類します
            vec_0 = encoded_layers[:, 0, :]
            vec_0 = vec_0.view(-1, 768)  # sizeを[batch_size, hidden_sizeに変換
            out = self.cls(vec_0)

            # attention_showのときは、attention_probs（1番最後の）もリターンする
            if attention_show_flg == True:
                return out, attention_probs
            elif attention_show_flg == False:
                return out
```

作成したクラスBertForIMDbのオブジェクトnetを作り、訓練モードにすれば完成です。これで感情分析用のBERTモデルが構築できました。

```
# モデル構築
net = BertForIMDb(net_bert)

# 訓練モードに設定
net.train()

print('ネットワーク設定完了')
```

BERTのファインチューニングに向けた設定

次にBertForIMDbをファインチューニングする設定を行います。BERTの元論文[1]では、12段のBertLayerすべてのパラメータをファインチューニングしています。ですが12段全部をファインチューニングさせると時間がかかります（加えてGPUのメモリを占領するので、ミニバッチのサイズを32から16にする必要があります）。本書では学習時間の短縮のため、最後の12段目のBertLayerのみをファインチューニングし、1～11段目までのBertLayerのパラメータは変更しないよう設定します。

実装は次の通りです。

```
# 勾配計算を最後のBertLayerモジュールと追加した分類アダプターのみ実行

# 1. まず全部を、勾配計算Falseにしてしまう
for name, param in net.named_parameters():
    param.requires_grad = False
```

```
# 2. 最後のBertLayerモジュールを勾配計算ありに変更
for name, param in net.bert.encoder.layer[-1].named_parameters():
    param.requires_grad = True

# 3. 識別器を勾配計算ありに変更
for name, param in net.cls.named_parameters():
    param.requires_grad = True
```

続いて、最適化手法と損失関数を定義します。最適化の設定はBERTの元論文[1]で推奨されているパラメータを使用しています。

```
# 最適化手法の設定

# BERTの元の部分はファインチューニング
optimizer = optim.Adam([
    {'params': net.bert.encoder.layer[-1].parameters(), 'lr': 5e-5},
    {'params': net.cls.parameters(), 'lr': 5e-5}
], betas=(0.9, 0.999))

# 損失関数の設定
criterion = nn.CrossEntropyLoss()
# nn.LogSoftmax()を計算してからnn.NLLLoss(negative log likelihood loss)を計算
```

学習・検証を実施

BertForIMDbの学習と検証を実施します。これらの部分は本書の今まで解説してきた手法と変わりありません。1 epochに20分程度かかり（AWS：p2.xlargeの場合）、今回は2 epochの学習を実施します。

実装は次の通りです。なお本節では [PAD] に対してSelf-Attentionをかけないようにするattention_maskを省略し、Noneにしています。事前学習である程度 [PAD] に意味がないことを学んでおり、本節の内容であれば [PAD] へのattention_maskを省略しても性能はほとんど変わりありません。

```
# モデルを学習させる関数を作成

def train_model(net, dataloaders_dict, criterion, optimizer, num_epochs):

    # GPUが使えるかを確認
    device = torch.device("cuda:0" if torch.cuda.is_available() else "cpu")
```

```python
    print("使用デバイス：", device)
    print('-----start-------')

    # ネットワークをGPUへ
    net.to(device)

    # ネットワークがある程度固定であれば、高速化させる
    torch.backends.cudnn.benchmark = True

    # ミニバッチのサイズ
    batch_size = dataloaders_dict["train"].batch_size

    # epochのループ
    for epoch in range(num_epochs):
        # epochごとの訓練と検証のループ
        for phase in ['train', 'val']:
            if phase == 'train':
                net.train()  # モデルを訓練モードに
            else:
                net.eval()   # モデルを検証モードに

            epoch_loss = 0.0  # epochの損失和
            epoch_corrects = 0  # epochの正解数
            iteration = 1

            # 開始時刻を保存
            t_epoch_start = time.time()
            t_iter_start = time.time()

            # データローダーからミニバッチを取り出すループ
            for batch in (dataloaders_dict[phase]):
                # batchはTextとLabelの辞書型変数

                # GPUが使えるならGPUにデータを送る
                inputs = batch.Text[0].to(device)  # 文章
                labels = batch.Label.to(device)  # ラベル

                # optimizerを初期化
                optimizer.zero_grad()

                # 順伝搬（forward）計算
                with torch.set_grad_enabled(phase == 'train'):

                    # BertForIMDbに入力
                    outputs = net(inputs, token_type_ids=None, attention_mask=None,
                                  output_all_encoded_layers=False,
```

```python
                                attention_show_flg=False)

                    loss = criterion(outputs, labels)  # 損失を計算

                    _, preds = torch.max(outputs, 1)  # ラベルを予測

                    # 訓練時はバックプロパゲーション
                    if phase == 'train':
                        loss.backward()
                        optimizer.step()

                        if (iteration % 10 == 0):  # 10iterに1度、lossを表示
                            t_iter_finish = time.time()
                            duration = t_iter_finish - t_iter_start
                            acc = (torch.sum(preds == labels.data)
                                   ).double()/batch_size
                            print('イテレーション {} || Loss: {:.4f} || 10iter: {:.4f} sec. || 本イテレーションの正解率：{}'.format(
                                iteration, loss.item(), duration, acc))
                            t_iter_start = time.time()

                    iteration += 1

                    # 損失と正解数の合計を更新
                    epoch_loss += loss.item() * batch_size
                    epoch_corrects += torch.sum(preds == labels.data)

            # epochごとのlossと正解率
            t_epoch_finish = time.time()
            epoch_loss = epoch_loss / len(dataloaders_dict[phase].dataset)
            epoch_acc = epoch_corrects.double(
            ) / len(dataloaders_dict[phase].dataset)

            print('Epoch {}/{} | {:^5} |  Loss: {:.4f} Acc: {:.4f}'.format(epoch+1,
                                                                          num_epochs,
                                                                          phase,
                                                                          epoch_loss,
                                                                          epoch_acc))
            t_epoch_start = time.time()

    return net

# 学習・検証を実行する。1epochに20分ほどかかります
num_epochs = 2
net_trained = train_model(net, dataloaders_dict,
```

8-4 ● BERTの学習・推論、判定根拠の可視化を実装

```
                    criterion, optimizer, num_epochs=num_epochs)
```

[出力]

```
使用デバイス： cuda:0
-----start-------
イテレーション 10 || Loss: 0.7256 || 10iter: 11.7782 sec. || 本イテレーションの正解
率：0.53125
イテレーション 20 || Loss: 0.6693 || 10iter: 11.0131 sec. || 本イテレーションの正解
率：0.59375
・・・
Epoch 1/2 | train | Loss: 0.3441 Acc: 0.8409
Epoch 1/2 |  val  | Loss: 0.2963 Acc: 0.8856
・・・
Epoch 2/2 | train | Loss: 0.2566 Acc: 0.8957
Epoch 2/2 |  val  | Loss: 0.2589 Acc: 0.9004
```

次に学習したネットワークパラメータの保存と、テストデータでの正解率を確認します。

```
# 学習したネットワークパラメータを保存します
save_path = './weights/bert_fine_tuning_IMDb.pth'
torch.save(net_trained.state_dict(), save_path)

# テストデータでの正解率を求める
device = torch.device("cuda:0" if torch.cuda.is_available() else "cpu")

net_trained.eval()    # モデルを検証モードに
net_trained.to(device)  # GPUが使えるならGPUへ送る

# epochの正解数を記録する変数
epoch_corrects = 0

for batch in tqdm(test_dl):  # testデータのDataLoader
    # batchはTextとLabelの辞書オブジェクト
    # GPUが使えるならGPUにデータを送る
    device = torch.device("cuda:0" if torch.cuda.is_available() else "cpu")
    inputs = batch.Text[0].to(device)  # 文章
    labels = batch.Label.to(device)    # ラベル

    # 順伝搬（forward）計算
    with torch.set_grad_enabled(False):

        # BertForIMDbに入力
        outputs = net_trained(inputs, token_type_ids=None, attention_mask=None,
```

```
                        output_all_encoded_layers=False,
                        attention_show_flg=False)

            loss = criterion(outputs, labels)  # 損失を計算
            _, preds = torch.max(outputs, 1)   # ラベルを予測
            epoch_corrects += torch.sum(preds == labels.data)  # 正解数の合計を更新

# 正解率
epoch_acc = epoch_corrects.double() / len(test_dl.dataset)

print('テストデータ{}個での正解率：{:.4f}'.format(len(test_dl.dataset),
                                          epoch_acc))
```

[出力]
```
テストデータ25000個での正解率：0.9038
```

　正解率は90%超えとなりました。第7章のTransformerでは約85%だったので、大きく上昇していることが確認できました。

Attentionの可視化

　BERTのSelf-Attentionの重みを可視化し、どのような単語位置に着目して推論したのかを可視化します。第7章Transformerと同じ文章を可視化します。そこでテストデータのミニバッチのサイズを64にします。

```
# batch_sizeを64にしたテストデータでDataLoaderを作成
batch_size = 64
test_dl = torchtext.data.Iterator(
    test_ds, batch_size=batch_size, train=False, sort=False)
```

　テストデータのDataLoaderの最初の64文章をBertForIMDbで推論します。ここでattention_show_flg=Trueと設定し、最終層である12段目のBertLayerの特徴量を計算する際に使用したSelf-Attentionの重みを変数attention_probsとして取り出します。Multi-HeadedAttentionなので12個のAttentionの重みのリストを取得します。

8-4 ● BERTの学習・推論、判定根拠の可視化を実装

```
# BertForIMDbで処理

# ミニバッチの用意
batch = next(iter(test_dl))

# GPUが使えるならGPUにデータを送る
inputs = batch.Text[0].to(device)  # 文章
labels = batch.Label.to(device)  # ラベル

outputs, attention_probs = net_trained(inputs, token_type_ids=None,
                                       attention_mask=None,
                                       output_all_encoded_layers=False,
                                       attention_show_flg=True)

_, preds = torch.max(outputs, 1)  # ラベルを予測
```

次に文章をAttentionの重みに応じて色付けして可視化したHTMLを作成するための関数を実装します。第7章でのHTML作成とほぼ同じ内容です。

```
# HTMLを作成する関数を実装

def highlight(word, attn):
    "Attentionの値が大きいと文字の背景が濃い赤になるhtmlを出力させる関数"

    html_color = '#%02X%02X%02X' % (
        255, int(255*(1 - attn)), int(255*(1 - attn)))
    return '<span style="background-color: {}"> {}</span>'.format(html_color, word)

def mk_html(index, batch, preds, normlized_weights, TEXT):
    "HTMLデータを作成する"

    # indexの結果を抽出
    sentence = batch.Text[0][index]  # 文章
    label = batch.Label[index]  # ラベル
    pred = preds[index]  # 予測

    # ラベルと予測結果を文字に置き換え
    if label == 0:
        label_str = "Negative"
    else:
        label_str = "Positive"

    if pred == 0:
        pred_str = "Negative"
```

```python
    else:
        pred_str = "Positive"

    # 表示用のHTMLを作成する
    html = '正解ラベル：{}<br>推論ラベル：{}<br><br>'.format(label_str, pred_str)

    # Self-Attentionの重みを可視化。Multi-Headが12個なので、12種類のアテンションが存在
    for i in range(12):

        # indexのAttentionを抽出と規格化
        # 0単語目[CLS]の、i番目のMulti-Head Attentionを取り出す
        # indexはミニバッチの何個目のデータかをしめす
        attens = normlized_weights[index, i, 0, :]
        attens /= attens.max()

        html += '[BERTのAttentionを可視化_' + str(i+1) + ']<br>'
        for word, attn in zip(sentence, attens):

            # 単語が[SEP]の場合は文章が終わりなのでbreak
            if tokenizer_bert.convert_ids_to_tokens([word.numpy().tolist()])[0] == \
                                                    "[SEP]":
                break

            # 関数highlightで色をつける、関数tokenizer_bert.convert_ids_to_tokens
            # でIDを単語に戻す
            html += highlight(tokenizer_bert.convert_ids_to_tokens(
                [word.numpy().tolist()])[0], attn)
        html += "<br><br>"

    # 12種類のAttentionの平均を求める。最大値で規格化
    all_attens = attens*0  # all_attensという変数を作成する
    for i in range(12):
        attens += normlized_weights[index, i, 0, :]
    attens /= attens.max()

    html += '[BERTのAttentionを可視化_ALL]<br>'
    for word, attn in zip(sentence, attens):

        # 単語が[SEP]の場合は文章が終わりなのでbreak
        if tokenizer_bert.convert_ids_to_tokens([word.numpy().tolist()])[0] == "[SEP]":
            break

        # 関数highlightで色をつける、関数tokenizer_bert.convert_ids_to_tokensでID
        # を単語に戻す
        html += highlight(tokenizer_bert.convert_ids_to_tokens(
            [word.numpy().tolist()])[0], attn)
```

```
        html += "<br><br>"

    return html
```

入力文章データの3番目の推論結果とAttentionの様子を可視化します。

```
from IPython.display import HTML

index = 3  # 出力させたいデータ
html_output = mk_html(index, batch, preds, attention_probs, TEXT)  # HTML作成
HTML(html_output)   # HTML形式で出力
```

出力結果は図8.4.1のようになります。正解も予測結果もPositiveです。Multi-Headed Attentionはそれぞれなんらかの Attention をしているようです。12個の Attention の平均をとった [BERTのAttentionを可視化_ALL] をみると、"a wonderful film"、"well"、"a really nice movie" などに強くAttentionがかかっています。これらの単語列、単語位置の特徴量に着目してPositiveという結果を判定したと説明できます。

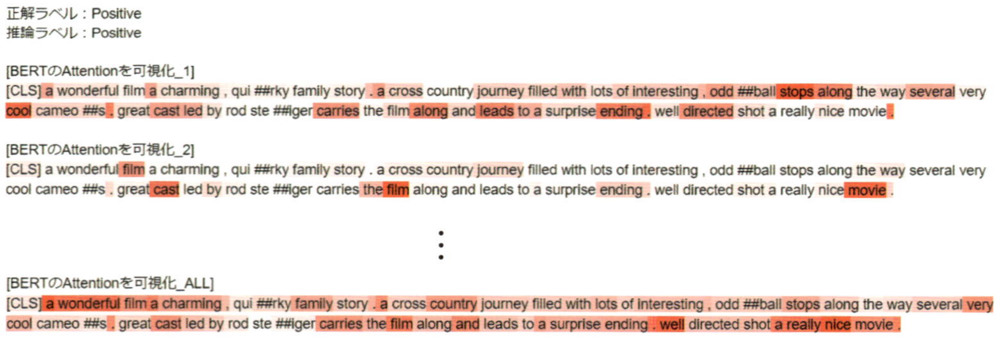

正解ラベル：Positive
推論ラベル：Positive

[BERTのAttentionを可視化_1]
[CLS] a wonderful film a charming , qui ##rky family story . a cross country journey filled with lots of interesting , odd ##ball stops along the way several very cool cameo ##s . great cast led by rod ste ##iger carries the film along and leads to a surprise ending . well directed shot a really nice movie .

[BERTのAttentionを可視化_2]
[CLS] a wonderful film a charming , qui ##rky family story . a cross country journey filled with lots of interesting , odd ##ball stops along the way several very cool cameo ##s . great cast led by rod ste ##iger carries the film along and leads to a surprise ending . well directed shot a really nice movie .

⋮

[BERTのAttentionを可視化_ALL]
[CLS] a wonderful film a charming , qui ##rky family story . a cross country journey filled with lots of interesting , odd ##ball stops along the way several very cool cameo ##s . great cast led by rod ste ##iger carries the film along and leads to a surprise ending . well directed shot a really nice movie .

図8.4.1 文章データの判定のAttention可視化その1

続いて、第7章Transformerではうまく判定できなかった61番目の文章の推論結果とAttentionを確認します。

```
index = 61  # 出力させたいデータ
html_output = mk_html(index, batch, preds, attention_probs, TEXT)  # HTML作成
HTML(html_output)   # HTML形式で出力
```

第7章のTransformerとは違い、今回は正解がPositiveに対して、BERTの推論結果もPositiveと正確に予想できました。12個のAttentionの平均をとった[BERTのAttentionを可視化_ALL]を見ると、"is far from the worst film"、という単語列で強くAttentionがかかっています。第7章での結果と同じく、最も赤くなっているAttentionの強い単語は"worst"ですが、その前後の単語までAttentionしており、二重否定の単語列表現を上手くとらえているため、BERTでは正確にPositiveと推論できたと考えられます。

正解ラベル : Positive
推論ラベル : Positive

[BERTのAttentionを可視化_1]
[CLS] i watched this movie as a child and still enjoy viewing it every once in a while for the nostalgia factor . when i was younger i loved the movie because of the entertaining storyline and interesting characters . today , i still love the characters . additionally , i think of the plot with higher regard because i now see the morals and symbolism . rainbow brit ##e is far from the worst film ever , and though out dated , i m sure i will show it to my children in the future , when i have children .

[BERTのAttentionを可視化_2]
[CLS] i watched this movie as a child and still enjoy viewing it every once in a while for the nostalgia factor . when i was younger i loved the movie because of the entertaining storyline and interesting characters . today , i still love the characters . additionally , i think of the plot with higher regard because i now see the morals and symbolism . rainbow brit ##e is far from the worst film ever , and though out dated , i m sure i will show it to my children in the future , when i have children .

⋮

[BERTのAttentionを可視化_ALL]
[CLS] i watched this movie as a child and still enjoy viewing it every once in a while for the nostalgia factor . when i was younger i loved the movie because of the entertaining storyline and interesting characters . today , i still love the characters . additionally , i think of the plot with higher regard because i now see the morals and symbolism . rainbow brit ##e is far from the worst film ever , and though out dated , i m sure i will show it to my children in the future , when i have children .

図8.4.2 文章データの判定のAttention可視化その2

まとめ

　以上、本節ではBERTの単語分割とボキャブラリーを使用しtorchtextでのIMDb用DataLoader作成、BERTの感情分析モデルの構築、そして学習・推論、Self-Attentionの可視化を実施しました。

　以上で第8章自然言語処理による感情分析（BERT）は終了です。次章では動画分類に取り組みます。

第8章引用

[1] **BERT**

Devlin, J., Chang, M. W., Lee, K., & Toutanova, K. (2018). Bert: Pre-training of deep bidirectional transformers for language understanding. arXiv preprint arXiv:1810.04805.

https://arxiv.org/abs/1810.04805

[2] **GitHub：huggingface/pytorch-pretrained-BERT**

https://github.com/huggingface/pytorch-pretrained-BERT

Copyright (c) 2018 Hugging Face

Released under the Apache License 2.0

https://github.com/huggingface/pytorch-pretrained-BERT/blob/master/LICENSE

[3] **Gaussian Error Linear Units (GELUs)**

Hendrycks, D., & Gimpel, K. (2016). Gaussian Error Linear Units (GELUs). arXiv preprint arXiv:1606.08415.

https://arxiv.org/abs/1606.08415

動画分類（3DCNN、ECO）

第 **9** 章

9-1 動画データに対するディープラーニングとECOの概要

9-2 2D Netモジュール（Inception-v2）の実装

9-3 3D Netモジュール（3DCNN）の実装

9-4 Kinetics動画データセットをDataLoaderに実装

9-5 ECOモデルの実装と動画分類の推論実施

9-1 動画データに対するディープラーニングとECOの概要

　本章では動画データのクラス分類に取り組みながら、**ECO**（Efficient Convolutional Network for Online Video Understanding）[1] と呼ばれるディープラーニングモデルを実装します。

　動画データに対するタスク（処理）としては、動画をクラス分類する分類課題や、動画の内容をテキスト化するvideo captioningなどがあります。本章では動画をクラス分類する分類課題を扱います。

　なお本章の実装は学習済みモデルをロードするに留め、動画データセットへの学習やファインチューニングは実施しません。しかしながら動画データのディープラーニングでも学習やファインチューニングの手法は、本書でこれまで解説してきた方法と同様になります。本章では人の動作の集めた動画データセットを使用します。

　本節でははじめに動画データをディープラーニングで扱う際のおおまかな方向性・注意点と、本章で実装するディープラーニングモデルであるECOの概要について解説します。

　本節の学習目標は、次の通りです。

1. 動画データをディープラーニングで扱う際の注意点と対策について理解する
2. ECOのモデルの概要を理解する

> **本節の実装ファイル：**
> なし

データをディープラーニングで扱う際の注意点

　コンピュータ上において動画データとは基本的には静止画の集まりです。短時間に複数枚の画像を次から次へと表示することで、人間の眼には静止画の集まりが動画と認識されます。

　そのため動画データをディープラーニングで扱う際にも、「複数枚の静止画をチャネル方向、高さ方向、幅方向のいずれかの次元にたくさんつなげた、長い画像ととらえれば良いのでは」と考えることができます。しかしながらこの考え方だけではきちんと動画データを扱うことができません。

なぜなら、動画を静止画が複数枚つながった長い画像としてとらえる作戦は、動画内の人の動作などに対する「時間方向のゆらぎ」をカバーできないという問題があります。分かりづらいので例を挙げて解説します。

例えば「お皿を1枚洗う」という内容の動画が複数データあったします。ですが、1枚のお皿を洗うのにかかる時間は動画ごとに異なり、動画Aでは3秒間で洗うかもしれませんが、動画Bでは3.5秒かかるかもしれません。このように動画データごとにその動作にかかる時間などが変化します。さらに、動画Aと動画Bできっちり同じタイミングからお皿洗いが始まるわけでもありません。

このように動画を長い画像として捉えると動画ごとの時間方向のゆらぎやズレをカバーしきれない問題があります。

動画データをディープラーニングで扱う手法

動画データの場合は時間方向にゆらぐ問題がありますが、静止画である画像データの場合でも、空間方向にゆらぐ問題が存在しました。

例えば犬の画像を認識する場合でも、画像ごとに犬が写っている位置は少しずれたりします。このような画像内の物体の位置のゆらぎ問題を解決したのが畳み込み層（Convolutional Network）とプーリングでした。

畳み込み層のフィルタで画像の特徴量を計算し、その結果をプーリング層（例えばmaxプーリング）などで処理すれば、画像内の物体の小さな位置のずれを吸収できました。よって、動画でも同じように時間方向のゆらぎを吸収するように畳み込み層を用意する作戦が考えられます。

通常の畳み込み層は高さと幅の2次元のフィルタを入力のチャネルごと用意します。ここに時間方向を追加し、高さと幅と時間の3次元のフィルタを持つ畳み込み層を使って動画を処理する方法が考えられます。このような3次元畳み込み層を使用する手法はC3D（Convolutional 3D）[2]として、2014年に発表されました。

時間方向の情報を畳み込み層として用意するのではなく、時間の概念をもつ静止画たちを別に用意して、動画を静止画にした画像たちとこれらをペアにする作戦も提案されています。このような作戦はTwo-Stream ConvNets[3]と呼ばれ、2014年にこちらも発表されています。このTwo-Streamのディープラーニングモデルは従来の画像情報に加えて、時間の概念を表す情報としてオプティカルフロー（Optical Flow）と呼ばれる情報を使用します。オプティカルフローとは動画を静止画に分割した際に、連続する2枚の静止画（フレーム）の間で物体が移動した軌跡をベクトルで示した画像です。2枚のフレームの間に物体が移動していない場合、オプティカルフローのベクトルは長さ0になります。一方で物体が素早く動いている場合、オプティカルフローはフレーム間に物体が移動した長さのベクトルとなります。物

体が動く速度が速いほどオプティカルフローのベクトルは長くなります。よって、オプティカルフローの情報を見れば、物体の動きの速さや動画内のどのタイミングで動作が始まっているのかが分かるため、単純に動画をフレーム画像にして並べただけでは取得しづらい情報を取得することができます。

　C3Dとオプティカルフローを利用するTwo-Stream ConvNetsの2通りの手法を紹介しましたが、C3Dはある意味ではオプティカルフローのような時間方向の特徴量をデータから学習させる手法であり、Two-Stream ConvNetsははじめから与えてあげる手法とも捉えられます。このように説明すると一見C3Dの方が良さそうですが、データから特徴量を学習させるためには大量の動画データが必要となり、ネットワークパラメータも膨大になるため、学習や推論にも時間がかかるという欠点があります。

　このC3Dの問題を解決しようと考えられたのが、本章で実装するECO（Efficient Convolutional Network for Online Video Understanding）[1]です。ECOは2018年に発表されました。

　ECOについて簡単に解説すると、高さと幅と時間の3次元畳み込み層を用いたC3Dに動画のフレーム画像たちをそのまま入力して処理するのではなく、先にフレーム画像を2次元の畳み込みニューラルネットワークで小さなサイズの特徴量データに変換し、それらをC3Dに入力して動画を処理するディープラーニングモデルです。

　図9.1.1にECOの概要を示します。はじめに動画データを前処理します。前処理では動画をフレームごとの画像に分解し、さらに画像の大きさの変更や色情報の標準化を実施します。

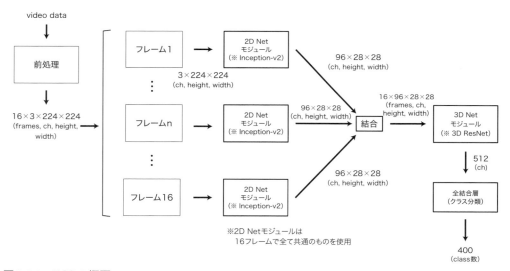

図9.1.1　ECOの概要

動画データの全フレームを使用すると画像枚数が多いので、等間隔に合計16フレームほどの画像を取り出します（動画の長さは10秒ほどを想定）。これらの前処理によって動画データは（frames, 色チャネル, 高さ, 幅）＝（16×3×224×224）のテンソルになります。図9.1.1ではミニバッチの次元を省略しているので、本来では先頭にさらにミニバッチ次元が存在します。

　この16フレームの画像を2D Netモジュールにそれぞれ入力します。2D Netモジュールは単なる画像処理のディープラーニングモデルです。これまで本書では画像処理のモデルとしてVGGやResNetを紹介しましたが、ECOの場合はInception-v2と呼ばれるモデルを使用します。Inception-v2の詳細は次節以降で解説します。2D Netモジュールへの入力は画像であり（色チャネル, 高さ, 幅）＝（3×224×224）のテンソルです。出力は（チャネル, 高さ, 幅）＝（96×28×28）のテンソルとなります。高さと幅が224から28へと、小さくなっていることが分かります。

　16フレームの画像はそれぞれ独立に2D Netモジュールで処理されて特徴量が抽出されます。図9.1.1では2D Netモジュールが3つ描かれていますが、2D Netモジュールは1つだけです。フレームごとに異なる2D Netモジュールを用意するのではなく、1つの2D Netモジュールで全フレームの画像を処理します。

　16フレームの画像が独立に2D Netモジュールで処理されて得た出力テンソルを結合させ、（frames, チャネル, 高さ, 幅）＝（16×96×28×28）のテンソルにします。このテンソルを、空間と時間（frames）方向の3次元畳み込み層から構成された3D Netモジュールに入力します。3D Netモジュールからは1次元で512要素からなる特徴量が出力されます。

　最後に3D Netモジュールの出力を全結合層でクラス分類し、クラス数分の要素をもつ出力を得ます。この出力にソフトマックス関数を計算すれば、入力動画が各クラスの属する確率が得られます。なお本章で使用する学習済みデータのクラス数は400であるため、図9.1.1ではclass数を400と記載しています。

　以上がECOによる動画分類の概要となります。次節からこのECOを実装します。9.2節ではECOの2D NetモジュールであるInception-v2を実装します。

9-2 2D Netモジュール（Inception-v2）の実装

本節ではECOの2D NetモジュールであるInception-v2の実装を行います。本章の実装はGitHub：zhang-can/ECO-pytorch[4] を参考にしています。なお本章のプログラムはすべてUbuntuでの動作を前提としています。

本節の学習目標は、次の通りです。

1. ECOの2D Netモジュールの概要を理解する
2. Inception-v2を実装できるようになる

本節の実装ファイル：

`9-2-3_eco.ipynb`

ECOの2D Netモジュールの概要

図9.2.1にECOの2D Netモジュールの概要を示します。2D Netモジュールへの入力は（色チャネル, 高さ, 幅）＝（3×224×224）のテンソルです。これが最終的に（チャネル, 高さ, 幅）＝（96×28×28）のテンソルになります。

2D Netモジュールには4つのモジュールがあります。BasicConv、InceptionA、InceptionB、InceptionCです。BasicConvは畳み込み層をベースとした特徴量変換のモジュールです。入力画像が（チャネル, 高さ, 幅）＝（192×28×28）のテンソルへと変換されます。この時点で特徴量のサイズが28になります。

その後のInceptionAからInceptionCでさらに特徴量を変換します。それぞれの出力テンソルのサイズは、InceptionAは（256×28×28）、InceptionBは（320×28×28）、そしてInceptionCは（96×28×28）です。

4つのモジュールのネットワーク構造を確認し、1つずつ実装します。

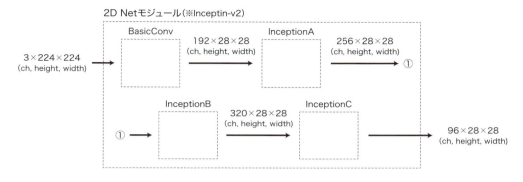

図9.2.1 ECOの2D Netモジュールの概要

BasicConvモジュールの実装

図9.2.2にBasicConvモジュールの概要を示します。2次元の畳み込み層、バッチノーマライゼーション、活性化関数ReLU、マックスプーリングを使用した基本的な畳み込みニューラルネットワークモデルです。

実装は次の通りです。愚直に1つずつレイヤーを用意しています。

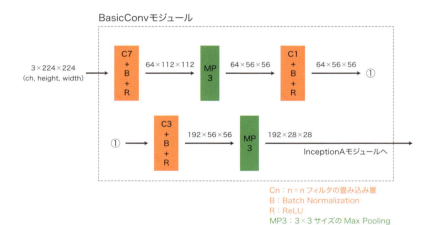

図9.2.2 BasicConvモジュールの概要

```
class BasicConv(nn.Module):
    '''ECOの2D Netモジュールの最初のモジュール'''

    def __init__(self):
```

9-2 ● 2D Netモジュール (Inception-v2) の実装

```python
        super(BasicConv, self).__init__()

        self.conv1_7x7_s2 = nn.Conv2d(3, 64, kernel_size=(
            7, 7), stride=(2, 2), padding=(3, 3))
        self.conv1_7x7_s2_bn = nn.BatchNorm2d(
            64, eps=1e-05, momentum=0.1, affine=True, track_running_stats=True)
        self.conv1_relu_7x7 = nn.ReLU(inplace=True)
        self.pool1_3x3_s2 = nn.MaxPool2d(
            kernel_size=3, stride=2, padding=0, dilation=1, ceil_mode=True)
        self.conv2_3x3_reduce = nn.Conv2d(
            64, 64, kernel_size=(1, 1), stride=(1, 1))
        self.conv2_3x3_reduce_bn = nn.BatchNorm2d(
            64, eps=1e-05, momentum=0.1, affine=True, track_running_stats=True)
        self.conv2_relu_3x3_reduce = nn.ReLU(inplace=True)
        self.conv2_3x3 = nn.Conv2d(64, 192, kernel_size=(
            3, 3), stride=(1, 1), padding=(1, 1))
        self.conv2_3x3_bn = nn.BatchNorm2d(
            192, eps=1e-05, momentum=0.1, affine=True, track_running_stats=True)
        self.conv2_relu_3x3 = nn.ReLU(inplace=True)
        self.pool2_3x3_s2 = nn.MaxPool2d(
            kernel_size=3, stride=2, padding=0, dilation=1, ceil_mode=True)

    def forward(self, x):
        out = self.conv1_7x7_s2(x)
        out = self.conv1_7x7_s2_bn(out)
        out = self.conv1_relu_7x7(out)
        out = self.pool1_3x3_s2(out)
        out = self.conv2_3x3_reduce(out)
        out = self.conv2_3x3_reduce_bn(out)
        out = self.conv2_relu_3x3_reduce(out)
        out = self.conv2_3x3(out)
        out = self.conv2_3x3_bn(out)
        out = self.conv2_relu_3x3(out)
        out = self.pool2_3x3_s2(out)
        return out
```

InceptionAからInceptionCモジュールの実装

図9.2.3にInceptionAモジュールの概要を示します。入力が分岐して畳み込み層、バッチノーマライゼーション、ReLUで処理され、最後にそれらを結合させて出力します。

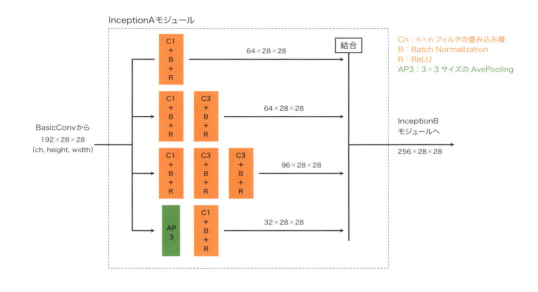

図9.2.3 InceptionAモジュールの概要

Inceptionという考え方はGoogLeNet[5]ではじめて提案された手法です。入力が分岐して並列に畳み込み層で処理されるのが特徴です。

このように畳み込み層を並列させるのは、フィルタサイズの大きな畳み込み層の代替をしたいからです。フィルタサイズの大きな畳み込み層は学習させるパラメータも多く大変です。例えば5×5のフィルタを用意したとします。ですが、左上の2×2、そして右下の3×3だけ重みの値が大きく、その他の部分の重みはとても小さくて無視できるレベルだとすると、5×5のフィルタを持つ畳み込み層を用意するよりも2×2と3×3のフィルタを持つ畳み込み層を2つ並列に使用する方が学習させるパラメータが少なくて済みます。このようにフィルタサイズの大きな畳み込み層を使用するのではなく、フィルタサイズの小さな畳み込み層を並列に使用して、学習させるパラメータ数を減らす作戦をInceptionと呼びます。

Inceptionでは第5章でも解説した1×1 Convolutions（pointwise convolution）を使用して特徴量の変換（チャネル数に対する次元圧縮）を行います。ECOで使用するのはInception

9-2 ● 2D Netモジュール (Inception-v2) の実装

のversion 2になります。図9.2.3の上から3番目のフローは3×3の畳み込み層が2回繰り返されています。Inceptionのversion 1ではこの部分は5×5の畳み込み層1回だったのですが、version 2では3×3の畳み込み層2回へと変更されています。

実装は次の通りです。愚直に1つずつ層を用意しています。

```python
class InceptionA(nn.Module):
    '''InceptionA'''

    def __init__(self):
        super(InceptionA, self).__init__()

        self.inception_3a_1x1 = nn.Conv2d(
            192, 64, kernel_size=(1, 1), stride=(1, 1))
        self.inception_3a_1x1_bn = nn.BatchNorm2d(
            64, eps=1e-05, momentum=0.1, affine=True, track_running_stats=True)
        self.inception_3a_relu_1x1 = nn.ReLU(inplace=True)

        self.inception_3a_3x3_reduce = nn.Conv2d(
            192, 64, kernel_size=(1, 1), stride=(1, 1))
        self.inception_3a_3x3_reduce_bn = nn.BatchNorm2d(
            64, eps=1e-05, momentum=0.1, affine=True, track_running_stats=True)
        self.inception_3a_relu_3x3_reduce = nn.ReLU(inplace=True)
        self.inception_3a_3x3 = nn.Conv2d(
            64, 64, kernel_size=(3, 3), stride=(1, 1), padding=(1, 1))
        self.inception_3a_3x3_bn = nn.BatchNorm2d(
            64, eps=1e-05, momentum=0.1, affine=True, track_running_stats=True)
        self.inception_3a_relu_3x3 = nn.ReLU(inplace=True)

        self.inception_3a_double_3x3_reduce = nn.Conv2d(
            192, 64, kernel_size=(1, 1), stride=(1, 1))
        self.inception_3a_double_3x3_reduce_bn = nn.BatchNorm2d(
            64, eps=1e-05, momentum=0.1, affine=True, track_running_stats=True)
        self.inception_3a_relu_double_3x3_reduce = nn.ReLU(inplace=True)
        self.inception_3a_double_3x3_1 = nn.Conv2d(
            64, 96, kernel_size=(3, 3), stride=(1, 1), padding=(1, 1))
        self.inception_3a_double_3x3_1_bn = nn.BatchNorm2d(
            96, eps=1e-05, momentum=0.1, affine=True, track_running_stats=True)
        self.inception_3a_relu_double_3x3_1 = nn.ReLU(inplace=True)
        self.inception_3a_double_3x3_2 = nn.Conv2d(
            96, 96, kernel_size=(3, 3), stride=(1, 1), padding=(1, 1))
        self.inception_3a_double_3x3_2_bn = nn.BatchNorm2d(
            96, eps=1e-05, momentum=0.1, affine=True, track_running_stats=True)
        self.inception_3a_relu_double_3x3_2 = nn.ReLU(inplace=True)
```

```python
            self.inception_3a_pool = nn.AvgPool2d(
                kernel_size=3, stride=1, padding=1)
            self.inception_3a_pool_proj = nn.Conv2d(
                192, 32, kernel_size=(1, 1), stride=(1, 1))
            self.inception_3a_pool_proj_bn = nn.BatchNorm2d(
                32, eps=1e-05, momentum=0.1, affine=True, track_running_stats=True)
            self.inception_3a_relu_pool_proj = nn.ReLU(inplace=True)

    def forward(self, x):

        out1 = self.inception_3a_1x1(x)
        out1 = self.inception_3a_1x1_bn(out1)
        out1 = self.inception_3a_relu_1x1(out1)

        out2 = self.inception_3a_3x3_reduce(x)
        out2 = self.inception_3a_3x3_reduce_bn(out2)
        out2 = self.inception_3a_relu_3x3_reduce(out2)
        out2 = self.inception_3a_3x3(out2)
        out2 = self.inception_3a_3x3_bn(out2)
        out2 = self.inception_3a_relu_3x3(out2)

        out3 = self.inception_3a_double_3x3_reduce(x)
        out3 = self.inception_3a_double_3x3_reduce_bn(out3)
        out3 = self.inception_3a_relu_double_3x3_reduce(out3)
        out3 = self.inception_3a_double_3x3_1(out3)
        out3 = self.inception_3a_double_3x3_1_bn(out3)
        out3 = self.inception_3a_relu_double_3x3_1(out3)
        out3 = self.inception_3a_double_3x3_2(out3)
        out3 = self.inception_3a_double_3x3_2_bn(out3)
        out3 = self.inception_3a_relu_double_3x3_2(out3)

        out4 = self.inception_3a_pool(x)
        out4 = self.inception_3a_pool_proj(out4)
        out4 = self.inception_3a_pool_proj_bn(out4)
        out4 = self.inception_3a_relu_pool_proj(out4)

        outputs = [out1, out2, out3, out4]

        return torch.cat(outputs, 1)
```

9-2 ● 2D Netモジュール（Inception-v2）の実装

次にInceptionBモジュールです。基本的にInceptionAと同じ考え方であり、少しネットワーク構造が異なるだけとなります。図9.2.4にInceptionBモジュールの概要を示します。

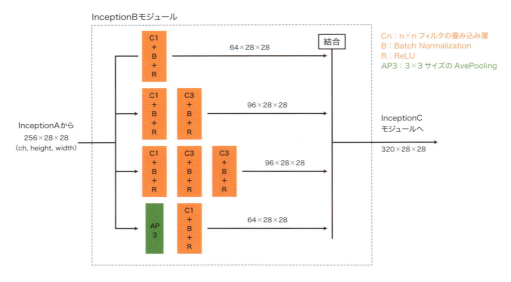

図9.2.4 InceptionBモジュールの概要

実装は次の通りです。愚直に1つずつレイヤーを用意しています。

```
class InceptionB(nn.Module):
    '''InceptionB'''
    
    def __init__(self):
        super(InceptionB, self).__init__()
        
        self.inception_3b_1x1 = nn.Conv2d(
            256, 64, kernel_size=(1, 1), stride=(1, 1))
        self.inception_3b_1x1_bn = nn.BatchNorm2d(
            64, eps=1e-05, momentum=0.1, affine=True, track_running_stats=True)
        self.inception_3b_relu_1x1 = nn.ReLU(inplace=True)
        
        self.inception_3b_3x3_reduce = nn.Conv2d(
            256, 64, kernel_size=(1, 1), stride=(1, 1))
        self.inception_3b_3x3_reduce_bn = nn.BatchNorm2d(
            64, eps=1e-05, momentum=0.1, affine=True, track_running_stats=True)
        self.inception_3b_relu_3x3_reduce = nn.ReLU(inplace=True)
```

```python
        self.inception_3b_3x3 = nn.Conv2d(
            64, 96, kernel_size=(3, 3), stride=(1, 1), padding=(1, 1))
        self.inception_3b_3x3_bn = nn.BatchNorm2d(
            96, eps=1e-05, momentum=0.1, affine=True, track_running_stats=True)
        self.inception_3b_relu_3x3 = nn.ReLU(inplace=True)

        self.inception_3b_double_3x3_reduce = nn.Conv2d(
            256, 64, kernel_size=(1, 1), stride=(1, 1))
        self.inception_3b_double_3x3_reduce_bn = nn.BatchNorm2d(
            64, eps=1e-05, momentum=0.1, affine=True, track_running_stats=True)
        self.inception_3b_relu_double_3x3_reduce = nn.ReLU(inplace=True)
        self.inception_3b_double_3x3_1 = nn.Conv2d(
            64, 96, kernel_size=(3, 3), stride=(1, 1), padding=(1, 1))
        self.inception_3b_double_3x3_1_bn = nn.BatchNorm2d(
            96, eps=1e-05, momentum=0.1, affine=True, track_running_stats=True)
        self.inception_3b_relu_double_3x3_1 = nn.ReLU(inplace=True)
        self.inception_3b_double_3x3_2 = nn.Conv2d(
            96, 96, kernel_size=(3, 3), stride=(1, 1), padding=(1, 1))
        self.inception_3b_double_3x3_2_bn = nn.BatchNorm2d(
            96, eps=1e-05, momentum=0.1, affine=True, track_running_stats=True)
        self.inception_3b_relu_double_3x3_2 = nn.ReLU(inplace=True)

        self.inception_3b_pool = nn.AvgPool2d(
            kernel_size=3, stride=1, padding=1)
        self.inception_3b_pool_proj = nn.Conv2d(
            256, 64, kernel_size=(1, 1), stride=(1, 1))
        self.inception_3b_pool_proj_bn = nn.BatchNorm2d(
            64, eps=1e-05, momentum=0.1, affine=True, track_running_stats=True)
        self.inception_3b_relu_pool_proj = nn.ReLU(inplace=True)

    def forward(self, x):

        out1 = self.inception_3b_1x1(x)
        out1 = self.inception_3b_1x1_bn(out1)
        out1 = self.inception_3b_relu_1x1(out1)

        out2 = self.inception_3b_3x3_reduce(x)
        out2 = self.inception_3b_3x3_reduce_bn(out2)
        out2 = self.inception_3b_relu_3x3_reduce(out2)
        out2 = self.inception_3b_3x3(out2)
        out2 = self.inception_3b_3x3_bn(out2)
        out2 = self.inception_3b_relu_3x3(out2)
```

9-2 ● 2D Netモジュール (Inception-v2) の実装

```
        out3 = self.inception_3b_double_3x3_reduce(x)
        out3 = self.inception_3b_double_3x3_reduce_bn(out3)
        out3 = self.inception_3b_relu_double_3x3_reduce(out3)
        out3 = self.inception_3b_double_3x3_1(out3)
        out3 = self.inception_3b_double_3x3_1_bn(out3)
        out3 = self.inception_3b_relu_double_3x3_1(out3)
        out3 = self.inception_3b_double_3x3_2(out3)
        out3 = self.inception_3b_double_3x3_2_bn(out3)
        out3 = self.inception_3b_relu_double_3x3_2(out3)

        out4 = self.inception_3b_pool(x)
        out4 = self.inception_3b_pool_proj(out4)
        out4 = self.inception_3b_pool_proj_bn(out4)
        out4 = self.inception_3b_relu_pool_proj(out4)

        outputs = [out1, out2, out3, out4]

        return torch.cat(outputs, 1)
```

　最後にInceptionCモジュールです。InceptionCモジュールはInceptionAやBのような分岐はありません。畳み込み層とバッチノーマライゼーション、ReLUから成ります。InceptionCモジュールの構成を図9.2.5に示します。

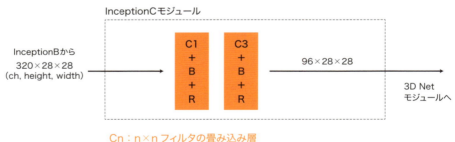

図**9.2.5**　InceptionCモジュールの概要

実装は次の通りです。

```python
class InceptionC(nn.Module):
    '''InceptionC'''

    def __init__(self):
        super(InceptionC, self).__init__()

        self.inception_3c_double_3x3_reduce = nn.Conv2d(
            320, 64, kernel_size=(1, 1), stride=(1, 1))
        self.inception_3c_double_3x3_reduce_bn = nn.BatchNorm2d(
            64, eps=1e-05, momentum=0.1, affine=True, track_running_stats=True)
        self.inception_3c_relu_double_3x3_reduce = nn.ReLU(inplace=True)
        self.inception_3c_double_3x3_1 = nn.Conv2d(
            64, 96, kernel_size=(3, 3), stride=(1, 1), padding=(1, 1))
        self.inception_3c_double_3x3_1_bn = nn.BatchNorm2d(
            96, eps=1e-05, momentum=0.1, affine=True, track_running_stats=True)
        self.inception_3c_relu_double_3x3_1 = nn.ReLU(inplace=True)

    def forward(self, x):
        out = self.inception_3c_double_3x3_reduce(x)
        out = self.inception_3c_double_3x3_reduce_bn(out)
        out = self.inception_3c_relu_double_3x3_reduce(out)
        out = self.inception_3c_double_3x3_1(out)
        out = self.inception_3c_double_3x3_1_bn(out)
        out = self.inception_3c_relu_double_3x3_1(out)

        return out
```

以上でBasicConvならびにInceptionAからCのモジュールが実装できました。これらをまとめ、ECOの2D Netモジュールクラスとして実装します。

```python
class ECO_2D(nn.Module):
    def __init__(self):
        super(ECO_2D, self).__init__()

        # BasicConvモジュール
        self.basic_conv = BasicConv()

        # Inceptionモジュール
        self.inception_a = InceptionA()
        self.inception_b = InceptionB()
        self.inception_c = InceptionC()
```

9-2 ● 2D Netモジュール（Inception-v2）の実装

```
    def forward(self, x):
        '''
        入力xのサイズtorch.Size([batch_num, 3, 224, 224]))
        '''
        out = self.basic_conv(x)
        out = self.inception_a(out)
        out = self.inception_b(out)
        out = self.inception_c(out)

        return out
```

最後に動作確認をします。ネットワークの各部分でテンソルサイズがどうなっているのかを確認できるようにします。4.5節『TensorBoardXによるネットワークモデルの可視化』で解説した手法に従い、TensorBoardXを使用します。

```
# モデルの用意
net = ECO_2D()
net.train()
```

[出力]
```
ECO_2D(
  (basic_conv): BasicConv(
    (conv1_7x7_s2): Conv2d(3, 64, kernel_size=(7, 7), stride=(2, 2), padding=(3, 3))
    (conv1_7x7_s2_bn): BatchNorm2d
...
```

続いて以下の実装コードを実行し、tensorboardX用のgraphデータを保存します。

```
# 1. tensorboardXの保存クラスを呼び出します
from tensorboardX import SummaryWriter

# 2. フォルダ「tbX」に保存させるwriterを用意します
# フォルダ「tbX」はなければ自動で作成されます
writer = SummaryWriter("./tbX/")

# 3. ネットワークに流し込むダミーデータを作成します
batch_size = 1
dummy_img = torch.rand(batch_size, 3, 224, 224)
```

```
# 4. netに対して、ダミーデータである
# dummy_imgを流したときのgraphをwriterに保存させます
writer.add_graph(net, (dummy_img, ))
writer.close()

# 5. コマンドプロンプトを開き、フォルダtbXがあるフォルダまで移動して、
# 以下のコマンドを実行します

# tensorboard --logdir="./tbX/"

# その後、http://localhost:6006 にアクセスします
```

　その後コマンドプロンプトを開いて、フォルダ「tbX」のあるフォルダ「9_video_classification_eco」まで移動し、`tensorboard --logdir="./tbX/"` を実行します。tensorboardXが動作したら `http://localhost:6006` にアクセスします（AWSで実行している場合は、ポート6006の転送設定をしておいてください）。すると図9.2.6のように、ECOの2D Netモジュールの詳細と各テンソルサイズを確認できます。

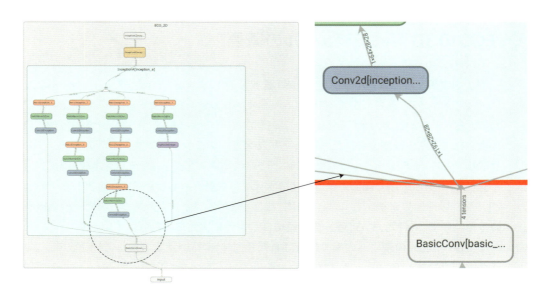

図9.2.6　tensorboardXでのECO 2D Netモジュールの確認

　以上本節では、ECOの2D Netモジュールの概要とそのメイン要素であるInception-v2の実装を解説しました。次節では3D Netモジュールの概要と実装を解説します。

9-3 3D Netモジュール（3DCNN）の実装

本節ではECOの3D Netモジュールである3DCNNとして、3D Resnetの実装を行います。本節の学習目標は、次の通りです。

1. ECOの3D Netモジュールの概要を理解する
2. 3D Resnetを実装できるようになる

本節の実装ファイル：

9-2-3_eco.ipynb

ECOの3D Netモジュールの概要

図9.3.1にECOの3D Netモジュールの概要を示します。3D Netモジュールへの入力は（frames, チャネル, 高さ, 幅）＝（16×96×28×28）のテンソルです。これは動画の16フレームの画像がそれぞれ2D Netモジュールで処理され、（チャネル, 高さ, 幅）＝（96×28×28）に変換されて、その後結合させた（16×96×28×28）のテンソルです。この入力テンソルを受け取り、3D Netモジュールでは最終的に（チャネル）＝（512）のテンソルを出力します。

3D Netモジュールではまずテンソルの次元を入れ替え、（16×96×28×28）を（96×16×28×28）の形にします。これは、（時間, 高さ, 幅）のフィルタを持つ3次元畳み込み層に入力したいので、（時間, 高さ, 幅）の順番に合うように次元を入れ替えています。

その後、3次元の畳み込み層で構成されたResNetで特徴量を変換していきます。この3D ResNetは第3章セマンティックセグメンテーションの3.4節「Featureモジュールの解説と実装（ResNet）」で解説したResNetの3次元フィルタ版です。

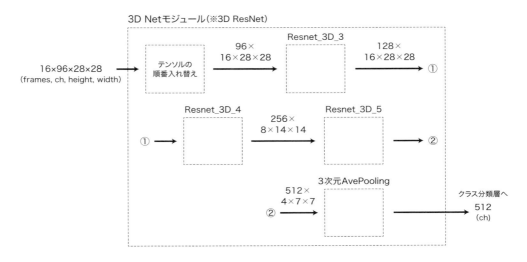

図9.3.1 ECOの3D Netモジュールの概要

最初に図9.3.1のResnet_3D_3で（96×16×28×28）の入力が（128×16×28×28）に変換され、Resnet_3D_4で（256×8×14×14）、Resnet_3D_5で（512×4×7×7）になります。

最後に（512×4×7×7）のテンソルを（512）の特徴量に変換するのですが、ここで全結合層ではなく、3次元のAverage Pooling層を使用します。

本書でこれまで使用したPooling層は、特徴量のサイズよりも小さなサイズのフィルタをスライドさせていき、フィルタ内の最大値（もしくは平均値）を求めることで、画像内の物体の位置が多少移動しても同じ特徴量が得られるという目的で使用していました。ここでのAverage Pooling層は異なる目的で使用しています。このAverage Pooling層のフィルタサイズは（4×7×7）であり、Average Pooling層に入力されるテンソル（512×4×7×7）と同じサイズです。そのため、このプーリングでは入力テンソルの平均を単純に求めることになります。

Average Pooling層ではなく全結合層を使用すれば、より複雑な処理ができるのですが、その分パラメータも多くなり過学習しやすくなります。そのためECOでは最後の特徴量変換を全結合層ではなくAverage Poolingによって簡潔に済ませることで過学習やパラメータの増大を避けています。このような全結合層の代わりに使用するAverage PoolingはGlobal Average Poolingと呼ばれます。

Resnet_3D_3の実装

それではECOの3D Netモジュールを実装していきます。図9.3.1の最初のテンソルの順番入れ替えはクラスを用意せず、単純にforward関数内に実装するので、Resnet_3D_3から実装することになります。

図9.3.2にResnet_3D_3の概要を示します。Resnet_3D_3への入力は3次元の畳み込み層で処理されたあとresidual側と2回の畳み込み層側に分岐し、処理を加算したあとバッチノーマライゼーション、ReLUを計算して出力します。

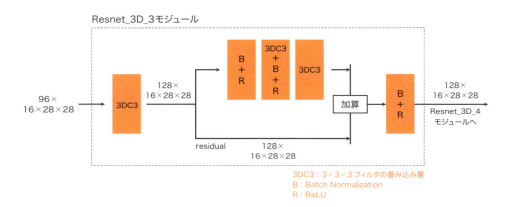

図9.3.2　Resnet_3D_3の概要

実装は次の通りです。

```
class Resnet_3D_3(nn.Module):
    '''Resnet_3D_3'''

    def __init__(self):
        super(Resnet_3D_3, self).__init__()

        self.res3a_2 = nn.Conv3d(96, 128, kernel_size=(
            3, 3, 3), stride=(1, 1, 1), padding=(1, 1, 1))
```

```python
        self.res3a_bn = nn.BatchNorm3d(
            128, eps=1e-05, momentum=0.1, affine=True, track_running_stats=True)
        self.res3a_relu = nn.ReLU(inplace=True)

        self.res3b_1 = nn.Conv3d(128, 128, kernel_size=(
            3, 3, 3), stride=(1, 1, 1), padding=(1, 1, 1))
        self.res3b_1_bn = nn.BatchNorm3d(
            128, eps=1e-05, momentum=0.1, affine=True, track_running_stats=True)
        self.res3b_1_relu = nn.ReLU(inplace=True)
        self.res3b_2 = nn.Conv3d(128, 128, kernel_size=(
            3, 3, 3), stride=(1, 1, 1), padding=(1, 1, 1))

        self.res3b_bn = nn.BatchNorm3d(
            128, eps=1e-05, momentum=0.1, affine=True, track_running_stats=True)
        self.res3b_relu = nn.ReLU(inplace=True)

    def forward(self, x):

        residual = self.res3a_2(x)
        out = self.res3a_bn(residual)
        out = self.res3a_relu(out)

        out = self.res3b_1(out)
        out = self.res3b_1_bn(out)
        out = self.res3b_relu(out)
        out = self.res3b_2(out)

        out += residual

        out = self.res3b_bn(out)
        out = self.res3b_relu(out)

        return out
```

Resnet_3D_4の実装

図9.3.3にResnet_3D_4の概要を示します。Resnet_3D_4では分岐を2回繰り返します。実装は次の通りです。

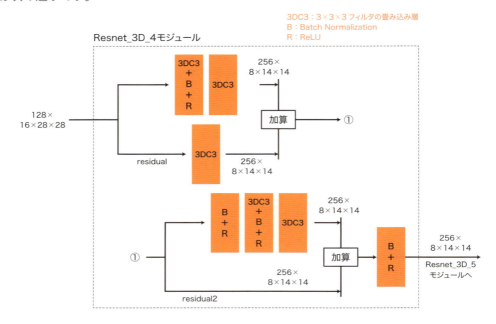

図9.3.3 Resnet_3D_4の概要

```
class Resnet_3D_4(nn.Module):
    '''Resnet_3D_4'''

    def __init__(self):
        super(Resnet_3D_4, self).__init__()

        self.res4a_1 = nn.Conv3d(128, 256, kernel_size=(
            3, 3, 3), stride=(2, 2, 2), padding=(1, 1, 1))
        self.res4a_1_bn = nn.BatchNorm3d(
            256, eps=1e-05, momentum=0.1, affine=True, track_running_stats=True)
        self.res4a_1_relu = nn.ReLU(inplace=True)
        self.res4a_2 = nn.Conv3d(256, 256, kernel_size=(
            3, 3, 3), stride=(1, 1, 1), padding=(1, 1, 1))

        self.res4a_down = nn.Conv3d(128, 256, kernel_size=(
            3, 3, 3), stride=(2, 2, 2), padding=(1, 1, 1))
```

```python
        self.res4a_bn = nn.BatchNorm3d(
            256, eps=1e-05, momentum=0.1, affine=True, track_running_stats=True)
        self.res4a_relu = nn.ReLU(inplace=True)

        self.res4b_1 = nn.Conv3d(256, 256, kernel_size=(
            3, 3, 3), stride=(1, 1, 1), padding=(1, 1, 1))
        self.res4b_1_bn = nn.BatchNorm3d(
            256, eps=1e-05, momentum=0.1, affine=True, track_running_stats=True)
        self.res4b_1_relu = nn.ReLU(inplace=True)
        self.res4b_2 = nn.Conv3d(256, 256, kernel_size=(
            3, 3, 3), stride=(1, 1, 1), padding=(1, 1, 1))

        self.res4b_bn = nn.BatchNorm3d(
            256, eps=1e-05, momentum=0.1, affine=True, track_running_stats=True)
        self.res4b_relu = nn.ReLU(inplace=True)

    def forward(self, x):
        residual = self.res4a_down(x)

        out = self.res4a_1(x)
        out = self.res4a_1_bn(out)
        out = self.res4a_1_relu(out)

        out = self.res4a_2(out)

        out += residual

        residual2 = out

        out = self.res4a_bn(out)
        out = self.res4a_relu(out)

        out = self.res4b_1(out)

        out = self.res4b_1_bn(out)
        out = self.res4b_1_relu(out)

        out = self.res4b_2(out)

        out += residual2

        out = self.res4b_bn(out)
        out = self.res4b_relu(out)

        return out
```

Resnet_3D_5の実装

図9.3.4にResnet_3D_5の概要を示します。レイヤーの構成はResnet_3D_4と同様です。チャネル数などが異なります。実装は次の通りです。

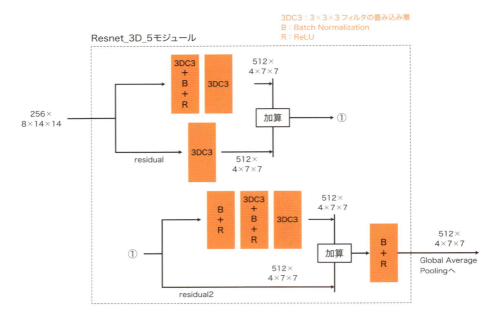

図9.3.4 Resnet_3D_5の概要

```
class Resnet_3D_5(nn.Module):
    '''Resnet_3D_5'''

    def __init__(self):
        super(Resnet_3D_5, self).__init__()

        self.res5a_1 = nn.Conv3d(256, 512, kernel_size=(
            3, 3, 3), stride=(2, 2, 2), padding=(1, 1, 1))
        self.res5a_1_bn = nn.BatchNorm3d(
            512, eps=1e-05, momentum=0.1, affine=True, track_running_stats=True)
        self.res5a_1_relu = nn.ReLU(inplace=True)
        self.res5a_2 = nn.Conv3d(512, 512, kernel_size=(
            3, 3, 3), stride=(1, 1, 1), padding=(1, 1, 1))

        self.res5a_down = nn.Conv3d(256, 512, kernel_size=(
            3, 3, 3), stride=(2, 2, 2), padding=(1, 1, 1))
```

```python
        self.res5a_bn = nn.BatchNorm3d(
            512, eps=1e-05, momentum=0.1, affine=True, track_running_stats=True)
        self.res5a_relu = nn.ReLU(inplace=True)

        self.res5b_1 = nn.Conv3d(512, 512, kernel_size=(
            3, 3, 3), stride=(1, 1, 1), padding=(1, 1, 1))
        self.res5b_1_bn = nn.BatchNorm3d(
            512, eps=1e-05, momentum=0.1, affine=True, track_running_stats=True)
        self.res5b_1_relu = nn.ReLU(inplace=True)
        self.res5b_2 = nn.Conv3d(512, 512, kernel_size=(
            3, 3, 3), stride=(1, 1, 1), padding=(1, 1, 1))

        self.res5b_bn = nn.BatchNorm3d(
            512, eps=1e-05, momentum=0.1, affine=True, track_running_stats=True)
        self.res5b_relu = nn.ReLU(inplace=True)

    def forward(self, x):
        residual = self.res5a_down(x)

        out = self.res5a_1(x)
        out = self.res5a_1_bn(out)
        out = self.res5a_1_relu(out)

        out = self.res5a_2(out)

        out += residual   # res5a

        residual2 = out

        out = self.res5a_bn(out)
        out = self.res5a_relu(out)

        out = self.res5b_1(out)

        out = self.res5b_1_bn(out)
        out = self.res5b_1_relu(out)

        out = self.res5b_2(out)

        out += residual2  # res5b

        out = self.res5b_bn(out)
        out = self.res5b_relu(out)

        return out
```

9-3 ● 3D Netモジュール（3DCNN）の実装

以上で3D CNNのResNetモジュールがすべて実装できました。これらをまとめて、ECOの3D Netモジュールクラスを実装します。

```python
class ECO_3D(nn.Module):
    def __init__(self):
        super(ECO_3D, self).__init__()

        # 3D_Resnetジュール
        self.res_3d_3 = Resnet_3D_3()
        self.res_3d_4 = Resnet_3D_4()
        self.res_3d_5 = Resnet_3D_5()

        # Global Average Pooling
        self.global_pool = nn.AvgPool3d(
            kernel_size=(4, 7, 7), stride=1, padding=0)

    def forward(self, x):
        '''
        入力xのサイズtorch.Size([batch_num,frames, 96, 28, 28]))
        '''
        out = torch.transpose(x, 1, 2)  # テンソルの順番入れ替え
        out = self.res_3d_3(out)
        out = self.res_3d_4(out)
        out = self.res_3d_5(out)
        out = self.global_pool(out)

        # テンソルサイズを変更
        # torch.Size([batch_num, 512, 1, 1, 1])からtorch.Size([batch_num, 512])へ
        out = out.view(out.size()[0], out.size()[1])

        return out
```

最後に前節と同様にtensorboardXの可視化で確認を行っておきます。

```python
# モデルの用意
net = ECO_3D()
net.train()
```

[出力]

```
ECO_3D(
  (res_3d_3): Resnet_3D_3(
    (res3a_2): Conv3d(96, 128, ke
...
```

続いて以下の実装コードを実行し、tensorboardX用のgraphデータを保存します。前節でのtensorboardXのコードとほぼ同様ですが、ダミーデータのテンソルサイズを (batch_size, 16, 96, 28, 28) に変更しています。

```python
# 1. tensorboardXの保存クラスを呼び出します
from tensorboardX import SummaryWriter

# 2. フォルダ「tbX」に保存させるwriterを用意します
# フォルダ「tbX」はなければ自動で作成されます
writer = SummaryWriter("./tbX/")

# 3. ネットワークに流し込むダミーデータを作成します
batch_size = 1
dummy_img = torch.rand(batch_size, 16, 96, 28, 28)

# 4. netに対して、ダミーデータである
# dummy_imgを流したときのgraphをwriterに保存させます
writer.add_graph(net, (dummy_img, ))
writer.close()

# 5. コマンドプロンプトを開き、フォルダtbXがあるフォルダまで移動して、
# 以下のコマンドを実行します

# tensorboard --logdir="./tbX/"

# その後、http://localhost:6006 にアクセスします
```

以上、本節ではECOの3D Netモジュールの概要とそのメイン要素である3D CNN（3D ResNet）の実装を解説しました。前節の2D Netモジュールと合わせて使用することでECOモデルを構築することができます。ここまでの内容をフォルダ「utils」の「eco.py」に用意しておき、今後はここからimportするようにします。

次節ではKineticsと呼ばれる動画データセットをダウンロードし、動画データに対して前処理を実施し、PyTorchのDataLoaderに変換する手法を解説・実装します。

9-4 Kinetics動画データセットをDataLoaderに実装

本節ではKinetics（The Kinetics Human Action Video Dataset）[6]と呼ばれる、人物の動作に関する動画のデータセットを取り扱います。Kineticsは400種類（Kinetics-400）もしくは600種類（Kinetics-600）の動作がクラス分けされており、各クラス500本ほどの動画が用意されています。動画の長さは基本的に10秒となっています（10秒より短いものもあります）。

本書ではKinetics-400を取り扱います。ただし、全データをダウンロードするのは大変なので、本書ではKinetics-400の8つの動画をピックアップしてダウンロードします。

本節ではKinetics-400の動画ダウンロード手法、前処理、そしてPyTorchで扱えるDataLoaderを作成するまでの内容を実装します。

本節の学習目標は、次の通りです。

1. Kinetics動画データセットをダウンロードできるようになる
2. 動画データをフレームごとの画像データに変換できるようになる
3. ECOで使用するためのDataLoaderを実装できるようになる

> **本節の実装ファイル：**
>
> 9-4_1_kinetics_download_for_python2.ipynb、
> 9-4_2_convert_mp4_to_jpeg.ipynb、9-4_3_ECO_DataLoader.ipynb

◆ Kinetics-400の動画データのダウンロード

フォルダ「9_video_classification_ECO」内にあるフォルダ「video_download」に、KineticsをダウンロードするためのPythonファイル「download.py」とダウンロードするファイルを指定するcsvファイル「kinetics-400_val_8videos.csv」を用意しています。今回は"arm wrestling"（腕相撲）と"bungee jumping"（バンジージャンプ）の2クラスのデータをそれぞれ4つずつダウンロードすることにします。これらの動画はKineticsのvalidationで使用される動画データです。

KineticsはYoutubeから動画をダウンロードします。ダウンロードのための動画IDがcsvファイル「kinetics-400_val_8videos.csv」に記載されています。このcsvファイルの内容に従い

動画をダウンロードする「download.py」は[7]を参考に、一部をコメントアウトして作成しています。

「kinetics-400_val_8videos.csv」に記載されている動画IDのYoutube動画を「download.py」を実行してダウンロードするプログラムが「9-4_1_kinetics_download_for_python2.ipynb」となります。「download.py」がPython 2系での動作を前提としており、Python 3ではうまく動作しません。そこで新たにPython 2系のAnacondaの仮想環境を作成します。その際に仮想環境に入れるパッケージや仮想環境の名前などの設定条件がフォルダ「video_download」の「environment.yml」に記載されています。

いま、OS Ubuntuのフォルダ「9_video_classification_ECO」の1つ上の階層（フォルダ「pytorch_advanced」）にいるとします。まず、`source deactivate`を実行し、仮想環境を抜けます。そして、`conda env create -f ./9_video_classification_eco/video_download/environment.yml`を実行し、「environment.yml」に記載した設定条件で仮想環境「kinetics」を作成します。

その後、`source activate kinetics`を実行し、仮想環境kineticsに入ります。そして、`pip install --upgrade youtube-dl`、`pip install --upgrade joblib`を実行し、パッケージを最新に更新します。

以上で完了です。あとは`jupyter notebook --port 9999`を実行して、AWSのEC2のJupyter Notebookを開きます。「9-3-1_kinetics_download_for_python2.ipynb」を開き、以下の内容が記載されたセルを実行します。

```
import os

# フォルダ「data」が存在しない場合は作成する
data_dir = "./data/"
if not os.path.exists(data_dir):
    os.mkdir(data_dir)

# フォルダ「kinetics_videos」が存在しない場合は作成する
data_dir = "./data/kinetics_videos/"
if not os.path.exists(data_dir):
    os.mkdir(data_dir)


# フォルダ「video_download」のpytnonファイル「download.py」を実行します
# 取得するyoutubeデータはフォルダ「video_download」のkinetics-400_val_8videos.csv
#   に記載した8動画です
# 保存先はフォルダ「data」内のフォルダ「kinetics_videos」です
!python2 ./video_download/download.py ./video_download/kinetics-400_val_8videos.csv ./data/kinetics_videos/
```

9-4 ● Kinetics動画データセットをDataLoaderに実装

実行するとフォルダ「data」内のフォルダ「kinetics_videos」のなかに「arm wrestling」と「bungee jumping」というフォルダが作成され、それぞれ4つの動画がダウンロードされます。

◆ 動画データを画像データに分割

次にダウンロードした動画データをframeごとの画像データに変換します。仮想環境は先ほどの「kinetics」です。

Jupyter Notebookの「9-4_2_convert_mp4_to_jpeg.ipynb」を開きます。以下のセルを実行します。

すると、フォルダ「data」内のフォルダ「kinetics_videos」のなかの「arm wrestling」と「bungee jumping」フォルダ内に、動画ファイル名のフォルダが作成され、そのフォルダのなかにjpeg形式でframeごとに画像が保存されます。

```
import os
import subprocess  # ターミナルで実行するコマンドを実行できる

# 動画が保存されたフォルダ「kinetics_videos」にある、クラスの種類とパスを取得
dir_path = './data/kinetics_videos'
class_list = os.listdir(path=dir_path)
print(class_list)

# 各クラスの動画ファイルを画像ファイルに変換する
for class_list_i in (class_list):   # クラスごとのループ

    # クラスのフォルダへのパスを取得
    class_path = os.path.join(dir_path, class_list_i)

    # 各クラスのフォルダ内の動画ファイルを1つずつ処理するループ
    for file_name in os.listdir(class_path):

        # ファイル名と拡張子に分割
        name, ext = os.path.splitext(file_name)

        # mp4ファイルでない、フォルダなどは処理しない
        if ext != '.mp4':
            continue

        # 動画ファイルを画像に分割して保存するフォルダ名を取得
        dst_directory_path = os.path.join(class_path, name)
```

```python
        # 上記の画像保存フォルダがなければ作成
        if not os.path.exists(dst_directory_path):
            os.mkdir(dst_directory_path)

        # 動画ファイルへのパスを取得
        video_file_path = os.path.join(class_path, file_name)

        # ffmpegを実行させ、動画ファイルをjpgにする（高さは256ピクセルで幅はアスペ
        # クト比を変えない）
        # kineticsの動画の場合10秒になっており、大体300ファイルになる（30 frames /sec）
        cmd = 'ffmpeg -i \"{}\" -vf scale=-1:256 \"{}/image_%05d.jpg\"'.format(
            video_file_path, dst_directory_path)
        print(cmd)
        subprocess.call(cmd, shell=True)
        print('\n')

print("動画ファイルを画像ファイルに変換しました。")
```

Kinetics動画データセットからECO用のDataLoaderを作成

それではECOで使用するDataLoaderをKineticsの動画データセットから作成します。仮想環境kineticsから抜け、仮想環境pytorch_p36に入ります（source deactivate、source activate pytorch_p36）。

DataLoader作成の流れは本書でこれまで扱ってきた画像データでDataLoaderを作成する手順と同じです。ファイルへのパスを格納したリストを作成する、前処理を定義する、Datasetを作成する、DataLoaderを作成する、です。注意点は、今回は動画データを分割した画像データを扱うため、複数枚の画像をセットにして、取り扱っていく点です。1つずつ実装しながら確認します。「9-4_3_ECO_DataLoader.ipynb」をご覧ください。

はじめにファイルへのパスを格納したリストを作成します。フォルダ「data」内のフォルダ「kinetics_videos」内にある、クラスごとのフォルダ（「arm wrestling」など）のなかにある、各動画を画像に分割したフォルダまでのパスをリストにします。

実装は次の通りです。

```python
def make_datapath_list(root_path):
    """
    動画を画像データにしたフォルダへのファイルパスリストを作成する。
    root_path : str、データフォルダへのrootパス
```

9-4 ● Kineticsの動画データセットをDataLoaderに実装

```python
        Returns：ret : video_list、動画を画像データにしたフォルダへのファイルパスリスト
        """

        # 動画を画像データにしたフォルダへのファイルパスリスト
        video_list = list()

        # root_pathにある、クラスの種類とパスを取得
        class_list = os.listdir(path=root_path)

        # 各クラスの動画ファイルを画像化したフォルダへのパスを取得
        for class_list_i in (class_list):  # クラスごとのループ

            # クラスのフォルダへのパスを取得
            class_path = os.path.join(root_path, class_list_i)

            # 各クラスのフォルダ内の画像フォルダを取得するループ
            for file_name in os.listdir(class_path):

                # ファイル名と拡張子に分割
                name, ext = os.path.splitext(file_name)

                # フォルダでないmp4ファイルは無視
                if ext == '.mp4':
                    continue

                # 動画ファイルを画像に分割して保存したフォルダのパスを取得
                video_img_directory_path = os.path.join(class_path, name)

                # vieo_listに追加
                video_list.append(video_img_directory_path)

        return video_list

# 動作確認
root_path = './data/kinetics_videos/'
video_list = make_datapath_list(root_path)
print(video_list[0])
print(video_list[1])
```

[出力]

```
./data/kinetics_videos/arm wrestling/C4lCVBZ3ux0_000028_000038
./data/kinetics_videos/arm wrestling/ehLnj7pXnYE_000027_000037
```

続いて前処理を定義します。前処理クラスとしてクラス VideoTransform を定義します。本書では訓練は行わないため、データオーギュメンテーションは省略します。

前処理では、

1. 画像のサイズを短い辺の長さが224になるようにリサイズ
2. 画像の中心から 224×224 の範囲を切り出す（センタークロップ）
3. データを PyTorch のテンソルに変換
4. データを標準化
5. frame 数分の画像を1つのテンソルにまとめる

という5 step の処理を行います。

まずクラス VideoTransform を定義し、その後各前処理クラスを実装します。ここでは16フレーム分の画像をまとめて前処理する点に注意してください。

```
class VideoTransform():
    """
    動画を画像にした画像ファイルの前処理クラス。学習時と推論時で異なる動作をします。
    動画を画像に分割しているため、分割された画像たちをまとめて前処理する点に注意し
    てください。
    """

    def __init__(self, resize, crop_size, mean, std):
        self.data_transform = {
            'train': torchvision.transforms.Compose([
                # DataAugumentation()    # 今回は省略
                GroupResize(int(resize)),   # 画像をまとめてリサイズ
                GroupCenterCrop(crop_size),  # 画像をまとめてセンタークロップ
                GroupToTensor(),   # データを PyTorch のテンソルに
                GroupImgNormalize(mean, std),  # データを標準化
                Stack()   # 複数画像を frames 次元で結合させる
            ]),
            'val': torchvision.transforms.Compose([
                GroupResize(int(resize)),   # 画像をまとめてリサイズ
                GroupCenterCrop(crop_size),  # 画像をまとめてセンタークロップ
                GroupToTensor(),   # データを PyTorch のテンソルに
                GroupImgNormalize(mean, std),  # データを標準化
                Stack()   # 複数画像を frames 次元で結合させる
            ])
        }

    def __call__(self, img_group, phase):
        """
```

```
        Parameters
        ----------
        phase : 'train' or 'val'
            前処理のモードを指定。
        """
        return self.data_transform[phase](img_group)
```

続いて各前処理クラスを実装します。実装は次の通りです。

前処理で注意する点としては、クラス GroupToTensor でまとめて画像リストを PyTorch のテンソルに変換していますが、その際に 0 から 255 の値が 0 から 1 に規格化されるので、255 をかけ算して 0 から 255 の値になるようにしています。この理由は後ほど使う学習済みモデルが 0 から 255 で処理をしているため、それに合わせるためです。

またクラス Stack では画像のリストを 1 つのテンソルに変換しています。その際に (x.flip(dims=[0]) により、色チャネルの順番を RGB から BGR に反転させています。これも学習済みモデルの色チャネルの順番に合わせるためです。色チャネルの順番を変更したあと、unsqueeze(dim=0) により先頭に新たな次元を作成しています。これは frames 用の次元を作成している操作です。そしてこの新たにできた frames の次元に 16 フレーム分のデータを結合させ、(frames, color-channel, hight width) = (16, 3, 224, 224) のテンソルを作成します。

```
# 前処理で使用するクラスたちの定義

class GroupResize():
    ''' 画像をまとめてリスケールするクラス。
    画像の短い方の辺の長さがresizeに変換される。
    アスペクト比は保たれる。
    '''

    def __init__(self, resize, interpolation=Image.BILINEAR):
        '''リスケールする処理を用意'''
        self.rescaler = torchvision.transforms.Resize(resize, interpolation)

    def __call__(self, img_group):
        '''リスケールをimg_group(リスト)内の各imgに実施'''
        return [self.rescaler(img) for img in img_group]

class GroupCenterCrop():
    ''' 画像をまとめてセンタークロップするクラス。
    (crop_size, crop_size)の画像を切り出す。
    '''

    def __init__(self, crop_size):
```

```python
            '''センタークロップする処理を用意'''
            self.ccrop = torchvision.transforms.CenterCrop(crop_size)

    def __call__(self, img_group):
        '''センタークロップをimg_group(リスト)内の各imgに実施'''
        return [self.ccrop(img) for img in img_group]


class GroupToTensor():
    ''' 画像をまとめてテンソル化するクラス。
    '''

    def __init__(self):
        '''テンソル化する処理を用意'''
        self.to_tensor = torchvision.transforms.ToTensor()

    def __call__(self, img_group):
        '''テンソル化をimg_group(リスト)内の各imgに実施
        0から1ではなく、0から255で扱うため、255をかけ算する。
        0から255で扱うのは、学習済みデータの形式に合わせるため
        '''

        return [self.to_tensor(img)*255 for img in img_group]


class GroupImgNormalize():
    ''' 画像をまとめて標準化するクラス。
    '''

    def __init__(self, mean, std):
        '''標準化する処理を用意'''
        self.normlize = torchvision.transforms.Normalize(mean, std)

    def __call__(self, img_group):
        '''標準化をimg_group(リスト)内の各imgに実施'''
        return [self.normlize(img) for img in img_group]


class Stack():
    ''' 画像を1つのテンソルにまとめるクラス。
    '''

    def __call__(self, img_group):
        '''img_groupはtorch.Size([3, 224, 224])を要素とするリスト
        '''
        ret = torch.cat([(x.flip(dims=[0])).unsqueeze(dim=0)
                         for x in img_group], dim=0)  # frames次元で結合
        # x.flip(dims=[0])は色チャネルをRGBからBGRへと順番を変えています (元の学習
        # データがBGRであったため)
```

```
        # unsqueeze(dim=0)はあらたにframes用の次元を作成しています

        return ret
```

続いてDatasetを作成します。はじめにKinetics-400のラベル名をIDに変換する辞書と、逆にIDをラベル名に変換する辞書を用意します。Kinetics-400のラベル名とIDの対応をフォルダ「video_download」の「kinetics_400_label_dicitionary.csv」に用意したので、このファイルを読み込んで、辞書型変数を作成します。

```
# Kinetics-400のラベル名をIDに変換する辞書と、逆にIDをラベル名に変換する辞書を用意

def get_label_id_dictionary(
    label_dicitionary_path='./video_download/kinetics_400_label_dicitionary.csv'):
    label_id_dict = {}
    id_label_dict = {}

    with open(label_dicitionary_path, encoding="utf-8_sig") as f:

        # 読み込む
        reader = csv.DictReader(f, delimiter=",", quotechar='"')

        # 1行ずつ読み込み、辞書型変数に追加します
        for row in reader:
            label_id_dict.setdefault(
                row["class_label"], int(row["label_id"])-1)
            id_label_dict.setdefault(
                int(row["label_id"])-1, row["class_label"])

    return label_id_dict,  id_label_dict

# 確認
label_dicitionary_path = './video_download/kinetics_400_label_dicitionary.csv'
label_id_dict, id_label_dict = get_label_id_dictionary(label_dicitionary_path)
label_id_dict
```

[出力]

```
{'abseiling': 0,
 'air drumming': 1,
 'answering questions': 2,
 'applauding': 3,
 'applying cream': 4,
 'archery': 5,
```

```
'arm wrestling': 6,
...
```

この`label_id_dict`を使用してDatasetを定義します。実装は次の通りです。

Datasetの引数は`video_list`, `label_id_dict`, `num_segments`, `phase`, `transform`, `img_tmpl`です。ここで`video_list`は関数`make_datapath_list`で作成した動画フォルダへのフォルダパスリスト、`label_id_dict`は上記のKineteics-400のラベルの辞書です。

重要なパラメータが`num_segments`です。この値で指定したフレーム数だけ動画から画像を抽出します。本書では`num_segments=16`を使用します。変数`phase`は`train`か`val`を与える変数です。前処理関数`transform`の動作をコントロールします。

最後の引数`img_tmpl`は画像ファイル名のテンプレートです。

画像ファイルは関数`pull_item`で取り出します。返り値として16フレームをまとめたテンソル、その動画のラベル、ラベルID、そして動画のファイル名を与えます。関数`pull_item`の中では関数`_load_imgs`と関数`_get_indices`を使用します。

関数`_load_imgs`は与えられたフォルダ内の動画の16フレーム分の画像を取り出し、リストにする処理をします。関数`_get_indices`は動画の長さから等間隔に16 framesを抜き出す際の画像のindexを求めます。例えば画像が10秒の250 framesであった場合は [8 24 40 55 71 86 102 118 133 149 165 180 196 211 227 243] の16個が、抜き出すフレームとなります。動画の長さが変化すると抜き出すフレームのindexも変化します。

```
class VideoDataset(torch.utils.data.Dataset):
    """
    動画のDataset
    """

    def __init__(self, video_list, label_id_dict, num_segments, phase, transform,
                 img_tmpl='image_{:05d}.jpg'):
        self.video_list = video_list  # 動画画像のフォルダへのパスリスト
        self.label_id_dict = label_id_dict  # ラベル名をidに変換する辞書型変数
        self.num_segments = num_segments  # 動画を何分割して使用するのかを決める
        self.phase = phase  # train or val
        self.transform = transform  # 前処理
        self.img_tmpl = img_tmpl  # 読み込みたい画像のファイル名のテンプレート

    def __len__(self):
        '''動画の数を返す'''
        return len(self.video_list)
```

```python
    def __getitem__(self, index):
        '''
        前処理をした画像たちのデータとラベル、ラベルIDを取得
        '''
        imgs_transformed, label, label_id, dir_path = self.pull_item(index)
        return imgs_transformed, label, label_id, dir_path

    def pull_item(self, index):
        '''前処理をした画像たちのデータとラベル、ラベルIDを取得'''

        # 1. 画像たちをリストに読み込む
        dir_path = self.video_list[index]  # 画像が格納されたフォルダ
        indices = self._get_indices(dir_path)  # 読み込む画像idxを求める
        img_group = self._load_imgs(
            dir_path, self.img_tmpl, indices)  # リストに読み込む

        # 2. ラベルの取得し、idに変換する
        label = (dir_path.split('/')[3].split('/')[0])
        label_id = self.label_id_dict[label]  # idを取得

        # 3. 前処理を実施
        imgs_transformed = self.transform(img_group, phase=self.phase)

        return imgs_transformed, label, label_id, dir_path

    def _load_imgs(self, dir_path, img_tmpl, indices):
        '''画像をまとめて読み込み、リスト化する関数'''
        img_group = []  # 画像を格納するリスト

        for idx in indices:
            # 画像のパスを取得
            file_path = os.path.join(dir_path, img_tmpl.format(idx))

            # 画像を読み込む
            img = Image.open(file_path).convert('RGB')

            # リストに追加
            img_group.append(img)
        return img_group

    def _get_indices(self, dir_path):
        """
        動画全体をself.num_segmentに分割した際に取得する動画のidxのリストを取得する
        """
```

```python
        # 動画のフレーム数を求める
        file_list = os.listdir(path=dir_path)
        num_frames = len(file_list)

        # 動画の取得間隔幅を求める
        tick = (num_frames) / float(self.num_segments)
        # 250 / 16 = 15.625
        # 動画の取得間隔幅で取り出す際のidxをリストで求める
        indices = np.array([int(tick / 2.0 + tick * x)
                            for x in range(self.num_segments)])+1
        # 250frameで16frame抽出の場合
        # indices = [  8  24  40  55  71  86 102 118 133 149 165 180 196 211 227 243]

        return indices
```

Datasetの動作確認をします。

```python
# 動作確認

# vieo_listの作成
root_path = './data/kinetics_videos/'
video_list = make_datapath_list(root_path)

# 前処理の設定
resize, crop_size = 224, 224
mean, std = [104, 117, 123], [1, 1, 1]
video_transform = VideoTransform(resize, crop_size, mean, std)

# Datasetの作成
# num_segments は 動画を何分割して使用するのかを決める
val_dataset = VideoDataset(video_list, label_id_dict, num_segments=16,
                           phase="val", transform=video_transform,
                           img_tmpl='image_{:05d}.jpg')

# データの取り出し例
# 出力は、imgs_transformed, label, label_id, dir_path
index = 0
print(val_dataset.__getitem__(index)[0].shape)  # 画像たちのテンソル
print(val_dataset.__getitem__(index)[1])  # ラベル名
print(val_dataset.__getitem__(index)[2])  # ラベルID
print(val_dataset.__getitem__(index)[3])  # 動画へのパス
```

9-4 ● Kinetics動画データセットをDataLoaderに実装

[出力]

```
torch.Size([16, 3, 224, 224])
arm wrestling
6
./data/kinetics_videos/arm wrestling/C4lCVBZ3ux0_000028_000038
```

最後にDatasetをDataLoaderにします。出力テンソルのサイズはtorch.Size([8, 16, 3, 224, 224])となり、(ミニバッチ数、frames数、色チャネル数、高さ、幅)をそれぞれ示します。

```
# DataLoaderにします
batch_size = 8
val_dataloader = torch.utils.data.DataLoader(
    val_dataset, batch_size=batch_size, shuffle=False)

# 動作確認
batch_iterator = iter(val_dataloader)  # イテレータに変換
imgs_transformeds, labels, label_ids, dir_path = next(
    batch_iterator)  # 1番目の要素を取り出す
print(imgs_transformeds.shape)
```

[出力]

```
torch.Size([8, 16, 3, 224, 224])
```

以上で、Kinetics-400データセットから動画をダウンロード、フレームごとに画像データに変換、そしてECO用にPyTorchのDataLoaderを作成することができました。ここまでの内容をフォルダ「utils」の「kinetics400-eco-dataloader.py」に用意しておき、今後はここから読み込めるようにします。次節ではECOモデルを構築し、実際に推論を行います。

9-5 ECOモデルの実装と動画分類の推論実施

本節ではECOを実装し、学習済みモデルをロードして、前節で作成したKineticsのDataLoaderに対して、動画のクラス分類を行います。本書では訓練は行わず推論のみを実施します。

本節の学習目標は、次の通りです。

1. ECOモデルを実装できる
2. 学習済みのECOモデルを自分のモデルにロードできる
3. ECOモデルを使用して、テストデータの推論ができる

本節の実装ファイル：

9-5_ECO_inference.ipynb

KineticsデータセットのDataLoader作成

前節のDataLoader実装作成内容をフォルダ「utils」の「kinetics400_eco_dataloader.py」に用意しています。このファイルから、関数とクラス make_datapath_list、VideoTransform、get_label_id_dictionary、VideoDataset を利用して、DataLoaderを作成します。実装は次の通りです。

出力はミニバッチのサイズを8、動画を分割する数を16に設定しているため、DataLoaderから取り出した要素の画像データのサイズは（batch_num, frames, チャネル, 高さ, 幅）=（8, 16, 3, 224, 224）となります。

```
from utils.kinetics400_eco_dataloader import make_datapath_list, VideoTransform, get_label_id_dictionary, VideoDataset

# vieo_listの作成
root_path = './data/kinetics_videos/'
video_list = make_datapath_list(root_path)
```

```
# 前処理の設定
resize, crop_size = 224, 224
mean, std = [104, 117, 123], [1, 1, 1]
video_transform = VideoTransform(resize, crop_size, mean, std)

# ラベル辞書の作成
label_dicitionary_path = './video_download/kinetics_400_label_dicitionary.csv'
label_id_dict, id_label_dict = get_label_id_dictionary(label_dicitionary_path)

# Datasetの作成
# num_segments は 動画を何分割して使用するのかを決める
val_dataset = VideoDataset(video_list, label_id_dict, num_segments=16,
                           phase="val", transform=video_transform,
                           img_tmpl='image_{:05d}.jpg')

# DataLoaderにします
batch_size = 8
val_dataloader = torch.utils.data.DataLoader(
    val_dataset, batch_size=batch_size, shuffle=False)

# 動作確認
batch_iterator = iter(val_dataloader)  # イテレータに変換
imgs_transformeds, labels, label_ids, dir_path = next(
    batch_iterator)  # 1番目の要素を取り出す
print(imgs_transformeds.shape)
```

[出力]

```
torch.Size([8, 16, 3, 224, 224])
```

ECOモデルの実装

　9.2節で実装したInception-v2ベースの2D Netモジュールと、9.3節で実装した3D ResNetベースの3D Netモジュールを利用して、ECOモデルを組み立てます。

　ECOモデルの実装で注意する点は、forward関数が少し複雑になる点です。DataLoaderから取り出したテンソルサイズは（batch_num, frames, チャネル, 高さ, 幅）＝（8, 16, 3, 224, 224）です。このテンソルを画像の畳み込み層を持つ2D Netモジュールに送りたいのですが、PyTorchのnn.Conv2dクラスは（batch_num, チャネル, 高さ, 幅）という4次元からなるテンソルしか入力できないという制約があります。つまり今回のframesの次元をもつ5次元のテンソルは扱えません。

　そこで、2D Netモジュールでは各画像を独立に処理するので、framesの次元をミニバッ

チの次元と合わせることで強引に4次元のテンソルに変形します。具体的には（batch_num, frames, チャネル, 高さ, 幅）＝（8, 16, 3, 224, 224）のテンソルを（batch_num×frames, チャネル, 高さ, 幅）＝（128, 3, 224, 224）という4次元のテンソルに変形し、framesをミニバッチの次元に置いて、2D Netモジュールで処理します。

2D Netモジュールで処理されたデータのサイズは（128, 96, 28, 28）となるので、これを3D Netモジュールに入力できるようにbatch_num×framesに変形した部分を元に戻します。具体的には（batch_num×frames, チャネル, 高さ, 幅）＝（128, 96, 28, 28）を（batch_num, frames, チャネル, 高さ, 幅）＝（8, 16, 96, 28, 28）に変形します。あとは3D Netモジュールに入力して出力された（batch_num, チャネル）＝（8, 512）のデータに対して、全結合層でクラス分類の処理をします。

ECOモデルの実装は次の通りです。なおECOモデルにはFull ECOとECO Liteがあり、本書ではECO Liteモデルを実装しています。

```python
from utils.eco import ECO_2D, ECO_3D

class ECO_Lite(nn.Module):
    def __init__(self):
        super(ECO_Lite, self).__init__()

        # 2D Netモジュール
        self.eco_2d = ECO_2D()

        # 3D Netモジュール
        self.eco_3d = ECO_3D()

        # クラス分類の全結合層
        self.fc_final = nn.Linear(in_features=512, out_features=400, bias=True)

    def forward(self, x):
        '''
        入力xはtorch.Size([batch_num, num_segments=16, 3, 224, 224]))
        '''

        # 入力xの各次元のサイズを取得する
        bs, ns, c, h, w = x.shape

        # xを(bs*ns, c, h, w)にサイズ変換する
        out = x.view(-1, c, h, w)
        # （注釈）
        # PyTorchのConv2Dは入力のサイズが(batch_num, c, h, w)しか受け付けないため
        # (batch_num, num_segments, c, h, w)は処理できない
        # 今は2次元画像を独立に処理するので、num_segmentsはbatch_numの次元に押し込
```

```
                    んでも良いため
                    # (batch_num×num_segments, c, h, w)にサイズを変換する

                    # 2D Netモジュール  出力 torch.Size([batch_num×16, 96, 28, 28])
                    out = self.eco_2d(out)

                    # 2次元画像をテンソルを3次元用に変換する
                    # num_segmentsをbatch_numの次元に押し込んだものを元に戻す
                    out = out.view(-1, ns, 96, 28, 28)

                    # 3D Netモジュール  出力 torch.Size([batch_num, 512])
                    out = self.eco_3d(out)

                    # クラス分類の全結合層  出力 torch.Size([batch_num, class_num=400])
                    out = self.fc_final(out)

                    return out

net = ECO_Lite()
net
```

[出力]
```
ECO_Lite(
  (eco_2d): ECO_2D(
    (basic_conv): BasicConv(
      (conv1_7x7_s2): Conv2d(3, 64, kernel_size=(7, 7), stride=(2, 2), padding=(3, 3))
...
```

学習済みモデルをロード

　ECO LiteモデルでKinetics400の学習を行ったモデルがECOの著者であるZolfaghariさんのGitHubにて公開されています[8]。フォルダ「weights」にこの「ECO_Lite_rgb_model_Kinetics.pth.tar」をダウンロードして配置してください。Google Driveに配置されており、手作業でダウンロードします。

　「ECO_Lite_rgb_model_Kinetics.pth.tar」はこれまで扱ってきた学習済みモデルとは違い、ファイルの拡張子が.pth.tarになっています。ここでpthファイルがtarで圧縮されているのは、モデルのパラメータである変数state_dict以外の情報（学習のepoch数など）も一緒に保存された辞書型変数になっているためです。このtarを事前に解凍する必要はなく、このままの状態でPyTorchでは読み込めます。ただし、モデルパラメータを使用するときは['state_ dict']で指定する必要があります。

第8章のBERTモデルと同様に、学習済みモデルのパラメータ名は本章で実装したモデルと異なります。例えば、学習済みモデルでは module.base_model.conv1_7x7_s2.weight という名前ですが、実装したモデルでは eco_2d.basic_conv.conv1_7x7_s2.weight というパラメータ名になっています。このようにパラメータ名は異なるのですが、モデルで使用されているパラメータの種類や順番は同じです。そこで学習済みモデルのパラメータ名を本節で実装したモデルのパラメータ名に合わせた state_dict を作成し、これをロードします。

実装は次の通りです。

```python
# 学習済みモデルをロードする関数の定義

def load_pretrained_ECO(model_dict, pretrained_model_dict):
    '''ECOの学習済みモデルをロードする関数
    今回構築したECOは学習済みモデルとレイヤーの順番は同じだが名前が異なる
    '''

    # 現在のネットワークモデルのパラメータ名
    param_names = []  # パラメータの名前を格納していく
    for name, param in model_dict.items():
        param_names.append(name)

    # 現在のネットワークの情報をコピーして新たなstate_dictを作成
    new_state_dict = model_dict.copy()

    # 新たなstate_dictに学習済みの値を代入
    print("学習済みのパラメータをロードします")
    for index, (key_name, value) in enumerate(pretrained_model_dict.items()):
        name = param_names[index]  # 現在のネットワークでのパラメータ名を取得
        new_state_dict[name] = value  # 値を入れる

        # 何から何にロードされたのかを表示
        print(str(key_name)+"→"+str(name))

    return new_state_dict

# 学習済みモデルをロード
net_model_ECO = "./weights/ECO_Lite_rgb_model_Kinetics.pth.tar"
pretrained_model = torch.load(net_model_ECO, map_location='cpu')
pretrained_model_dict = pretrained_model['state_dict']
# （注釈）
# pthがtarで圧縮されているのは、state_dict以外の情報も一緒に保存されているため。
# そのため読み込むときは辞書型変数になっているので['state_dict']で指定する。
```

```python
# 現在のモデルの変数名などを取得
model_dict = net.state_dict()

# 学習済みモデルのstate_dictを取得
new_state_dict = load_pretrained_ECO(model_dict, pretrained_model_dict)

# 学習済みモデルのパラメータを代入
net.eval()  # ECOネットワークを推論モードに
net.load_state_dict(new_state_dict)
```

[出力]

```
学習済みのパラメータをロードします
module.base_model.conv1_7x7_s2.weight→eco_2d.basic_conv.conv1_7x7_s2.weight
module.base_model.conv1_7x7_s2.bias→eco_2d.basic_conv.conv1_7x7_s2.bias
・・・
module.new_fc.weight→fc_final.weight
module.new_fc.bias→fc_final.bias
```

推論（動画データのクラス分類）

最後に推論を実施します。DataLoaderから8動画分のデータを取り出し、ECOモデルで推論します。

```python
# 推論します
net.eval()  # ECOネットワークを推論モードに

batch_iterator = iter(val_dataloader)  # イテレータに変換
imgs_transformeds, labels, label_ids, dir_path = next(
    batch_iterator)  # 1番目の要素を取り出す

with torch.set_grad_enabled(False):
    outputs = net(imgs_transformeds)  # ECOで推論

print(outputs.shape)  # 出力のサイズ
```

[出力]

```
torch.Size([8, 400])
```

推論結果は（batch_num, class_num）＝（8, 400）のテンソルになっています。ミニバッチの各データに対して、推論結果の上位を出力する処理を定義し実行します。

```python
# 予測結果の上位5つを表示します
def show_eco_inference_result(dir_path, outputs_input, id_label_dict, idx=0):
    '''ミニバッチの各データに対して、推論結果の上位を出力する関数を定義'''
    print("ファイル：", dir_path[idx])  # ファイル名

    outputs = outputs_input.clone()  # コピーを作成

    for i in range(5):
        '''1位から5位までを表示'''
        output = outputs[idx]
        _, pred = torch.max(output, dim=0)  # 確率最大値のラベルを予測
        class_idx = int(pred.numpy())  # クラスIDを出力
        print("予測第{}位：{}".format(i+1, id_label_dict[class_idx]))
        outputs[idx][class_idx] = -1000  # 最大値だったものを消す（小さくする）

# 予測を実施
idx = 0
show_eco_inference_result(dir_path, outputs, id_label_dict, idx)
```

［出力］
```
ファイル：./data/kinetics_videos/arm wrestling/C4lCVBZ3ux0_000028_000038
予測第1位：arm wrestling
予測第2位：headbutting
予測第3位：stretching leg
予測第4位：shaking hands
予測第5位：tai chi
```

　腕相撲（arm wrestling）の動画をクラス分類した結果、予測1位がarm wrestlingになりました。予測第2位のheadbutting（頭突き）や予測第4位のshaking hands（握手）は、2人の人間が頭をつき合わせて手を合わせているので、これらの動作はなんとなく腕相撲と似ている気がします。
　続いて4つ目のバンジージャンプの動画を推論した結果を確認します。

```python
# 予測を実施
idx = 4
show_eco_inference_result(dir_path, outputs, id_label_dict, idx)
```

[出力]
```
ファイル： ./data/kinetics_videos/bungee jumping/TUvSX0pYu4o_000002_000012
予測第1位：bungee jumping
予測第2位：trapezing
予測第3位：abseiling
予測第4位：swinging on something
予測第5位：climbing a rope
```

　バンジージャンプの動画をクラス分類した結果、予測第1位がbungee jumping（バンジージャンプ）となりました。第2位のtrapezing（空中ブランコ）、第3位のabseiling（懸垂下降）などは確かに空中での動作という意味で、動画の雰囲気がバンジージャンプと似ているところがあるように感じます。

まとめ

　以上、本節ではECOのモデル構築、学習済みモデルのロード、Kinetics-400の検証データでの推論について解説・実装を行いました。
　以上で第9章の動画分類は終了となります。本章では自前のデータセットでの学習は行いませんでしたが、本章の学習済みモデルをファインチューニングしていくことで自前の動画データセットでも分類が可能になります。

第9章引用

[1] **ECO（Efficient Convolutional Network for Online Video Understanding）**
Zolfaghari, M., Singh, K., & Brox, T. (2018). Eco: Efficient convolutional network for online video understanding. In Proceedings of the European Conference on Computer Vision (ECCV) (pp. 695-712).

http://openaccess.thecvf.com/content_ECCV_2018/html/Mohammadreza_Zolfaghari_ECO_Efficient_Convolutional_ECCV_2018_paper.html

[2] **C3D（Convolutional 3D）**
Tran, D., Bourdev, L., Fergus, R., Torresani, L., & Paluri, M. (2015). Learning spatiotemporal features with 3d convolutional networks. In Proceedings of the IEEE international conference on computer vision (pp. 4489-4497).

https://www.cv-foundation.org/openaccess/content_iccv_2015/html/Tran_Learning_Spatiotemporal_Features_ICCV_2015_paper.html

[3] **Two-Stream ConvNets**
Simonyan, K., & Zisserman, A. (2014). Two-stream convolutional networks for action recognition in videos. In Advances in neural information processing systems (pp. 568-576).

http://papers.nips.cc/paper/5353-two-stream-convolutional

[4] **GitHub：zhang-can/ECO-pytorch**
https://github.com/zhang-can/ECO-pytorch
Released under the BSD 2-Clause License.
Copyright (c) 2017, Multimedia Laboratory, The Chinese University of Hong Kong All rights reserved.
https://github.com/zhang-can/ECO-pytorch/blob/master/LICENSE

[5] **GoogLeNet**
Szegedy, C., Liu, W., Jia, Y., Sermanet, P., Reed, S., Anguelov, D., ... & Rabinovich, A. (2015). Going deeper with convolutions. In Proceedings of the IEEE conference on computer vision and pattern recognition (pp. 1-9).

https://www.cv-foundation.org/openaccess/content_cvpr_2015/html/Szegedy_Going_Deeper_With_2015_CVPR_paper.html

[6] **The Kinetics Human Action Video Dataset**
Kay, W., Carreira, J., Simonyan, K., Zhang, B., Hillier, C., Vijayanarasimhan, S., ... & Suleyman, M. (2017). The kinetics human action video dataset. arXiv preprint arXiv:1705.06950.

https://arxiv.org/abs/1705.06950

https://deepmind.com/research/open-source/open-source-datasets/kinetics/
The dataset is made available by Google, Inc. under a Creative Commons Attribution 4.0 International (CC BY 4.0) license.

[7] **GitHub：activitynet/ActivityNet**
Released under the The MIT License.
Copyright (c) 2015 ActivityNet
https://github.com/activitynet/ActivityNet/blob/master/LICENSE

[8] **ECO LiteのKinetics400学習済みモデル**
GitHub：mzolfaghari/ECO-pytorch
https://github.com/mzolfaghari/ECO-pytorch
https://drive.google.com/open?id=1XNIq7byciKgrn011jLBggd2g79jKX4uD
Released under the BSD 2-Clause License
Copyright (c) 2017, Multimedia Laboratary, The Chinese University of Hong Kong
https://github.com/mzolfaghari/ECO-pytorch/blob/master/LICENSE

あとがき

　本書ではディープラーニングの応用手法として、転移学習・ファインチューニングを利用した画像分類、物体検出、セマンティックセグメンテーション、姿勢推定、GANによる画像生成と異常検知、テキストデータの感情分析、そして動画データのクラス分類を取り扱いました。

　本書で実践してきたように、ディープラーニングは入出力データと損失関数をうまく定義できれば、様々な分野の課題を解決できる可能性を秘めた基盤技術です。本書を通じて、ディープラーニングが持つ技術としての応用可能性を少しでも感じていただけたとしたら、筆者としてはとても嬉しく思います。

　本書ではディープラーニングの様々な応用手法を解説・実装しましたが、深層強化学習については取り扱いませんでした。深層強化学習はディープラーニングだけでなく強化学習の知識も必要となります。筆者の前著、『つくりながら学ぶ！ 深層強化学習 ~PyTorchによる実践プログラミング~』（マイナビ出版、2018年6月）にて、深層強化学習の説明と実装を解説していますので、こちらも合わせてご覧いただければ幸いです。

　機械学習・ディープラーニングが普及し始めた2019年現在、簡単な画像分類や物体検出などのタスクであれば、自ら実装しなくてもクラウドサービスなどを利用することで、簡単に解決できるようになりました。

　しかしながら、個々の企業において、ディープラーニングの技術的内容と企業独自のドメイン知識の両面を理解したエンジニアが、ディープラーニングの応用手法を自ら実装することではじめて解決できる課題もたくさん存在していると筆者は考えています。

　機械学習・ディープラーニングは単独で成り立つ「飛び道具」のような武器・ツールではなく、「○○×ディープラーニング」という形態にて、はじめて真の価値を発揮します。この○○には、企業や業界そして職務特有のドメイン知識や課題が当てはまります。例えば「人事業務×ディープラーニング」、「営業×ディープラーニング」、「製造業×ディープラーニング」、「医療×ディープラーニング」、「小売業×ディープラーニング」などです。

　こうした「ドメイン知識×ディープラーニングの実装力」を持ち合わせた人材が育ち、企業で活躍する、本書がその一助となれば幸いです。

　また近年では、大学生をはじめとする学生の方々への機械学習・ディープラーニングの講義も盛んです。さらに、研究活動においても様々な分野でツールとしてディープラーニングが活用され始めています。本書が企業の方だけではなく、大学での講義や学生の皆様の自学自習そして研究活動など、アカデミック分野においても一助となれば幸いです。

　この度は本書を通読いただき、誠にありがとうございました。

2019年5月　小川雄太郎

索引

英数字

3D Resnet	466
3DCNN	466
Adaptive Average Pooling層	159
ADE20K	166
Amazon AWS EC2	32, 48
Anaconda	40
AnoGAN	290, 292, 294
Asynchronized Multi-GPU Batch Normalization	171
Attention	367
Attentionの可視化	443
AuxLoss	145, 162
AWSマネジメントコンソール	33
Bag-of-Words	368
BBox	80, 93
BERT	396, 402
BERT事前学習	399
BERTファインチューニング	436
BiGAN	306
bottleNeckIdentifyPSP	153
bottleNeckPSP	153
C3D	451
CBOW	344
COCO Keypoint Detection Task	186
Conv2d	249
DataLoader	25, 77
Dataset	19, 64
DBox	80
DCGAN	242, 246, 294
DCGAN画像生成	263
DCGAN損失関数	252
Decoder	144, 162
Deconvolution	244
Detect	93
dilated版ResidualBlockPSP	148, 152
Discriminator	242, 248, 249, 277
early stopping	16
ECO	450, 452, 489
Efficient GAN	303, 311
Encoder	144
F.interpolate	163
fastText	343, 350, 352
Feature	144
GAN	242, 249
GAN異常画像検知	290
Generator	242, 244, 246, 276
gensim	352
graphファイル	219
Hard Negative Mining	106
Heの初期値	168
ILSVRC	2
ImageNetデータセット	2
IMDb	359, 382
Inception-v2	453, 454
jaccard係数	104
Janome	331
Jensen-Shannonダイバージェンス	252
JSON形式	187
Jupyter Notebook	43
Kinetics	476
Kinetics-400	476
L2Norm層	87
LeakyReLU	249, 256
Masked Language Model	398
match関数	104
Matplotlib	4
MeCab	328, 331
MobileNets	271

500

MomentumSGD	28, 50	SmoothL1Loss関数	107
MS COCOデータセット	184, 186, 239	Spectral Normalization	272
MultiBoxLoss	108	SSD	58, 80, 88, 101, 104, 114
multiple minibatch	171	SSH	40
NEologd	328, 332	SummaryWriter	219
Next Sentence Prediction	398	TensorBoard	222
nn.Module	145	TensorBoardX	218
nn.Sequential	152	Tokenizer	431
Non-Maximum Suppression	93, 94	torchtext	335, 431
one-hot表現	343	Transformer	328, 367, 369, 382
ONNX形式	218	Two-Stream	451
OpenCV	66, 72	VGG	2
OpenPose	184, 189, 207	VGG-16モデル	2, 6, 8
OpenPose モジュール構成	208	VGG-19	208, 212
OpenPose 学習	223	video captioning	450
OpenPose 推論	231	VOCデータセット	60
OpenPoseNetの実装	209	word2vec	343, 345, 352
p2.xlarge	32	WordPiece	423
PAFs	189	XAI	387
PASCAL VOC	60, 166	Xavier	168
PASCAL VOC 2012	128, 132	xml形式	66
pointwise convolution	164		
PSPNet	130, 132, 143, 159, 176		
PSPNet 実装	145	**あ・か行**	
PSPNet モジュール構成	143	アノテーションデータ	66, 135, 199
Pyramid Pooling	144, 158, 160	異常画像検出の必要性	291
PyTorch	4, 14, 64	異常検知	299, 322
ReLU	150	映画のレビュー	359
residual loss	297	オプティカルフロー	451
ResNet	152	学習	28, 51
ResNet-50	152	学習済みVGGモデル	12
RGB	131	確信度	59
SAGAN	265	カラーパレット形式	131
scikit-learn	242	感情分析	436
Self-Attention	266, 431	クラウドGPU	32
Self-Attention GAN	242, 265, 274	クリーニング	330
Skip-gram	344, 348	クロスエントロピー誤差関数	27, 49
		形態素解析	328, 332

索引

検証 ……………………………… 28, 51
コーパス ………………………… 329
誤差逆伝搬 ……………………… 16

さ・た行

最適化手法 ……………………… 27, 50
サポートページ ………………… 3
残差 ……………………………… 154
識別器 …………………………… 242, 277
姿勢推定 ………………………… 184, 189
自然言語処理 …………………… 329, 396
順伝搬関数 ……………………… 16, 26, 93
推論の実施 ……………………… 122
正規化 …………………………… 330
生成器 …………………………… 242, 276
説明可能な人工知能 …………… 387
セマンティックセグメンテーション … 130, 189
セマンティックセグメンテーション 推論 … 176
全結合層 ………………………… 267
損失関数 ………………………… 27, 49
対数尤度 ………………………… 253
単語のベクトル表現 …………… 343
単語分割 ………………………… 331, 336
ディープラーニング実装 ……… 14, 64
データオーギュメンテーション … 71, 197
デフォルトボックス …………… 88
転移学習 ………………………… 2, 17
テンソルサイズ ………………… 79
転置畳み込み …………………… 244, 265
動画データ ……………………… 450
特徴量マップ …………………… 82

な・は行

ネットワーク構成 ……………… 143
ネットワークモデル …………… 26
バウンディングボックス ……… 58, 80, 130
バックプロパゲーション ……… 256
バッチノーマライゼーション … 272
ピクセルレベル ………………… 130
筆者のGitHub …………………… 3
ファインチューニング ………… 2, 17, 47
ファインチューニング 学習と検証 … 166
物体検出 ………………………… 58, 132
文章データ ……………………… 337
文脈による意味変化 …………… 426
ベクトル表現の比較 …………… 421
棒人間 …………………………… 184
ボキャブラリー ………………… 364
ポジ・ネガ判定 ………………… 431

ま・ら行

マスクデータ …………………… 192, 196
ミニバッチ ……………………… 8, 15, 77
モード崩壊 ……………………… 264
リプシッツ連続性 ……………… 272
劣化問題 ………………………… 154

謝辞

本書はマイナビ出版山口正樹様のご提案、ならびに丁寧なアドバイスとフィードバックによって出版までたどり着くことができました。ここに感謝の意を申し上げます。

著者紹介

小川 雄太郎（おがわ・ゆうたろう）

　SIerの技術本部・開発技術部に所属。ディープラーニングをはじめとした機械学習関連技術の研究開発・技術支援を業務とする。明石工業高等専門学校、東京大学工学部を経て、東京大学大学院、神保・小谷研究室にて脳機能計測および計算論的神経科学の研究に従事し、2016年に博士号（科学）を取得。東京大学特任研究員を経て、2017年4月より現職。

　本書の他に、『つくりながら学ぶ! 深層強化学習 ~PyTorchによる実践プログラミング~』（マイナビ出版、2018年6月）なども執筆。

- **GitHub**：https://github.com/YutaroOgawa/
- **Qiita**：https://qiita.com/sugulu

[STAFF]
カバーデザイン：海江田 暁（Dada House）
制作：島村龍胆
編集担当：山口正樹

つくりながら学ぶ！
PyTorchによる発展ディープラーニング
バイトーチ　　　　はってん

2019年 7月25日　初版第1刷発行
2020年 4月10日　　　第6刷発行

著　者　　　小川雄太郎
発行者　　　滝口直樹
発行所　　　株式会社 マイナビ出版
　　　　　　〒101-0003 東京都千代田区一ツ橋2-6-3 一ツ橋ビル 2F
　　　　　　TEL：0480-38-6872（注文専用ダイヤル）
　　　　　　　　 03-3556-2731（販売）
　　　　　　　　 03-3556-2736（編集）
　　　　　　E-mail: pc-books@mynavi.jp
　　　　　　URL：https://book.mynavi.jp
印刷・製本　　シナノ印刷 株式会社

©2019 Yutaro Ogawa, Printed in Japan.
ISBN 978-4-8399-7025-3

・定価はカバーに記載してあります。
・乱丁・落丁についてのお問い合わせは、TEL：0480-38-6872（注文専用ダイヤル）、電子メール：sas@mynavi.jpまでお願いいたします。
・本書掲載内容の無断転載を禁じます。
・本書は著作権法上の保護を受けています。本書の無断複写・複製（コピー、スキャン、デジタル化等）は、著作権法上の例外を除き、禁じられています。
・本書についてご質問等ございましたら、マイナビ出版の下記URLよりお問い合わせください。お電話でのご質問は受け付けておりません。また、本書の内容以外のご質問についてもご対応できません。
　https://book.mynavi.jp/inquiry_list/